2019 年文化行业标准制修订计划项目资助

光之变革

标准研究 篇

展陈光环境质量评估方法研究

The Revolution of Lighting

A Study of Lighting Quality Evaluation for Exhibition Environment

艾晶　主　编

李晨　副主编

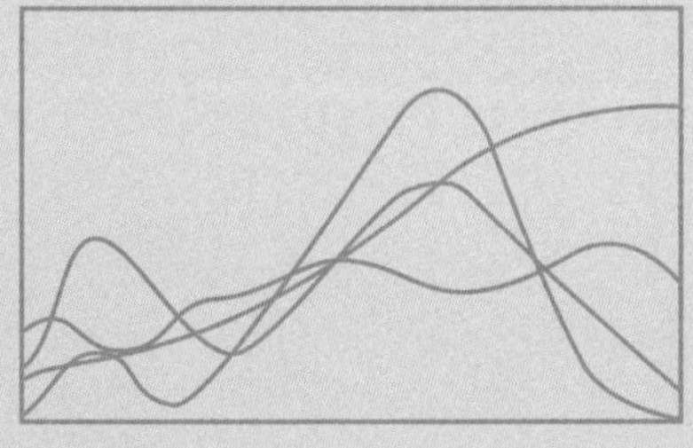

文物出版社

图书在版编目（CIP）数据

光之变革 . 标准研究篇 : 展陈光环境质量评估方法研究 / 艾晶主编 . -- 北京 : 文物出版社 , 2021.6

ISBN 978-7-5010-7082-4

Ⅰ . ①光… Ⅱ . ①艾… Ⅲ . ①发光二极管—应用—博物馆—陈列设计 Ⅳ . ① TN383.02

中国版本图书馆 CIP 数据核字 (2021) 第 104659 号

光之变革 标准研究 篇

——展陈光环境质量评估方法研究

主　　编　艾　晶
副 主 编　李　晨

责任编辑　许海意
责任印制　张道奇
特约编辑　郑炳松
装帧设计　艾　晶

出版发行：文物出版社
社　　址：北京市东直门内北小街 2 号楼
邮　　编：100007
网　　址：http://www.wenwu.com
经　　销：新华书店
印　　刷：北京荣宝艺品印刷有限公司
开　　本：889mm × 1194mm　1/16
印　　张：20.5
版　　次：2021 年 6 月第 1 版
印　　次：2021 年 6 月第 1 次印刷
书　　号：ISBN 978-7-5010-7082-4
定　　价：360.00 元

立项单位 文化和旅游部科技司
承办单位 中国国家博物馆

项目负责人
艾 晶

课题专家组成员
艾 晶 汪 猛 陈同乐 徐 华 索经令 常志刚 高 飞 李 晨 邹念育
王志胜 张 昕 蔡建奇 党 睿 荣浩磊 罗 明 刘 强 李 倩 姜 靖
颜劲涛 程 旭 骆伟雄 沈迎九

课题组主要成员
高 帅 王 超 折彦龙 俞文峰 郑春平 汤士权 胡 波 冼德照 吴海涛
黄秉中 高美勤 袁端生 尹飞雄 林 铁 陈 刚 黄 宁 姚 丽 陈 聪
李明辉 郭宝安

项目主要执笔人员
艾 晶 陈同乐 徐 华 索经令 罗 明 高 飞 邹念育 王志胜 党 睿
刘 强 高 帅 蔡建奇 姜 靖 李 倩 俞文峰 黄秉中 袁端生 黄 宁
姚 丽 董 涛 杨秀杰 王南溟 沈迎九 刘 彦 饶连江 王 贤 洪尧阳
孙建佩 幕雨凡 吴昕威 曲翔宇 高海雯

其他参与人员
王南溟 刘 彦 郭 娅 洪尧阳 张 勇 叶常春 李 可 刘基业 董 涛
陈 鹏 孙桂芳 金小明

文博界支持单位
中国文物报、中国美术馆、江苏省美术馆、首都博物馆、广东省博物馆

高等院校支持单位
浙江大学光电科学与工程学院、天津大学建筑学院、中央美术学院视觉艺术高精尖创新中心、清华大学建筑学院、大连工业大学光子学研究所、武汉大学印刷与包装系

科研支持单位
北京清控人居光电研究院、清华大学建筑设计研究院有限公司、杭州远方光电信息股份有限公司、中国标准化研究院

项目合作企业

AKZU 深圳市埃克苏照明系统有限公司、华格照明科技（上海）有限公司、汤石照明科技股份有限公司、广州市三信红日照明有限公司、赛尔富电子有限公司、瑞盎光电科技（广东）有限公司、佛山市银河兰晶科技股份有限公司、路川金域电子贸易（上海）有限公司、广东博容照明科技有限公司、阳江三可照明实业有限公司、欧普照明股份有限公司、博物馆头条、画刊杂志社

序一

（签名）

中国科学院院士

历经近 60 年的发展，固体光源半导体发光二极管（LED），已实现了红橙黄绿青蓝紫七彩化及其照明显示产品的批量生产，因具有能耗低、光效高、寿命长、体积小、可靠性高、安全环保等优点，已成为通用照明领域主流产品，在博物馆、美术馆中的应用也很普遍。但相对于传统光源，LED 光源是否更适合展示各类展品和保护文物，需要有理论研究作指引。譬如 LED 作为博物馆、美术馆专业照明灯具，要求其显色指数较高，以往对传统光源要求在 R_a85 以上，LED 光源除了一般显色指数（R_a）以外，还要考量特殊显色指数（R_i），以及推荐北美照明工程学会（IES）使用的保真度因子（R_f）和色彩饱和度因子（R_g）来衡量灯具质量。艾晶老师及其团队的各位老师正致力于在此方面突破，已取得了诸多有价值的学术进展，相继出版了《光之变革——博物馆、美术馆 LED 应用调查报告》、《光之变革（美术馆篇）——照明质量评估方法与体系研究》两种专题成果。即将出版的这部《光之变革（标准研究篇）——展陈光环境质量评估方法研究》是第三部，也是文化和旅游部的行业标准《美术馆光环境评价方法》配套研究成果，这将对我国博物馆、美术馆行业光环境质量整体提升大有裨益。

博物馆、美术馆的光环境质量是一门艺术与技术结合程度很强的领域，对光环境的艺术表达形式要求较高，还对观众的视觉舒适度有较高要求，同时，还需要承载着对文物展品的防范保护不容小觑。以往传统而简单的照明方式，已不能适合当今观众对博物馆、美术馆的审美需求，各博物馆、美术馆都急切需要在照明管理方面加强力量，在设备投入方面加以重视。本书研究“博物馆、美术馆光环境质量的评估方法”的可谓恰逢其时，意义重大。

另外，我想说：博物馆、美术馆光环境质量对展陈效果至关重要，开展博物馆、美术馆光环境质量评估方法的研究，是一项有助于博物馆、美术馆光环境优化设计方案与提升照明产品质量的有效途径。本书内容研究紧紧围绕标准的制订与实施应用来展开，并深入剖析了他们研究方法与最新成果，这有助于我国博物馆、美术馆在用光质量方面在走向科学化方面起积极推动作用。此外，书中用大量篇幅介绍博物馆、美术馆光环境的用光安全与艺术表现形式，从主观到客观量化指标的制订与完善途径也进行了深入剖析，并结合他们开展的一系列实地调研工作，以及实验室模拟工作来验证各项指标都很有新意，细致严谨的工作态度也值得肯定。尤其他们能应用自己制订的标准开展大量地模拟实地应用调研，用实践是检验真理的唯一标准，对全国16家单位实施调研来完善制订标准工作，并将其成果整理成报告进行发表，成为率先应用标准的示范性文本，这种方法值得推广，对今后我国标准制定工作起引导作用，未来，我也希望他们制订的新标准《美术馆光环境评价方法》应用前景广阔。

序二

劉萬鳴

中国国家博物馆副馆长

对于当下的展览，效果的呈现，灯光的运用至关重要，当然这种效果并不是一般人理解的。灯光需要更多高科技的成分，同时也包含更多关于观者心理与情感的反映，所以在展陈中看似仅作为辅助作用的灯光变得复杂而丰富，也具有了学术内涵，对展陈灯光合理的运用，自然也成为专业学者探索的命题。

我从事中国画创作，关注中国文化并深受传统文化的影响，在展厅中除了关注展品，灯光设计也成为我关心的重点，常以中国传统的美学观念，来体验灯光给我带来的感受和思考。灯光是科技的产物，会产生幻觉，它更是心灵之物，所以我在观展时，对呈现于我眼前光的艺术感觉，常常融于其中，这时光的科技就显得并不那么重要了，仅有展品与我发生心灵碰撞，展品以不同的造型姿态，在光的影响下呈现出各自不同的精神气质，感化了我，也感化了所有观者。光给观者提供了在特定光环境下发生心灵的对话，这无疑是灯光设计师个性才情及综合能力的具体体现。

光在东西方文化中有着不同认知，西方更强调技术含量，强调动的韵律，而东方则注重内含，强调静的含蓄，这是文化间的差异，但无论动还是静，最终将归于“心灵”的呈现。

艾晶老师是中国国家博物馆的灯光设计师，她有一个非常专业的研究团队，是专门研究展陈灯光的国内学术精英，他们已获得过不少学术成果。团队理念也提倡学术表达与学术追求，更强调灯光设计的时代感。读了她关于“博物馆、美术馆光环境研究概述”一文时，看得出他们在借用科技的同时，更强调光的艺术表达及其对观众心理感受的影响，幻化的光令人联想，能体现沉稳、朴素、大气的效果追求，而不是只关注炫技的理性指标，即在关注观众与展陈用光亲和力的同时，又体现出对人文的关怀与精神追求，有着明显的中国元素，即“心灵之光”。

博物馆作为公益行业，灯光在所有展陈中以一种科技手段介入，更是一种设计目标的呈现。对于灯光设计，我想撇不开科技的成分，光本身要依托于科技发展，离不开科技进步。现在人们对展览的审美，对展示灯光的效果要求，不能仅局限于对传统简单的灯光效果，它在变，在不停地变，然而万变不离其宗，“心灵”之光总是首位的。

在艾晶老师的团队研究中，我感受到他们并没有只在灯光技术上着力，他们注重中国传统文化中精神的元素呈现，这是难能可贵的，也是非常重要的。在《光之变革（标准研究篇）——展陈光环境质量评估方法研究》一书中，其用光理念有着高层次的追求，当然书中其他成果，让作为画家的我，可能不能完全领悟，但其中光之科学，光之心灵，是艾晶老师团队所要表达的重要内容。

我与艾晶老师因工作关系多有接触，了解她的研究团队近几年成果丰硕，备受业内关注。尤其前不久，她作为论坛发起人，联合了中国照明学会室内委员会，以及中央美术学院共同发起了一个国内关于博物馆与美术馆照明的高层论坛在中央美术学院美术馆举办，来自全国博物馆和美术馆，以及照明领域的30余位专家共同探讨了如何提高博物馆、美术馆光环境品质的论坛，用座谈会加主旨演讲形式举办，获社会好评，我想艾晶老师作为中国国家博物馆科研人员，她对提升国家博物馆学术研究和学术交流起了很好的促进作用。用光设计，让文物说话，在艾晶老师主编的这本书中得到很好呈现，我希望该书出版能进一步增进我国博物馆与美术馆事业全面发展。

序三

中国国家博物馆终身研究员

从前两部《光之变革》论著，到将要出版的《光之变革（标准研究篇）——展陈光环境质量评估方法研究》，皆由中国国家博物馆承办，联合国内十多家文博单位，多所高校与科研院所、照明企业组成的学术团队完成。该团队承担了文化和旅游部行业标准“美术馆光环境评价方法”的编制，负责标准的起草与制订工作。他们已开展了一系列关于标准的技术与测试方法研究。这些经验成果为今后我国博物馆、美术馆实施光环境计量监督提供了技术保障。对此，尤其在抗疫的环境下完成的科研项目，我表示衷心的感谢和敬佩。

人的衣食住行都离不开标准，在空间中，在环境中都存在着标准。回顾历史，可以从现象中找到有规律性的必然联系。据《史记·秦始皇本纪》记载：“一法度衡石丈尺。车同轨。书同文字。”公元前 221 年，秦朝建立后就办了这几件大事：书同文，车同轨，统一币制和度量衡等。中国基础设施的实力举世闻名，从古代到现在许多宏伟的建筑都让世界刮目相看。梁思成先生也在《中国建筑史》中讲到“至今为止，世界上真正实现过建筑设计标准化的就只有中国的传统建筑”。如《营造法式》中的“材”就是建筑标准模数。如今令每位中国人为之骄傲的“中国标准动车组”，有谁想过它有过怎样的沧桑。一个“万国机车博览会”不雅称号，是列强们为了掠夺资源，纷纷在旧时中国土地上自建铁路，饱受侵略与屈辱的一段悲伤史，也造成我国早期铁路标准及机车型号杂乱。

要生产自己的铁路和列车，也成为先辈们心中的执念。近代伟大的革命先行者孙中山先生，早在 1912 年为《铁道》杂志题词“铁道”，给南洋路矿学校题“造路救国”，就设想过制订铁路计划，决定十年后建成铁路二十万里路线图。同年他还视察广东商办粤汉铁路公司，与公司总理兼总工程师詹天佑等合影，同年 9 月又视察詹天佑设计修建的京张铁路。詹天佑先生可谓中国铁路界的先驱。本人参观中国铁道博物馆后，读了刘宁著的《非凡的詹天佑》一书，了解到詹天佑先生在 1905 年受命主持京张铁路之初，就陈述过轨距，向当时的清政府呈文，制定轨距为 1.435 米，后又制定《京张铁路标准图》《京张铁路技术标准图册》，内容涉及线路、桥涵、隧道、车站房屋、水塔、机务设备等工程标准设计 49 种图纸、102 幅，进行了中国早期铁路技术标准的实施。

新中国成立之初，困扰中国铁路的“万国”历史一直延续到新千年。由于标准不掌握在自己手里，车体不能互联互通，零部件不统型号，列车备品备件品种多等困扰，给我国铁路的养护与维修带来巨大麻烦，我国铁路也充当了别国的“试验田”。直到 2013 年 12 月，中国标准动车组终于完成了总体技术条件制定。中国标准动车组采用的 254 项重要标准中，中国标准占到 84%，整体设计和关键技术全部具有完全自主知识产权。再到 2017 年 6 月 25 日，我国具有完全自主知识产权、达到世界先进水平的标准动车组“复兴号”正式运营，此时的“中国标准”动车组，是全面自主化的动车组，这简简单单的几个字，已体现出中国生产了代表目前世界动车组技术先进标准体系的中国标准。如今我国高铁运营里程占全球近 70%，350 公里的时速更是位居全球高铁商业运营速度榜首。未来，在全球下一代高铁标准的制定上，我国也将扮演更加重要的角色。这正是先有先驱铺路，后有一代代人努力才可见的现今灿烂业绩。

今年是本人从中央美术学院实用美术系毕业 70 年，我与本书主编艾晶是相隔 60 年的校友，能为本书写上几句，我深感荣幸。2021 年是伟大的中国共产党成立 100 周年，《光之变革（标准研究篇）——展陈光环境质量评估方法研究》也是一部献礼作品，愿参加本书编著的科研团队能再创新华章，祝这些朋友们今后能“快乐地在征途上高歌猛进，像那恒星在瑰丽的太空中飞奔，像那英雄争胜利而一往无前”。

目录

前　言……14

总报告……16

第一章　我国博物馆、美术馆光环境现状……18
第二章　整体研究工作进程与思考……21
第三章　课题组研究成果介绍……32

分报告……38

中国美术馆光环境指标测试调研报告……40
中央美术学院美术馆光环境指标测试调研报告……52
重庆美术馆光环境指标测试调研报告……69
江西省美术馆光环境指标测试调研报告……90
银川当代美术馆光环境指标测试调研报告……95
辽河美术馆光环境指标测试调研报告……109
辽沈战役纪念馆全景画馆光环境改造评估报告……122
宁波美术馆光环境指标测试调研报告……127
无锡程及美术馆光环境指标测试调研报告……141
艺仓美术馆光环境指标测试调研报告……150
浙江大学艺术与考古博物馆光环境指标测试调研报告……163
嘉德艺术中心光环境指标测试调研报告……173
松美术馆光环境指标测试调研报告……183
江苏省吴中博物馆光环境指标测试调研报告……193

实验报告……200

博物馆 LED 照明质量的研究……202
照明对绘画的色彩损伤实验……206
基于模拟实验的美术馆 LED 产品指标测试分析……210
美术馆投影仪显示亮度、对比度的研究……216
照度和相关色温对国画视觉喜好的影响研究……222
展陈空间光照的明暗比对观众视功能影响研究……226

拓展研究 230

博物馆、美术馆光环境研究概述 232
谈美术馆、博物馆的管理与标准化建设的感想 239
从博物馆到美术馆：艺术史发展、策展方式与照明形态 241
博物馆、美术馆照明标准概况 244
关于博物馆与美术馆电气照明施工规范的研究 247
对《美术馆光环境评价方法》制订工作的思考 250

国外标准研究 252

欧洲博物馆照明光品质研究进展综述 254
ANSI/IES RP-30-17《博物馆照明推荐实践》主要内容分析 260
法国博物馆、美术馆照明标准分析及其照明设计特点 264
中日两国美术馆照明规范的对比分析 270

企业研发 276

美术馆照明方案中的空间与作品 278
基于视觉心理物理学研究的专业展陈照明方法优化 284
浮空映画 水墨如诗 289
——埃克苏 A5 美术灯 30m 超长水墨画卷照明项目纪实 289
用于展陈照明的投影灯的研发创新 294

附件 课题研究其他资料 296

课题组专家介绍 303
《美术馆光环境评价方法》第一阶段工作会议综述 310
《美术馆光环境评价方法》调研预评估计划分工对应专家统计表 313
网络媒体报道情况表 314
课题成果发表情况表 315
课题相关工作会议信息表 318
常用博物馆、美术馆光环境评估测试仪器推荐表 319
展陈空间电气施工中规范的安装方式、走线方式的解读 320

后记 325

前言

艾晶

目前，我国美术馆无照明质量评价标准，缺少照明施工验收的依据，日常照明维护也没有一种科学的方法。针对此类现象，项目组承担了2019年文化行业标准制修订项目——“美术馆光环境评价方法”项目，由文化和旅游部提出并归口管理，中国国家博物馆为牵头单位。与此同时，也应邀参编中国建筑装饰协会团体标准《建筑装饰装修室内空间照明设计应用标准》。为了保证标准起草工作的科学性与全面性，我们邀请了博物馆、美术馆领域以及照明界知名专家20余人，联合照明专业人士、企业技术人员以及高校与科研院所60余位科研人员共同参与。

本书主要围绕标准编制工作展开，涉及项目组研究过程中思考与推进工作的方法，吸收和借鉴了一些国内外相关标准，还有他们如何借助实验取证的方法，围绕有争议的技术指标进行专项研究，如何采取求真务实的方式检验标准，开展实地调研工作，以及项目组专家们和企业都提供了哪些前沿信息等内容。全书共分六个章节，第一章是项目的整个研究总报告，主要对目前我国的博物馆、美术馆光环境现状进行梳理，分析了进程中的研究项目，并对标准编制进行诠释说明。第二章是我们应用标准开展实地调研的14家调研报告，提供了较为典型的美术馆和博物馆经典案例，以及结合项目组编制的《美术馆光环境评价方法》形成应用评估报告。第三章是实验报告，提供了6项专题实验，具体诠释是如何用科学取证的方法，从具体考核指标的基础上检验标准并提供依据。第四章为项目拓展研究内容，是项目组专家在项目中新取得的经验与启发汇总，展现了他们立足于实践，取证于科学的钻研精神。第五章是对国外相关技术标准的深入研究，第六章为项目支持企业的最新研发进展介绍。

本书介绍的同时，我们需要回顾一下以往的历程。整个研究计划始于2015年，到目前为止已持续6年，我们很多研究工作带有延续性，是沿着“提出疑问、寻找答案、解决方案”的模式前行。《光之变革——博物馆、美术馆LED应用调查报告》是项目组承担的2015～2016年度文化部科技创新项目“LED在博物馆、美术馆的应用现状与前景研究”的学术成果，书中收录了当时项目组面向全国11个省市和地区，对全国58家博物馆和美术馆开展的科研报告，记录了一些重点博物馆和美术馆正面临从传统光源向LED光源过渡期的光环境现状。该项目选题新颖，是当时我国第一部关于研究博物馆、美术馆光环境的专著，书中还明确了项目组的学术观点，揭示了一些博物馆、美术馆在应用LED光源方面处于盲目发展的混乱时期，建议在新建的博物馆、美术馆中应用LED光源，本着既反对保守抵制新技术的行为，又防止冒进前行的危害。《光之变革（美术馆篇）——照明质量评估方法与体系研究》，是项目组承担的2017年度文化部行业标准研究项目“美术馆照明质量评估方法与体系研究”的论著，研究方向聚焦于美术馆领域，对全国42家单位又开展了照明质量的预评估工作，由知名专家带队，集结了全国10所重点高校、2家国家重点实验室和9家照明企业技术支持，400余人共同参与了研究计划，为制订后续标准做了大量的前期准备工作，包括模拟应用标准预评估调研，用主观与客观相结合的方法进行光环境评估，还有在实验室中采集相关标准数据，以及尝试各种方式方法取证与验证调研工作等，为今后我们承担标准编制工作奠定了基础。即将推出的《光之变革（标准研究篇）——展陈光环境质量评估方法研究》是我们出版的第三种研究成果。

本书能为读者提供哪些有益帮助，读者可以通过此书了解一些博物馆、美术馆照明相关专业知识，熟悉国内外博物馆、美术馆照明相关标准，尤其是项目组编制的两项标准，能提供辅助与参考价值。另外，书中各章节撰写的概述，可以为那些对博物馆、美术馆光环境有兴趣的学者浏览全书提高效率。值得一提的是，本书收录的14篇调研报告，是项目组较为成熟一批报告，也是项目组应用编制标准开展调研，演练完成的范本。今后读者可以通过模仿这些调研报告的模式，开展类似博物馆、美术馆场所的光环境评估工作，也能为日后推广与应用我们的标准起积极促进作用。

总报告

总报告由三个部分组成。第一部分对课题组以往一些博物馆、美术馆光环境实地调研现状进行回顾，并介绍照明技术最新发展与趋势，旨在给博物馆管理员和研究人员提供基本信息。第二部分提供当前研究的最新成果，包括对影响博物馆、美术馆光环境质量的制约元素和一些对观众视觉与展品损伤有影响的因素进行分析，给研究人员提供更多了解延缓或降低博物馆、美术馆光环境影响的有害因素。第三部分用具体条文形式和标准解读的方法介绍项目组制订的新标准，为今后博物馆、美术馆、设计施工单位利用标准进行实践提供参考。

第一章　我国博物馆、美术馆光环境现状

现阶段国内参观博物馆、美术馆的观众素质越来越高，对展陈光环境的要求也越来越强烈，当前亟须一些科学方法，来指导光环境建设与管理。我们开展博物馆、美术馆光环境质量研究，制订相关标准，目的就在于解决国内博物馆、美术馆在照明施工验收、光环境改造工程，以及日常管理方面存在缺失的问题，制订并提出当前技术条件下较科学的解决方案，规避未来馆方展品管理方面的安全风险，以提高整体馆方服务社会的水平。另外，还可以为馆方、设计方和施工方提供具体标准指标作为验收与设计的参考依据，或模仿我们课题组调研评估方式，借助专家带队与评估组一起开展评估工作，运用评估标准的各项指标，给馆方提供科学有效的评估指导意见，做出详细有针对性的改造目标与新馆验收鉴定意见，精准解决馆方的光环境现实问题与今后发展与提升的方向。

评估博物馆、美术馆光环境质量，需要讨论观众视觉，即人眼能看见的能力或状态。人通过视觉才能识别展品，才能找清楚路线。人的视觉是听觉能力获取信息量的两倍，是提供给观众感官最重要信息来源，因此展陈光环境质量对观众视觉的影响不容忽视，它的质量会直接影响观众视觉，影响对信息获取的数量。另外，光还是人眼视觉感受中喜好度的媒介，没有光就没有色，人眼就无法感受物体的质感，光环境质量同时会作用于观众的视觉感知能力，光环境质量优劣也会直接影响人们对博物馆、美术馆展览的喜好度。还有就是光还是艺术家的工具，可以表达再塑艺术形式，很多画家、摄影师、雕塑家和各类设计师对光都有兴趣，光影运用可以表达艺术张力。因此光环境质量问题不仅与灯具质量有关，更多还与艺术的光环境表达和观众视觉感受有关联，三者相互影响，密不可分。我们所做的博物馆、美术馆光环境质量研究，除了分析各种灯具物理因素会影响光环境质量以外，我们还关注观众视觉敏锐度、人的视觉感知生理与心理指标，以及艺术家如何表达光环境的形式等综合因素。我们所开展的一系列研究皆围绕展陈光环境的评价方法与制订标准而工作，思虑不走偏，方向才正确，认识上科学与严谨，才能为未来我国博物馆、美术馆行业发展起促进作用，这也是我们做研究的核心目的与价值。

一　现阶段博物馆、美术馆光环境质量

随着我国博物馆、美术馆的发展，观众对光环境的要求也越来越高，良好的光环境不仅能增加观众视觉舒适度，也可以提高他们的服务质量。博物馆、美术馆光环境解决的不只是照明问题，还要兼顾展品保护。我们课题组先后承担了三项文化和旅游部研究项目，历时6年开展了对全国110多家博物馆、美术馆实地调研和14项专题实验，现阶段我国博物馆、美术馆照明质量，主要存在下列几个方面的问题。

（一）博物馆、美术馆照明超标现象普遍

在文物保护方面，我们开展课题调研前后，发现很多博物馆、美术馆照明超标现象普遍，包含一些重点博物馆和美术馆，一些极易受光敏感的丝织品、书画展品，按照原来《博物馆照明设计规范》（GB/T 23863—2009），有的超标10多倍以上，普遍造成文物褪色或发黄变脆问题。有的馆因不知道怎样保护这些脆弱展品，干脆将它们用复制品替代来展示。这与当今博物馆、美术馆要求拉近展品与观众距离、感受历史的真实的发展趋势背道而驰。管理方对光致损伤认识不足，与没有光环境评估标准有关，尤其在LED光源替代传统光源的当下，国内尚没有针对博物馆和美术馆照明应用的指导性标准，如何对博物馆、美术馆照明质量进行评估无依据，施工验收缺标准，日常维护缺少有效管理等问题突出，希望学术界能提供一些关于博物馆、美术馆LED照明产品技术与数据方面的支持。

（二）LED光源新技术应用需要理论研究作支撑

在照明设备方面，LED光源正逐步替换传统光源，各馆在实际应用中已推广LED光源，新技术应用需要理论研究做支撑。我们承担的2015～2016文化部科技创新项目“LED在博物馆、美术馆的应用现状与前景研究”，也是应国家政策的研究项目。我国自1996年实施绿色照明工程，从2016年10月1日起，禁止进口和销售15 W及以上的普通照明白炽灯。当时，LED已经在国内一些大的博物馆、美术馆中得到应用，但LED的可靠性和安全性，适不适合在博物馆和美术馆中广泛推广缺少理论研究。我们研究工作后续对全国58家单位进行了广泛调研，还对馆方、设计师和厂家进行了问卷调研，发现一些应用问题，以及大家普遍担忧的顾虑，并对LED应用前景进行合理展望，回答了一些LED应用问题。

调研中馆方反馈意见有：(1) LED光的柔和度不比传统光源理想；(2) LED产品价格较高；(3) LED电源不统一，维修较复杂；(4) LED灯具在启动时瞬间电流较大，作为场馆使用量大的场所，灯具集中开启会有瞬间过载现象，需要增加配套设置；(5) LED灯具集成度较高，维

修需要整体更换，造成浪费；(6) LED 照明色彩一致性差；(7)LED 照明色彩还原性弱，尤其是对红色还原性弱，高显色指数的光源较少，近几年发展迅速；(8) LED 照明单灯更换容易发生光色不一致等问题。

LED 作为博物馆、美术馆专业照明灯具，要求其显色指数较高，以往对传统光源要求显色指数在 R_a85 以上，LED 光源除了一般显色指数（R_a）以外，还要考量特殊显色指数（R_i），以及推荐北美照明工程学会（IES）使用的保真度因子（R_f）和色彩饱和度因子（R_g）来衡量灯具质量。尤其是特殊显色指数 R_9 值，专指红色还原指标，我们在调研中发现馆方因应用了较早期的 LED 照明产品，R_9 值普遍较低，甚至为负值。我们还就问卷和实验形式进行探究，发现很多问题是由设计师选用光源不当造成的，光源因不同显色指标会呈现色彩偏差，表现在实际应用中使文物失真。此外，根据《建筑照明设计标准》(GB50034—2013) 要求，LED 照明产品色容差方面应不低于 5SDCM 表征，实际调研中超标严重，有的高达一倍。另外频闪问题，馆方因购买灯具不考虑频闪问题，致使日常展览中因灯具频闪导致无法高质量进行媒体采播以及观众反映拍照不清楚等问题，较为普遍。

（三）“黑屋点灯”应用普遍，影响展览品质

在艺术表现方面，“黑屋点灯”的博物馆、美术馆照明设计应用普遍。但这种照明手法容易造成观众因长期逗留暗环境中易产生抑郁影响，也会因明亮反差影响观众的视觉舒适度；此外，还有光影混乱现象，因设计师没有考虑材质与环境反光问题，造成展陈光环境相互干扰产生杂光现象。还有眩光问题严重，因使用的照明设备缺少防眩功能，或灯具安装位置不合理，都很容易在展陈中出现眩光干扰，眩光问题也是各博物馆、美术馆照明的高频问题，会直接降低整个展览品质。还有用光设计单一、没有氛围感、缺乏艺术表现力等问题也很普遍。

（四）照明专业技术人员编制短缺

在业务管理方面，目前我们课题组已经调研了 110 多家博物馆和美术馆，很多馆目前依然没有照明专业技术人员编制，一般仅配置几个电工或文保人员做业务，另外还有部分艺术家承担照明设计师，在现场临时指挥照明设计，管理上困难会造成很多实际问题。在调研中，我们发现馆方还存在自身问题，因博物馆、美术馆照明设计是一门艺术与技术相结合程度很强的专业，需要有较高专业知识的人才能胜任，如展品保护、光环境艺术的表达、营造舒适的视觉场景，以及熟悉各种灯具性能等，都需要特殊培养才能具备专业知识。长期馆方在照明管理方面缺少技术力量，照明无设计，日常无管理。简单的照亮场馆，已不能满足观众审美和博物馆、美术馆服务社会大众的需求。另外，在我们调研中遇到很多的馆，不仅缺少人才还缺少后续资金。馆方对灯具维护方面无科学规划，开馆工作就算结束，根本不考虑照明设备的后续资金维护问题，致使展厅出现莫名的暗区现象，经我们问询，原来是由于没有资金，光源损坏得不到更换造成的，类似现象在一些小型博物馆、美术馆中突出。

我国博物馆、美术馆缺少制约和规范管理。在光环境标准建设上一直滞后，《博物馆照明设计规范》(GB/T23863—2009) 已经过去 10 年才着手修订，原标准针对传统光源，对 LED 光源无涉及，美术馆长期参照博物馆规范执行。《美术馆照明规范》(WH/T79—2018) 是 2018 年 11 月 1 日实施的，我们课题组也参与该标准实验模拟工作，为其制订工作提供了支持。尽管如此，大家对标准依然缺乏认知，现实中对标准应用模糊，对如何提升博物馆、美术馆光环境质量无从下手，甚至馆方认为买了昂贵的灯具，就等于提高了光环境质量，尤其在历史类博物馆中，因工作人员缺少文物保护方面专业照明知识，使照度超标现象普遍，造成一些国宝级文物发生不可逆转的损伤，令人痛心。

二　当前照明技术的新进展与趋势

纵观历史上每一次大的技术改变，都会带动设计产生深远影响，甚至改变人们的日常生活。当前发光二极管（LED）光源被称为新四代新型光源，已经在博物馆、美术馆应用很普遍，大有全面替代传统光源的趋势。它有三个特点：(一) LED 是固态的，没有填充气体或者真空腔；(二) LED 自然产生方向性的光；(三) 每个 LED 只产生一个窄波段的可见光光谱，这就是为什么它们有时被称为“窄波段发射器”，但 LED 产品一致性较差。任何一批 LED 产品中，或者在不同批次产品中，产品之间总有差异，目前没有标准来规范 LED 色彩。不但 LED 光源制造商信息没有标准化，LED 光源和灯具制造商也无法判别他们所使用的 LED 芯片制造商。那些技术规格书会随着灯具制造商产品升级而改变。LED 芯片处于快速发展的阶段，一款刚投产几年的芯片会被新型号所替代，而后者拥有完全不同的颜色属性，这时光源或灯具之间很容易不匹配。

目前照明技术的发展，已经进入 LED 固态照明（亦称半导体照明）的阶段，传统光源正逐步被替换，新的光源技术仍然在不断发展变化之中，尤其在数字化方面，从简单的手动开关发展到越来越智能的先进控制阶段，可以远程控制光源的照射，对不同类型展品可以远距离调节照度、色温，还可以调节角度和光束角度，另外，还可以根据不同光敏感的展品，特殊定制不同波段下的色温与显色性的灯具来科学保护展品，这些新技术给我们设计师和馆方未来提供无限可能，也让管理工作和运营成本降低、工作质量和工作效率提高越来越有技术保障。但现阶段发展水平仍然不均衡，产品质量和展示效果仍存在很大差异，目前研究制订博物馆、美术馆光环

境质量评估标准，正当其时地体现出社会需求与实用价值，这也是我们研究推出《美术馆光环境评价方法》和《展陈空间照明设计》标准的原因。此外，博物馆、美术馆照明不仅是一个技术问题，也是一门艺术。艺术当然很难量化处理，仁者见仁、智者见智，也有赖于大众的主观评价。这意味着很多达到当前博物馆和美术馆规范要求的现实展览，在实际展览光环境艺术效果方面，并不令人满意，尤其是光色问题。其次是艺术效果的表现问题，尽管艺术品照的很亮，照度符合标准要求，但观众在现场依然看不清作品的细节。此外，还有频闪问题，当前博物馆照明设计标准没有对此有合格规定，造成馆方没有特别重视它。因此，博物馆、美术馆光环境需要制订标准和进行评价才有现实作用。

三　研究工作开展的目的与意义

我国博物馆、美术馆光环境现在已经有设计标准，但对博物馆、美术馆光环境评价目前尚没有标准，尤其在照明施工验收、日常管理方面缺少科学依据，这是我们研究与制订标准的起因。而近几年我国美术馆建设不断持续，大批省市政府都在积极投资兴建博物馆、美术馆场馆，民营馆也在不断建设当中，有的规模甚至超过国有馆。截至 2019 年年底，全国在各级政府备案的博物馆就达到了 5535 家。每年新增的博物馆在 180 家左右。截至 2019 年年底，全国国有美术馆统计数量为 559 座，2020 年 11 月非国有美术馆有 920 座。以上海为例，截至 2020 年年底，共有美术馆 89 家，其中非国有美术馆有 63 家，而国有美术馆只有 26 家，情况较特殊。截至 2019 年年底，全国国有博物馆数量已超过 3825 家，非国有博物馆数量仅为 1710 家，占全国博物馆数量比重不到三成，为 30.89%。博物馆与美术馆发展不平衡，有很大差异，对美术馆的光环境评估重在艺术表现，而对博物馆的光环境评估重在展品保护，在制订标准时我们都要有所区分。

我们立项的行业标准《美术馆光环境评价方法》待发布，是对我国美术馆光环境进行质量评价的标准。美术馆光环境比博物馆要更明确展览范围，但不表明我们制订的标准仅限于美术馆使用，博物馆类似美术馆的展览数量众多，此标准也适用于博物馆。具体标准应用范围指：本标准适用于美术馆特有功能空间和光环境运营维护评价。本标准适用于光环境施工验收、光环境改造提升审核、光环境业务日常管理考核与临时展览馆方自我评估。本标准也适用于博物馆中类似美术馆功能空间光环境评价。评价美术馆光环境蕴含着技术与艺术评价，也包括主观与客观评价。我们重在方法研究，对于技术指标上的设计，原则上我们采取现有标准和已取得研究成果作评价依据，我们已调研了全国 110 多家博物馆和美术馆，拥有大量技术数据可供参考。

我们当前标准编制工作皆为推荐性标准，目的在于推广与应用，希望它能简单好操作，行业标准《美术馆光环境评价方法》制定工作基本结束。对博物馆光环境评价标准，我们仅停留在设想推荐阶段，还需要进一步争取相关部门支持。博物馆光环境会承载更多展示珍贵文物的职能，展品保护特点尤为突出，我们还需要时间进一步研究。

第二章　整体研究工作进程与思考

一　整体工作开展的过程

我们研究工作历时 6 年，已经完成了一系列基础性研究任务，对全国 110 多家博物馆和美术馆进行了实地调研和 14 项专项实验，课题组主要成员先后承担过文化与旅游部四项专题研究，我们将整个研究过程大致分为三个阶段。第一阶段，即 2015 年承担的文化部科技创新项目“LED 在博物馆、美术馆的应用现状与前景研究”和配合文化标准项目《美术馆照明规范》（WH/T79–2018）制订工作。第二阶段，是 2017 ~ 2018 年度行业标准化研究项目“美术馆照明质量评估方法与体系的研究”。第三阶段，是 2019 年上半年行业标准制修订计划项目“美术馆光环境评价方法”（立项编号：WH2019–19）。前两个阶段都为第三个阶段《美术馆光环境评价方法》标准的推出，沉淀了工作积累，出版发行了两部《光之变革》专著，发布一项行业标准，发表几十篇论文。尤其是很多调研数据与研究成果，已归纳整理出版了《光之变革——博物馆、美术馆 LED 应用调查报告》和《光之变革——照明质量评估方法与体系研究》，这里主要介绍第三阶段工作新进展。

二　近期调研数据分析

为当下博物馆、美术馆行业照明质量的整体提升，第三个阶段我们研究工作重心是制订文化行业标准和参与中国建筑装饰协会团体标准。《美术馆光环境评价方法》是作为今后全国文化行业标准来执行，要让全国的美术馆使用，检验此标准草案有无现实指导意义与参考价值，尤其在美术馆用光安全和科学管理方面是否发挥作用，是我们努力的方向与目标。为进一步深入研究，我们课题组再次启动实地调研工作，自 2019 年 10 月 30 日在中国美术馆开始，到同年 12 月 25 日对浙江大学艺术与考古博物馆调研结束，先后调研了 16 家单位，涉及 9 个省 13 家重点美术馆和 3 家博物馆，用以检验此标准的可行性，也想利用标准来解决实际问题，其中对辽沈战役纪念馆光环境调研，就是我们应用标准解决实际问题的首案，虽然该馆不隶属美术馆行业，但项目特殊，是在全景画馆改造光环境与美术馆展览类型相似，这也与我国很多博物馆展览类似美术馆形式的现实有关，而全景画馆《攻克锦州》还是中国第一座全景画馆，被誉为中国博物馆和世界美术史的艺术精品和经典之作，因此选择它非常具有典型价值。其他调研对象还有：中国美术馆、中央美术学院美术馆、宁波美术馆、西岸美术馆、湖北省美术馆、银川当代美术馆、江西省美术馆、松美术馆、浙江大学艺术与考古博物馆、重庆美术馆、辽河美术馆、艺仓美术馆、无锡博物馆和程及美术馆、嘉德艺术中心、辽沈战役纪念馆、吴中博物馆。

我们所选的中国美术馆、湖北省美术馆、中央美术学院美术馆三个馆为全国重点美术馆，这三个馆的地理位置与社会影响力，也是我们第二次选择它们的主要原因。应用标准和检验标准，重点美术馆是我们研究对象，其他调研馆的选择，主要考虑该美术馆的社会影响力和地理位置，我们希望尽可能覆盖全国，选典型性和代表性的美术馆深入研究，如宁波美术馆、银川当代美术馆、辽河美术馆等，所选范围考虑非重点美术馆和民营美术馆，我们在标准的指标设计上，涉及展品保护和艺术品审美的呈现，以及满足观众视觉舒适度等深层次要求，在指标制订上需拉开实际距离，不以馆的类型来评价，当然这一设想需要在实践中来验证，只有在应用中才能找到问题，在应用中平衡指标的合理性。为解决这些疑惑，我们对不同类型的美术馆应用标准，采取了抽样调研，下面就是我们最新采集的有关信息。

本次调研的 16 家，我们回收统计了 14 家的固定陈列厅和临时展览厅统计数据。（图 1）反映出固定陈列厅，在美术馆中相对较少，其中固定陈列厅多为国有美术馆所有，私立美术馆鲜有固定陈列厅。另外，临时展厅一般美术馆都有 3 个以上，最多的馆达 17 个临时展厅。临时展厅的照明设备利用率会很高，设备更换频繁，要求设备质量和灵活性、安全性要高。因此我们在制订光环境照明评估标准时，对灯具质量与用光安全在指标上严格控制，这与我们在实际中遇到临时展厅多于固定陈列厅有关，应用情况决定目标与方向。

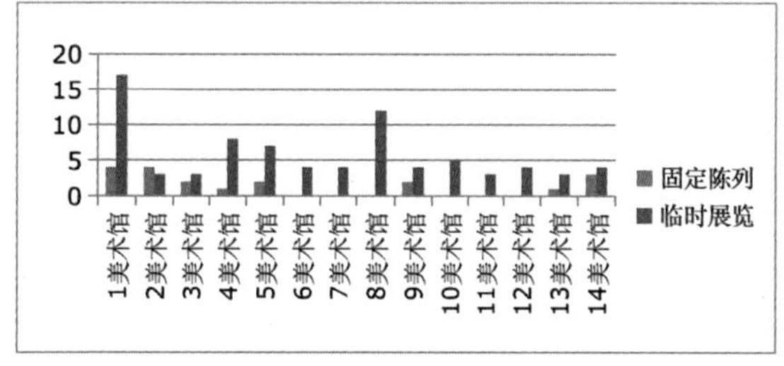

图1　固定陈列厅和临时展览厅统计数据

各馆建筑空间的设置类型，我们也做了调研，（图 2）数据显示各美术馆多设有公共大厅、报告厅、休息室，其他类型服务空间以咖啡厅相对较多，其次是销售空间，餐饮利用率最低，这一特点与国有美术馆和私立美术馆没有明显差异。在这些空间设置类型所占比例中，可以反映出当前美术馆实际运营情况。了解这些馆的空间类型实际应用情况，对设计师是有帮助的，可以让他们在做设计时，能合理搭配功能空间分布，为日后馆方运营提供适宜的用光环境。

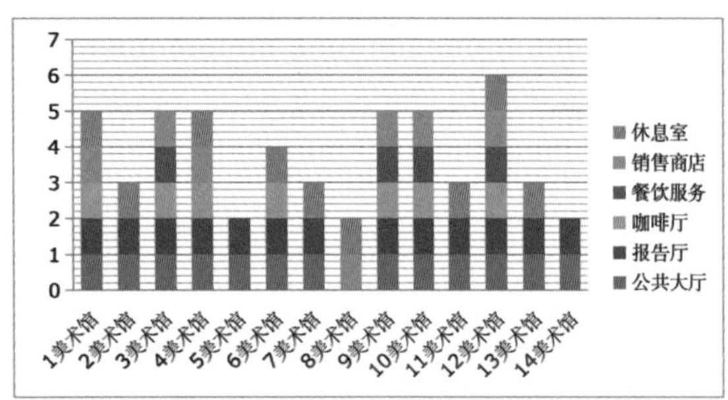

图2　各馆建筑空间的设置类型

我们调研的14家美术馆中，只有10家提供了资金总投入数据（图3），照明工程总额度投入在500万元以上的有5家，占一半，50万元以下的仅一家。在资金投入方面，国有馆与民营馆没有直接关系。

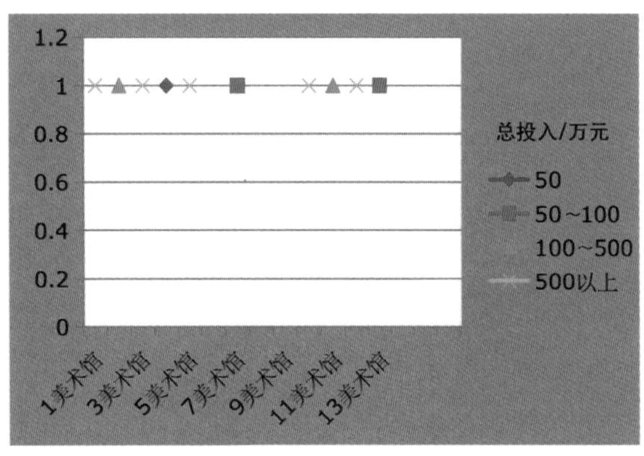

图3　美术馆资金总投入数据

各美术馆展示作品种类普遍丰富，调研的馆都有绘画类作品，其次是书法、篆刻、雕塑类、综合艺术展示较多，摄影作品、装置艺术和多媒体相对少一些，如图4所示。但像工艺美术类、设计艺术类和民间美术展示较少。

我们调研的美术馆中，建筑面积基本都在20000m²左右，超过40000m²只有2家，展厅面积都在2000～5000m²之间，超过5000m²的仅4家，如图5所示。

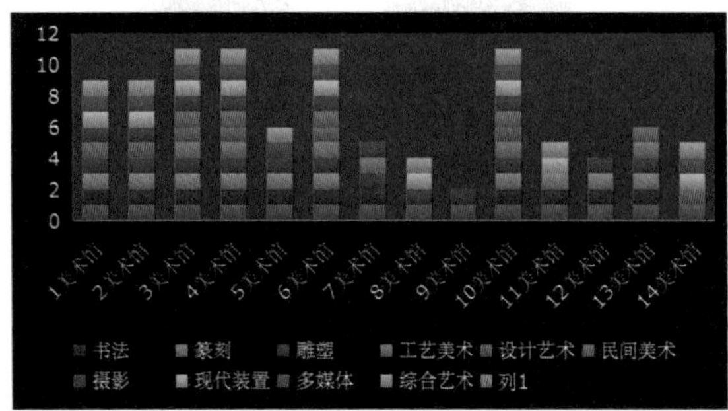

图4　各美术馆展示作品种类

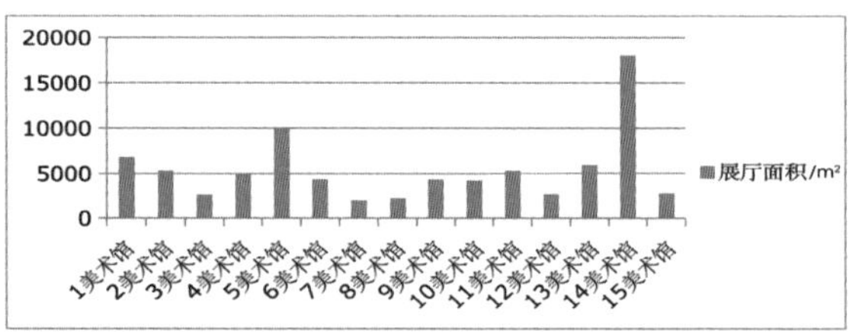

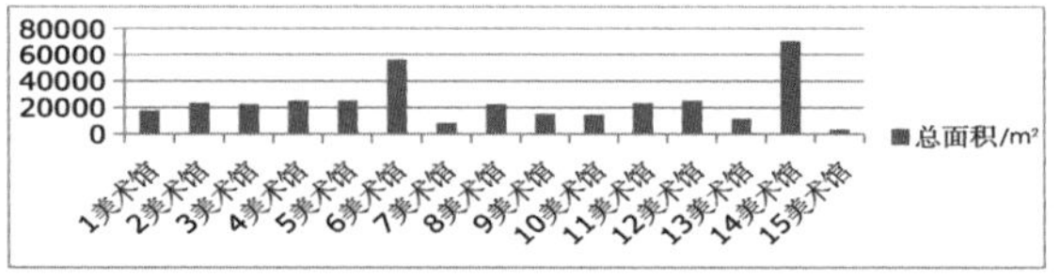

图5　美术馆建筑面积、展厅面积

调研美术馆15家提供数据13家（图6），公共空间空间高度一般在4～6m之间，超过6m仅2家。最大展厅空间高度普遍4～6m之间，超过6m的有2家，最小展厅普遍空间高度，3～4.5m左右。

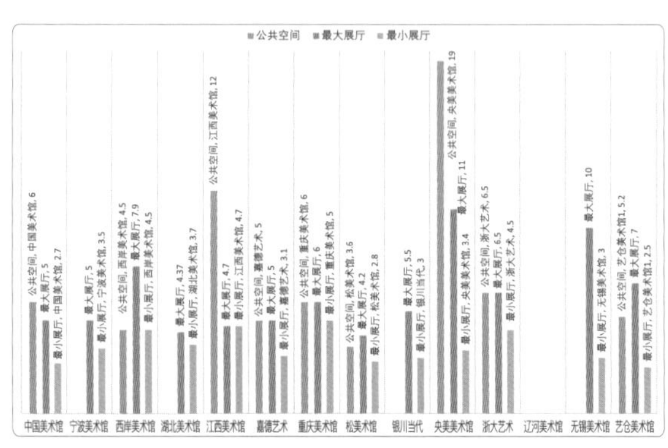

图6　美术馆空间高度数据

美术馆公共空间所占比重较小，仅2家超过最大展厅面积。最大展厅面积在500～2000m²之间，超过1000m²有7家，占总量一半。最小展厅面积只有40m²，一般在200～500m²之间，如图7所示。

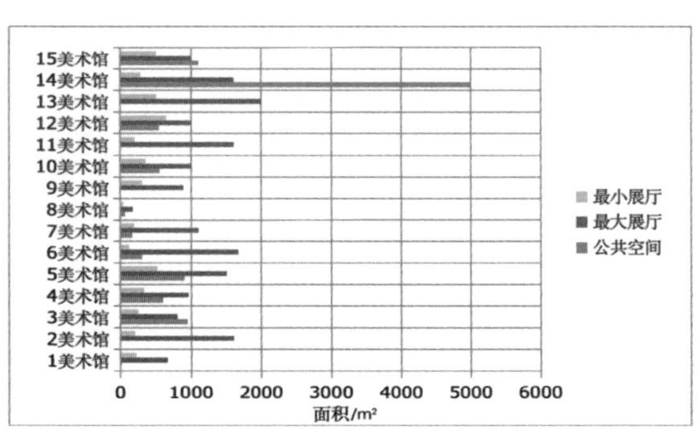

图7　美术馆公共空间、展厅面积

有8家提供公共和陈列空间照明设备投入调查（图8），公共空间有3家在50万元以下，占三分之一强，超过100万元有2家，1家在500万元以上。陈列空间投入多一些，在100～500万元之间有2家，超过500万元有2家。当然设备的投入与展览面积有关系，美术馆面积

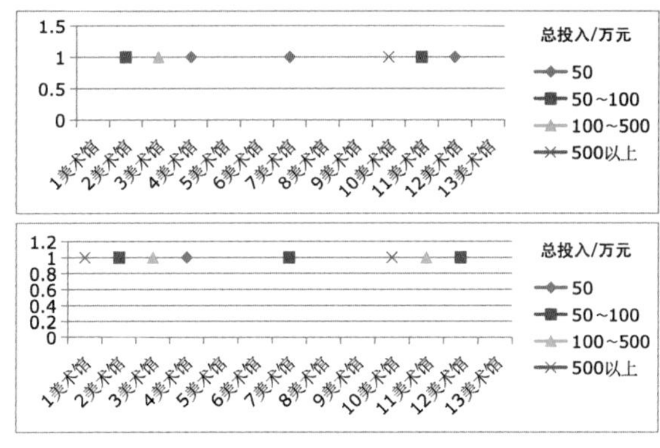

图8 公共和陈列空间照明设备投入资金数据

相对博物馆面积小，这几家反馈照明设备投入资金的馆，比以往我们调研博物馆统计结果已优化，这也体现出技术发展和美术馆更加注重对光环境品质的要求。

三 我们的思考与对策

课题组连续承担研究进程中，得到了很多业内专家的协作与支持，还有来自调研馆方的大量反馈信息，这些意见与建议对我们深入研究提供了很好帮助。如：在2018年11月文化与旅游部召开的“美术馆照明质量评估与体系研究”项目验收会上，专家为我们进一步推进工作提供了思路，课题组接下来的研究任务是制订标准，专家建议我们要区别博物馆与美术馆的照明差异；要将人工光环境、天然光环境、混合光环境下建立不同评价体系；除技术评价外，光感和艺术欣赏也要有相应内容涉及。还强调评价不仅要针对开放空间，还要对非开放空间实施兼顾的原则。另外，因不同的展览有不同的艺术表情，因此建议我们对不同风格和氛围的展览，照明评价不能只单一用科学的面，在研究上需要更多来自科学实验方面的佐证作学术支撑，我们在接下来的标准制订工作中，皆一一吸收并解决。

还有来自调研中的反馈意见的采纳，如宁波美术馆在反馈我们的意见中，希望《美术馆光环境评价方法》是在充分论证基础上的制订，因每个美术馆情况不同，制订统一的光环境标准定会存在较多困难，只有制订符合客观规律的光环境评价方法才好对美术馆日常展览布置起到积极的指导作用。这些建议为我们后面制订标准工作指明了前进目标与努力方向。

此外，我们除了吸收来自社会的专家意见和馆方反馈意见，课题组自我完善与提升也是我们工作的基础方式，研究是在自我完善中不断探索前行的。如：提前预想观众进入某个博物馆或美术馆前后，会产生什么样的视觉印象和感受，尤其在无意识下会形成怎样的直观感受。光环境质量能起什么作用？光环境会影响观众对空间的感知，亮度、对比度、色温等因素皆向观众传递各种喜好信息，影响他们对光环境的好恶反应。我们在制订博物馆、美术馆标准时，就是本着能正确引导或精准干预影响这个空间的光环境的合理走向，指出最为重要的影响元素，以便对今后我国各级各类博物馆、美术馆开展光环境研究奠定良好的基础。光环境能提供什么样的信号？我们能否帮助管理者改变光环境蕴含的信息，合理引导观众的反应？这些设想是我们制订博物馆、美术馆光环境标准的前提，我们正是沿着在不断找寻答案的探索之路上推动工作。

（一）对人眼视觉适应力的研究

人眼要适应光环境其能力会发生变化，人眼视觉在整个参观美术馆过程中会分为三种情况：明视觉、中间视觉和暗视觉。明视觉范围是指从灰暗阴沉的光环境到最阳光明媚的光环境之中，几乎我们所有提供的照明工作环境，都在明视觉中感知物体的色彩和细节。中间视觉是人眼感知光照水平较低状态，指从最明亮环境到较暗光环境之中，随着照度降低，人眼对颜色识别能力会消失，感知细节能力也会下降。暗视觉是人眼处在更暗的光环境下，没有颜色感知能力，细节识别也是最低，物体和图像基本看不清楚。人眼在这三个视觉光环境过渡时，还会有敏感适应能力上的变化，敏感适应能力是指人眼应对亮度变化的能力。这敏感适应能力又分为暗适应和明适应两种。人眼暗适应前几秒会很快，而后会减慢，整个过程需要近一小时来完成。在这个过程中人眼敏感度提升，但精细度（细节视力）下降。明适应可以在几分钟之内完成。

（二）对视觉舒适度区域的研究

在观众视觉舒适度方面，色温和照度匹配关系即1941年发表的克鲁托夫（Kruithof）描绘的色温—照度舒适度曲线最有影响力，还有学者根据这个实验结论提出建议：博物馆宜使用2500～3000K色温的光线，现代美术馆适用3000～4000K色温的光线；有天然光辅助照明的空间，适合采用5000～6500K与太阳光色温接近的色温。关于观众视觉舒适度的研究，尤其在色温与照度匹配关系影响方面，国外有很多学者展开过研究，如：Scuello实验得出在3600K下视看绘画作品清晰度和舒适度较高；Pinto通过对文艺复兴时期油画高光谱图像观看实验，得出优选色温为5100K的结论；Nascimento等对11幅绘画作品，分别在不同色温下（3600～2000K）进行愉悦感实验，优选色温为5500K。这些实验研究对象皆为西方绘画作品，这些绘画作品的风格、设色原料与绘画材质，以及受众群均与我国传统艺术存在巨大差异。因此，我们课题组先后两次对观众视觉舒适度敏感问题进行实验，一次是浙江大学团队在第一阶段时发布的“博物馆和美术馆LED照明的光色质量”实验报告，介绍他们在2012～2014年间的几次实验成果，他们设置了3个照度水平、5个色温水平、3个显色性水平和2个D_{uv}（离开黑体辐射线的色品距离）水平。使用6幅水粉和油画为样品，通过对不同照明组合下对油画和水粉视看效果进行量表评分。试验结果表明，照度越高评价越好，但是照度200～800lx提升并不太明显；很多的指标是随着色温的升高而下降的，大部分的被试偏爱低色温，比较明确的证明是3500K比较受喜欢，或者视觉舒适度比较高的色温，会让人感觉到画面更加舒适和明亮。另外，D_{uv}为负值时，评价值要略微好于黑体辐射线上的光源。另一实验是第二阶段由大连工业大学团队做的“光环境与书法展品喜好程度的相关性研究”，他们也对舒适度区域进行实验，结果显示，在同一照度不同光源色温条件下，观察者喜好程度分布差异性较为显著；一般观察者在2500K和6500K相关色温照明条件下喜好程度较低，而在3500K、4500K和5500K条件下喜好程度较高；书法展品最适宜的展示光环境照度在150～200lx范围中，3500～4500K的光源色温喜好程度更高，光源色温对观察者喜好的影响显著强于照度的影响。实验测试范围见图9。

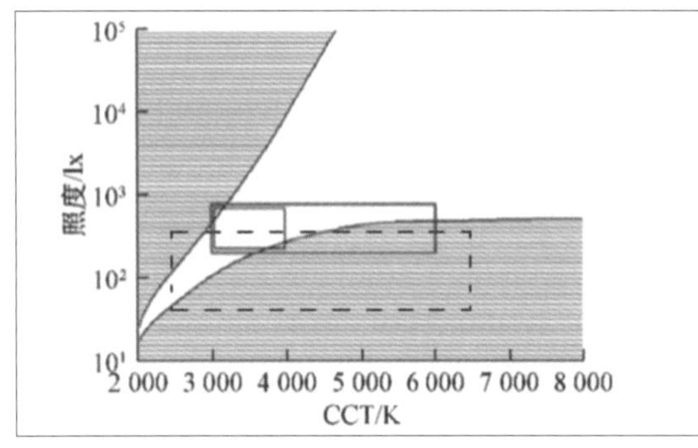

图9　克鲁托夫曲线

说明：舒适度区域（无阴影区域）
博物馆照明舒适区域（方框）
本研究照度色温所选范围（虚线框）

（三）展品尺度和观看时间

观众基于自己的经验在感受展品尺度和观看时间上有差异。大的物体往往比小的物体更容易看见，观看1min比观看1s能看到更多细节。尽管这两个因素很简单，但是很重要，因为它们对人眼视觉有重要影响。看小尺寸的东西，像裁缝穿针，需要比相同难度任务更多的光强。观看时间短的任务，比观看时间长的任务，需要更多的光。但在实际博物馆、美术馆光环境设计中往往被忽略，均衡用力，如同喝白开水一样无色无味地用光展示，在各博物馆、美术馆展览中非常普遍。这就需要我们引出展品受光（水平、垂直）均匀度的概念同时，还要增加展品表现的艺术感的评估指标，是评判被评价该展品是否满足测试者心理预期艺术表现效果评分项目。

（四）照度（亮度）的评估价值

人的眼比任何胶片或相机更全能。人眼能分辨最亮和最暗的光比值能高达一万亿倍以上。不过我们不可能同时感受到整个范围内最亮和最暗的光，我们平均的亮度敏感度只能在1000：1。当我们眼睛不能适应更亮范围的光时，可能会感到短暂失明；当遇到在比这个范围更暗的环境时，我们只能感受黑暗。我们能适应大的亮度范围，但不能同时完成，由此评价亮度其实是相对的，而不是绝对的。如果我们的眼睛适应了烛光，100W的灯泡对我们来说就刺眼。如果我们的眼睛适应了阳光明媚的白天，那同样功率的灯泡在我们看起来就是昏暗，这种现象叫表观亮度。因为亮度是相对的，所以用比率而非绝对数值来衡量亮度更为实用。

另外，光与材质有相互影响作用，光分布的一个重要因素是空间表面材质与光互相作用与影响。我们感知的空间亮度并不仅仅是光的量，还与空间各个表面的反射、漫射、传递以及吸收属性共同作用的结果。空间中几乎每个表面都能反射光，它们由此形成次级光源。对于大多数材质，那种反射都带有漫射性质。空间表面反弹光被我们称为“相互反射”。相互反射会对阴影产生作用，能降低展品与背景的对比度，也产生更加均匀的亮度。浅色和高反射率表面能反射更多的光，增加相互反射效果阴影会更淡、对比度更低。深色表面若为低反射材质的会吸收更多入射光，相互间的反射较少、阴影会重，且对比度显著提高有助于形成明暗反差，如图10所示。

图10　展品受光效果显示

（五）年曝光量的影响作用

年曝光量和照度都是对展品保护有重要影响的指标，年曝光量一般是用来推算展览合理展出时间用的，通常依据展品类型再参照标准推荐的年曝光时长来计算展览天数，并据此推荐给馆方做展览策划使用。实际在国内很多博物馆、美术馆中存在大量因展期长年曝光量超出限值的展览，这种现象与部分博物馆、美术馆工作方法不科学有直接关系，往往只注重展览的经济价值和社会影响力来策划展览，而忽视了展品的保护，尤其是由于展品受光的影响造成。正确的方式应为展览策划时，要根据展品类型对应标准照度值和年曝光量，做好预案展览时间规划，不能超出标准限值为佳。实际展览展出时间，要根据展品类型，按合理的年曝光量来推算时间做展出计划。曝光量确定量数值为“计算值＝照度×每日时长×每年展出天数”。美术馆多为临时展览，我们这里只能针对展品考虑，不论展览是临展、还是常设展，都需要求展品年曝光量限值进行合理评估，给馆方以合理用光安全的建议。但实际采集数据时着实不好操作，会因每件展品类型不同，适合的曝光量时间而异，因此我们所推算展品展出时间时，要以所有展品类型对光最敏感的数量和分布来判断。如果数量不多可以单独处理，要以占比多的展品类型作推荐值。

（六）对色温或相关色温的研究

人眼的视觉系统有很强的适应性，可以把 2500 ～ 6000K 的光都视作“白光”。相关色温这一概念用来描述白炽光源，因为黑体辐射体原理上是白炽发光。然而，我们可以把其他光源发出的白光与黑体发出的光进行比较，由此得到最接近的色温。之后我们把将这个数值定义为该光源的相关色温（CCT）。所有的非白炽光源——荧光灯、高强度气体放电灯、LED、OLED、等离子体灯以及无极灯一般是使用 CCT 来描述。

人们研究色彩时最需要的就是一套色彩参考体系。1931 年国际照明委员会（CIE）创立了第一套色彩参考体系，其中包含了我们人眼所可以看到的所有色彩。该体系是基于一个标准观察者眼睛里的锥状细胞的敏感度，被称为 CIE1931 色彩空间，或者叫 CIE1931（x，y）这是目前人们最为熟知的描述光源色彩的体系。光源的色彩会用色空间内的（x，y）坐标来定义。这套色空间体系的一个缺点就是分布不均匀。也就是说，色空间内两个色彩点坐标之间的距离与这两种色彩之间的视觉感知差异并不匹配，之后，随着我们对颜色感知的理解不断深入和提高，CIE 色彩空间体系已经有了许多改进。在 1960 年，CIE 提出了一个均匀分布的色彩空间 CIE1960(u，v)。该色彩空间至今依然用来计算光源的 CCT。CIE 提出了 CIE1976（u，v）色彩空间，这个色彩空间对于描述视色差的感知能力来说特别有用。它也是三个色彩空间中在视觉上最均匀的一个。尽管 CIE1931 空间已经较为陈旧，但当生产商们用来说明其光源的光谱色彩或色温时，它依然是最为常用的。

在《博物馆照明设计规范》(GB/T23863–2009）中对色温有严格规定，一般陈列室直接照明光源的色温应小于 5300K。直接照明文物陈列室光源的色温应小于 3300K。同一展品照明光源的色温应保持一致（表 1）。

但在我们实际调研中发现，对光特别敏感的展品，对其进行照度要求是为了保护展品，但对光敏感的展品，可以适当提高其照度，才能令观众视觉舒适度提高，色温低了反而会显得展示氛围沉闷。罗明老师对色温的建议提到：国外对色温这方面的研究趋向偏高色温，即 4000 ～ 5500K 观众视觉喜好度最高，尤其随着 LED 光源的应用增加，由于它一般没有紫外线波长，因此对文物影响小，我们在制订标准色温时，在给定最佳展示指标推荐值上，应考虑观众视觉舒适度需求。当然国内的博物馆、美术馆一般色温皆采用低色温，有一个应用习惯。日本标准规定中，色温方面，他们对光特别敏感值为 2700 ～ 4000K，对光不敏感规定为 5000 ～ 6000K 之间，兼顾了视觉与保护展品两项应用需求。我们吸取了此方法，兼顾二者平衡关系，标准制订前期我们结合实验室研究最新成果，给出了一项相对合理的推荐指标（表 2）。

后依据天津大学党睿老师团队进行的“博物馆彩绘文物照明的光源相关色温指标”实验结论，符合色彩还原能力的光谱对颜料的平均相对损伤值，会随 CCT 变大呈现出明显上升趋势，其中在 3300K、4100K、5000K 三个色温点损伤度有明显抬升，因此建议将上述三个色温点作为划分依据。我们对展品保护色温重新定级评估（表 3）。

在此推荐范围内，让设计师自己去选择，这样就能融入更多主观评价的因素做评估参考。

（七）关于显色能力的研究

仅通过色温来指定光源是不够的，光源有时会扭曲色彩，不是所有光源都能让我们感受到物体真实色彩，有些光源会让色彩失真，无法显示出光谱中绝大部分色彩，这里需要引出显色指数。显色指数指以被测光源照明物体颜色和参考标准光源下物体颜色的符合程度的度量，是观察光源和识别色彩之间差异的衡量指标。拥有高显色能力的光源能让我们辨别较大范围内的色彩，而

表 1　光源色表分组

色表分组	色表特征	相关色温 /K	使用场所举例
I	暖	≤ 3300	接待室、售票处、存物处、文物陈列室
II	中性	3300 ～ 5300	办公室、报告厅、文物提看室、研究阅览室、一般陈列室
III	冷	＞ 5300	高照度场所

表 2　新调整展品保护色温定级评估表

考察要点	优	良	合格	不合格
色温或相关色温	对光特别敏感 ≤ 2700K 对光敏感 ≤ 3500K	对光特别敏感 ≤ 2900K 对光敏感 ≤ 4200K	对光特别敏感 ≤ 3500K 对光不敏感 ≤ 5000K	对光特别敏感 ＞ 3500K 对光不敏感 ＞ 5000K

表 3　展品保护色温定级评估表

考察要点	优	良	合格	不合格
色温或相关色温	2700K ＜ S ≤ 3300K	3300K ＜ S ≤ 4100K	4100K ＜ S ≤ 5000K	S ＞ 5000K

且其色表与参考光源相似。低显色能力的光源则限制了我们对色彩的分辨能力，导致色彩看上去显得发灰、发黑、模糊或同其他色彩相似。在色彩还原性方面（又称显色性），现阶段很多场合还是在使用一般显色指数 R_a 并辅以 R_9 的评价体系，在积极推动博物馆照明改善工作中，北美照明工程学会（IES）在 TM-30-15 中提出 R_f 和 R_g 双重体系指标，前者用于表征各标准色在测试光源照射下与参考光源相比的相似程度，此体系采用 99 种标准色，明显优于一般显色指数 R_a 所使用的 8 种标准色的平均值（图 11）。

后者 R_g 用来表征光源的色域指数 GAI（Gamut Area Index），即各标准色在测试光源照射下与参考光源相比的饱和程度，指数 100 代表饱和度最佳。保真度和饱和度指数是基于平均值计算的，能综合评价光源对于各种颜色的平均显色能力，不能据此判断某一颜色的饱和程度。对于某些特定颜色的显色能力有需求时，北美照明工程学会（IES）TM-30-18 体系新提供了一个色彩矢量图（Color Vector Graphic），直接以图形来显示特定颜色在被测光源下的色偏移以及饱和度的改变是暗淡还是更加生动，这是对保真度和饱和度指数的重要补充（图 12）。

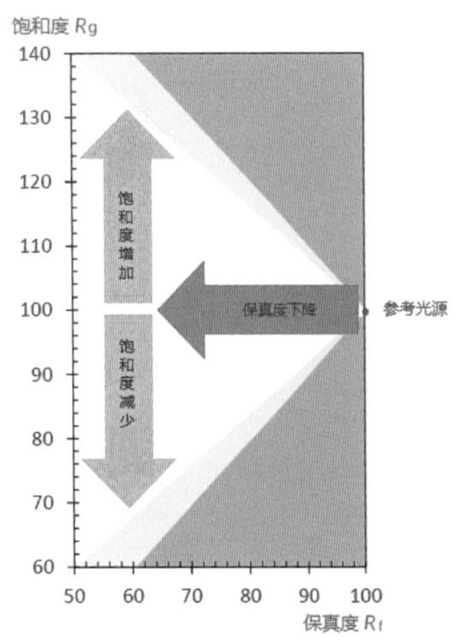

图11　R_f和R_g双重体系指标

R_f=100为最大值，代表与天然光源下的颜色无色差，色彩效果逼真。
R_f=0为最小值，代表与天然光源下的颜色色差最大，色彩效果失真。

长期以来，国际照明委员会（CIE）评价颜色质量的一般显色指数 R_a 被广泛用来描述各种光源技术的视觉体验。但 IES 认为 R_a 只考虑了颜色质量的一个方面，无法完全表达人眼对颜色的感知，不能建立视觉体验的整体性，在精确再现光源颜色方面是有缺陷的。国际照明委员会现行 LED 照明的显色性评价（CIE-R_i，R_1 ~ R_{15}）也有一定缺陷，虽然我们习惯使用的 R_a 短期内不会被淘汰，但 IES 发布了新版的光源颜色质量评价标准 IES TM-30-18《光源颜色再现的评价方法》（*Method for Evaluating Light Source Color Rendition*），对颜色保真度指数 R_f（Colour Fidelity）进行了重新定义。国际照明委员会也推荐 IES 的R_f与现行显色性评价（CIE-R_a,R_1 ~ R_{15}）为并行标准。R_f 相比 R_a 的优势在于取样更均匀繁密，不会因为特殊的光谱参数得到虚假的高显色性，厂商需要切实提高光谱质量才能达到高的 R_f 值；在博物馆照明这样高显色要求的应用中，我们制订新标准推荐使用 R_f 进行照明光源显色性评价，并使用 IES TM-30-15（R_g）辅助研究照明色域的大小和喜好性。我们在指导标准中也采用国际照明委员会推荐的 R_f 与 R_a，作为并行评估指标，额外规定了 R_1 ~ R_{15} 中的 R_9 值，由于国内博物馆、美术馆的 LED 光源已普遍使用，在制订标准灯具质量指标方面。依据显色调研结果的 LED 光源 R_9 值相对其他指标有显著影响，因此我们也选 R_9 值，作为重要评价指标。色彩饱和度因子 R_g 和 IES TM-30-18 色彩矢量图（Color Vector Graphic）只作辅助研究使用。

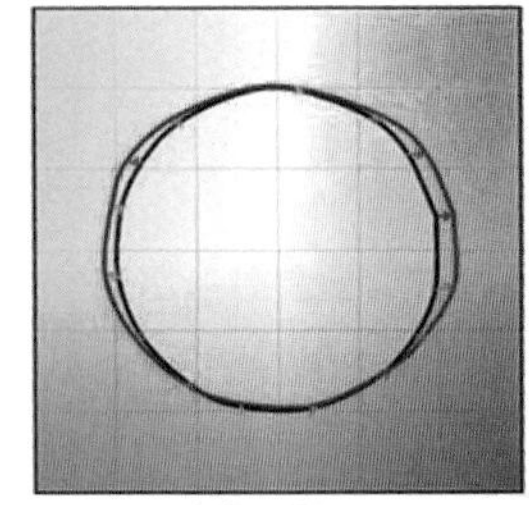

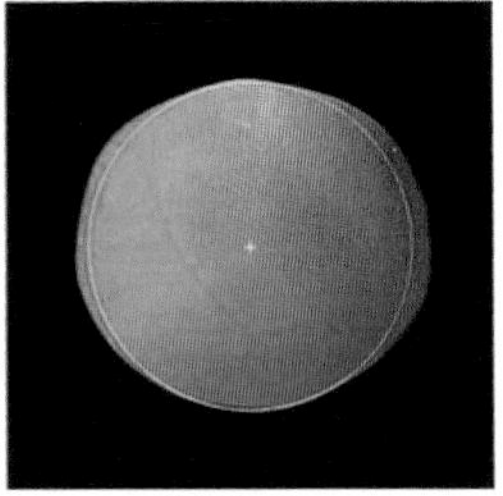

图12　色彩矢量图

R_g=100，代表光源的饱和度和天然光相同，色彩饱和度适中。
R_g>100，代表光源可以提高颜色的饱和度，物体看起来更加鲜艳和具有活力。
R_g<100，代表颜色的饱和度在测试光源下会降低，色彩饱和度不足，物体变得灰暗和呆滞。

（八）红外线与紫外线

从一种波的波峰到波峰（或者波谷到波谷）之间的距离被称为波长。可见光的波长范围为 380 ~ 770nm。其他波进入到人眼睛不会引起视觉效应。波的能量与频率成正比，短波频率更高，能量更大；长波频率较低，能量较小。可见光中，红光的波长最长，频率和能量最低。紫光的波长最短，频率和能量最高。

（九）对比度的影响作用

对比度指被看物体和可见环境之间的关系，照明或反射差异就会形成对比度。这里讨论对比度，我们用比率来衡量差别。一个反射率为 60% 的表面和一个反射率为 30% 的表面对比度也是 2:1，这与照度一样。如果展品位置照度是 200lx，而周围环境为 100lx，那么照度就有 100 的差值和 2:1 的对比度。如果我们把展品位置照度提高到 1000lx，背景照度为 500lx，我们看到的仍然是 2:1 的对比度，尽管我们知道后者更亮一些。现在提高背景照度到900lx，那么这个对比几乎就消失了。之前很明显的100lx的差值，现在感觉很不明显。绝对的对比度可以通过照度计来测量，而感知对比度是视觉系统的综合反应。

展品与背景对比度有时很大程度上还受灯具自身条件影响，灯具尺寸对环境阴影边缘锐度有影响，小光源射出的光，在有光区域和阴影区域之间就有了一条锐利的轮廓线，阴影边缘清晰。由大光源射出的光，当一个物体阻挡了那个光源并形成了阴影，其结果是一个全亮区域、一个从全亮到阴影渐变的区域以及一个阴影区域，阴影边缘被柔化了。另外，距离也是影响阴影边缘的另一个因素。当一个物体靠近物体表面，其阴影就变得更加锐利；而当一个物体远离表面，其阴影就变得更加柔和。

对比度的研究，我们主要通过两项专题实验开展，一项是由中国标准化研究院的蔡建奇先生团队实施的"展陈空间光照的明暗比对观众视功能影响研究"，另一项是由大连工业大学王志胜老师带队完成的"美术馆投影仪显示亮度、对比度的研究"两项研究工作。蔡建奇先生团队实验是利用仪器设备采集客观可以量化的人眼视觉舒适度生理指标，比较了在两种不同明暗对比光环境下，人眼视功能生理上的变化。得出结论：当展品亮度与背景亮度比约为3∶1时，照明光环境对人眼视功能影响较小，视觉舒适度较高。另一项实验研究主要针对显示投影仪的亮度、对比度对均匀性样本产生的差异关系，研究表明不存在主效应。均匀性并不会受到投影仪显示而影响。针对不同的美术馆评价要求，需专门设定不同的亮度及其对比度。当美术馆照明风格为重点照明时，照度为200 lx，色温为3300 K时，投影仪显示为自定义模式（亮度为24.7 cd/m²，对比度为12∶1）时，人眼舒适度最佳。

此外，我们还参考了国外标准关于对比度的规定如：对（欧洲照明技术规范）CEN/TS 16163中关于对比度的限定。鉴于展品要在其背景中以某种程度脱颖而出，因此要确定所需的对比度。通常，展品的照度与展览空间的一般照度（通常被视为平均垂直照度）之间的对比度应为1∶1（无重点），3∶1表示中等重点，10∶1为戏剧性重点。如果对比度明显大于此，则观看展品可能会变得困难，因为展品的照度水平将比观看者的视觉适应能力高很多。我们结合实验和参考标准，以及我们调研中的一些测试数据，用主观和客观相结合的综合评价方法，制订了有关于对比度评分项如表4、5所示。

表4　展厅墙面与展厅地面对比关系评分项依据

考察要点	优	良	合格	不合格
展厅墙面与展厅地面对比	1∶5 > S ≥ 1∶3	1∶3 > S ≥ 1∶2	1∶2 > S ≥ 1∶1	S < 1∶1
	展厅墙面与展厅地面亮度搭配完美	展厅墙面与展厅地面亮度搭配较好	可以辨识方向，但搭配不协调	影响辨识方向

注1.展示区与展陈环境对比关系评估，宜选取尺幅最大展厅墙面平均照度与展厅地面平均照度比对，测试用照度（亮度）皆可，可以结合主观评价。
注2.比对评判要考虑观众的视觉感受来评估。当比值为≥5:1时，现场如有不舒适感要降级，特别不舒服为不合格。

表5　展品表现艺术感评分项依据

考察要点		优	良	合格	不合格
展品表现艺术感	立体	1∶10 > S ≥ 1∶6	1∶6 > S ≥ 1∶3	1∶3 > S ≥ 1∶1	S < 1∶1
		立体感表现恰当，艺术效果突出	有立体感，艺术效果弱	略有立体感，没有艺术美感	没有立体感，缺乏美感
	平面	1∶10 > S ≥ 1∶3	1∶3 > S ≥ 1∶2	1∶2 > S ≥ 1∶1	S < 1∶1
		展品表现完美，艺术效果突出	展品清晰，艺术效果弱	展品可以看清，没有美感	展品模糊，缺乏美感

注1.立面展品取暗部最低照度（亮度）与四周环境20cm处最高照度（亮度）之比。
注2.平面展品取四周环境20cm处平均值与展品平均照度（亮度）值之比。

（十）对眩光评价的思考

国际照明委员会（CIE）对眩光的定义为：眩光(glare)指的是视野中，由于不适宜的亮度范围或分布，或在空间或时间上存在极端的亮度对比度，以致引起视觉不舒适或者降低物体可见度的视觉情况。在博物馆、美术馆照明问题中，眩光是导致艺术品细节呈现缺乏感染力、表现力大打折扣的重要原因之一。眩光也很普遍，与馆方选择照明器具不当和用光安装位置不合理有关。眩光一般分为三种：第一种是反射眩光或者光幕反射，当观众参观时，从展柜镜面看到被反射的光源或高亮物体引起反射眩光，光幕反射影响观众看清物体，引起观众不适感。第二种是直接眩光，观众能直接看到光源或在空间中有强烈的反射光源，会引发不适感。第三种是失能眩光，由人眼直视了比周围视野强烈的光源而造成的视觉失能，这种强烈的光使我们很难或者无法看清其他东西，结果既危险又痛苦。眩光产生形式可分为直接眩光（straight glare）和反射眩光（reflected glare）。

如何评价博物馆、美术馆眩光对展品观察情况的影响，是我们亟待解决的重要问题之一。

研究主要依托浙江大学罗明教授承担的“博物馆中艺术品反射眩光的评估”实验工作，成果已在2017年出版的《光之变革——照明质量评估方法与体系研究》中发表。不适眩光通常和人的适应水平有关。不适眩光主要受四个因素影响，即眩光的亮度、眩光的尺寸、眩光的位置以及背景的亮度有关。一般光源亮度越高、尺寸越大、位置越接近视线中心或者背景越暗，所引起的眩光越明显。以往博物馆标准中对眩光UGR有规定，一般不大于19，如果UGR小于19则认为这个眩光是可以接受的眩光。这个指标给定存在诸多问题，优劣等级没有合理的给出区分值，另外，在实际应用中，也存在眩光数据采集难等诸问题，因此罗明教授团队进行了大量实验（图13），配合标准制订工作。

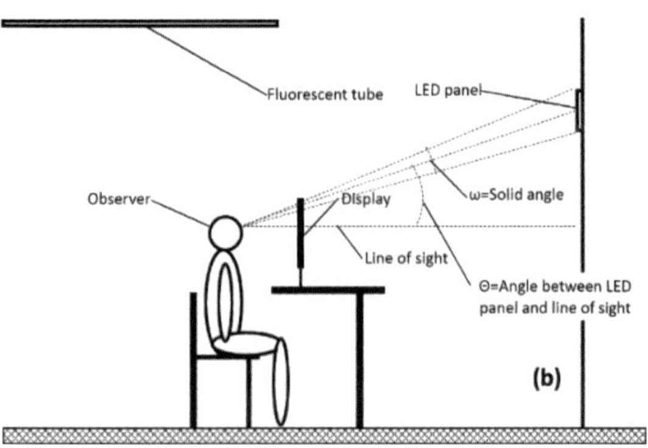

图13　实验环境与观察者

实验结论为，未来改进博物馆、美术馆照明眩光应从以下几个方面入手：第一，为使艺术作品能够完整清晰、富有表现力地呈现在大众面前，光环境中应对所有眩光进行消除；第二，需要建立一个新的反射眩光指标(Reflected Glare Index，RGI)，来表征反射眩光的不适程度；第三，基于相机拍摄测算系统可以应用在后续实验之中，优点是相机与观察者的位置可以等同；第四，可以设计一个颜色图像处理分析软件，来获取一张彩色图片的亮度分布图，并计算反射眩光系数RGI；第五，需要设计进行心理物理学实验，标定反射眩光系数RGI的评估等级。我们标准制订吸收了该研究成果，并提供了一个较合理的眩光评定导向，数据越小光环境越优越，评估工作也结合了对观测者的心理评估，以弥补采集数据难等缺陷。

（十一）灯具质量

灯具质量一直是博物馆、美术馆馆方最关心的事情，涉及光环境效果和后期维护，以及资金使用情况。“物有所值，价廉物美”是各馆普遍希望的方向。灯具质量主要涉及灯具的光分布（即配光），是灯具部件和光源组合的结果。亮度和对比度是灯具的光分布和光与空间表面相互作用的结果。配光不好的灯具光色不均匀衔接，有瑕疵（图14），无光强明显不均衡和安装不灵活等问题。产品外观与展陈空间协调参照表6来评价。光环境分布参照表7来评价。

图14　配光不均匀展陈光环境效果（图片来源：国盈光电提供）

表6　产品外观与展陈空间协调评分项依据

考察要点	优	良	合格	不合格
产品外观与展陈空间协调关系	完美	较好	协调不充分	匹配差

注1.产品外观和色彩与展陈空间艺术氛围、色彩基的协调性主观评估。
注2.评判要考虑观众视觉感受程度。

另外，灯具质量还有重要一项就是光源质量，光源质量还会涉及光源自身光源类型与发光原理不同。传统光源在博物馆和美术馆中目前仍在使用的光源有白炽灯、卤素灯、荧光灯（传统型荧光灯和无极荧光灯）、陶瓷金卤灯等。卤钨灯的基本发光原理和白炽灯相同，都是热辐射光源。其优点是简单、成本低廉、亮度容易调整和控制、显色性好（R_a=100）。但光源使用寿命短、不节能，灯体自身发热，有红外和紫外线辐射，对文物展品有损伤，目前这两种传统光源正在逐步淘汰中。荧光灯属于气体放电光源，荧光粉对荧光灯的质量起关键作用。其优点是显色性好，对色彩丰富的物品及环境有比较理想的照明效果、光衰小、平均寿命较长，但其紫外线含量高，对文物有一定损伤。LED 光源优点是效率高、寿命长，可连续使用 100000h，比普通白炽灯泡长 100 倍，而且紫外线和红外线含量很低，对文物展品的光辐射少，能更好保护文物展品。其缺点是，早期 LED 光源光谱不连续，存在红色还原差、色彩一致性差、富含蓝光等不利因素。而且光源其受环境影响较大，比如温度，LED 属于电流敏感元件，LED 的电流增加会直接导致发热增加，长时间超过额定电流工作，会使 LED 芯片长时间处于高温状态，会大大缩短 LED 使用寿命。另外，市面上很多可调光的 LED 光源，当调到 50% 左右就会出现频闪问题，还在瞬间开启时出现谐波现象，诸如此类灯具质量问题，需要在标准制订中有所考虑。基于以上考虑，我们对灯具质量主要从表 8 中进行规定和限制。

表 7　展示区均匀度评分项依据

考察要点	优	良	合格	不合格
空间水平照度均匀	$S \geqslant 0.7$	$0.7 > S \geqslant 0.5$	$0.5 > S \geqslant 0.3$	$S < 0.3$
空间垂直照度均匀	$S \geqslant 0.7$	$0.7 > S \geqslant 0.5$	$0.5 > S \geqslant 0.3$	$S < 0.3$

注1.空间水平均匀度和垂直均匀度，宜选取尺幅最大展品采集，测试用照度计算。
注2.照度均匀度评判要考虑观众的视觉感受来评估，视觉如不舒适要降一级。

表 8　陈列空间光源质量评分项依据

考察要点		优	良	合格	不合格
显色指数	R_a	$S > 95$	$95 \geqslant S > 90$	$90 \geqslant S \geqslant 85$	$R_a < S$
	R_9	$S > 95$	$95 \geqslant S > 75$	$75 \geqslant S > 60$	$S \leqslant 60$
	R_f	$S > 95$	$95 \geqslant S > 90$	$90 \geqslant S > 85$	$S \leqslant 85$
频闪控制		（1）若 $f \leqslant$ 90Hz,MD $\leqslant 0.01*f$%；（2）若 90Hz $< f \leqslant$ 3000Hz,MD $\leqslant 0.0333*f$%；（3）若 $f >$ 3000Hz,MD 没限制。	（1）若 $f \leqslant$ 8Hz,$0.01*f$% < MD $\leqslant$ 0.2%；（2）若 8Hz $< f \leqslant$ 90Hz,$0.01*f$% < MD $\leqslant 0.025*f$%；（3）若 90Hz $< f \leqslant$ 1250Hz,$0.0333*f$% < MD $\leqslant 0.08*f$%；（4）若 1250Hz $< f \leqslant$ 3000Hz,MD $> 0.0333*f$%。	（1）若 $f \leqslant$ 8Hz,0.2% < MD $\leqslant$ 30%；（2）若 8Hz $< f \leqslant$ 90Hz,$0.025*f$% < MD $\leqslant$ 30%；（3）若 90Hz $< f \leqslant$ 300Hz,$0.08*f$% < MD $\leqslant 0.3333*f$%；（4）若 300Hz $< f \leqslant$ 1250Hz,MD $> 0.08*f$%。	其他：（1）若 $f \leqslant$ 90Hz,MD > 30%；（2）若 90Hz $< f \leqslant$ 300Hz,MD $> 0.3333*f$%。
色容差		$S \geqslant$ 2SDCM	2SDCM $> S \geqslant$ 4SDCM	4SDCM $> S \geqslant$ 5SDCM	$S >$ 5SDCM

注1.频闪分类，请参考标准中附件D的示意图D.5进行评价。
注2.能调光的灯具选择调光30%后测量频闪值。

（十二）蓝光危害

LED 的蓝光危害一直颇受争议，且一度成为 LED 照明产品推广应用的限制性问题，因 LED 白光的发光原理会导致光谱中蓝光成分含量较高，可见光谱中蓝光部分会对视网膜有潜在危害。蓝光危害通常认为会有以下几种不良作用：

(a) 蓝光是一种褪黑激素抑制剂；

(b) 蓝光会使眼睛内的黄斑区毒素量增高；

(c) 蓝光可导致白内障术后的眼底损伤；

(d) 蓝光可引发视觉模糊。

LED 蓝光危害的测量评价标准主要有 IEC（国际电工委员会）IEC/TR 62778:2014 以及 IEC62471、IEC62471-2 等，我国与之相对应的为强制性标准《灯具　第 1 部分：一般要求与试验》(GB7000.1-2015)。在 IEC62471 中，评估取决于产品本身，也取决于观察距离，对于通用照明灯具其评估距离取值为照度 500lx 处，但不小于 200mm。在 IEC/TR62778:2014 中，测试距离除确定为 200mm 处，测量视场角度还规定了 0.011rad。而光源视场角大小不仅与光源尺寸大小有关，更与视距有关。在IEC62471中，测量视场角大于等于0.011rad按照大光源方法计算，测量视场角小于0.011rad的按照小光源方法计算。IEC62471标准中将光生物安全分为4个等级，从RG0到RG3危险等级逐级提高，其中，RG0和RG1被认为一般应用是安全的。当初级光源的蓝光危害为RG0或RG1时，它可以在灯具上使用而不需要任何标记，当蓝光危害的信息为RG2的E_{thr}时，根据灯具的类型，要求的标记要求有所区别。灯具要标记“不要朝光源盯着看”的符号。在GB7000.1—2015中，规定不宜使用蓝光危险组别大于RG2的光源。现在需要考虑蓝光危害的光源类型只有LED、金属卤化物灯和一些特殊的卤钨灯。使用RG3光源的灯具的要求还没有开发，因为这种产品在市场还没有。灯具使用按IEC/TR62778为RG0无限制或RG1无限制等级的光源或当完整装配使用的灯具蓝光危险组别为RG0（无限制）或RG1（无限制）时，在相同条件下，视网膜光危害的要求不适用。对按照IEC/TR62778评估具有阈值照度E_{thr}的灯具，应使用下述要求：对固定式灯具，要按IEC/TR62778进行附加的评估来找到灯具的RG2与RG1间边界的距离x_m，灯具应按标准的标记和说明。在200mm处按IEC/TR62778的评估超过RG1的可移式灯具和手持式灯具，要按照标准的规定标记。

按光源安全标准的要求，适用时，提供蓝光危害的信息。一些灯具的设计，例如带有整体式光源，需要对灯具整体进行试验。制造商声称的灯具光度数据可以作为“a”项具体评估的基础。IEC60598-2-10覆盖了儿童用可移式灯具，及IEC60598-2-12覆盖的电源插座夜灯，按照IEC/TR62778在200mm处不应超过RGl。

博物馆、美术馆所使用的整体式LED或LED模块灯具，应根据IEC/TR62778：2014评估光源和灯具的蓝光危害，不应使用蓝光危害类别大于RG2的LED光源，宜使用RG0或RG1是光源。可以通过约定厂家要提供蓝光检测数据来规避风险，已经使用的LED用户，可以通过抽样送检的形式，让有关检测部门提供帮助，以减少不必要的思想包袱。

（十三）频闪限制①

IEEE（美国电气和电子工程师协会）2015年发布的IEEE1789 *IEEE Recommended Practices for Modulating Current in High-Brightness LEDs for Mitigating Health Risks to Viewers* 文件对LED照明产品的频闪的概念和测量评价进行了介绍，并且也对频闪的等级分类进行了推荐。其分类方法是基于频率f和调制深度MD（即闪烁百分比）按可能存在的潜在不利健康影响将LED照明产品的频闪分为了三类：无风险等级、低风险等级、高风险等级，并基于此给出了三个推荐建议：

（a）推荐1：若需限制频闪产生的危害影响，则应满足以下条件：

——$f < 90$Hz时，MD $< 0.025 \times f$；

——90Hz $\leq f \leq$ 1250Hz时，MD $< 0.08 \times f$；

——$f > 1250$Hz时，MD没有限制。

（b）推荐2：若需无频闪危害影响，则需满足以下条件：

——$f < 90$Hz时，MD $< 0.01 \times f$；

——90Hz $\leq f \leq$ 3000Hz时，MD $< 0.0333 \times f$；

——$f > 3000$Hz时，MD没有限制。

（c）推荐3：任何照明产品，都应满足以下条件：

——$f < 90$Hz时，MD $< 5\%$。

NEMA（美国电气制造商协会，全称为National Electrical Manufacturers Association）2017年发布的NEMA 77《Standard for Temporal Light Artifact—Test Methods and Guidance for Acceptance Criteria》中指出IEEE1789中的等级分类方法过于严格，现在诸多非LED照明产品的频闪等级都不满足低风险和无风险等级的要求，比如使用了将近1个世纪的白炽灯按IEEE1789进行分类就在高风险等级区域，这也得到了行业内众多学者的认同，如图15所示。

因此，《美术馆光环境评价方法》的分类方法在IEEE1789的分类方法基础之上，并考虑NEMA77等标准提出的问题，将频闪等级通过频率和调制深度划分为优、良、合格和不合格四个等级，将白炽灯纳入了合格等级范围内，具体分类方法详见表9和图16。

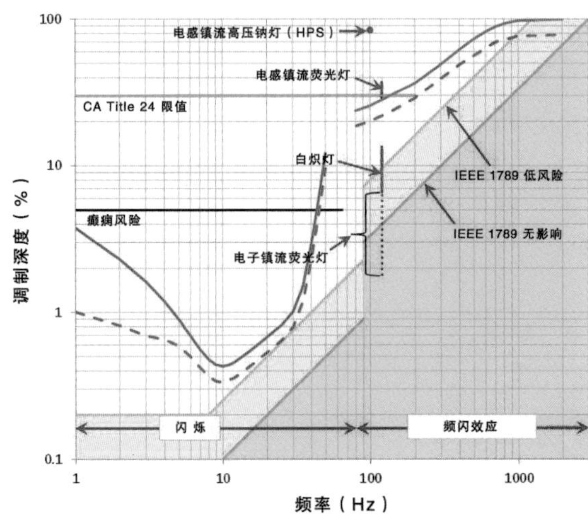

图15 基于IEEE1789频闪等级分类法的不同光源频闪的等级（NEMA77）

① 此小节内容为杭州远方光电信息股份有限公司李倩女士提供。

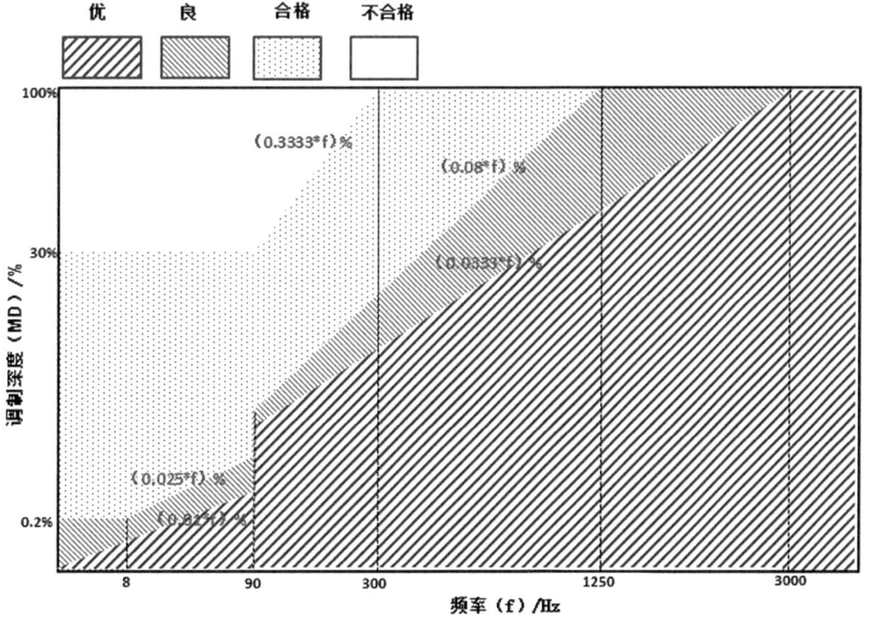

图16　频闪等级4分类法示意图

表 9　频闪等级分类

考察要点	优	良	合格	不合格
频闪控制	（1）若 f ≤ 90Hz，MD ≤ 0.01*f%；（2）若 90Hz < f ≤ 3000Hz，MD ≤ 0.0333*f%；（3）若 f > 3000Hz，MD 没限制。	（1）若 f ≤ 8Hz，0.01*f% < MD ≤ 0.2%；（2）若 8Hz < f ≤ 90Hz，0.01*f% < MD ≤ 0.025*f%；（3）若 90Hz < f ≤ 1250Hz，0.0333*f% < MD ≤ 0.08*f%；（4）若 1250Hz < f ≤ 3000Hz，MD > 0.0333*f%。	（1）若 f ≤ 8Hz，0.2% < MD ≤ 30%；（2）若 8Hz < f ≤ 90Hz，0.025*f% < MD ≤ 30%；（3）若 90Hz < f ≤ 300Hz，0.08*f% < MD ≤ 0.3333*f%；（4）若 300Hz < f ≤ 1250Hz，MD > 0.08*f%。	其他：（1）若 f ≤ 90Hz，MD > 30%；（2）若 90Hz < f ≤ 300Hz，MD > 0.3333*f%。

第三章　课题组研究成果介绍

2002年修订颁布的《中华人民共和国文物保护法》明确了文物工作方针："保护为主，抢救第一，合理利用，加强管理"。这是指导文物工作的基本准则。我们研究和制订的标准，也遵循这一原则。标准制订工作重在方向性引导和导向合理。我们通过大量学术研究和实地调研，以及大量细致的实验室工作，为博物馆、美术馆行业提供适用于当前照明技术发展的行业标准《美术馆光环境评价方法》和《展陈空间照明设计应用标准》。

一　《美术馆光环境评价方法》标准

文化与旅游部行业标准《美术馆光环境评价方法》编制工作始于2017年6月，是作为2017年度文化部行业标准研究项目"美术馆照明质量评估方法与体系的研究"成果基础上的再深入，这也意味着我们的标准制订工作实际开展了4年，是在实践与应用结合中逐步形成的，已经具备了现实指导价值。课题组前期调研48家博物馆和美术馆，后一阶段又调研了16家，整个研究工作持续推进，反复论证修改，最终形成了标准文本。在制订标准的过程中，整体采取倒推方式进行，即预先设计理想的标准草案，再进行实地应用标准调研考证，在实践中反复检验与修改标准，并配合实验工作共同完善标准。《美术馆光环境评价方法》标准条文说明如下。

（一）标准基本情况说明

本规范是2019年文化和旅游部科技教育司上半年行业标准制修订项目之一，由文化和旅游部提出并归口管理，中国国家博物馆为承办单位。

目前国内没有美术馆照明质量评价标准，各美术馆缺少照明施工验收依据，照明质量无评价标准，日常照明维护缺科学管理依据。针对应用需求，编制组承担工作，以解决三个方面对美术馆光环境的评价。

1）本标准适用于美术馆特有功能空间的光环境评价。

2）本标准适用于光环境施工验收、光环境改造提升审核、光环境业务日常管理考核与临时展览馆方自我评估。

3）本标准也适用于博物馆中类似美术馆功能空间的光环境评价。

自编制工作启动以来，编制组即成立了近60人起草组，召集了来自全国博物馆美术馆系统和照明领域知名专家20余位，联合博物馆、美术馆、专业照明企业共同参与研究，用了近1年时间，课题组前后通过标准起草阶段、内部审议修改阶段，还在2019年11月11日在中国国家博物馆官网、文博在线、博物馆头条三家网站公开向社会征询意见，与此同时我们还成立调研组，由课题组专家带队，工程与技术人员协助，分头利用新标准抽样调研了全国有影响力的16家博物馆、美术馆，对新标准的具体指标开展实地应用与测试，期间，我们还配合调研工作，开展了相关指标数据的模拟与实验，还征集了企业样品进行数据采集等工作，于2020年6月底完成制订计划，本标准草案先后经历了100余次修改，为实现我们对行业标准"高标准、严要求"的预期目标，目前该标准已审查通过，待文化与旅游部发布实施。

（二）标准内容的简要概述

本标准设计了8个单元和6项附件，前三个单元为标准的一般规定：标准适用范围、规范性引用文件、术语和定义等内容。从第四单元开始为具体规范条文，"基本规定"三项内容：1）一般规定；2）评价方法和步骤；3）控制项，从整体规范上做限定。第五单元和第六单元是标准评估主要章节内容（图17），指美术馆功能空间中的陈列空间（常设展或临时展览）和非陈列空间，这两类空间基本囊括了美术馆特殊功能。非陈列空间包含大堂序厅、过廊与（藏品库区、藏品技术区或业务研究用房）。其中大堂序厅和过廊各馆都有设置，主要起衔接室内外空间和调节人眼视觉功能的作用，但很多美术馆将其空间已经演化成大的开放陈列室，因此对该空间需要进行合理评估。评估细节上，我们又分为"三项评分项"：1）用光安全；2）灯具质量；3）光环境分布。这三个方面涵盖对美术馆光环境的技术与艺术评价。标准第七单元是运行评估项，调研组可以现场对馆方进行采集，通过访谈可以直接获取评估结论与得分。后经审查专家建议调整，将此章节作为附件内容被保留。估为特

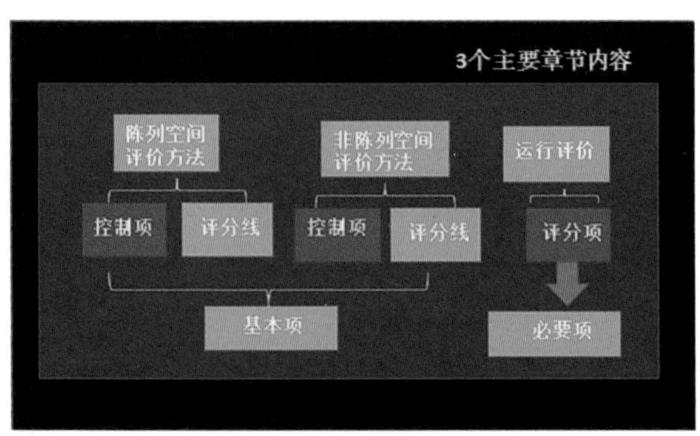

图17　标准评估主要章节内容

殊项，起参考作用，不做硬性要求。

标准附件部分：附件A和B（图18），是采集馆方的基本信息，可以与馆方现场访谈，或调研开展前后进行协商沟通完成。附件C部分是调研组现场采集空间的数据表格，根据现场采集场所数量，可以利用它多备份使用。附件D和E是测量数据参考项，利用它作为调研前期准备工作和后期计算统计结果使用。附件F是评价结果汇总表，由调研专家撰写，能反馈给馆方调研和评估结论。

评估标准计算方法：标准正文评分项，规定了各评估细节的权重比值，利用它可以进行评估计算。另外，标准附件解决如何使用标准操作内容，评估组通过填写附件内容，能完成各项采集任务，具体附件D和E是数据参考项，利用它可作为调研前期准备工作和后期计算结果使用。附件F是评估结论和最后专家鉴定。对三个主要评估项进行评估，各项100分，共300分评分值，其中运营评估项，可以现场完成。

（三）标准编制的价值与意义

目前编制计划完成，标准草案也进行了100余次修改，达成了对行业标准"高标准、严要求"的预期目标。

作为行业标准的《美术馆光环境评价方法》，将会对我国博物馆、美术馆标准制订工作产生深远影响。该标准为原创，是经过实地运用与检验，具有很强实操价值的标准。它已改变了以往我国美术馆（博物馆）在应用标准方面，仅考虑最低指标划分，无法辨别良莠的现实。我们的评估标准通过划分等级，区分优劣进行量化的评估形式，便于加强我国美术馆（博物馆）业务管理，促进整体用光水平走向科学。标准从美术馆（博物馆）光环境在用光安全与艺术表现方面都进行科学规划，分三个方面进行量化评估：适用于美术馆特有光环境及运营维护评价；光环境施工验收、光环境改造提升审核、光环境业务日常管理考核与临时展览馆方自我评估；博物馆中类似美术馆功能空间光环境评价。未来，该标准经文化和旅游部颁布实施后，将为我国美术馆（博物馆）光环境整体提高发挥重要作用。

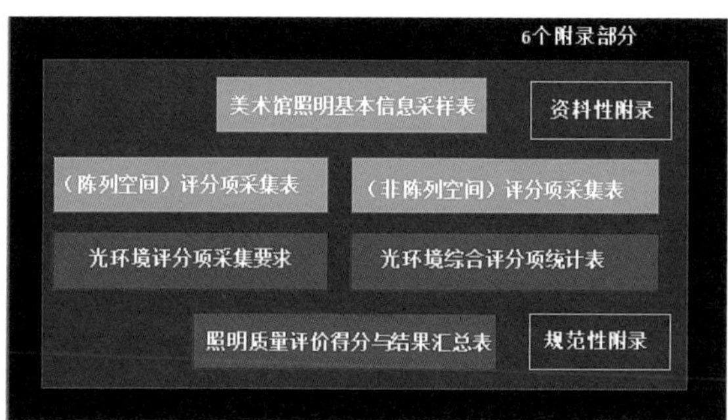

图18　标准附件部分

（四）作为推荐性标准的建议

评估美术馆光环境蕴含着技术与艺术评价，也包括主观与客观评价，我们重在方法研究，对于技术指标上的设计，原则上我们采取现有标准和已取得的研究成果做评估依据，我们课题组前后已调研了110多家博物馆和美术馆，大量技术数据可以参考。另外，我们考虑到博物馆与美术馆的差异，对美术馆的光环境评估重在艺术表现，博物馆重在展品保护，在制订标准时要有所区分。

此标准编制为推荐性标准，我们编制目的在于能推广与应用，简单应用，实用性强，好操作才能被行业广泛认可。目前我们制订工作基本结束，对博物馆的标准制订我们仅停留在设想阶段，还需要进一步研究探索。博物馆光环境承载更多展示珍贵文物的职能，展品保护需要安全，我们团队也希望承担此项工作，将研究工作进行到底。

二　《建筑装饰装修室内空间照明设计应用标准》（T/CBDA 49-2021）中"展陈空间"章节

2019年7月，中国建筑装饰协会召集全国有影响力的照明设计师，组织他们编写了《建筑装饰装修室内空间照明设计应用标准》（T/CBDA 49-2021），此标准目前为中国建筑装饰协会团体标准，编写工作历时一年，目前已获批，在2021年5月实施。该标准对国内广大室内设计师有重要的参考价值，是指导室内照明设计师应用，引导他们能够快速掌握做室内照明设计的一般规律的行业准则，该标准对室内17个典型空间进行了照明设计规律的一一解读，内容精炼、技术要求高，具有很高应用指导价值。我们团队也参与此标准编制，项目负责人艾晶承担该标准"展陈空间"章节编制，课题组高帅、刘强老师也参与工作，另外，课题组其他成员郑春平、袁端生也参与了标准编写，还有饶连江、李波、潘辉、史国槐、李晓夏、刘俨卿等人参与。该标准编制工作，除了制订标准本身，还组织进行了标准手册的同步撰写。标准力求内容简洁和规律性强，对于应用当前LED技术具有重要的指导作用。其手册编写主要详细解读如何做展陈空间的照明设计，提纲挈领，力求能清晰诠释如何应用标准来做照明，一切从实际应用出发，运用翔实易懂的图文结合形式，从整体到局部一一分解图示化，来指引设计师利用标准开展"展陈空间"照明设计，另外，还有实际案例分析举例说明。"展陈空间"照明设计应用标准条文说明如下。

"展陈空间"照明设计应用标准分两个章节展开，其中14.1是"照明设计"，14.2是"照明建议值"。构思方面主要立足于实践与研究，不局限于参考《博物馆照明设计规范》（GB/T23863-2009）的内容，具有文字更简洁、内容更简练与方法更概括的特性，展陈空间照明设计标准制订强调其实战应用性，只提炼最重要和最关键信息。

标准中14.1照明设计章节，内容涉及4个方面：14.1.1应用空间界定；14.1.2照明设计规定内容；14.1.3灯具规定内容；14.1.4照明控制规定内容。

14.1.1介绍标准适用空间类型包括博物馆、美术馆、展览馆三个类型空间。展陈空间照明设计应针对陈列区（常设展厅和临时展厅）、公共区域（大堂、序厅、过廊空间）进行设计。

里面涉及部分博物馆、美术馆的陈列区会延伸至公共区域，对这部分空间的照明设计也应按照陈列区照明的要求进行规划。

14.1.2是展陈空间的照明设计要求，应符合的规定条文共9条。

条文1：陈列区照明设计，宜采用导轨照明系统，以满足观展、布展、安保及清洁的要求。

在展陈照明中无论常设展厅或临时展厅，一般都会按下列要求确定照明方式：

a）通常应设置一般照明；

b）不同区域有不同照度要求时，应采用分区一般照明；

c）宜采用混合照明；

d）不宜只采用局部照明。

无论哪种照明方式设计，都符合标准的规定内容，这样也显然目标明确，更直观更有利于规律应用。另外，部分博物馆、美术馆的陈列区会延伸至公共区域，照明设计应按陈列区照明要求进行设计规划。陈列区照明设计应遵循有利于观赏和展品保护的原则，安全可靠、经济适用、技术先进、节约能源、维修方便。

条文2：陈列区照度差异较大的相邻展区之间的区域，及室内外的过渡区，应考虑照度值的递减或递增。

陈列区照度差异较大的相邻展区之间，低照度展区出入口，应设置观众视觉适应过渡空间。尤其起室内外过渡作用的公共区域，除满足功能要求外，还要起到视觉调节作用。此外，像古代书画类展览，因展品敏感脆弱需要严格用光安全保护，标准照度值会限制在50lx左右，如果两个相邻的空间对比度超过10倍以上，容易引发视觉上的不舒适感，直接导致影响观众参观展览。因此我们建议平衡和调整过渡空间的对比度，需设立视觉平衡过渡区。

条文3：陈列区有自然采光时，应考虑红外和紫外线的防护，并不应有直射阳光的进入。

陈列区应根据展品特征和展陈设计要求，合理利用天然光。但对展品进行照明设计时，应避免光源紫外、红外辐射。一般安装遮阳装置或在玻璃上涂抹防护材料。

条文4：陈列区对光敏感的展品应避免红外和紫外辐射。

无论天然光和人工光照射对光敏感的展品时，都要采取保护措施，对照明灯具和设备需进行防红和紫外线处理，计算照度和曝光量，严格遵照标准推荐值，建议展品展出时长经过计算统计总时长，可采用探测器来控制时长。

另外，展览展厅尤其是以展示历史类文物为主的展厅，其整体光环境亮度通常较低，以突出展品，有层次感，能塑造艺术氛围的照明效果为佳。但要满足本规范的要求。

条文5：陈列区的文字说明和展柜玻璃应避免二次眩光。

二次眩光问题在博物馆、美术馆展览中非常普遍，多因展具玻璃或作品自身材料而造成的光二次反射。因此在标准中我们特别强调对博物馆、美术馆照明设计注意灯具与展品的入射角、安装位置等，防止展品和文字说明等造成二次眩光污染。尤其展柜玻璃最好选择低反射玻璃来解决二次眩光现象。

条文6：文物展品的照度、色温及年曝光量不应超过本标准规定的标准值。

文物展品展出时的安全至关重要，光致损伤是其中最为重要的部分，因此在做照明设计时，务必要对文物展品的照度、色温及年曝光量严格按照本标准规定值设计。标准规定的数据是经过我们大量的数据测试与研究后的结果，我们也吸收了国外标准最新的研究数据。对光敏感的展品，在展厅、展柜的适当位置，宜设置感应探测器，自动开启、关闭照明或进行自动调光，这样也可以减少对展品照射的年曝光量。

只有严格遵照标准设计才能更好地保护我们的展品，对文物展品的保护采取对展品照度、色温和年曝光量的限制，设计师要遵照本标准规定值来合理设计。在满足要求的基础上，在对展陈照明设计增强陈列空间光环境的艺术氛围，以突出展示展品，做到让每一件展品和文字说明等辅助展品都能看清楚。

条文7：大型展柜内灯光系统与展品之间应设置防护及防眩光措施。

陈列区应选用配光好，能防眩光的灯具，照明装置应具有防止坠落的防护措施。布置在展品正上方的灯具，应具备防坠落双重保护措施，或将灯具置于格栅或透光板后方。尤其大型展柜的照明系统与展品之间要做隔离防护，便于日后馆方工作人员对照明设备的检修与维护，还可以防止在维护与检修中，由于工作人员操作不当造成展品损坏。特别强调对大型展柜做防眩光处理，展陈中产生的眩光，很大一部分是与展柜内的灯具有关，所有我们单独提出来进行规范强调。

条文8：墙面上带有防护玻璃或表面有光泽的平面展品应避免产生反射眩光。

这是从标准的条文规定上，进一步强调避免眩光产生的途径，对这些墙面上带有防护玻璃或表面有光泽的平面展品，更应该指出要避免产生反射眩光问题。

条文9：展览区地面的照度应低于展品的照度，且应不低于10lx。

人眼生理上总会被视线中的强光所吸引，因此展陈地面的照度，设计时不应高于展品照度，否则会影响观众集中视线，但地面照度推荐值不要低于10lx，过低照度会对观众识别参观路线造成影响，也会影响安防管理工作。因10lx是人眼辨识物体比较适宜的取值点，实际在展陈中，如果光环境之间光强对比强烈，中间缺少过渡区进行缓冲，也会造成视觉不舒适等影响，此时的展厅地面照度要根据实际情况进行调整。

14.1.2条文说明：大型展柜为避免灯具产生的热量及坠落的可能性，通常会在灯具与展品之间设置安全防护玻璃，在满足安全情况下，同时避免眩光问题。

大型展柜在陈列展览中运用较为普遍，如何避免灯具安全隐患至关重要，通常对热量和灯具防坠落是其基本要求，一般采取安装防护玻璃，区分展陈空间与设备空间的陈列形式来处理。此外，灯具安装位置也要精心设计与考虑，以免产生影响观众视线的眩光，进而影响展示效果。

14.1.3是展陈空间的灯具应符合的规定内容，共8条。

条文1：陈列区的墙面照明，可采用非对称配光的灯具。

陈列区垂直面（墙面）照明普遍，灯具配光好，才能取得令观众满意的视觉效果。而常规一般会使用轨道射灯对墙面进行照射，多为对称式配光灯具，而非对称灯具有时会取得意想不到的理想效果，所以标准特意提出，设计中不容忽视。

条文2：陈列区的灯具应配置可更换配光的光学器件。

设计上如果能很好地运用各种光学器件，可以灵活地适用于各种陈列形式的变化与组合，在不大量增加采购灯具成本的情况下，即满足布展实际需要，又能实现理想的视觉效果。

条文3：展品正上方的灯具，应具备防坠落保护措施。

陈列区所有照明装置都应具有防止坠落的防护措施。尤其布置在展品正上方的灯具，应具备防坠落双重保护措施，或将灯具置于格栅或透光板后方。

条文4：密闭展柜安装的灯具，宜选择小功率及低发热量的LED灯。

密闭展柜灯具应避免安装在可燃材料上，要有防范阻燃措施。直接安装在可燃材料表面的灯具，应有阻燃标志的灯具。另外，灯具也不宜被隔热材料覆盖。宜选择小功率及低发热量的LED灯。

条文5：LED产品的蓝光危害宜满足RG0或RG1要求。

LED的蓝光危害一直备受关注，IEC（国际电工委员会）IEC62471标准中将光生物安全分为4个等级，从RG0到RG3危险等级逐级提高，其中，RG0和RG1被认为一般应用是安全的。在展陈中在使用整体式LED或LED模块灯具时，应根据IEC/TR62778:2014评估光源和灯具的蓝光危害，不应使用蓝光危害类别大于RG2的光源。

表10 直接型灯具的遮光角

光源亮度／（cd/m^2）	遮光角／（°）
1～20	＞10
20～50	＞15
50～500	＞20
＞500	＞30

条文6：直接型灯具的遮光角不应小于表10的规定。

在设计上参考遮光角进行选择光源，能有效防止眩光，提高展陈光环境视觉效果。

条文7：LED光源中的紫外线相对含量应小于1μW/lm。当产品本身不能满足上述指标时，需配合使用能够吸收或反射紫外线的滤光器等辅助设备。

一般LED光源紫外线含量较低，专业生产LED的生产厂家近几年生产的LED产品都可以满足这个限定要求，但传统卤素灯和荧光灯紫外线含量会很高，如果没有经费支持更换照明产品，可以使用能够吸收或反射紫外线的紫外滤光器等辅助设备来解决。

条文8：LED光源中的红外线相对含量应小于600μW/lm。当产品本身不能满足上述指标时，需配合使用能够吸收或反射红外线的滤光器等辅助设备。

在《博物馆照明设计规范》（GB/T23863-2009）中对红外线限制指标没有规定，在展陈空间中，由于所使用的灯具含红外辐射会导致展品加速化学反应，因此对灯具红外线辐射需要避免。如能加吸收或反射红外线的红外滤光器等辅助设备可以减免对文物的损伤，LED光源红外线含量很低，一般红外线可以忽略不计，可以不增加滤片等辅助设备。

14.1.4展陈空间的照明控制应符合以下规定有5条。

条文1：展陈空间应设置场景控制模式及设备，对光敏感的展品可采用移动传感器实现移动感应模式，控制曝光时间。

条文2：独立展柜宜设置单灯调光。

条文3：原列区的灯具应具备可调光功能。

条文4：照明控制系统用的控制模块应能独立运行。

条文5：展厅照明控制应与多媒体显示联动。

在14.2照明设计章节中，内容涉及3个方面：14.2.1陈列区照明质量一般规定值；14.2.2陈列区照度标准值、照明光源相关色温及展品表面曝光量要求；14.2.3陈列空间的照明建议值。

14.2.1除科学类博物馆、展览馆以外，陈列区照明质量应符合下列4条规定。

条文1：基础照明应按展品照度推荐值的20%～30%上下选取；

条文2：当陈列区内只有基础照明时，地面最低照度与平均照度之比不应小于0.7；

条文3：平面展品的最低照度与平均照度之比不应小于0.8；高度大于1.4m的平面展品，其最低照度与平均照度之比不应小于0.4；

条文4：陈列区内一般照明统一眩光值（GR）不宜大于16；观众不应直接看到展柜中和展柜外的光源不应在展柜的玻璃面上产生光源反射眩光，应将观众或其他物体的映像减少到最低程度。

14.2.2 陈列区照度标准值、照明光源相关色温及展品表面曝光量的要求见表11～13。

14.2.3 陈列空间的照明建议值要求见表14。

表11　陈列区展品表面照度标准值

展品类别	照度 /lx
对光极敏感：染色丝绸、传统书画、古代纸质和绢质典籍	≤ 50
对光较敏感：染色非丝质纺织品（如唐卡、挂毯、棉麻质服装等）、水彩、水粉、染色皮革、染色木器、染色竹器、染色藤器、染色漆器、染色牙骨角器、植物标本、动物标本等	≤ 50
对光低敏感：壁画、油画、彩绘雕塑、未染色纺织品、未染色皮革、未染色木器、未染色竹器、未染色藤器、未染色漆器、未染色牙骨角器等	≤ 200
对光不敏感：金属、石材、玻璃、陶瓷、珠宝、搪瓷、珐琅、矿物等	≤ 500

注1.对光极敏感物品陈列区环境照明照度值按展品表面照度值的20%选取；对光较敏感物品陈列区环境照明照度值按展品表面照度值的30%选取；对光低敏感物品陈列区环境照明照度值按展品表面照度值的50%选取；对光不敏感物品陈列区环境照明照度值无限制。

注2.符合材料物品按敏感等级高的材料选取照度值。

表12　陈列区展品表面曝光量表

展品类别	参考平面及高度	年曝光量 /（lx · h/ 年）
对光极敏感：染色丝绸、传统书画、古代纸质和绢质典籍	展品面	36000
对光较敏感：染色非丝质纺织品（如唐卡、挂毯、棉麻质服装等）、水彩、水粉、染色皮革、染色木器、染色竹器、染色藤器、染色漆器、染色牙骨角器、植物标本、动物标本等	展品面	50000
对光低敏感：壁画、油画、彩绘雕塑、未染色纺织品、未染色皮革、未染色木器、未染色竹器、未染色藤器、未染色漆器、未染色牙骨角器等	展品面	360000
对光不敏感：金属、石材、玻璃、陶瓷、珠宝、搪瓷、珐琅、矿物等	展品面	无限制

表13　陈列区照明光源相关色温对应表

展品类别	相关色温 /K
对光极敏感：染色丝绸、传统书画、古代纸质和绢质典籍	≤ 3500
对光较敏感：染色非丝质纺织品（如唐卡、挂毯、棉麻质服装等）、水彩、水粉、染色皮革、染色木器、染色竹器、染色藤器、染色漆器、染色牙骨角器、植物标本、动物标本等	≤ 3500
对光低敏感：壁画、油画、彩绘雕塑、未染色纺织品、未染色皮革、未染色木器、未染色竹器、未染色藤器、未染色漆器、未染色牙骨角器等	≤ 5000
对光不敏感：金属、石材、玻璃、陶瓷、珠宝、搪瓷、珐琅、矿物等	≤ 6000

三　对推广与应用标准的展望

我国博物馆、美术馆在光环境标准建设上一直滞后，《博物馆照明设计规范》（GB/T23863–2009）已经过去10年，现已着手修订，原标准针对传统光源，对LED光源内容无涉及，标准在制订与更新速度方面与现今照明技术发展不匹配。而美术馆更因长期参照博物馆规范来执行，缺少科学依据作参照。新制订的《美术馆照明规范》（WH/T79–2018）是2018年11月1日实施，我们课题组部分老师也参与了该标准的制订工作，并配合了该标准的美术馆模拟实验工作，为其提供技术支持。尽管当前已有了两套成熟标准，但博物馆、美术馆界对照明标准认知依然模糊，现实中参考标准应用的案例很少，更没有把照明标准的制订工作当成一项重要任务来对待。

事实上，制订博物馆、美术馆的照明标准，理应是一项有价值和有必要的工作，无论设计方还是馆方，都需要有科学的方法来指引实践，标准可以为其提供先验经验，可以让他们能迅速查询有价值的参考，而标准的各项指标的设定，必须借助大量地科学实验与经验做积累，需要采取专项研究和实践来检验，因此我们在制订标准中，秉持上述原则。首先，在标准内容上参考了相关国内外最新研究成果和相关标准（北美照明工程学会博物馆标准，欧洲博物馆标准，法国博物馆、美术馆标准，日本美术馆照明规范）来设计，还实地调研了国内110多家博物馆与美术馆，做了大量数据收集和整理研究工作，并配合标准进行了18项专题模拟实验，又采取应用标准进行先行调研和社会征询意见，反复修改和验证各项标准的指标，整个的研究工作我们持续了6年，先后发表了60余篇调研报告，出版了2部学术专著，这些研究工作皆为我们在标准制订工作中提供了技术支持。

表 14 博物馆、美术馆、展览馆相关场所照明标准值

场所		参考平面	照度标准值 / lx	统一眩光值 UGR	照度均匀度 U_0	显色指数 R_a	显色指数 R_9	保真度 R_f
	大堂序厅	地面	150	16	0.6	90	80	90
	过廊空间	地面	50	16	0.6	90	80	90
	陈列区	文物受光面	参照表 1	16	—	95	90	95
技术用房	编目室	0.75m 水平面	300	19	—	90	90	90
	摄影室	0.75m 水平面	100	19	—	90	90	90
	熏蒸室	实际工作面	150	19	—	90	90	90
	实验室	实际工作面	300	19	—	90	90	90
	保护修复室	实际工作面	750	19	—	95	90	95
	文物复制室	实际工作面	750	19	—	95	90	95
	标本制作室	实际工作面	750	19	—	95	90	95
	阅览室	0.75m 水平面	300	19	—	95	90	95
	书画装裱室	实际工作面	300	19	—	95	90	95
藏品库区	周转库房	文物受光面	50	19	—	95	90	95
	藏品库房	文物受光面	75	19	—	95	90	95
	藏品提看室	0.75m 水平面	150	19	—	90	90	95

注1.保护修复室、文物复制室、标本制作室的照度标准是混合照明的照度标准值。其一般照明的照度值按混合照明照度的20%~30%选取。如果对象是对光特别敏感的材料，则减少局部照明的时间，并有效采取防紫外线的措施。
注2.书画装裱室设置在建筑北侧为宜，工作时一般用天然光照明。
注3.表中照度值为参考平面上的维持平均照度值。
注4.展览区地面要低于展品的照度，最低不能低于10lx。

另外，我们在标准制订中恪守简单与实用原则，无论从标准的整体框架上，还是到具体条文撰写，皆力求通俗易懂与操作方便，内容尽可能详尽地涵盖应用的工作层面，例如在《美术馆光环境评价方法》标准的撰写体例上，我们将前面的章节作为标准本体，重点概述评价美术馆光环境的具体指导方法，后面的附录内容则设计成可以直接拿来操作应用的文本，内容前后呼应对照，一个是方法说明，一个操作文本，从结构设计上系统完整，手拿一个标准文本，就可以执行完毕所有评估工作。在《建筑装饰装修室内空间照明设计应用标准》中的“陈列空间”章节的设计上，则考虑标准主要对室内设计师进行应用，因此我们要尽可能少而精地提炼展陈照明设计中最特殊的一些指标要素，帮助他们快速完成设计任务，简单概括才能提供最有价值的技术参考。当然标准好不好用，需待两项标准日后应用推广后广大使用者们反馈才能验证，我们希望标准的推广与应用，如我们的设计初衷，一切如愿以偿。

分报告

随着当今社会的发展，我们的观众审美素质越来越高，对美术馆光环境的要求也在提高，如何利用科学评价方法来指导美术馆建设光环境迫在眉睫。此时推行应用《美术馆光环境评价方法》，对今后我国文化行业提升光环境整体水平有深远影响，因此我们课题组再次深入实地进行案例调研，并汲取各项调研数据整理成册，供进一步研究沉淀和梳理各项指标。我们选择了具有代表性的美术馆，在实践中一一考核标准的实用价值与合理性，严谨地解决利用标准的实际问题，在调研中我们还注重吸收一线工作人员的建议，在不断完善中制订标准。本书共收录了14篇调研报告，可以为读者和研究人员提供对不同展馆和不同应用范围的典型案例，以期为今后推广标准起到很好的桥梁与借鉴作用。

中国美术馆是中国唯一的国家造型艺术博物馆，是中国美术最高殿堂，无论馆藏品、艺术品种类还是存量与精美程度皆为国内一流。在我们调研期间，又恰逢在此举办“庆祝中华人民共和国成立70周年美术作品展”，集中展示了自新中国成立以来全国最优秀的艺术作品。因此我们课题组集中9家参与单位，对其进行重点调研。中国美术馆自身光环境优越，展品类型丰富，对我们的标准利用最为有利，此调研案例可以很好地检验标准的各项技术指标是否合理，以及应用标准的难易程度方面皆有很好的诠释价值。目前这份调研报告内容完整，采集数据的真实性与可信度高，是一篇优秀的科研报告，案例典型对今后诠释如何利用评估标准，进行美术馆日常照明业务评估工作，能起到很好的示范作用。

中国美术馆光环境指标测试调研报告

调研对象：中国美术馆
调研时间：2019年10月28日
指导专家：艾晶[1]，索经令[2]，姜靖[1]，颜劲涛[3]，高帅[4]
调研人员：余辉[7]，郭宝安[6]，董涛[8]，赵含芝[9]，杨秀杰[4]，聂卉婧[4]，尹葛[9]，孙桂芳[5]
调研单位：1. 中国国家博物馆；2. 首都博物馆；3. 中国美术馆；4. 北京清控人居光电研究院有限公司；5. 华格照明科技（上海）有限公司；6. 汤石照明科技股份有限公司；7. 深圳埃克苏照明系统有限公司；8. 阳江三可照明实业有限公司；9. 香港银河照明国际有限公司
调研设备：照度计（KONICA/T-10），彩色照度计（SPIC-200），激光测距仪（classic5a），分光测色仪（KONICA/CM-2600d），紫外辐照计（R1512003），亮度计，多功能光度计（PHOTO-2000），频闪测量仪（LANSHU-201B）

一、概述

（一）建筑概况

中国美术馆（图1）位于北京市东城区五四大街，始建于1958年，是新中国成立十周年十大建筑之一，占地面积为3万余m^2，建筑面积为17051m^2，展厅面积为6000m^2，其主体大楼为仿古阁楼式，黄色琉璃瓦大屋顶，四周廊榭围绕，具有鲜明的民族建筑风格，是以收藏、研究、展示中国近现代艺术家作品为重点的国家造型艺术博物馆。1963年6月，毛泽东主席题写“中国美术馆”馆额，明确了中国美术馆的国家美术馆地位及办馆性质。

中国美术馆收藏有近现代美术作品和民间美术作品10万余件，以新中国成立前后时期的作品为主，兼有民国初期、清代和明末的艺术家的杰作，其中仅齐白石的作品就有410件。除收藏、保管、陈列、研究中国近现代优秀美术作品和民间美术作品外，该馆还担负着主办各种类型的中外美术作品展览，进行国内外美术学术交流，建立中国近现代美术史料、艺术档案，编辑出版藏品画集、理论文集等任务。

图1　中国美术馆

（二）照明概况

中国美术馆，五层均为展厅，配套设施齐全。入口门厅照明以人工光为主，主要展厅采用全人工光。总体照明氛围营造良好，视觉舒适度较高。

照明方式：导轨投光、嵌入式投光、嵌入式洗墙

光源类型：LED、卤素灯、荧光灯

灯具类型：直接型为主、局部漫射型

照明控制：手动开关

二、照明调研数据分析

（一）调研区域

本次对中国美术馆的门厅、一层展厅、三层展厅及五层展厅进行详细的数据调研。数据采集工作，按照功能区分为陈列空间、非陈列空间。陈列空间中，选取典型绘画及立体展品进行调研测量；非陈列空间选择了具有代表性的通道及入口门厅，调研区域如表1所示。本报告仅呈现部分具有代表性的调研成果。

表1　调研区域

调研类型／区域		对象	数量
陈列空间	展板	展板	1组
	立体展品	雕塑	3组
	平面展品	展画	15组
非陈列空间	大堂序厅	门厅	1组
	过渡空间	通道	2组
	公共空间	小卖店	1组

（二）一层门厅照明

门厅长为 20m，宽为 24m。地面反射率为 0.25，墙面反射率为 0.4。基础数据如表 2 所示。

1）照度测量。通过中心布点法采集地面数据，地面平均照度为 62lx，均匀度为 0.4，如图 2 所示。

2）亮度及光谱数据采集。门厅亮度数据采集如图 3 所示，详细数据见表 3，光谱曲线见图 4。

地面照度 /lx	45.7	65.1	41.5
	63.4	61.7	62.4
	54.5	66.6	39.2
	26.0	84.0	31.5

图2　门厅及采集布点数据

图3　门厅亮度采集

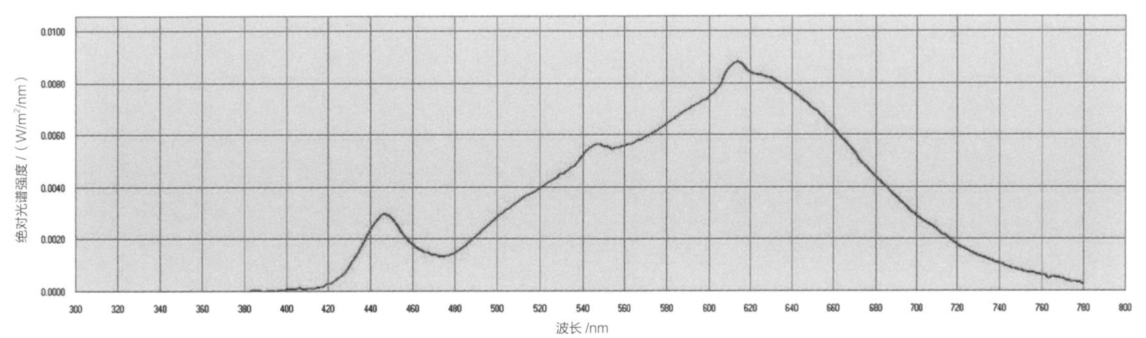

图4　光谱曲线图

表 2　基础数据

位置	照明方式	光源类型	灯具类型	紫外线含量 / （μW/lm）
一层门厅	筒灯 + 导轨投光	荧光灯 +LED	直接型	34

表 3　实际数据

序号	测试位置	平均亮度 / (cd/m²)	色温 /K	显色指数 R_a	R_9	色容差 / SDCM	频闪频率 / Hz	百分比
1	左侧展板	13.9	2788	93.4	60	2.8	588.7	2.4%
2	右侧展板	13.0	2750	94.1	61	2.9	585.6	2.0%
3	门厅地面	13.1	2911	82.7	7	7.3	99.8	11.0%
4	展厅入口	6.3	2412	88	26	15.9	99.8	13.4%
5	中间布景	8.9	2488	94.2	91	12.4	99.8	5.3%

（三）一层展厅照明

一层展厅展品以垂直平面展品为主，层高为 5m，展品照明以导轨投光为主；以下为主要展品的测试数据。

1. 油画《未名湖畔》

画幅信息如图 5 所示。基础数据采集见表 4。

1）照度测量。通过中心布点法采集展品及地面数据，展品面平均照度为 224lx，均匀度为 0.4；地面平均照度为 134lx，均匀度为 0.6，如图 6 所示。

2）亮度及光谱数据采集，展品数据采集如图 7 所示，详细数据见表 5，光谱曲线见图 8。

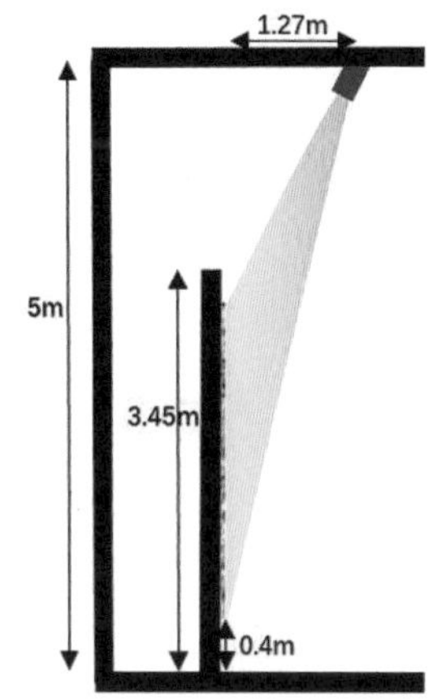

图5　展品尺寸及灯具位置

展品照度 /lx	140	340	350	370	128
	160	320	380	360	160
	170	310	400	300	168
	175	310	330	278	115
	130	180	230	230	120
	133	120	95	132	89
地面照度 /lx	147	175	175	140	109
	119	143	142	108	81

图6　采集布点示意及数据

表 4　基本情况采集表

位置	展品类型	照明方式	光源类型	灯具类型	功率 /W	温度 /℃	湿度	照明配件	照明控制
一层	油画	导轨投光	LED+ 荧光灯	直接型	—	19	29	—	开关
数据部分									
色温 /K	显色指数				色容差 / SDCM	紫外线含量 /（μW/lm）		闪烁频率 / Hz	百分比
	R_a	R_f	R_g	R_9					
2880	91.4	90.9	99.8	57	5.5	0.5		0.0	0.5%

图7　亮度采集

表 5　亮度数据

序号	测试位置	平均亮度 /（cd/m²）
1	展画	11.7
2	地面	4.6
3	墙面	2.1

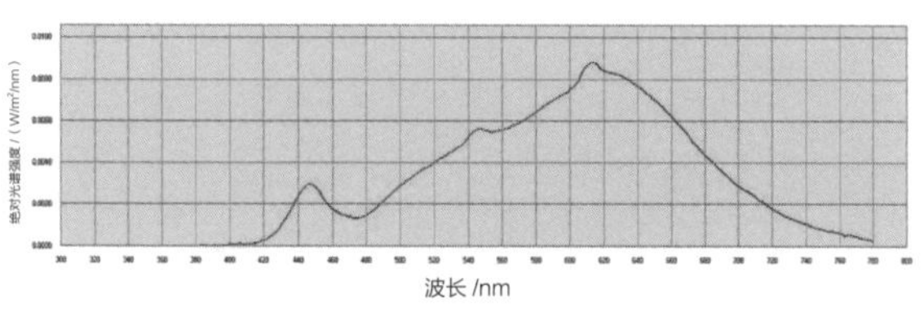

图8　光谱曲线图

2. 油画《辽宁号航母》

画幅信息如图 9 所示。基础数据见表 6。

图9　展品尺寸及灯具位置

照度及光谱测量。通过中心布点法采集展品及地面数据，展品面平均照度为 115lx，均匀度为 0.5；地面平均照度为 64lx，均匀度为 0.8，如图 10 所示，光谱曲线见图 11。

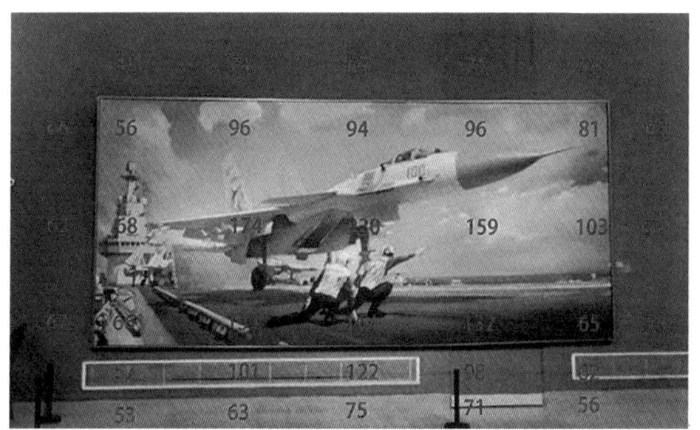

图10　采集布点示意

图11　光谱曲线图

3. 油画《人民好干部》

画幅信息如图 12 所示。基础数据见表 7。

1）照度测量。通过中心布点法采集展品及地面数据，展品面平均照度为 262lx，均匀度为 0.6；地面平均照度为 225lx，均匀度为 0.8，如图 13 所示。

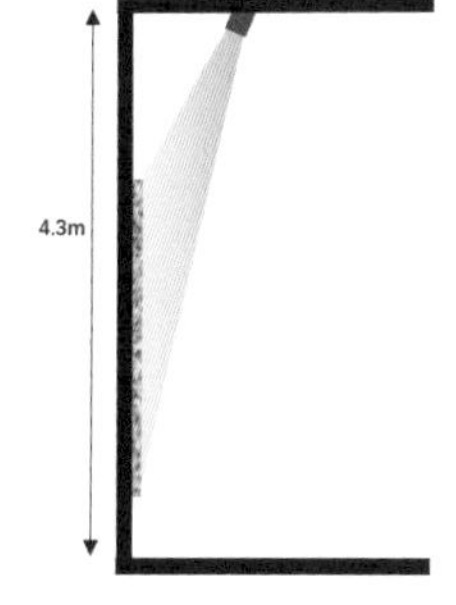

图12　展品尺寸及灯具位置

展品照度 /lx	216	254	350	243	237	353
	213	290	332	250	254	420
	256	260	330	256	223	346
	253	255	290	261	190	219
	258	218	210	267	207	152
地面照度 /lx	184	236	274	233	221	200

图13　采集布点示意及数据

表 6　基本情况采集表

位置	展品类型	照明方式	光源类型	灯具类型	功率 /W	温度 /℃	湿度	照明配件	照明控制
一层	油画	导轨	卤素灯	直接型	—	20.6	—	—	开关
数据部分									
色温 /K	显色指数 R_a	R_f	R_g	R_9	色容差 /SDCM	紫外线含量 /(μW/lm)	闪烁频率 /Hz	百分比	
2832	99	98.4	100.6	96.2	4.5	15.9	99.7	2.3%	

表 7　基本情况采集表

位置	展品类型	照明方式	光源类型	灯具类型	功率 /W	温度 /℃	湿度	照明配件	照明控制
一层	油画	导轨	LED+ 荧光	直接型	—	19	29	—	开关
数据部分									
色温 /K	显色指数 R_a	R_f	R_g	R_9	色容差 /SDCM	紫外线含量 /（μW/lm）	闪烁频率 /Hz	百分比	
2680	93.8	90.5	101.4	60	1.9	11.6	99.6	3.9%	

2）亮度及光谱数据采集。展品数据采集如图 14 所示，详细数据见表 8，光谱曲线见图 15。

表 8　亮度数据

序号	测试位置	平均亮度 /（cd/m²）
1	展画	8.8
2	地面	25.8
3	墙面	12.4

图14　亮度采集

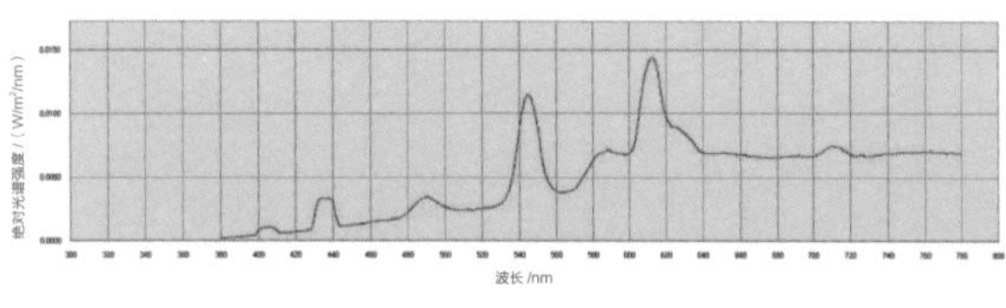

图15　光谱曲线图

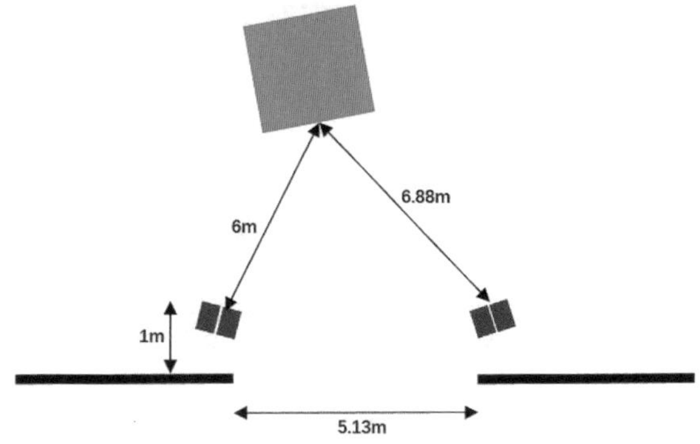

图16　展品尺寸及灯具位置

4. 雕塑《马克思》

展品信息如图 16 所示。基础数据见表 9。

表 9　基本情况采集表

位置	展品类型	照明方式	光源类型	灯具类型	功率 /W	温度 /℃	湿度	照明配件	照明控制
一层	雕塑	导轨	卤素	直接型	—	19	29	—	开关
数据部分									
色温 /K	显色指数 R_a	R_f	R_g	R_9	色容差 /SDCM	紫外线含量 /（μW/lm）	闪烁频率 /Hz	百分比	
2852	98.4	97.5	100.1	92	4.2	14.5	0Hz	1.3%	

1）照度测量。采集展品垂直照度数据，展品正面垂直平均照度为300lx，均匀度为0.4；展品背面平均照度为34lx，均匀度为0.8。如图17所示。

<table>
<tr><td rowspan="6">正面照度
/lx</td><td rowspan="2">350</td><td>350</td><td rowspan="2">366</td><td rowspan="6">背面照度
/lx</td><td>36.6</td></tr>
<tr><td>410</td><td>40.6</td></tr>
<tr><td>327</td><td>442</td><td>321</td><td>30.4</td></tr>
<tr><td rowspan="2">297</td><td>345</td><td rowspan="2">210</td><td>28.8</td></tr>
<tr><td>255</td><td>32.4</td></tr>
<tr><td>165</td><td>124</td><td>1300</td><td>32.6</td></tr>
</table>

图17　采集布点示意及数据

2）亮度及光谱数据采集，展品数据采集如图18所示，详细数据见表10，光谱曲线见图19。

图18　亮度采集

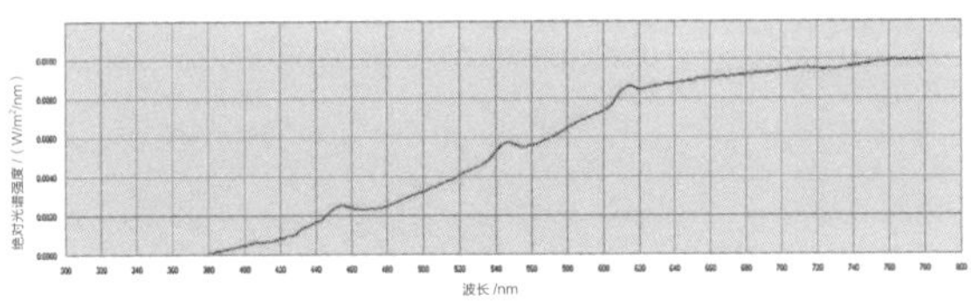

图19　光谱曲线图

表10　亮度数据

序号	测试位置	平均亮度/（cd/m²）
1	雕塑正面	8.3
2	雕塑左侧	6.7
3	雕塑右侧	4.8
4	展台	2.7
5	地面	9.5

（四）三层展厅照明

三层展厅展品以垂直平面展品为主，展品照明以导轨投光为主；以下为主要展品的测试数据。

1. 油画《素荷》

画幅尺寸为104cm×101cm，与照明的位置关系如图20所示。

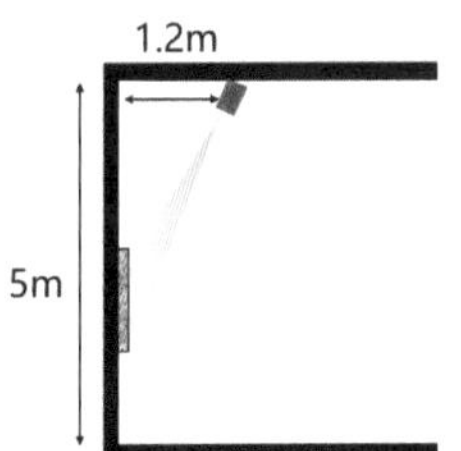

图20　展品与照明位置关系

展品光环境数据测量采集结果见表11。

展品光谱曲线图及显色指数见图21、22。

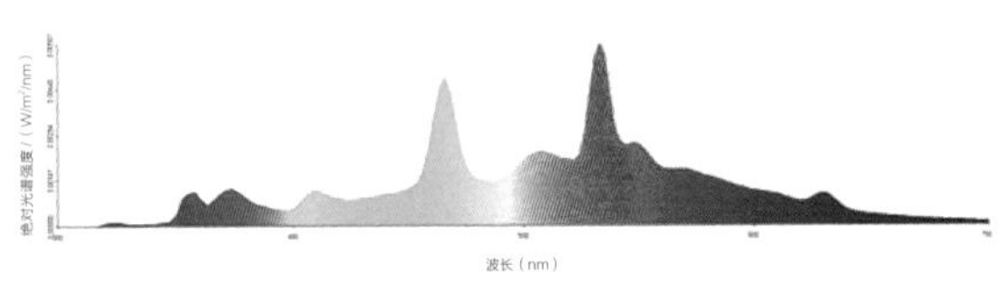

图21　光谱曲线图

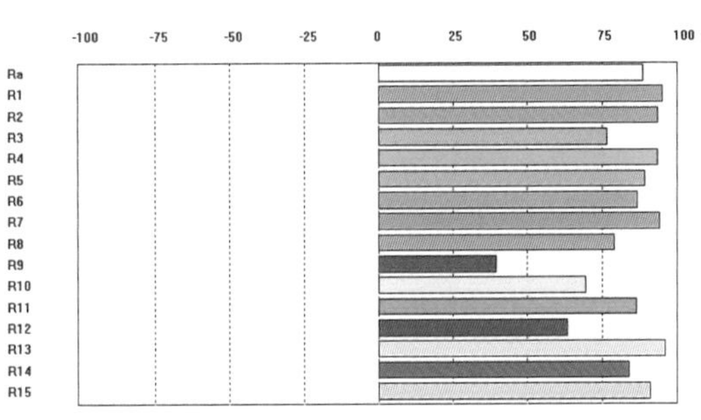

图22　显色指数图

表 11　数据测量采集结果

参数		测量点 1	测量点 2	测量点 3	测量点 4
展品类型		平面展品	平面展品	平面展品	平面展品
测量位置		水平面	水平面	水平面	水平面
照度 /lx		119.4	201.3	104.4	130.1
紫外线含量 / （μW/lm）		12	12.8	10.3	10.6
色温 /K		2609	2600	2601	2519
温度 /℃		17.6	17.8	17.9	17.1
显色指数	R_a	93.2	95.9	93.4	94.4
	R_9	65	79	63	70
	R_f	93	96	93	94
频闪控制	f	闪烁频率 /Hz	99.9		
	FPF	波动深度	2.8%		
		闪烁指数	0.006		
色容差 /SDCM		16.7	16	16.9	17
背景照度 /lx		78.36	95.1	78.36	95.1

2. 油画《春雷》

画幅尺寸为 250cm×520cm，与照明的位置关系如图 23 所示。基础数据见表 12、13。

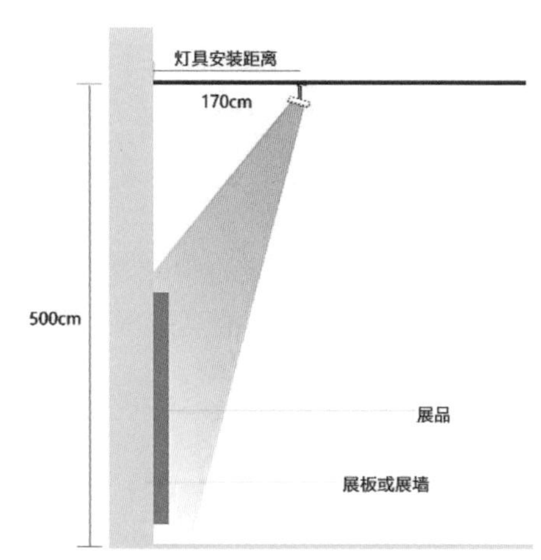

图23　展品与照明位置关系

表 12　基础数据表一

参数		测量点 1	测量点 2	测量点 3	测量点 4	测量点 5	测量点 6	测量点 7	测量点 8
展品类型		平面展品	平面展品	平面展品	平面展品	平面展品	平面展品	平面展品	平面展品
测量位置		水平面	水平面	水平面	水平面	水平面	水平面	水平面	水平面
用光安全									
照度 /lx		147	285.2	227.9	147.8	131.9	118.4	142.8	105
紫外线含量 / （μW/lm）		5.0	5.9	10.7	7.5	7.4	6.9	9.9	8.2
色温 /K		2716	2721	2711	2729	2700	2688	2690	2704
温度 /℃	测量时间：10:00	19	19.3	20	20.6	18.2	18.7	18.2	18
	测量时间：14:00	20	20	20	19.9	19.7	19.7	19.7	19.4

表 13　基础数据表二

参数			测量点 1	测量点 2	测量点 3	测量点 4	测量点 5	测量点 6	测量点 7	测量点 8
展品类型			平面展品	平面展品	平面展品	平面展品	平面展品	平面展品	平面展品	平面展品
测量位置			水平面	水平面	水平面	水平面	水平面	水平面	水平面	水平面
灯具与光源性能										
显色指数	R_a		87.8	93.2	93.5	90.2	91.9	93.6	93.5	91
	R_9		21	57	59	38	47	57	57	41
	R_f		86	93	93	89	91	93	92	89
频闪控制	f	闪烁频率 /Hz	99.9							
	FPF	波动深度	2.2%							
		闪烁指数	0.005							
色容差 /SDCM			12.2	11.5	11.3	11.4	11.9	12.3	12.1	12
背景照度 /lx			103.41	103.41	114.9	114.9	103.41	186	214.1	114.9

展品光谱曲线图及显色指数见图 24、25。

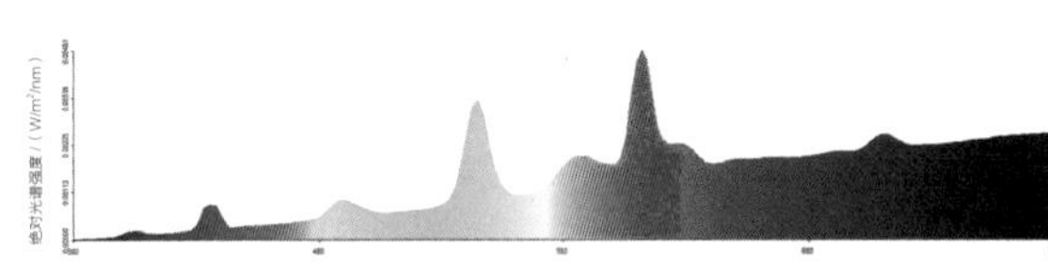

图24　光谱曲线图

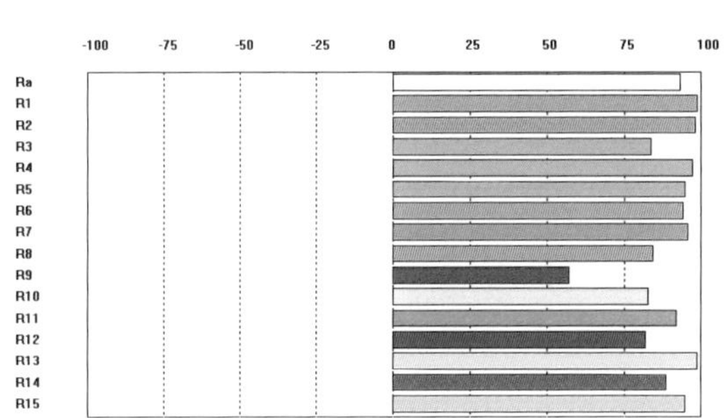

图25　显色指数图

（五）五层展厅照明

五层展厅展品以垂直平面展品为主，展品照明以导轨投光为主；以下为主要展品的测试数据。

1．“雕塑”作品 1

展品信息如图 26 所示。基础数据采集见表 14。

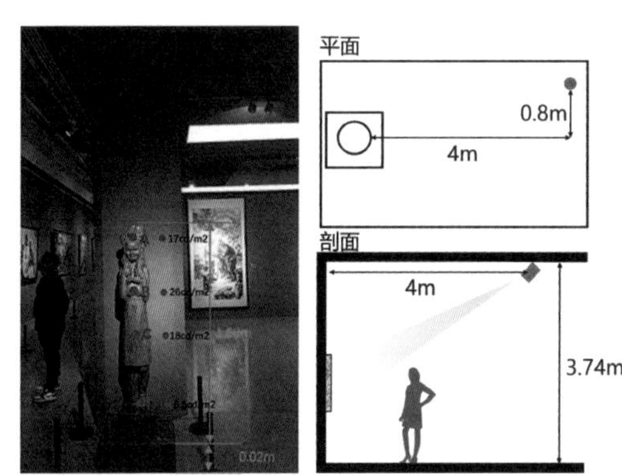

图26　展品照明关系图

表 14　基础数据表

基本情况采集表						
位置	展品类型	照明方式	光源类型	灯具类型	功率 /W	温度 /℃
五层	雕塑	导轨投光	LED	直接型		20.8
色参数采集						
测试点	照度 /lx	色温 /K	显指 R_a	R_f	R_9	色容差 /SDCM
A	173	2902	99	99	97	＜3
B	234	2916	100	99	98	＜3
C	105	2884	99	99	98	＜3
D	43	2784	98	95	96	5~7
频闪数据						
闪烁频率 /Hz	百分比	闪烁指数				
100.1	23.8%	0.009				
眩光评价						
良好						

光谱曲线图、显色指数图如图 27 所示。

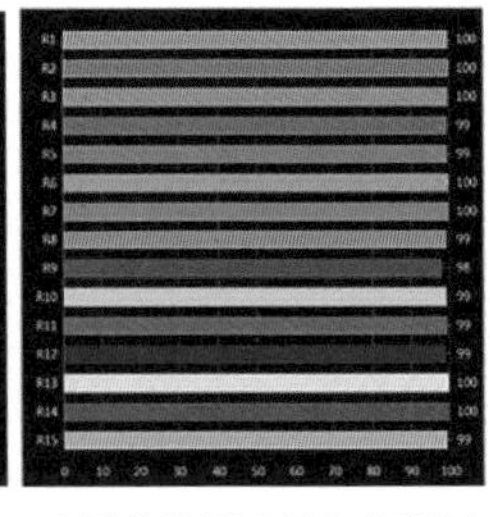

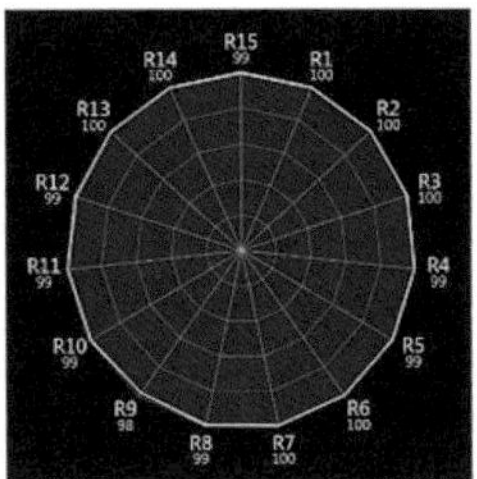

图27　光谱曲线图及显色指数图

2．“油画”作品 1

展品信息如图 28 所示。基础数据采集见表 15。

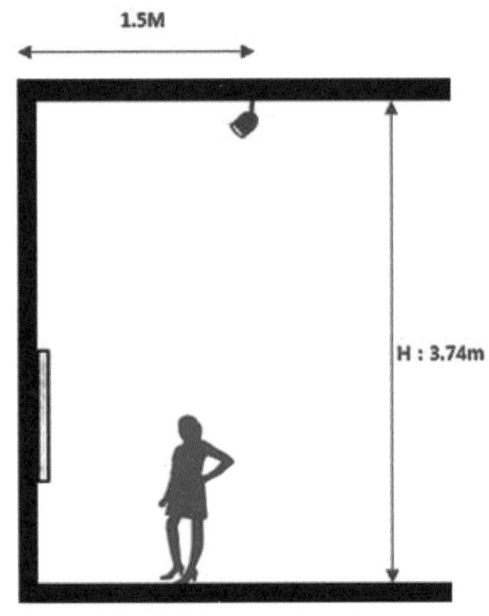

图28　展品照明关系图

表 15　基础数据表

基本情况采集表						
位置	展品类型	照明方式	光源类型	灯具类型	温度 /℃	照明配件
五层	油画	导轨投光	卤素射灯	直接型	20.7	拉伸透镜
色参数采集						
测试点	照度 /lx	色温 /K	显指 R_a	R_f	R_9	色容差 /SDCM
1	64	2794	99	92	92	5 ~ 7
2	116	2800	99	95	95	5
3	57	2737	99	92	92	5 ~ 7
4	51	2726	99	96	96	> 7
5	112	2759	99	95	95	5 ~ 7
6	63	2748	98	95	95	> 7
7	34	2679	97	90	90	5 ~ 7
8	70	2702	98	93	93	5 ~ 7
9	70	2722	99	96	96	5 ~ 7
频闪数据						
闪烁频率 /Hz	百分比	闪烁指数				
100	3.79%	0.008				
眩光评价						
良好						

光谱曲线图、显色指数图如图 29 所示。

（六）眩光测试

根据人行视点，选取点位测试眩光指数——统一眩光值（UGR），一层展厅测试数据见图 30、表 16，三层、五层展厅测试数据见图 31、表 17。

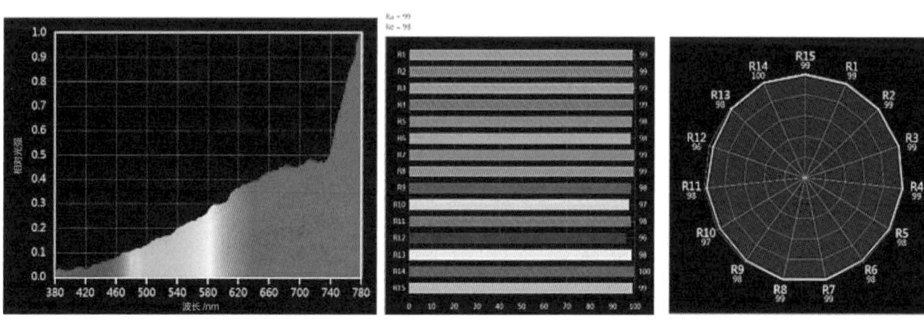

图 29　光谱曲线图及显色指数图

1 序厅入口　2 序厅出口　3 一层展厅入口　4 一层主展厅　5 一层通道　6 一层展厅西　7 一层展厅东

图30　眩光数据采集

表 16　统一眩光值

测试项目	1	2	3	4	5	6	7
UGR	10.6	13.4	10.8	9.4	4.0	17.1	13.1

1 三层展厅入口　2 三层展厅 1　3 三层通道　4 三层展厅 2　5 五层展厅入口　6 五层展厅 1　7 五层展厅 3

图31　眩光数据采集

表 17　统一眩光值

测试项目	1	2	3	4	5	6	7
UGR	16.5	13.9	14.6	11.5	13.1	13.0	7.1

三、总结

对以上测试指标进行统计，按照《美术馆光环境评价方法》中的评价标准，对各个场景进行评估，结果如表 18 ~ 21 所示。

评价结果显示，中国美术馆照明总体基本满足展陈要求，多项指标优于标准要求，具有较好的视觉舒适度及展品保护措施，少数指标未达到标准评价要求或刚刚合格。

照明光源色温为 2700K，偏差值在 ±200K 以内；显色相关指标（R_a、R_f）均在 90 以上，符合≥ 90 的要求，保证了展品颜色的还原度和真实度。展厅灯具有效控制眩光，所测 UGR 均不高于 19，42% 的数据不超过 12，亮度及亮度对比度适宜，视觉舒适度良好。色容差测试数据中，62% 展品的色容差控制在 5SDCM 以内，38% 的色容差有待改善。紫外方面，展厅有部分采用卤素灯及荧光灯照明，局部紫外线相对含量均值在 11μW/lm 左

表 18　非陈列空间评分

评分指标	光源质量				光环境分布		
	显色指数		频闪控制	色容差	空间水平均匀	空间垂直均匀	眩光控制
	R_a	R_9					
一层入厅	优	合格	合格	合格	合格	合格	优

注：色容差选取远离入口天然光处的测试数值评价。

表 19　非陈列空间分数

指标项		门厅	得分
灯具质量	R_a	2.25	40
	R_9		
	频闪控制	1	
	色容差	0.75	
光环境分布	空间水平均匀	0.5	40
	空间垂直均匀	0.5	
	眩光	1	
	功率密度	1	
	光环境控制方式	1	

表 20　陈列空间评分情况表

评分指标	用光安全				光源质量					光环境分布				
	照度与年曝光量	紫外	色温或相关色温	展品周围环境温升	显色指数			频闪控制	色容差	空间水平均匀	空间垂直均匀	眩光控制	展品艺术感	展厅墙面与地面对比
					R_a	R_9	R_f							
未名湖畔（油画）	不合格	优	优	良	良	不合格（57）	优	合格	不合格（5.5）	良	合格	优	良	合格
辽宁航母号	合格	合格	优	良	优	优	优	优	合格	优	良	优	良	合格
人民好干部（油画）	不合格	合格	优	良	良	不合格（60）	优	良	优	优	良	良	良	合格
马克思（雕塑）	合格	合格	优	良	优	优	优	合格	合格	优	合格	优	优	合格
素荷	合格	合格	优	良	良	合格	优	优	不合格（16.7）	优	优	良	良	—
春雷	合格	良	优	良	良	不合格（47）	优	优	不合格（11.8）	良	良	良	良	—
五层雕塑	合格	—	优	良	优	优	优	合格	良	合格	合格	良	优	—
五层油画	合格	—	优	良	优	优	优	良	合格	良	良	良	良	—

注：照度与年曝光量计算：按照每天开启8h，每周开启6天，每年52周，进行计算。

表 21　陈列空间分数

指标项＼展品		未名湖畔	辽宁航母号	人民好干部	马克思	素荷	春雷	5 层展品 1	5 层展品 2	得分
用光安全	照度与年曝光量	0	1.5	0	1.5	1.5	1.5	1.5	1.5	33
	紫外	0.5	0.25	0.25	0.25	0.25	0.35	0.5	0.5	
	色温或相关色温	1	1	1	1	1	1	1	1	
	展品周围环境温升	0.35	0.35	0.35	0.35	0.35	0.35	0.35	0.35	
	蓝光	0.5	0.5	0.5	0.5	0.5	0.5	0.5	0.5	
灯具质量	R_a R_9 R_f	2	3	2	3	2.2	2	3	3	23
	频闪控制	0.5	1	0.7	0.5	1	1	0.5	0.7	
	色容差	0.15	0.25	0.5	0.25	0.15	0.15	0.35	0.25	
	产品外观与展陈空间协调	0.5	0.5	0.5	0.5	0.5	0.5	0.5	0.5	
光环境分布	空间水平均匀	0.35	0.5	0.5	0.5	0.5	0.35	0.25	0.35	21
	空间垂直均匀	0.5	0.7	0.7	0.5	1	0.7	0.5	0.7	
	眩光	0.5	0.5	0.35	0.5	0.35	0.35	0.35	0.35	
	展品表现的艺术感	0.35	0.35	0.35	0.5	0.35	0.35	0.5	0.35	
	展示区与展陈环境对比关系	0.25	0.25	0.25	0.25	0.25	0.25	0.25	0.25	

表 22　运行评价分数指标

运行评价指标项		得分
专业人员管理	配置专业人员负责光环境管理工作	30
	能够与光环境顾问、外聘技术人员、专业光环境公司进行光环境沟通与协作	
	能够自主完成馆内布展调光和灯光调整改造工作	
	有照明设计的基础，能独立开展这项工作，能为展览或光环境公司提供相应的技术支持	
定期检查与维护	有光环境设备的登记和管理机制，并严格按照规章制度履行义务	20
	制订光环境维护计划，分类做好维护记录	
	定期清洁灯具、及时更换损坏光源	
	定期测量照射展品的光源的照度与光衰问题，测试紫外线含量、热辐射变化，以及核算年曝光量并建立档案	
	LED 光源替代传统光源，是否对配光及散热性与原灯具匹配性进行检测	
	同一批次灯具色温偏差和一致性检测	30
维护资金	可以根据实际需求，能及时到位地获得设备维护费用	
	有规划地制订光环境维护计划，能有效开展各项维护和更换设备工作	

右，满足我们标准《美术馆光环境评价方法》陈列空间用光安全关于紫外线 $10<S\leqslant 20\mu W/lm$ 为合格的要求。

评价结果中部分指标出现不合格或刚刚合格的情况：

1）部分场景的显色参数较高，但 R_9 整体数值偏低，部分色容差大，导致出现不合格或刚刚合格；造成如上结果的原因是由于荧光灯的使用，且荧光灯使用时间较长，造成光源的老化偏色，对色容差的测量和评价产生较大影响。

2）紫外部分仅达到合格，由于展厅内多采用卤素灯和荧光灯，导致紫外线相对含量均值上升，但 LED 灯具下的测试满足良以上的评价。

3）部分画幅表面的照度略有超标，主要是有 LED 灯具的场景部分，应注意 LED 产品的光束角和功率选择的适配性。

中央美术学院美术馆是我国重点美术馆之一，同时依托中央美术学院兼具教学与对外开放的双重任务，中西合璧，囊括各个美术领域，还策划一些与国际接轨的各式展览及学术活动，使美术馆成为国内外艺术交流的重要平台，体现出不同艺术风格样式的综合艺术。对该馆调研具有美术馆运营中的典型性，无论展示空间还是艺术水平在国内屈指可数。这篇报告呈现了几个国际重要的交流展，照明方案较为典型。为更好地表现艺术作品，馆方深受策展人光环境的主导，如何客观真实地评估。在应用标准方面，本报告进行了深入解读，这是一篇具有现实意义的调研报告。

中央美术学院美术馆光环境指标测试调研报告

调研对象：中央美术学院美术馆
调研时间：2019-11-15
指导专家：艾晶[1]、蔡建奇[2]、程旭[3]、姜靖[1]
调研人员：郭宝安[4]、郭杰[4]、胡胜[4]、余超[4]
调研单位：1 中国国家博物馆；2 中国标准化研究院；3 首都博物馆；4 汤石照明科技股份有限公司
调研设备：MK350D 手持式分光光谱计、亮度计、博世 GLM7000 激光测距仪、希玛 AS872 高温红外测温仪、远方（EVERFINE）SFIM-400 光谱闪烁照度计等。

一　概况

（一）场馆概况

中央美术学院美术馆是一所集合学术研究、展览陈列、典藏修复和公共教育等功能的专业性、国际化的现代美术馆（图 1），于 2008 年正式对外开放，新馆由日本著名建筑师矶崎新（ARATA ISOZAKI）设计，是矶崎新在中国设计的首座美术馆。美术馆坐落在弧形场地，外形石材幕墙与屋顶曲线过渡形成壳体，似立体回旋镖。出入口大面积采用玻璃幕，增加了建筑的通透性，同时又满足了采光的需要。美术馆外墙覆盖灰绿色的岩板，与中央美院校园内其他建筑灰砖颜色相协调，统一中富于变化。馆内藏品 1.8 万余件，涉及古今，兼顾中西，囊括各个美术领域，藏品体现出不同艺术风格样式。不仅有艺术大师、当代著名美术家的代表作，更有自建院以来历届学生的优秀作品。

美术馆建筑占地面积为 3546m^2，总建筑面积为 14777m^2，高为 24m，共 6 层，其中地上 4 层，地下 2 层。地下一层为办公区；地下二层为藏品库房和修复室。一层为观众提供空旷的公共空间，设有咖啡厅、多功能会议室和可容纳 380 人的学术报告厅；二层是相对封闭的空间，完全采用灯光，避免了阳光中紫外线对作品的损害。展厅照明设备统一采用德国 Erco 灯具，同时为了配合灯光，二层主展厅地面采用较为粗糙密实的花岗石材，很好地解决了灯光反射的问题。该层还包括玻璃柜展厅，为艺术珍品的展示提供了安全与理想的空间；三层最高处顶高为 11m，空旷的空间没有立柱，以自然采光满足对光线的要求，与四层展厅相结合，可适应各种体量作品的展示需求。

图1　中央美术学院美术馆

图 2、3 为专家及调研人员工作现场照。

图2　专家及调研人员合影

图3　专家现场指导调研工作

（二）场馆照明概况

按各展厅调研时呈现的照明现状如图 4 所示。

照明场景：天然光及人工照明。

光源类型：卤素灯、荧光灯管、LED 光源等。

灯具类型：直接型为主。

照明控制：各个展厅独立控制，手动开关。

光源具体应用：

1）首层大堂采用 LED 射灯，顶面有天窗，可引入天然光。

2）二层达·芬奇和他的艺术群体展厅照明采用 LED 灯作为展示照明，二层展厅主要以荧光灯与卤素灯相结合作为柜类展示照明。

3）三楼展厅以条形荧光灯与 LED 结合作为基础照明，LED（部分金卤灯）射灯作为重点照明。

4）四层展厅主要以条形荧光灯和 LED 射灯作为主要照明。

二　调研数据

我们与馆方交流中得知，调研中的几个展览比较特殊，馆方为更好表现艺术家作品，又符合策展人对展览视觉方案的要求，照明设计方案没有采用美术馆常用照明方式，是根据展陈形式与展出作品进行重新调整，展览中光环境是综合考虑了展陈方式、展出作品、环境光、经费预算、布撤展工期和展览配套设施与制作工艺采取的综合形势，照明方案只作为特殊方式对待。

本次调研主要测试了五个陈列空间，分别为临时展厅（首层展厅、二层展厅、二层展厅、三层展厅、四层展厅）和两个非陈列空间，分别为二层展厅的走道（在展厅内部）、"达·芬奇和他的艺术群体"展厅门口走廊。测试场馆位置分布如图 4 所示。

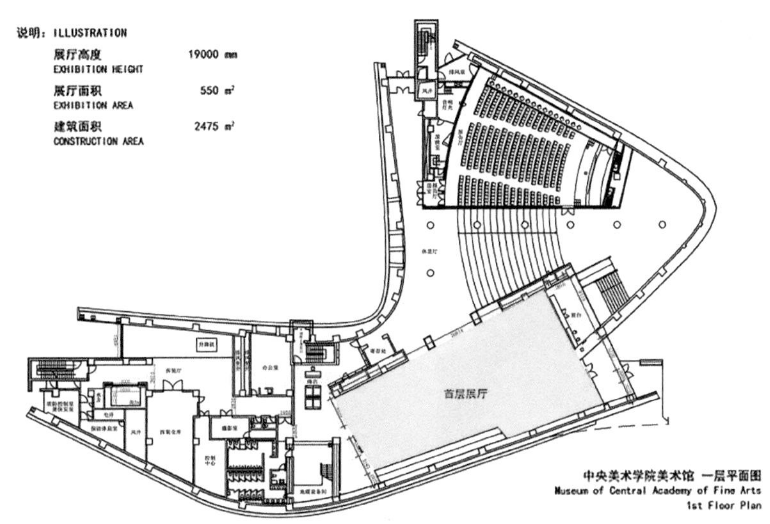

（a）首层展厅

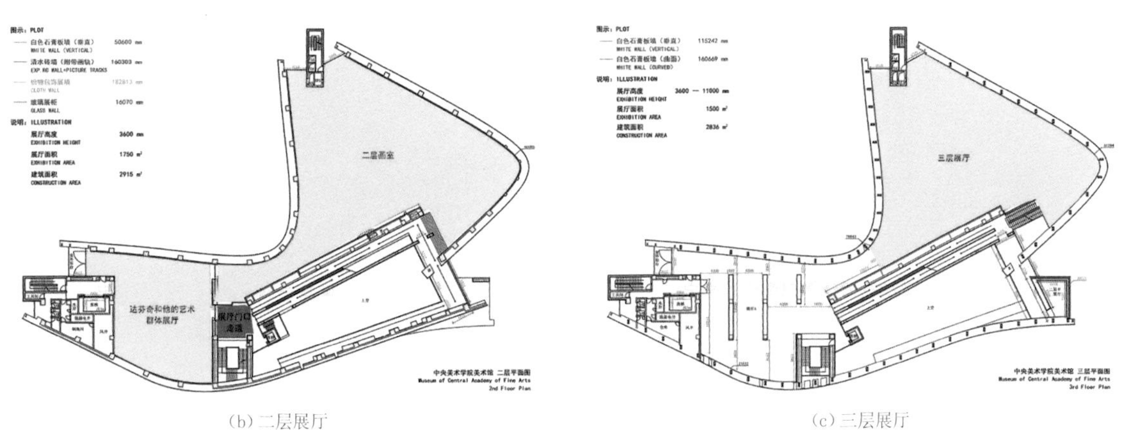

（b）二层展厅　　（c）三层展厅

图4　调研测试区域分布（黄颜色为陈列区域，红颜色为非陈列区域）

（一）陈列空间照明调研

1. 首层展厅

首层展厅正展示着艺术家安尼施·卡普尔（Anish Kapoor）在中国首次美术馆级个展重要作品——《献给亲爱太阳的交响曲》。红色蜡制砖块从几个上升传送带末端，戏剧化地坠落在一片同样材质的聚合物当中。在传送带上方，一个悬浮着的巨大红色太阳注视着这个机械化的、无人为之的场景，蜡块在缓缓上升，又极速坠落，在地面上堆积出一片红色颜料海洋，这件震撼人心的装置作品，是安尼施·卡普尔在中央美术学院美术馆展出的四件大型作品之一。

1）照明数据采集

基本情况如表1所示。

2）光学数据图

光学数据情况如图6所示。

3）照度测量

照度测量如图5所示。作品平均照度为630lx，均匀度为0.68。

图5　照度测试数据

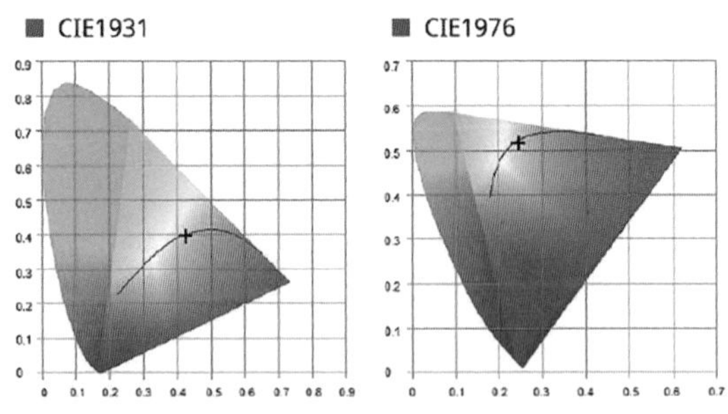

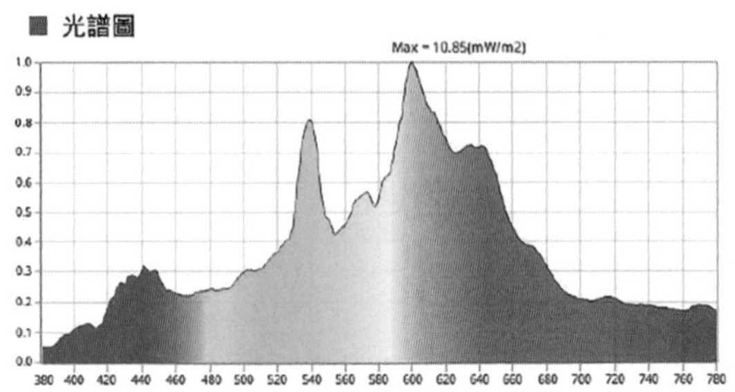

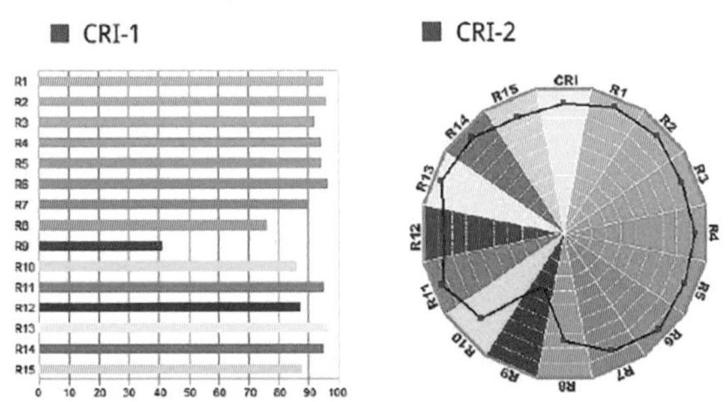

图6　光学数据图

表1　照明基本情况采集表

<table>
<tr><td>位置</td><td>展品类型</td><td>照明方式</td><td>光源类型</td><td>灯具类型</td><td>温度/℃</td><td>紫外线含量/（μW/lm）</td><td>照明控制</td></tr>
<tr><td>首层展厅</td><td>装置艺术</td><td>射灯重点照明</td><td>LED</td><td>直接型</td><td>18.9</td><td>0.21</td><td>手动开关</td></tr>
<tr><td colspan="8">色参数采集</td></tr>
<tr><td>色温/K</td><td>显指 R_a</td><td>R_f</td><td colspan="2">R_g</td><td>R_9</td><td colspan="2">色容差/SDCM</td></tr>
<tr><td>3133</td><td>91.3</td><td>88</td><td colspan="2">101.5</td><td>40</td><td colspan="2">4.5</td></tr>
<tr><td colspan="8">频闪数据</td></tr>
<tr><td>闪烁频率</td><td></td><td>百分比</td><td colspan="2">23.02%</td><td>闪烁指数</td><td colspan="2"></td></tr>
<tr><td colspan="6">眩光评价（采取的主观评价）</td><td colspan="2" rowspan="2">良</td></tr>
<tr><td colspan="6">有轻微不舒适感眩光</td></tr>
</table>

2. 二层展厅《达 · 芬奇和他的艺术群体》

1）展览简介。展览从达 · 芬奇与达 · 芬奇画派（Leonardeschi）的师承关系这一独特角度入手，展出达 · 芬奇与他的艺术群体的绘画作品共计 30 件，其中主要包括直接受教于达 · 芬奇的学生和间接学习的追随者的画作，囊括达 · 芬奇画派的代表人物如贾姆皮特里诺（Giampietrino）、奥焦诺（Oggiono）、沙莱（Salai）和卢伊尼（Luini）等人的作品，如图 7、8 所示。

图7 《达·芬奇和他的艺术群体》展厅之一

图8 《达·芬奇和他的艺术群体》展厅之二

2）木板油画和蛋彩画《三个圣童》。如图 9 所示，作品尺寸为 74cm × 66cm × 10cm，基础数据采集见表 2，光学数据见图 10。照度测试数据如图 11 所示，作品平均照度 55lx，均匀度 0.69。亮度测试数据见图 12，作品平均亮度为 1.4cd/m²，均匀度为 0.14。

图9 三个圣童

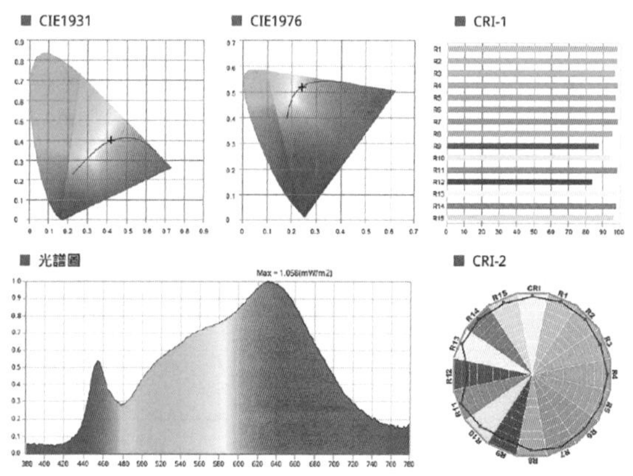

图10 光学数据图

表 2 基础数据采集表

位置	展品类型	照明方式	光源类型	灯具类型	温度 /℃	紫外线含量 /（μW/lm）	照明控制
达 · 芬奇与他的艺术群体展厅	油画	射灯重点照明	LED	直接型	19.7	0.26	手动开关
色参数采集							
色温 /K	显指 R_a	R_f	R_g	R_9		色容差 /SDCM	
3239	97.1	94.2	99.9	87.1		6	
频闪数据							
闪烁频率		百分比	5.22%	闪烁指数			
眩光评价（采取的主观评价）						优	
无不舒适感无感眩光							

图11　照度测试数据

图12　亮度测试数据

3）油画《罗马卡瓦洛山人称“普拉克西特利斯作品”中的马》。如图 13 所示，作品尺寸为 50cm × 50cm × 3cm，基础数据采集见表 3。光学数据如图 14 所示。照度测试数据如图 15 所示，作品平均照度为22lx，均匀度为0.59。亮度测试数据如图 16 所示，作品平均亮度为 3.8cd/m²，均匀度为 0.61。

图13　《罗马卡瓦洛山人称“普拉克西特利斯作品”中的马》

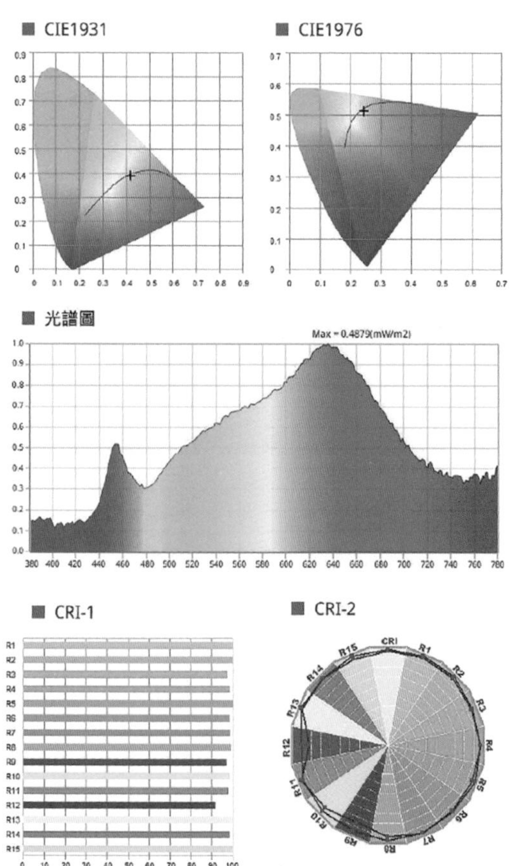

图14　光学数据图

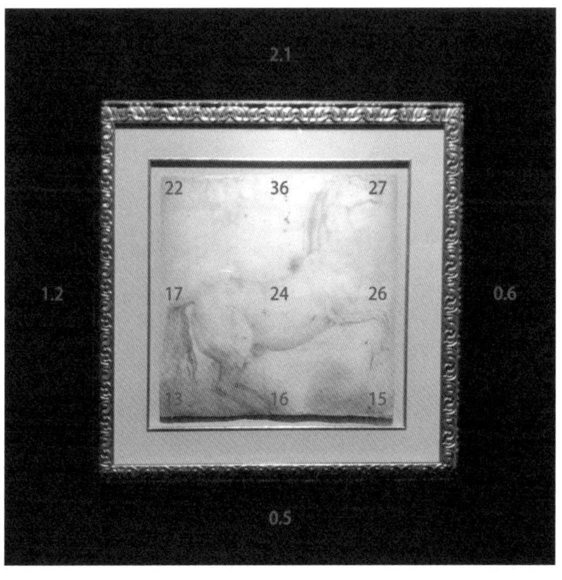

图15　照度测试数据

图16　亮度测试数据

表 3　基础数据采集表

<table>
<tr><td>位置</td><td>展品类型</td><td>照明方式</td><td>光源类型</td><td>灯具类型</td><td>温度 /℃</td><td>紫外线含量 /（μW/lm）</td><td>照明控制</td></tr>
<tr><td>达·芬奇与他的艺术群体展厅</td><td>铅笔画</td><td>射灯重点照明</td><td>LED</td><td>直接型</td><td>19.2</td><td>0.18</td><td>手动开关</td></tr>
<tr><td colspan="8">色参数采集</td></tr>
<tr><td>色温 /K</td><td colspan="2">显指 R_a</td><td>R_f</td><td>R_g</td><td colspan="2">R_9</td><td>色容差 /SDCM</td></tr>
<tr><td>3246</td><td colspan="2">98.6</td><td>96.3</td><td>101.8</td><td colspan="2">96.5</td><td>4.5</td></tr>
<tr><td colspan="8">频闪数据</td></tr>
<tr><td>闪烁频率</td><td colspan="2"></td><td>百分比</td><td>4.88%</td><td colspan="2">闪烁指数</td><td></td></tr>
<tr><td colspan="7">眩光评价（采取的主观评价）</td><td rowspan="2">优</td></tr>
<tr><td colspan="7">无不舒适感无感眩光</td></tr>
</table>

4）油画《抹大拉的玛利亚》。作品基础数据采集见表 4，照度测试数据见图 17，光学数据见图 18。作品平均照度为 15.6lx，均匀度为 0.41。亮度测试数据见图 19，作品平均亮度为 0.8cd/m²，均匀度为 0.38。

图17　照度测试数据

图19　亮度测试数据

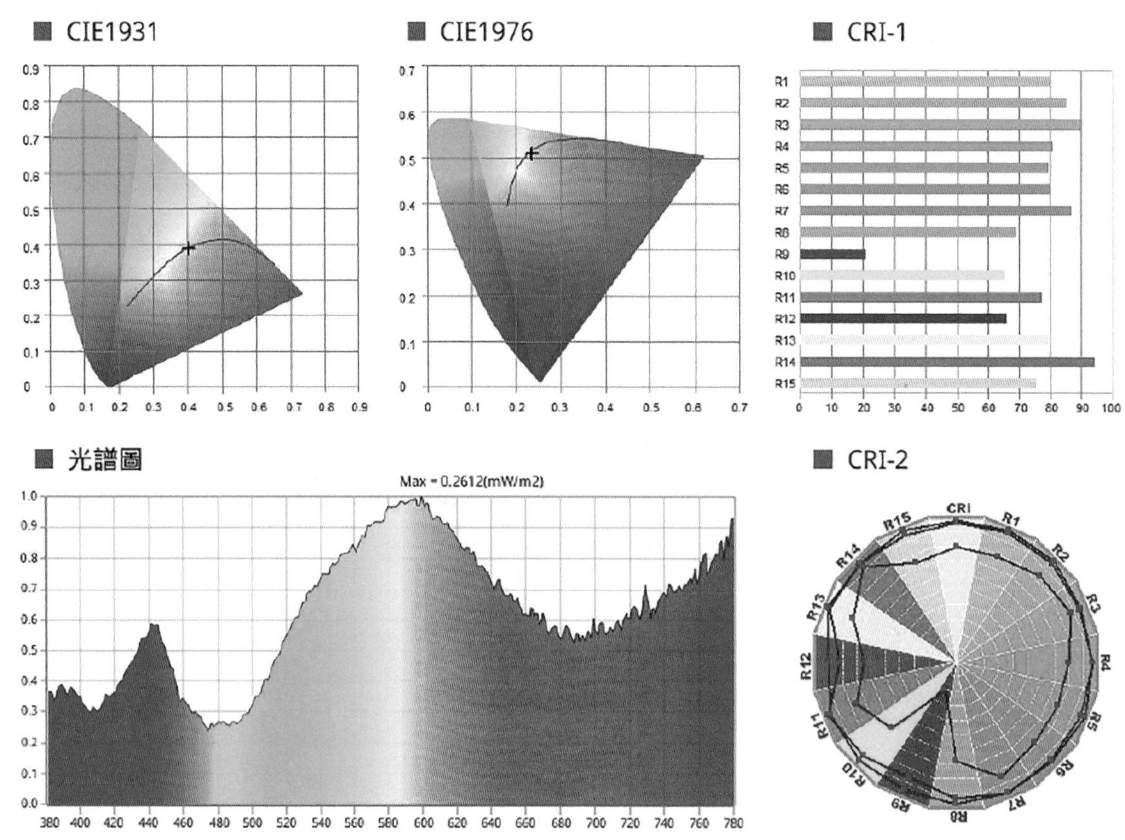

图18　光学数据图

表 4　基础数据采集表

位置	展品类型	照明方式	光源类型	灯具类型	温度 /℃	紫外线含量 /（μW/lm）	照明控制
达 · 芬奇与他的艺术群体展厅	油画	射灯重点照明	LED	直接型	20.3	0.64	手动开关
色参数采集							
色温 /K	显指 R_a	R_f	R_g	R_9		色容差 /SDCM	
3508	80	78.7	98.7	20.7		4.8	
频闪数据							
闪烁频率		百分比	0	闪烁指数			
眩光评价（采取的主观评价）						优	
无不舒适感无感眩光							

3. 二层画室

1）展厅简介。该展厅主要展示的作品类型为彩铅画、素描、水彩画等，画幅尺寸基本都为小尺寸。作品展览方式为柜类展览，展示模式下，空间筒灯都是关闭状态，柜内荧光灯为展品的主要照明灯具，如图 20 所示。

图20　二层画室空间环境

2）版画《拥护咱们老百姓自己的军队》。作品基础数据采集如表5所示。光学数据见图21。照度测试数据如图22所示，作品平均照度为301lx，均匀度为0.35。亮度测试数据见图23，作品平均亮度为33cd/m²，均匀度为0.39。

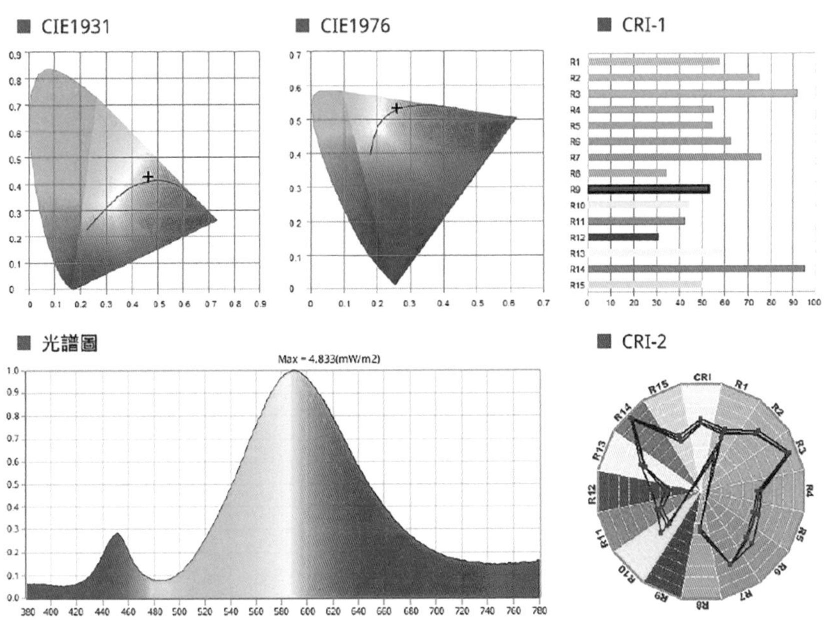

图21　光学数据图

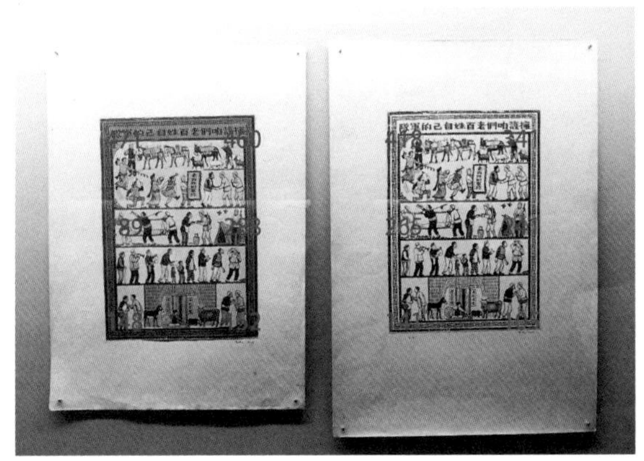

图22　照度测试数据

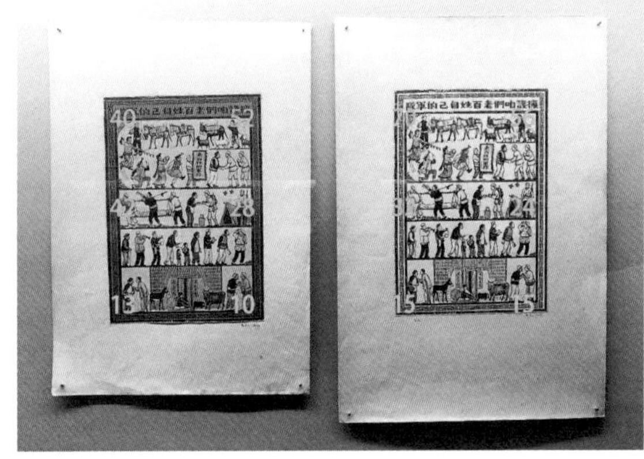

图23　亮度测试数据

表5　基础数据采集表

<table>
<tr><td>位置</td><td>展品类型</td><td>照明方式</td><td>光源类型</td><td>灯具类型</td><td>温度/℃</td><td>紫外线含量/（μW/lm）</td><td>照明控制</td></tr>
<tr><td>二层展厅</td><td>彩铅画</td><td>柜内荧光灯下照</td><td>荧光灯管</td><td>直接型</td><td>20.1</td><td>3.4</td><td>手动开关</td></tr>
<tr><td colspan="8">色参数采集</td></tr>
<tr><td>色温/K</td><td>显指 R_a</td><td>R_f</td><td>R_g</td><td colspan="2">R_9</td><td colspan="2">色容差/SDCM</td></tr>
<tr><td>2751</td><td>63.2</td><td>65.9</td><td>88.8</td><td colspan="2">−53</td><td colspan="2">5.7</td></tr>
<tr><td colspan="8">频闪数据</td></tr>
<tr><td>闪烁频率</td><td></td><td>百分比</td><td>1.02%</td><td colspan="2">闪烁指数</td><td colspan="2"></td></tr>
<tr><td colspan="6">眩光评价（采取的主观评价）</td><td colspan="2" rowspan="2">良</td></tr>
<tr><td colspan="6">有轻微不舒适感有感眩光</td></tr>
</table>

3）油画《红星小学》。作品基础数据采集如表 6 所示。光学数据见图 24。照度测试数据如图 25 所示，作品平均照度为 134lx，均匀度为 0.76。亮度测试数据见图 26，作品平均亮度为 35cd/m²，均匀度为 0.57。

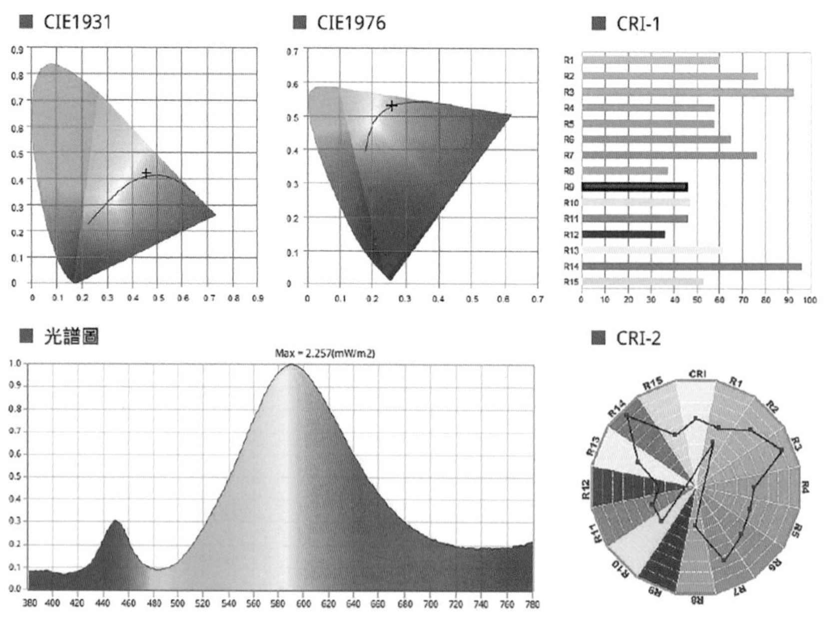

图24　光学数据图

图25　照度测试数据

图26　亮度测试数据

表 6　基础数据采集表

<table>
<tr><td>位置</td><td colspan="2">展品类型</td><td colspan="2">照明方式</td><td colspan="2">光源类型</td><td>灯具类型</td><td colspan="2">温度 /℃</td><td colspan="2">紫外线含量 /（μW/lm）</td><td>照明控制</td></tr>
<tr><td>二层展厅</td><td colspan="2">水彩画</td><td colspan="2">柜内荧光灯下照</td><td colspan="2">荧光灯管</td><td>直接型</td><td colspan="2">19.8</td><td colspan="2">4.2</td><td>手动开关</td></tr>
<tr><td colspan="13">色参数采集</td></tr>
<tr><td colspan="2">色温 /K</td><td colspan="2">显指 R_a</td><td colspan="2">R_f</td><td colspan="3">R_g</td><td colspan="2">R_9</td><td colspan="2">色容差 /SDCM</td></tr>
<tr><td colspan="2">2776</td><td colspan="2">65.1</td><td colspan="2">67</td><td colspan="3">90.3</td><td colspan="2">-45.4</td><td colspan="2">5.2</td></tr>
<tr><td colspan="13">频闪数据</td></tr>
<tr><td colspan="2">闪烁频率</td><td colspan="2"></td><td colspan="2">百分比</td><td colspan="3">2.35%</td><td colspan="2">闪烁指数</td><td colspan="2"></td></tr>
<tr><td colspan="11">眩光评价（采取的主观评价）</td><td colspan="2" rowspan="2">良</td></tr>
<tr><td colspan="11">有轻微不舒适感有感眩光</td></tr>
</table>

4）素描作品《铁皮火车》。作品如图 27 所示，基础数据采集如表 7 所示。光学数据见图 28。照度测试数据如图 29 所示，作品平均照度为 93lx，均匀度为 0.89。亮度测试数据见图 30，作品平均亮度为 42cd/m²，均匀度为 0.71。

图27　《铁皮火车》素描

图29　照度测试数据

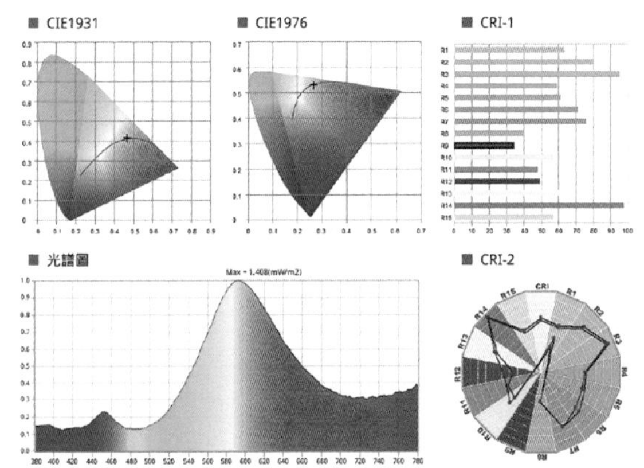

图28　光学数据图

图30　亮度测试数据

表 7　基础数据采集表

<table>
<tr><td>位置</td><td colspan="2">展品类型</td><td colspan="2">照明方式</td><td colspan="2">光源类型</td><td>灯具类型</td><td colspan="2">温度 /℃</td><td colspan="2">紫外线含量 /（μW/lm）</td><td>照明控制</td></tr>
<tr><td>二层展厅</td><td colspan="2">素描</td><td colspan="2">柜内荧光灯下照</td><td colspan="2">荧光灯管</td><td>直接型</td><td colspan="2">20.4</td><td colspan="2">2.8</td><td>手动开关</td></tr>
<tr><td colspan="13">色参数采集</td></tr>
<tr><td colspan="2">色温 /K</td><td colspan="2">显指 R_a</td><td colspan="2">R_f</td><td colspan="3">R_g</td><td colspan="2">R_9</td><td colspan="2">色容差 /SDCM</td></tr>
<tr><td colspan="2">2620</td><td colspan="2">67.8</td><td colspan="2">69.5</td><td colspan="3">91.5</td><td colspan="2">−33.7</td><td colspan="2">5.5</td></tr>
<tr><td colspan="13">频闪数据</td></tr>
<tr><td colspan="2">闪烁频率</td><td colspan="2"></td><td colspan="2">百分比</td><td colspan="3">2.76%</td><td colspan="2">闪烁指数</td><td colspan="2"></td></tr>
<tr><td colspan="11">眩光评价（采取的主观评价）</td><td colspan="2" rowspan="2">良</td></tr>
<tr><td colspan="11">有轻微不舒适感有感眩光</td></tr>
</table>

4. 三层展厅

该馆三层是天花顶棚的天然光与人工照明配合，对艺术品展示有很强的表现力，而且视觉舒适，如图 31 所示。测试当天三层展厅主要展示作品为雕塑等实体艺术品，展厅空间较高，主要依靠 LED 线型灯作为基础照明灯具，同时搭配轨道射灯，作为重点照明照射艺术品。

图31 三层展厅空间环境

1）卡普尔的代表雕刻作品：《云门》如图 32 所示，作品尺寸为 25cm × 15cm × 12cm。基础数据采集见表 8。光学数据见图 33。照度测试数据如图 34 所示，作品平均照度为 304lx，均匀度为 0.82。亮度测试数据见图 35，作品平均亮度为 $59cd/m^2$，均匀度为 0.63。

图32 《云门》

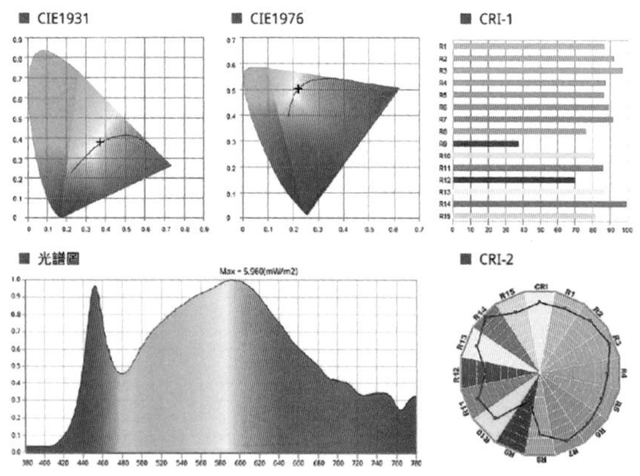

图33 光学数据图

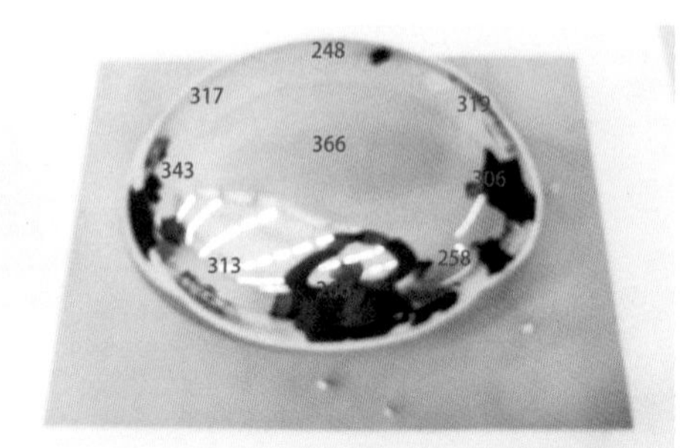

图34 照度测试数据

图35 亮度测试数据

表 8 基础数据采集表

<table>
<tr><td>位置</td><td>展品类型</td><td>照明方式</td><td>光源类型</td><td>灯具类型</td><td>温度 /℃</td><td colspan="2">紫外线含量 / （μW/lm）</td><td>照明控制</td></tr>
<tr><td>三层展厅</td><td>雕塑</td><td>线型灯基础照明加轨道射灯</td><td>LED</td><td>直接型</td><td>20.6</td><td colspan="2">7.9</td><td>手动开关</td></tr>
<tr><td colspan="9">色参数采集</td></tr>
<tr><td>色温 /K</td><td>显指 R_a</td><td>R_f</td><td>R_g</td><td>R_9</td><td colspan="4">色容差 /SDCM</td></tr>
<tr><td>4233</td><td>87.9</td><td>87.6</td><td>95.8</td><td>37.2</td><td colspan="4">4.8</td></tr>
<tr><td colspan="9">频闪数据</td></tr>
<tr><td>闪烁频率</td><td></td><td>百分比</td><td>3.89%</td><td>闪烁指数</td><td colspan="4"></td></tr>
<tr><td colspan="5">眩光评价（采取的主观评价）</td><td colspan="4" rowspan="2">良</td></tr>
<tr><td colspan="5">有轻微不舒适感有感眩光</td></tr>
</table>

2）卡普尔四件大型作品的其中雕塑作品之一《将成为奇特单细胞的截面体》如图 36 所示，《将成为奇特单细胞的截面体》首次与 2015 年法国凡尔赛宫个人展览中展出。这件颇有力量的作品探索了内部与外部之间的关系，这种关系不只存在于作品，还在于身体和空间本身。艺术家不仅给观者呈现了令人着迷的生物形态设计，并一同邀请他们通过侧面隐藏的门进入作品内部打开了一个由亮丽孔洞组成的网，静脉将其链接，生成了关于躯体、存在与信仰强烈的隐喻体验。

图 36 《将成为奇特单细胞的截面体》

基础数据采集见表 9。光学数据见图 37。照度测试数据如图 38 所示，作品平均照度为 215lx，均匀度为 0.8。内部空间照度测试数据如图 39 所示，地面平均照度为 23lx，均匀度为 0.52。亮度测试数据见图 40，作品平均亮度为 16cd/m^2，均匀度为 0.5。

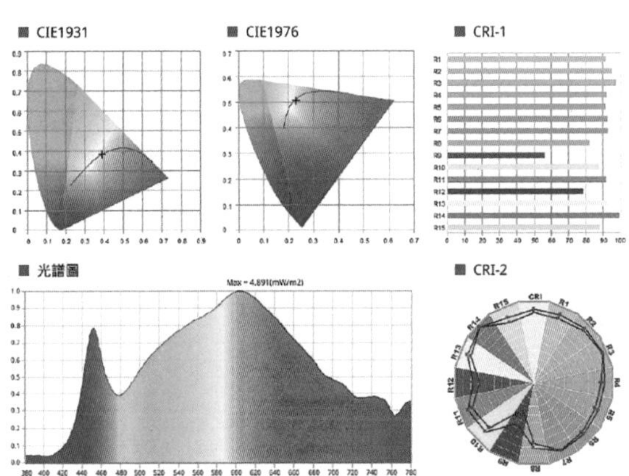

图37 光学数据图

图38 照度测试数据

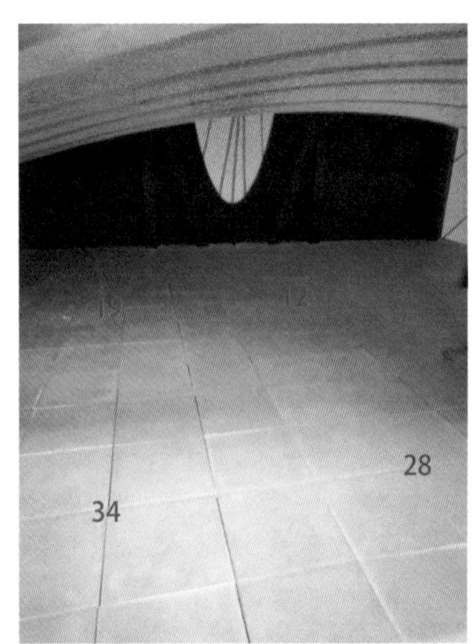

图39 照度测试数据

图40 亮度测试数据

表 9 基础数据采集表

<table>
<tr><td>位置</td><td>展品类型</td><td colspan="2">照明方式</td><td>光源类型</td><td>灯具类型</td><td>温度 /℃</td><td colspan="2">紫外线含量 / (μW/lm)</td><td>照明控制</td></tr>
<tr><td>三层展厅</td><td>雕塑</td><td colspan="2">线型灯基础照明加轨道射灯</td><td>LED</td><td>直接型</td><td>21.2</td><td colspan="2">7.2</td><td>手动开关</td></tr>
<tr><td colspan="10">色参数采集</td></tr>
<tr><td colspan="2">色温 /K</td><td colspan="2">显指 R_a</td><td>R_f</td><td>R_g</td><td colspan="2">R_9</td><td colspan="2">色容差 /SDCM</td></tr>
<tr><td colspan="2">3760</td><td colspan="2">91.6</td><td>90.6</td><td>98.6</td><td colspan="2">56</td><td colspan="2">5.2</td></tr>
<tr><td colspan="10">频闪数据</td></tr>
<tr><td colspan="2">闪烁频率</td><td colspan="2"></td><td>百分比</td><td>3.97%</td><td colspan="2">闪烁指数</td><td colspan="2"></td></tr>
<tr><td colspan="8">眩光评价（采取的主观评价）</td><td colspan="2" rowspan="2">良</td></tr>
<tr><td colspan="8">有轻微不舒适感有感眩光</td></tr>
</table>

5. 四层展厅

1）卡普尔另一大型雕塑作品《我的红色家乡》如图 41 所示，《我的红色家乡》是一件自生性艺术作品。机器带动着一条金属臂沿着装有 25 吨红色软质蜡的开口容器的表面转动。金属臂在 1h 的转动中，环绕着蜡质表面缓慢运动，好像在搅拌材料，不断塑造蜡的形状，反复形成奇特景观。

基础数据采集见表 10。光学数据见图 42。照度测试数据如图 43 所示，作品平均照度为 247lx，均匀度为 0.5。亮度测试数据见图 44，作品平均亮度为 46cd/m²，均匀度为 0.2。

图43 照度测试数据

图41 《我的红色家乡》

图44 亮度测试数据

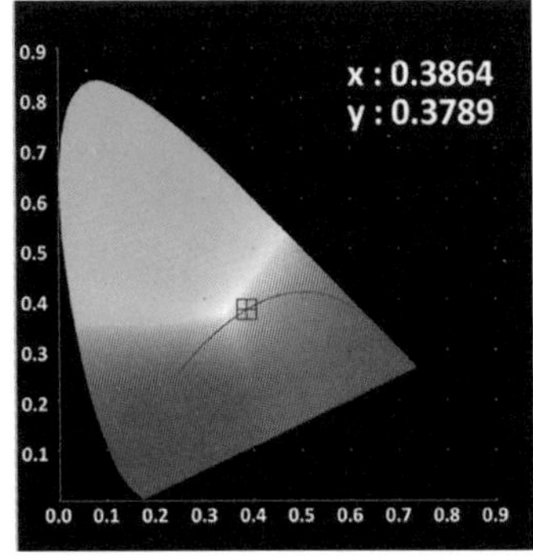

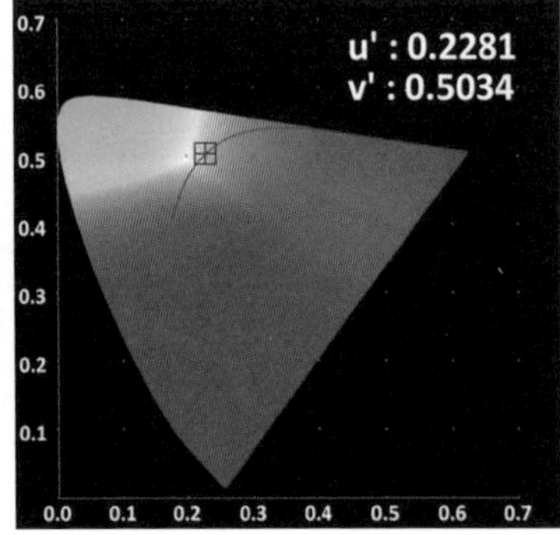

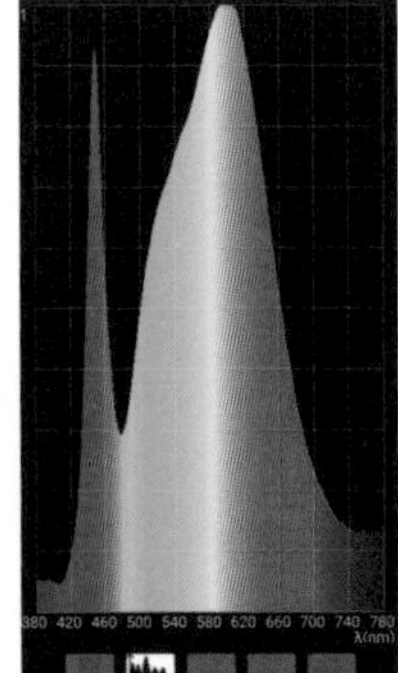

图42 光学数据图

表 10　基础数据采集表

位置	展品类型	照明方式	光源类型	灯具类型	温度 /℃	紫外线含量 / (μW/lm)	照明控制
四层展厅	雕塑	线型灯基础照明加轨道射灯	LED	直接型	19.7	6.3	手动开关
色参数采集							
色温 /K	显指 R_a	R_f	R_g	R_9	色容差 /SDCM		
3857	85.5	91.2	99.8	23	6.2		
频闪数据							
闪烁频率		百分比	12.45%	闪烁指数			
眩光评价（采取的主观评价）					良		
有轻微不舒适感有感眩光							

（二）非陈列空间照明调研

1. 二层展厅门口过道照明

二层展厅门口过道如图 45 所示，基础数据采集见表 11。光学数据见图 46。照度测试数据如图 47 所示，地面平均照度为 44lx，均匀度为 0.43。

2. 二层画室内走道照明

二层画室内走道如图 48 所示，基础数据采集见表 12。光学数据见图 49。照度测试数据如图 50 所示，地面平均照度为 33lx，均匀度为 0.64。

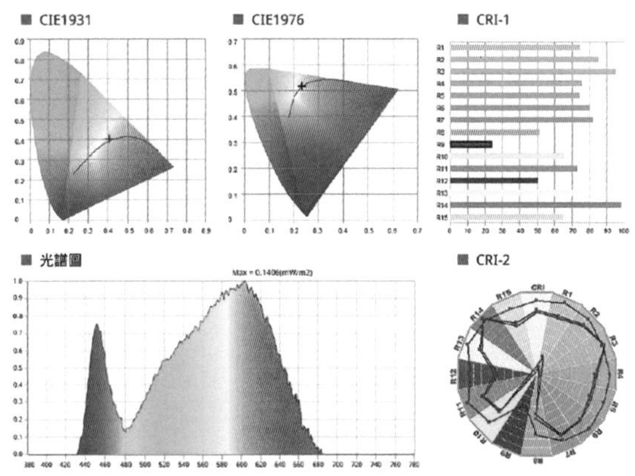

图46　光学数据图

图45　二层展厅门口过道

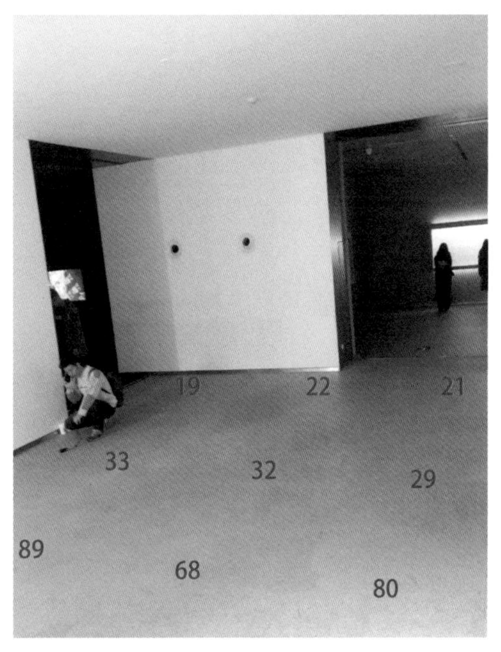

图47　照度测试数据

表11　基础数据采集表

位置	展品类型	照明方式	光源类型	灯具类型	温度 /℃	紫外线含量 / (μW/lm)	照明控制
二层过道	—	筒灯基础照明	LED	直接型	17.6	5.2	手动开关
色参数采集							
色温 /K		显指 R_a	R_f	R_g	R_9	色容差 /SDCM	
3509		76.8	77.4	92.3	−23.4	6.2	
频闪数据							
闪烁频率		百分比		2.56			闪烁指数
眩光评价（采取的主观评价）							良
有轻微不舒适感有感眩光							

图48　画室内部走道

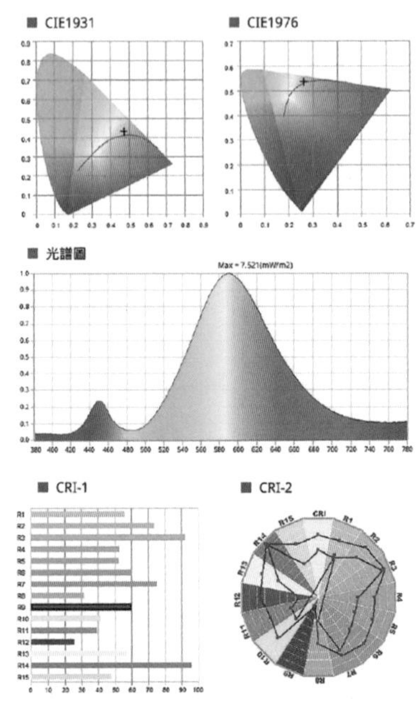

图49　光学数据图

表 12　基础数据采集表

位置	展品类型	照明方式	光源类型	灯具类型	温度 /℃	紫外线含量 / (μW/lm)	照明控制
二层画室内部走道	—	柜内环境光间接照明	荧光灯	直接型	18.6	2.3	手动开关
色参数采集							
色温 /K	显指 R_a	R_f	R_g		R_9		色容差 /SDCM
2675	64.1	65.1	87.2		−59.1		6.5
频闪数据							
闪烁频率		百分比	7.63%				闪烁指数
眩光评价（采取的主观评价）							良
有轻微不舒适感，有感眩光							

图50　照度测试数据

三　数据汇总及评分

1. 陈列空间照明数据汇总

陈列空间综合数据统计如表 13 所示。

表 13　陈列空间综合数据统计表

陈列空间	用光安全				灯具质量					光环境分布			
类型	照度与年曝光量 /（lx · h/a）	展品表面温升 /℃	紫外	色温或相关色温 /K	显色指数 R_a	显色指数 R_9	显色指数 R_f	频闪控制	色容差	照度均匀度水平	照度均匀度垂直	眩光	对比度
首层展厅：献给亲爱太阳的交响曲	630lx/1814400	0	0.21	3133	91.3	40	88	合格	4.5	0.68	—	良	0.43
二层展厅：达 · 芬奇与他的艺术群体	31lx/90520	0	0.36	3331	91.9	68.1	89.7	合格	5.1	—	0.64	优	＜0.1
二层画室	176lx/513920	0.8	3.5	2716	65.4	−44	67.5	合格	5.5	0.75	—	良	0.6
三层展厅	260lx/759200	0	7.6	3997	90	46.6	89.1	合格	5	0.79	0.78	良	0.76
四层展厅：我的红色家乡	247lx/721240	0.4	6.3	3857	85.5	23	91.2	合格	6.2	0.5	0.75	良	0.35

2. 非陈列空间照明数据汇总

非陈列空间综合数据统计如表 14 所示。

表 14　非陈列空间综合数据统计表

非陈列空间	灯具质量					光环境分布				
类型	显色指数 R_a	显色指数 R_9	显色指数 R_f	频闪控制	色容差	照度均匀度水平	照度均匀度垂直	眩光	功率密度	光环境控制
二层展厅门外走道	76.8	−23.4	77.4	合格	6.2	0.43	—	6	合格	良
二层画室内部走道	64.1	−59.1	65.1	合格	6.5	0.75	—	6	合格	良

3. 美术馆各评价指标的分析

根据实地调研的照明数据和现场对美术馆相关人员的访谈记录，对美术馆的

陈列空间、非陈列空间和运行评价三个方面进行评价。用光安全测试要点统计见表 15。陈列空间灯具质量测试要点统计见表 16。陈列空间光环境分布测试要点统计见表 17。非陈列空间灯具质量测试要点统计见表 18。非陈列空间光环境分布测试要点统计见表 19。

表 15　用光安全测试要点统计表

编号	测试要点	优 A	良 B	合格 C	不合格 D	统计分值
1	照度与年曝光量		√			9
2	紫外线含量	√				8
3	色温或相关色温	√				8
4	展品表面温升	√				9
总计	单项指标项 = 平均分 ×10× 权重					34

表 16　陈列空间灯具质量测试要点统计表

编号	测试要点		优 A	良 B	合格 C	不合格 D	统计分值
1	显色指数	R_a		✓			5.3
		R_9				✓	
		R_f		✓			
2	频闪控制				✓		5
3	色容差					✓	3
总计	单项指标项 = 平均分 ×10× 权重						13.3

表 17　陈列空间光环境分布测试要点统计表

编号	测试要点	优 A	良 B	合格 C	不合格 D	统计分值
1	亮（照）度水平空间分布		✓			5.6
2	亮（照）度垂直空间分布	✓				8
3	眩光		✓			4.2
4	对比度		✓			3.6
总计	单项指标项 = 平均分 ×10× 权重					21.4

表 18　非陈列空间灯具质量测试要点统计表

编号	测试要点		优 A	良 B	合格 C	不合格 D	统计分值
1	显色指数	R_a				✓	3
		R_9				✓	
		R_f			✓		
2	频闪控制				✓		10
3	色容差					✓	3
总计	单项指标项 = 平均分 ×10× 权重						16

表 19　非陈列空间光环境分布测试要点统计表

编号	测试要点	优 A	良 B	合格 C	不合格 D	统计分值
1	亮（照）度水平空间分布		✓			6
2	亮（照）度垂直空间分布		✓			6
3	眩光		✓			7
4	功率密度	✓				9
5	光环境控制			✓		5
总计	单项指标项 = 平均分 ×10× 权重					33

4. 美术馆光环境评价综述

根据所有调研数据的采集情况，综合运用课题组制订的行业标准《美术馆光环境评价方法》进行结果汇总分析。

现场采集测试数据显示，该馆整体光环境效果良好，观众的视觉舒适度也较高，观赏环境比较优越，本次调研光环境是根据艺术作品需求设计，围绕临时展览主题展陈与调性设计，营造的效果能满足应用场景的要求。这与馆方具备很强的照明专业人才管理有关，表现为他们对展品的保护方面有科学方法进行处理，无论在展示效果还是对艺术品的光环境表现方面，皆具有全国重点美术馆大馆的优势。具体细节方面，如陈列空间所采用光源在用光安全方面较好，表现说明该馆对保护展品方面比较重视，展览光环境艺术表现较好，不足之处是所采用光源，像一层大厅采用的 LED 射灯，红色还原能力有偏移现象，对展示大面积红色作品表现力弱一些，如能今后对灯具显色指标 R_9 值稍加注意，表现会更佳。部分陈列空间明暗对比强，有戏剧化艺术表现效果，但会增加视疲劳，降低观众对色彩和细节的敏感度。如能适当提高展示空间亮度，降低对比度，视觉舒适度会提高很多。非陈列空间灯具质量有待提高，目前可以满足参观需求，局部有增加观众视觉疲劳现象。因该馆经常会举办国际的一流展览，如在照明细节方面，再进一步提高光环境品质，会使让该馆整体运营更加优秀。

重庆美术馆在原重庆画院（重庆国画院）基础上组建，2013 年 10 月建成开馆。红色的建筑外观设计独特，馆藏丰富。该调研报告严格按照我们标准草案执行操作，内容翔实具体，可参考性和模仿性强，对于诠释解读标准非常有价值，是一篇优秀的调研报告。

重庆美术馆光环境指标测试调研报告

调研对象：重庆美术馆
调研时间：2019 年 12 月 2 日
指导专家：陈同乐[1]、姚丽[2]、李倩[3]
调研人员：吴科林、梁柱兴、季志凌、吴波、李仕彬
参与单位：1. 江苏省美术馆；2. 武汉理工大学；3. 杭州远方光电信息股份有限公司
调研设备：群耀（UPRtek）MK350D 手持式分光光谱计、世光（SEKONIC）L-758CINE 测光表、远方（EVERFINE）SFIM-400 光谱闪烁照度计、远方（EVERFINE）LGM-200B 照明眩光测量系统、远方（EVERFINE）U-20 紫外辐照度计、森威（SNDWAY）SW-M40 实用型测距仪、路创（Lutron）TM-902C 温度计等

一　概述

（一）美术馆建筑概况

重庆美术馆（图 1）是在原重庆画院（重庆国画院）基础上组建，系公益性文化事业机构，是重庆市文化委员会直属事业单位。

图1　重庆美术馆外观

重庆美术馆坐落在重庆市渝中区解放碑 CBD 核心地带，位于重庆国泰艺术中心的 5、6、7 楼，建筑总面积约为 10000m^2，展厅面积约为 3500m^2，于 2013 年 10 月建成开馆并免费对外开放。该馆建筑外观由多个红色的内凹矩形结合在一起（图 1），共有 4 个临时展厅，最大展厅约为 1100m^2，最小展厅约为 190m^2，展线约为 1000m。重庆美术馆承担美术作品的陈列布展、征集收藏工作，指导美术作品的创作、推广，开展美术学术理论研究、对外交流工作，开展美术培训等服务。

（二）美术馆照明概况

重庆美术馆的照明空间分为陈列空间和非陈列空间。陈列空间（图 2）的展览照明均采用导轨投光的照明方式，轨道灯具光源主要是 LED，小部分是金卤灯。非陈列空间的公共大厅（图 3）也采用导轨投光的照明方式，轨道灯具光源主要是金卤灯，入口处是玻璃幕墙，有自然采光。美术馆的工作照明采用紧凑型荧光筒灯，报告厅主要采用荧光格栅灯盘，文物库房采用 LED 灯盘。

图2　六层展厅照明概况

图3　五层公共大厅照明概况

调研区域照明概况如下：

照明方式：导轨投光为主，部分是灯盘

光源类型：LED 灯为主，部分是金卤灯和荧光灯

灯具类型：直接型

照明控制：分回路，手动控制

照明时间：周二至周日 9:00 ~ 17:00(法定假日除外)

（三）美术馆调研区域概况

重庆美术馆有两层展厅，共有 4 个临时展厅，展示作品主要以传统的国画、油画、版画和小型雕塑为主，兼顾摄影艺术、人体艺术、装置艺术、行为艺术和工艺品的展示。馆方人员陪同我们参观美术馆后，经与指导专家商议选取了几个有代表性空间进行照明数据采集，调研区域如图 4 所示。

（四）美术馆调研前准备工作

工作开展前，指导专家、馆方人员与调研执行单位参考《美术馆光环境评价方法》的内容进行访谈，见图 5，采集美术馆适用于标准内容的相关信息，访谈结束后，馆方人员陪同指导专家与调研单位参观美术馆（图 6）。

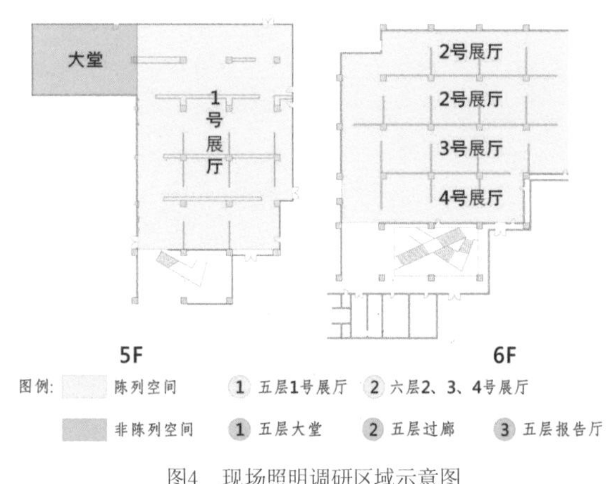

图4　现场照明调研区域示意图

图5　调研前课题访谈

图6　馆方人员现场介绍

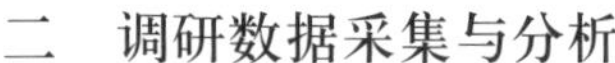

二　调研数据采集与分析

（一）陈列空间照明调研

1. 五层展厅

五层展厅空间布局为矩形结构，展墙高为 4.5m，灯具安装高度为 5m，作为临时展厅使用。展示照明采用导轨投光照明方式，灯具主要是 20W 的 LED 轨道灯。展厅正在进行《“天地生灵”方楚雄的艺术世界》展览，展示作品主要为纸本的设色绘画作品。

（1）展厅空间照明数据采集

1）展厅地面照明。我们在展厅选取了一块地面区域做照明数据采集，选取的区域尺寸为 3m × 2m，数据采集点间距为 1m × 1m，数据采集点分布如图 7 所示，其测试数据见表 1。

图7　五层展厅地面数据采集点分布示意图

表 1　五层展厅地面照明数据采集表

编号	照度 /lx	色温 /K	R_a	R_9	R_f
1	65.45	3439	93.7	72.8	90.5
2	60.34	3474	94.1	74.2	90.8
3	35.19	3482	95.1	81.1	90.3
4	30.17	3072	94.4	89.2	88.9
5	24.61	3181	95.5	79.8	90.5
6	20.5	3132	95.6	83.8	90.8
7	16.25	2970	93.9	88.5	90.1
8	16.27	3106	94.5	88.3	89.6
9	31.13	3288	94.9	77	90
10	29.41	3280	95.2	79	90.3
11	24.44	2922	93.8	86.3	89.6
12	20.11	2910	93.5	87.7	89.4
最大值	65.45	3482	95.6	89.2	90.8
最小值	16.25	2910	93.5	72.8	88.9
平均值	31.16	3188	94.5	82.3	90.1
均匀度	0.52	—	—	—	—

五层展厅照射地面灯具的光谱图和色度图如图 8 所示，其显色性如图 9 所示。

2）展厅墙面照明。我们在展厅选取了一块墙面区域采集照明数据，选取区域的尺寸为 4m × 2m，数据采集点间距为 1m × 1m，数据采集点分布如图 10 所示，其测试数据见表 2。

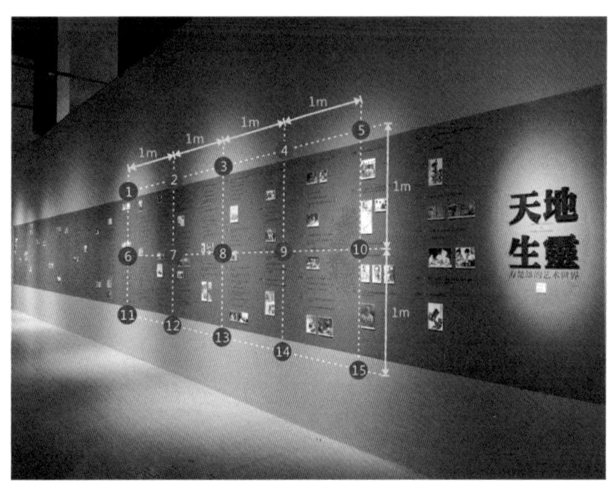

图10　五层展厅墙面数据采集点分布示意图

■ 光谱图

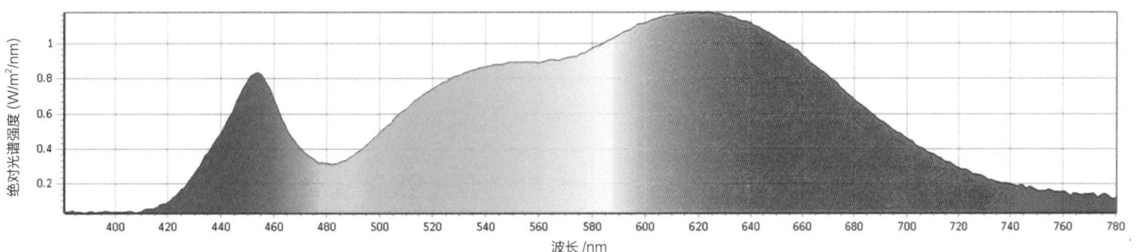

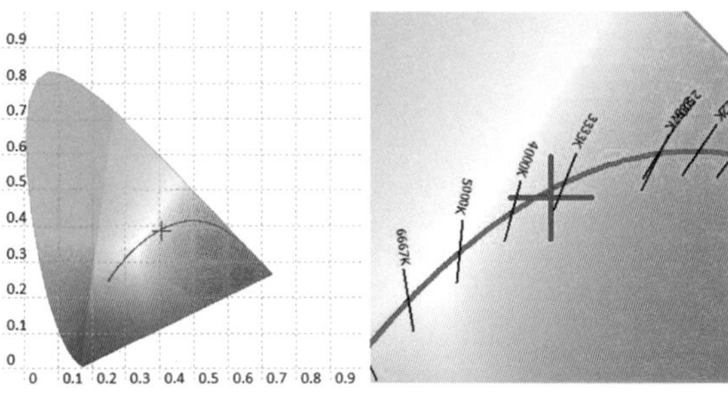

■ CIE1976

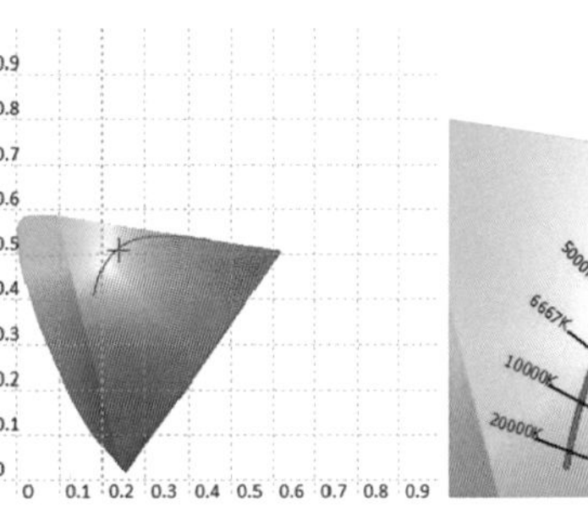

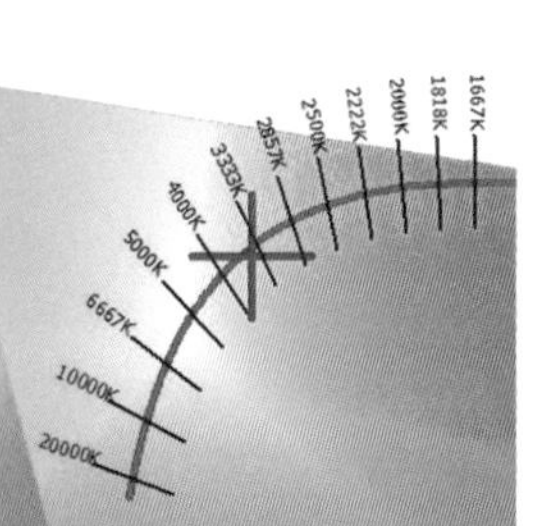

图8　五层展厅照射地面灯具光谱图和色度图

图9　五层展厅照射地面灯具显色性

表 2　五层展厅墙面照明数据采集表

编号	照度 /lx	色温 /K	R_a	R_9	R_f
1	147.6	3816	91.1	65.3	88.6
2	84.87	3757	92.4	70.5	89.2
3	145	3902	90.9	67.2	88
4	75.29	3765	92.7	71.9	89.4
5	132.4	3879	91.3	66.7	88.7
6	197.8	3770	90.6	63.5	88.5
7	114.9	3759	91.5	67.2	88.9
8	361.1	3836	89.5	60.9	87.6
9	92.02	3824	91.8	70	88.6
10	327.8	3819	90	61.3	88.2
11	383.4	3765	90.1	62.6	88.1
12	177.7	3678	90.8	64.4	88.7
13	241.2	3741	90.2	64	88
14	258.9	3789	90	63.1	87.8
15	317.4	3753	90.4	63.4	88.4
最大值	383.4	3902	92.7	71.9	89.4
最小值	75.29	3678	89.5	60.9	87.6
平均值	203.8	3792	90.9	65.5	88.5
均匀度	0.37	—	—	—	—

五层展厅照射墙面灯具的光谱图和色度图如图 11 所示，其显色性如图 12 所示。

3）展厅眩光控制。在展厅选取主要的视线方向采集其眩光数据，数据如图 13 所示。

（2）展厅展品照明数据采集

1）绘画作品 1：《在水一方》在五层展厅我们选取了展品《在水一方》进行照明数据采集，展品是纸本设色中国画，尺寸为 4.3m×1.64m，展品中心点离地面 1.6m。展品内的数据采集点间距为 0.9m×0.9m，展品背景的数据采集点离展品 0.2m，间距为 0.9m，数据采集点分布如图 14 所示，其测试数据见表 3。

■ 光谱图

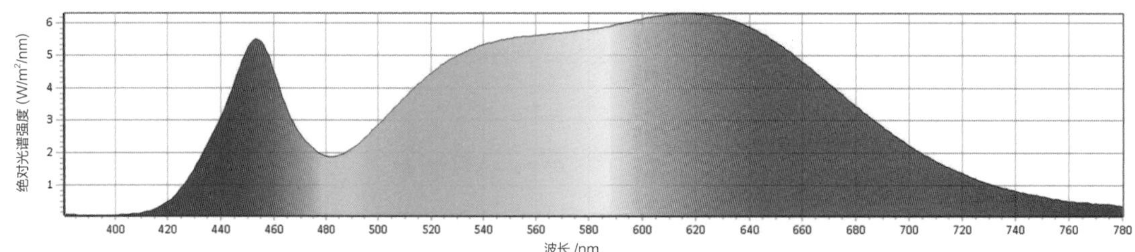

■ CIE1931

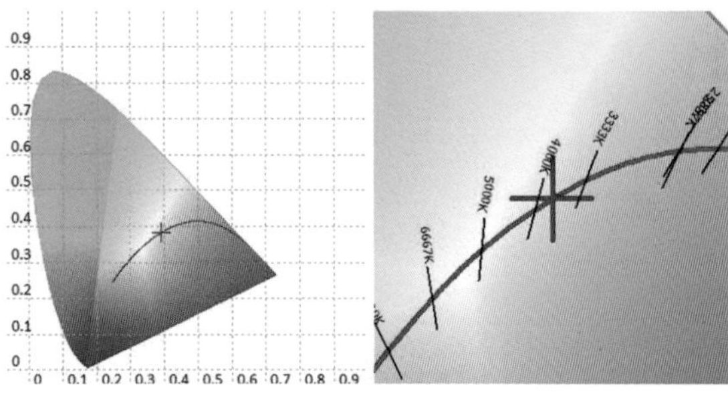

■ CIE1976

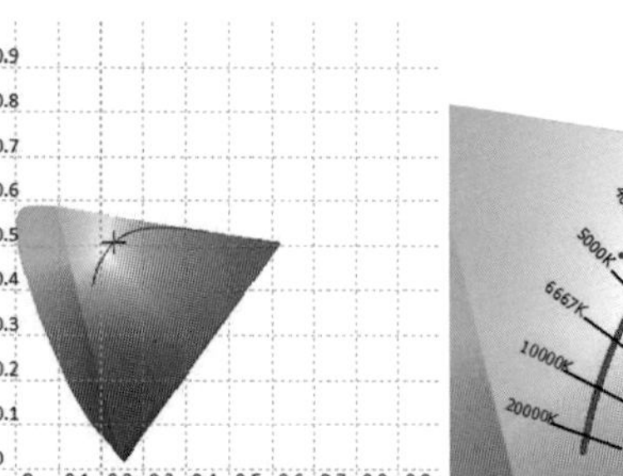

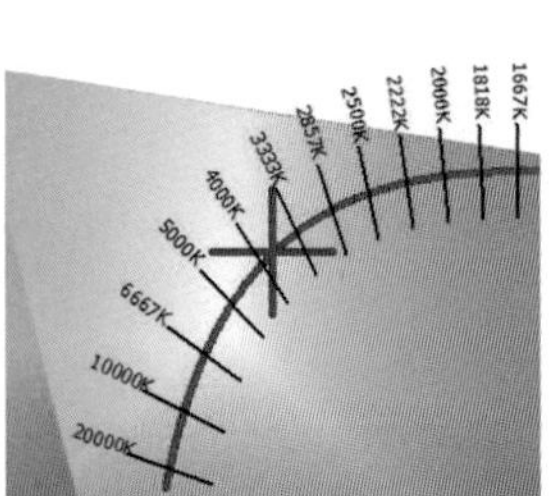

图11　五层展厅照射墙面灯具光谱图和色度图

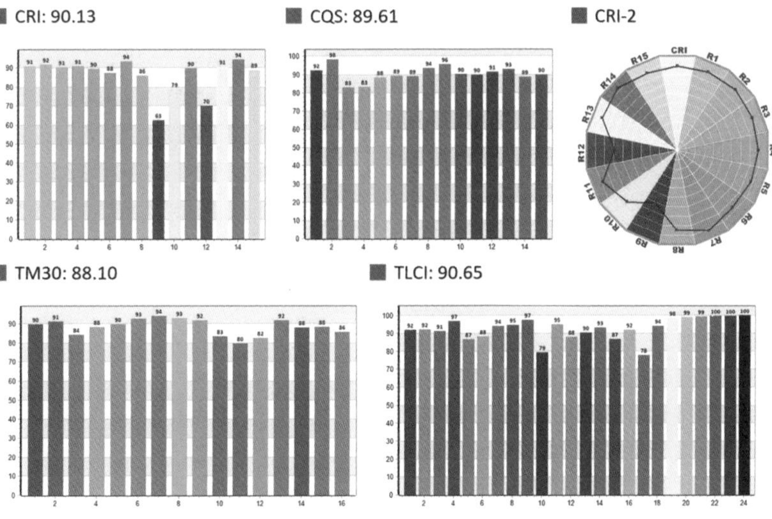

图12　五层展厅照射墙面灯具显色性

UGR: 15
背景亮度: 8.12 cd/m^2

测试信息
测试模式:自动模式
方位角:-60° - 60°　　俯仰角:-45° - 45°
自动阈值:500

图13　五层展厅眩光全景图

图14　绘画作品1数据采集点分布示意图

表 3　绘画作品 1 照明数据采集表

	编号	照度 /lx	色温 /K	R_a	R_9	R_f
展品内	1	49.29	3904	91.2	67.5	88.2
	2	717.3	3902	89.1	59.2	87.4
	3	268	3951	89.4	60.8	87.6
	4	938.2	3737	88.6	56.8	87.7
	5	29.98	3550	93	71.5	89.6
	6	174.1	3934	89.6	61.4	87.6
	7	545.9	3841	89.1	58.9	87.5
	8	277.5	4024	89.5	61.1	87.4
	9	485.2	3829	88.8	58	87.6
	10	30.05	3849	91.4	67.5	88.6
	最大值	938.2	4024	93	71.5	89.6
	最小值	29.98	3550	88.6	56.8	87.4
	平均值	351.6	3852	90	62.3	87.9
	均匀度	0.09	—	—	—	—
展品背景	11	20.96	3480	92.9	70.2	89.1
	12	145.3	4107	90.3	65.3	87.4
	13	62.13	4033	91.3	68.1	88.1
	14	161.3	4106	90.1	64.4	87.5
	15	30.01	3625	92.9	71.4	89.5
	16	129.5	3913	89.9	62.9	87.7
	17	338.3	3862	89.4	60.5	87.6
	18	179.1	4025	90	63.7	87.7
	19	291.2	3831	89.2	59.8	87.8
	20	28	3725	92.5	71.9	89
	最大值	338.3	4107	92.9	71.9	89.5
	最小值	20.96	3480	89.2	59.8	87.4
	平均值	138.6	3871	90.9	65.8	88.1
	对比度	0.39	—	—	—	—

照射绘画作品 1 灯具的光谱图和色度图见图 15，其显色性见图 16，其色容差见图 17。

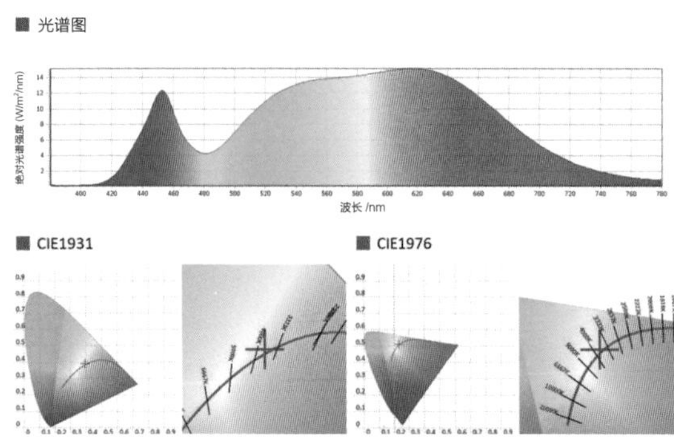

图15　照射绘画作品1灯具光谱图和色度图

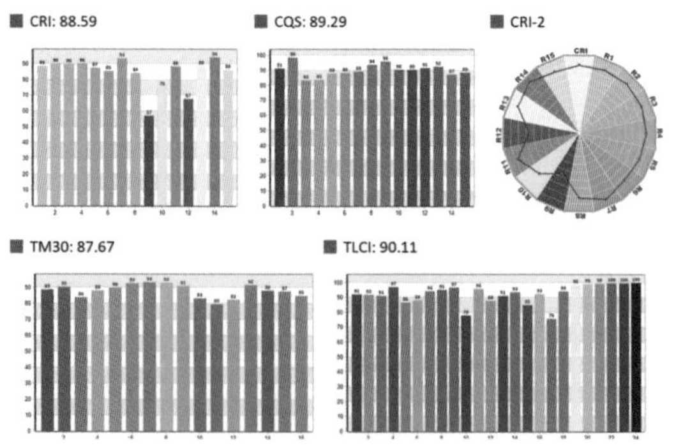

图16　照射绘画作品1灯具显色性

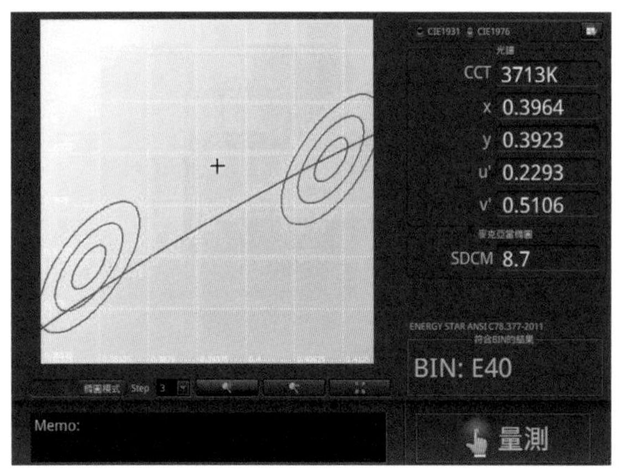

图17　照射绘画作品1灯具色容差

2）绘画作品 2：《天地壮阔》在五层展厅我们还选取了展品《天地壮阔》进行照明数据采集，展品为纸本设色中国画，尺寸为 4.4m×1.6m，展品中心点离地面 1.7m。展品内的数据采集点间距为 0.9m×0.9m，展品背景的数据采集点离展品 0.2m，间距为 0.9m，数据采集点分布见图 18，其测试数据见表 4。

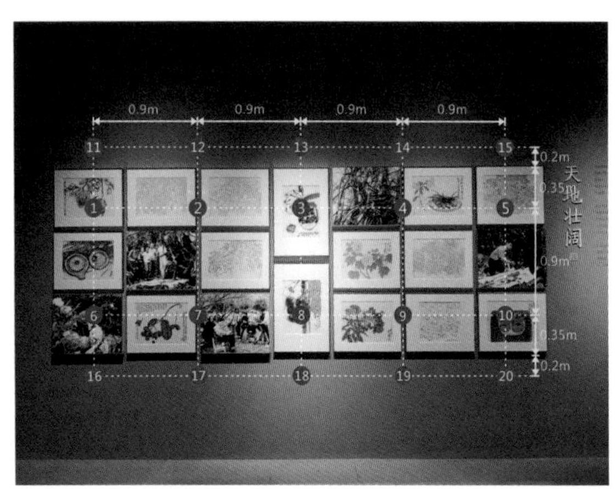

图18　绘画作品2数据采集点分布示意图

表 4　绘画作品 2 照明数据采集表

	编号	照度 /lx	色温 /K	R_a	R_9	R_f
展品内	1	268.7	3852	89.9	61.6	87.9
	2	310.6	3986	89.9	61.5	87.9
	3	882.3	3882	89.4	59	87.8
	4	425.3	4003	90	62.5	87.7
	5	207	3917	90	62.5	87.8
	6	403.4	3823	89.4	60.1	87.8
	7	699.3	3899	89.3	59.2	87.8
	8	1340	3781	89.1	57.9	87.9
	9	765.3	3876	89.4	60.1	87.7
	10	352.5	3883	89.3	60	87.6
	最大值	1340	4003	90	62.5	87.9
	最小值	207	3781	89.1	57.9	87.6
	平均值	565.4	3890	89.6	60.4	87.8
	均匀度	0.37	—	—	—	—
展品背景	11	111.7	3912	91.1	66.7	88.3
	12	158.7	4063	90.6	64.7	88.1
	13	260.2	4058	90	61.9	88
	14	195.5	4085	90.6	65.2	87.9
	15	136.2	3980	90.6	65.1	88
	16	279.1	3811	89.5	60.2	87.8
	17	459.1	3879	89.6	60.5	87.9
	18	876	3789	89.4	59.1	87.9
	19	563.9	3858	89.6	60.5	87.7
	20	210.9	3797	89.7	61	87.6
	最大值	876	4085	91.1	66.7	88.3
	最小值	111.7	3789	89.4	59.1	87.6
	平均值	325.1	3923	90.1	62.5	87.9
	对比度	0.57	—	—	—	—

照射绘画作品 2 灯具的光谱图和色度图见图 19，其显色性见图 20，其色容差见图 21。

3）绘画作品 3：《柳浪鸣禽》。在五层展厅选取展品《柳浪鸣禽》采集照明数据，展品是纸本设色的中国画，

■ 光谱图

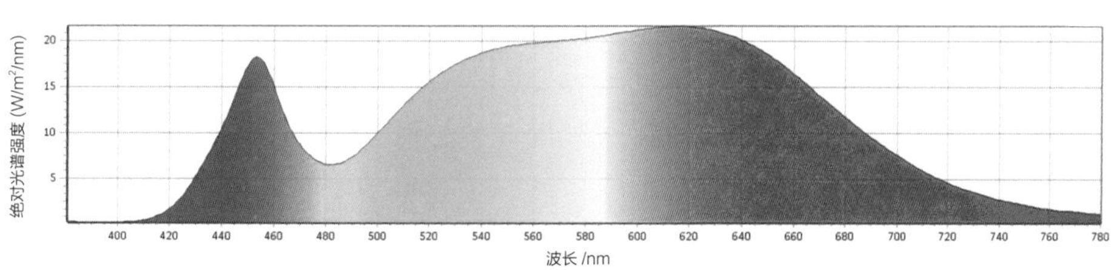

■ CIE1931

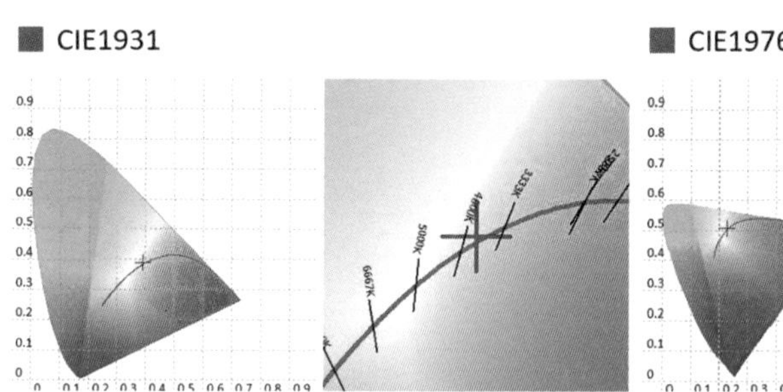

■ CIE1976

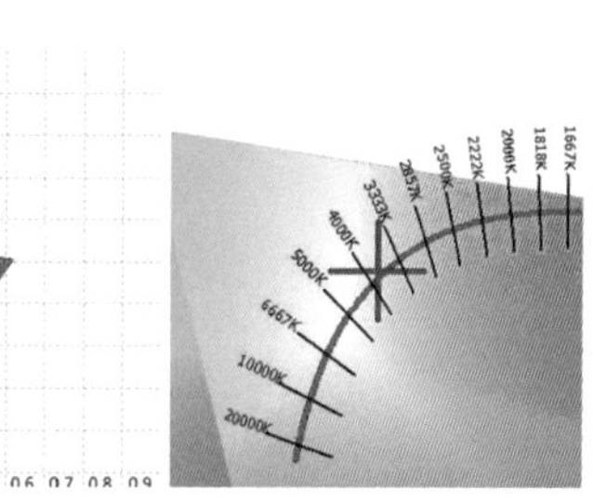

图19　照射绘画作品2灯具光谱图和色度图

■ CRI: 89.09

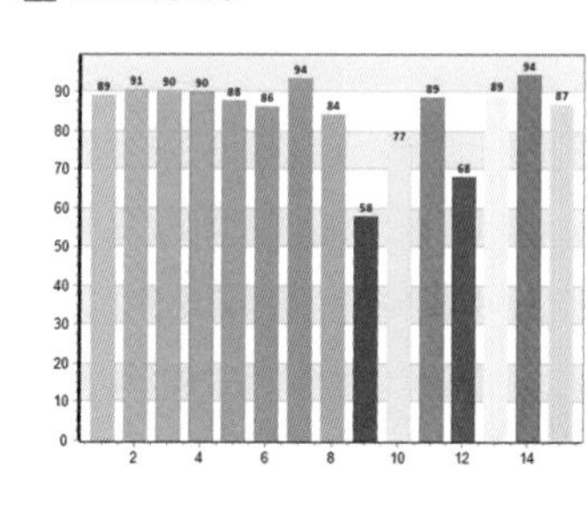

■ CQS: 89.35

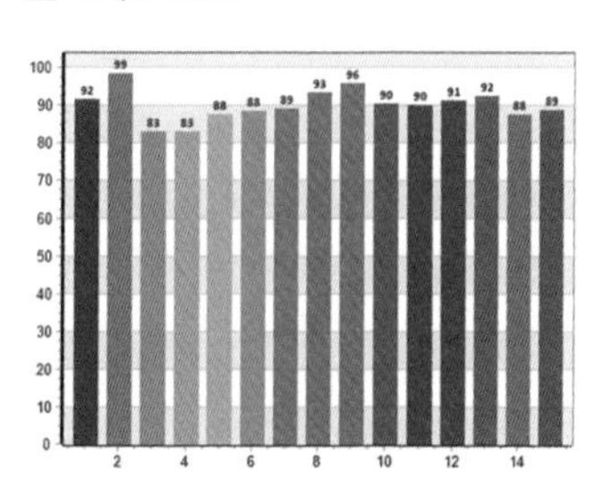

■ CRI-2

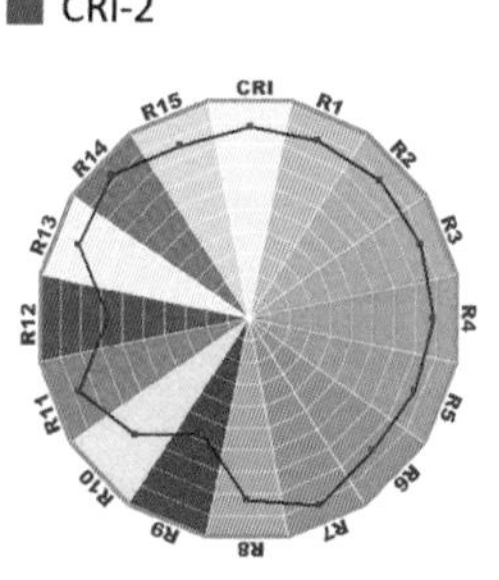

■ TM30: 87.86

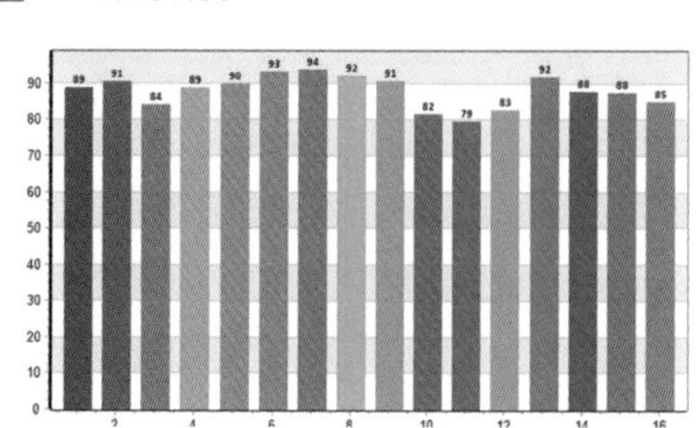

■ TLCI: 90.43

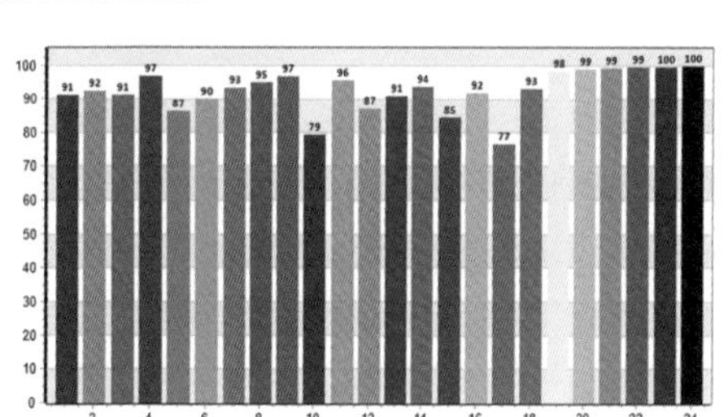

图20　照射绘画作品2灯具显色性

尺寸为 2.3m×2.4m，展品中心点离地面 1.6m。展品内的数据采集点间距为 0.8m×0.8m，展品背景的数据采集点离展品 0.2m，间距为 0.8m，数据采集点分布如图 22 所示，其测试数据见表 5。

照射绘画作品 3 灯具的光谱图和色度图如图 23 所示，

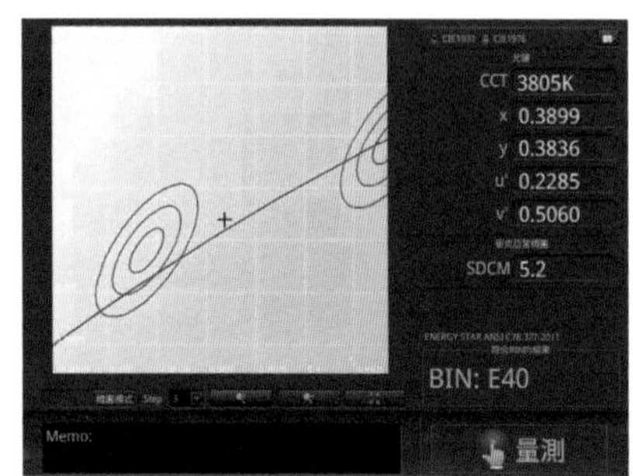

图21　照射绘画作品2灯具色容差

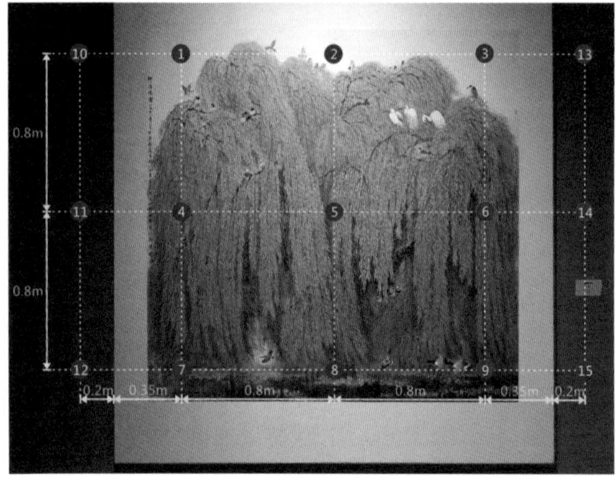

图22　绘画作品3数据采集点分布示意图

表 5　绘画作品 3 照明数据采集表

	编号	照度 /lx	色温 /K	R_a	R_9	R_f
展品内	1	122.2	3894	90.5	63.8	88.3
	2	355.9	3867	89.4	59.3	87.8
	3	183.5	3910	90	61.8	88
	4	175.1	3850	90.1	61.8	88.1
	5	424.7	3830	89.3	58.7	87.8
	6	207.1	3879	89.8	60.9	88
	7	145.3	3782	90.1	62	88.3
	8	287.9	3792	89.5	59.7	88
	9	272	3784	89.7	60.3	88.1
	最大值	424.7	3910	90.5	63.8	88.3
	最小值	122.2	3782	89.3	58.7	87.8
	平均值	241.5	3843	89.8	60.9	88
	均匀度	0.51	—	—	—	—
展品背景	10	51.38	3749	92.5	71	89.1
	11	74.34	3790	91.5	67.1	88.8
	12	90.56	3750	90.7	64.2	88.5
	13	74.95	3867	91.5	67.5	88.7
	14	89.83	3881	91	66	88.5
	15	173.9	3808	90.2	62.2	88.2
	最大值	173.9	3881	92.5	71	89.1
	最小值	51.38	3749	90.2	62.2	88.2
	平均值	92.5	3808	91.2	66.3	88.6
	对比度	0.38	—	—	—	—

■ 光谱图

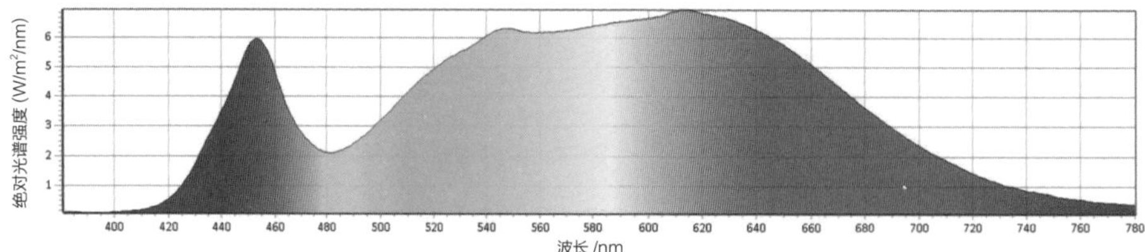

■ CIE1931

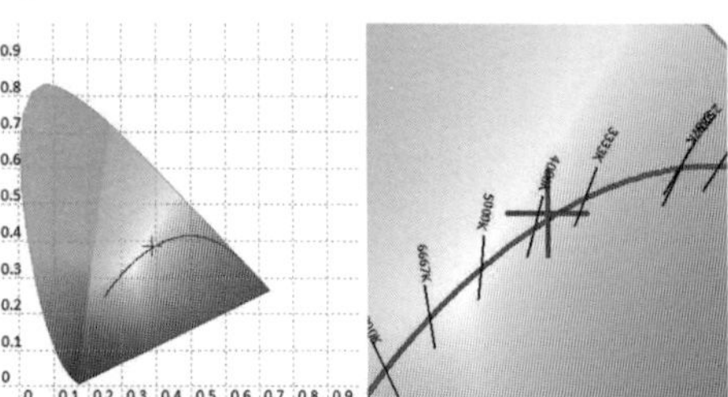

■ CIE1976

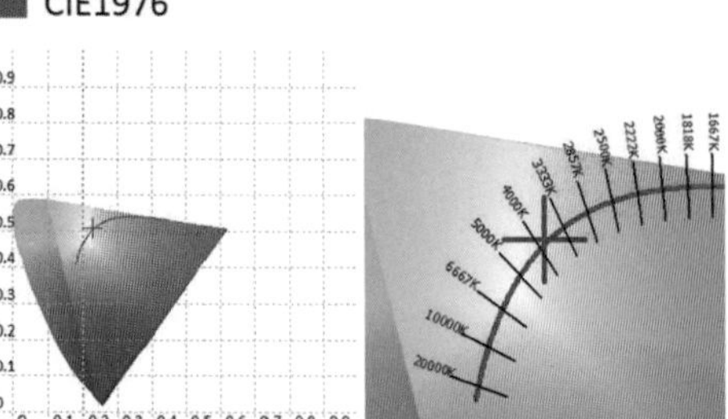

图23　照射绘画作品3灯具光谱图和色度图

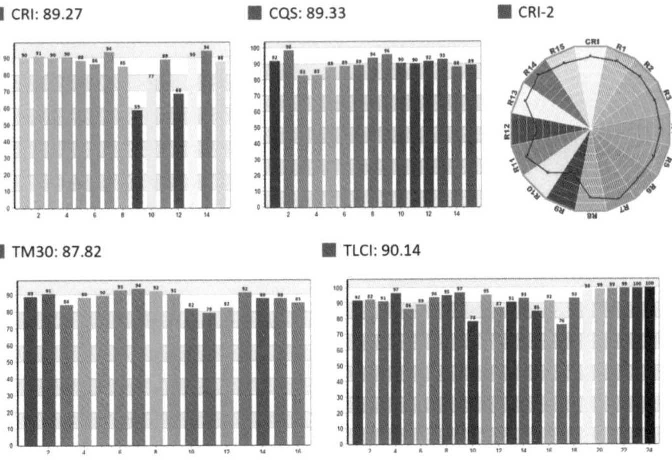

图24　照射绘画作品3灯具显色性

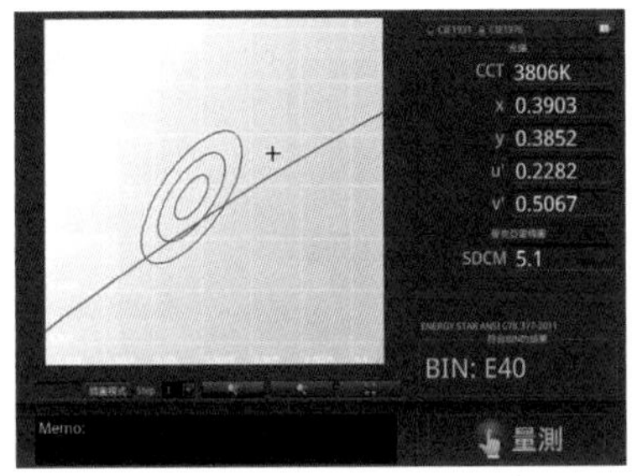

图25　照射绘画作品3灯具色容差

图26　六层展厅地面数据采集点分布示意图

其显色性如图 24 所示，其色容差如图 25 所示。

2. 六层展厅

六层展厅空间布局为矩形结构，展墙高为 5m，灯具安装高度为 3.7m，作为临时展厅使用。展示照明采用导轨投光的照明方式，灯具主要是 20W 的 LED 轨道灯，部分为 70W 的金卤灯。展厅正在进行展览《“时代精神”当代院风年度大展 · 2019》，展示作品只要是纸本设色、纸本水墨、绢本设色、绢本重彩的绘画。

（1）展厅空间照明数据采集

1）展厅地面照明。在展厅选取一块地面区域采集照明数据，选取区域的尺寸为 3m × 2m，数据采集点间距为 1m × 1m，数据采集点分布见图 26，其测试数据见表 6。

表 6　六层展厅地面照明数据采集表

编号	照度 /lx	色温 /K	R_a	R_9	R_f
1	161.1	3747	92.1	67.8	91.1
2	162.1	3828	94	77.7	91.5
3	154	3853	93.6	75.3	91.3
4	167	3801	91.8	65.4	90.1
5	90.43	3842	86	29.6	84.6
6	39.03	3656	90	53.4	88.6
7	58.1	3656	91.8	64	90.2
8	149.6	3774	90.1	55.6	89.4
9	83.29	3918	86.9	33.5	86
10	41.72	3744	90.6	56.2	89
11	55.63	3753	87.7	38	86.6
12	108.9	3841	84.4	19.8	83.5
最大值	167	3918	94	77.7	91.5
最小值	39.03	3656	84.4	19.8	83.5
平均值	105.9	3784	89.9	53	88.5
均匀度	0.37	—	—	—	—

六层展厅照射地面灯具的光谱图和色度图如图 27 所示，其显色性如图 28 所示。

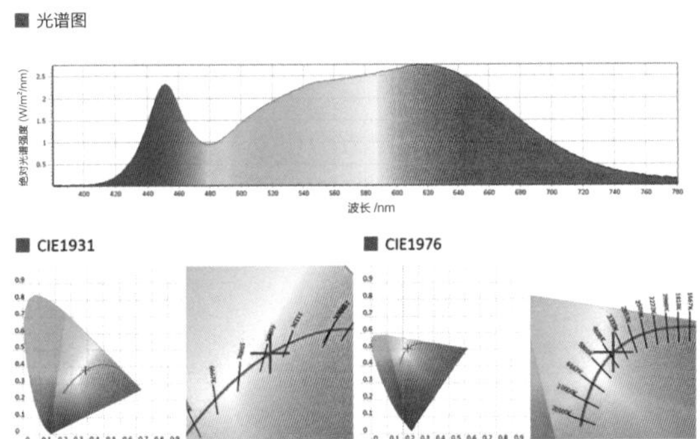

图27　六层展厅照射地面灯具光谱图和色度图

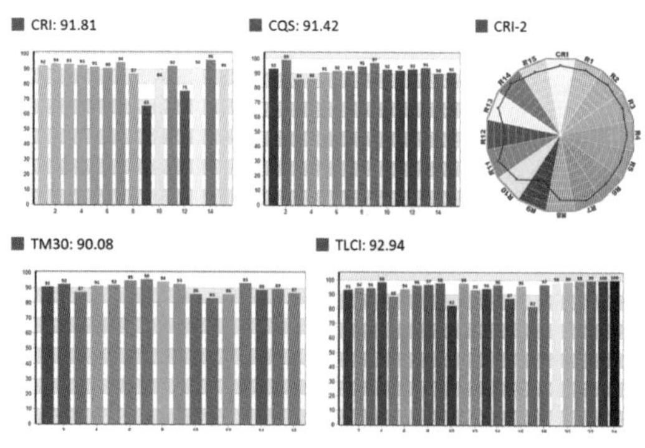

图28 六层展厅照射地面灯具显色性

2）展厅墙面照明。在展厅选取一块墙面区域采集照明数据，选取区域的尺寸为 6m×3m，数据采集点间距为 1.5m×1.5m，数据采集点分布如图 29 所示，其测试数据见表 7。

六层展厅照射墙面灯具的光谱图和色度图如图 30 所示，其显色性如图 31 所示。

3）展厅眩光控制。在展厅选取主要的视线方向采集其眩光数据，数据如图 32 所示。

（2）展厅展品照明数据采集

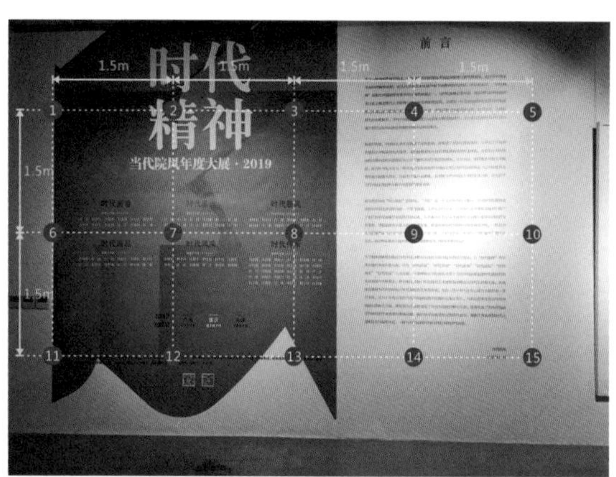

图29 六层展厅墙面数据采集点分布示意图

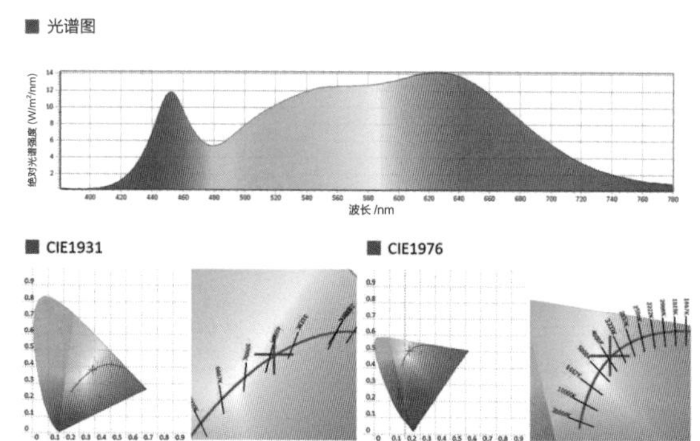

图30 六层展厅照射墙面灯具光谱图和色度图

表 7 六层展厅墙面照明数据采集表

编号	照度 /lx	色温 /K	R_a	R_9	R_f
1	116.8	3976	93.8	76.6	91.8
2	258	3917	94.1	78.3	91.9
3	297.3	3901	94.3	78.9	91.9
4	308.2	3953	94.2	78.8	91.8
5	581.8	3956	94	78.4	91.8
6	163.3	3884	94.7	80.6	92.2
7	384	3735	95.1	82	92.5
8	398.1	3800	94.7	80.4	92.3
9	867.7	3861	93.9	77.5	91.9
10	654	3922	94	78.3	91.9
11	97.38	3496	96.6	96.4	93.4
12	201.6	3633	96.9	90.3	93.1
13	241.8	3607	97	91.3	93.2
14	228.4	3679	96.8	90.2	93.1
15	278.7	3888	94.6	80.7	92.1
最大值	867.7	3976	97	96.4	93.4
最小值	97.38	3496	93.8	76.6	91.8
平均值	338.5	3814	95	82.6	92.3
均匀度	0.29	—	—	—	—

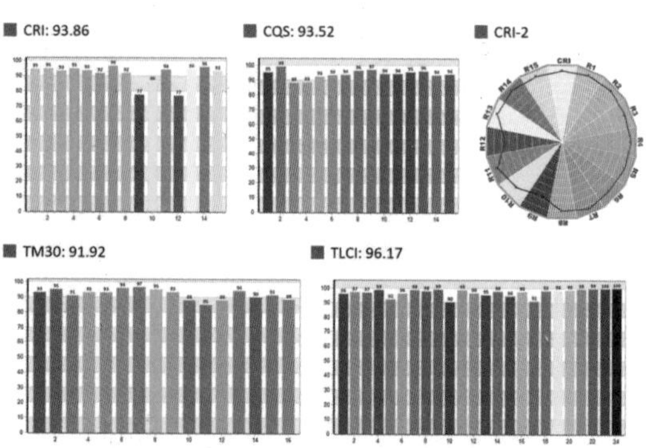

图31 六层展厅照射墙面灯具显色性

图32 六层展厅眩光全景图

1）绘画作品 4：《“都市神畅”之一》

在六层展厅选取展品《“都市神畅”之一》采集照明数据，展品是纸本水墨的中国画，尺寸为 2m × 2m，展品中心点离地面 1.6m。展品内的数据采集点间距为 0.7m × 0.7m，展品背景的数据采集点离展品 0.2m，间距为 0.7m，数据采集点分布如图 33 所示，其测试数据见表 8。照射绘画作品 4 灯具的光谱图和色度图如图 34 所示，其显色性如图 35 所示，其色容差如图 36 所示。

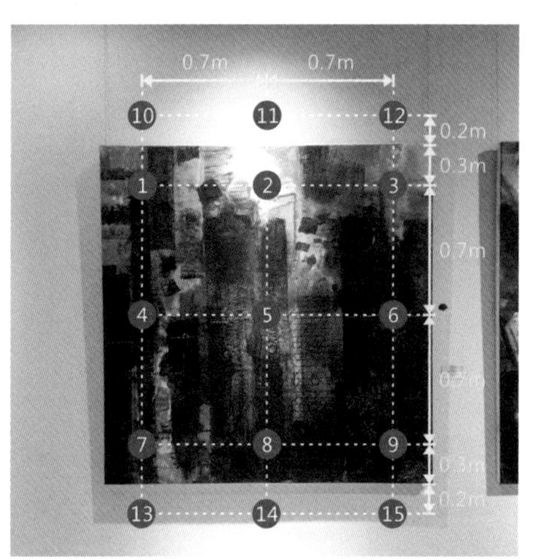

图33　绘画作品4数据采集点分布示意图

表 8　绘画作品 4 照明数据采集表

	编号	照度 /lx	色温 /K	R_a	R_9	R_f
展品内	1	184.3	3985	92.1	70.3	90.4
	2	939	3992	93.5	78	91.2
	3	127.3	3837	92.6	70.8	90.7
	4	192	3947	92.8	73.3	90.8
	5	1166	3963	93.5	77.5	91.3
	6	163.4	3890	93	73.5	91
	7	237.3	3957	93.8	78.5	91.4
	8	1268	3892	93.8	78.3	91.6
	9	227.7	3938	93.9	79.1	91.5
	最大值	1268	3992	93.9	79.1	91.6
	最小值	127.3	3837	92.1	70.3	90.4
	平均值	500.6	3933	93.2	75.5	91.1
	均匀度	0.25	—	—	—	—
展品背景	10	132.6	4382	88.9	57.9	87.7
	11	600.8	3968	93.2	76.5	91.1
	12	77.6	3717	92.2	67.5	90.5
	13	228.2	3945	93.3	75.8	91.1
	14	826.9	3903	93.6	77.3	91.5
	15	216.3	3872	93.4	75.8	91.3
	最大值	826.9	4382	93.6	77.3	91.5
	最小值	77.6	3717	88.9	57.9	87.7
	平均值	347.1	3965	92.4	71.8	90.5
	对比度	0.69	—	—	—	—

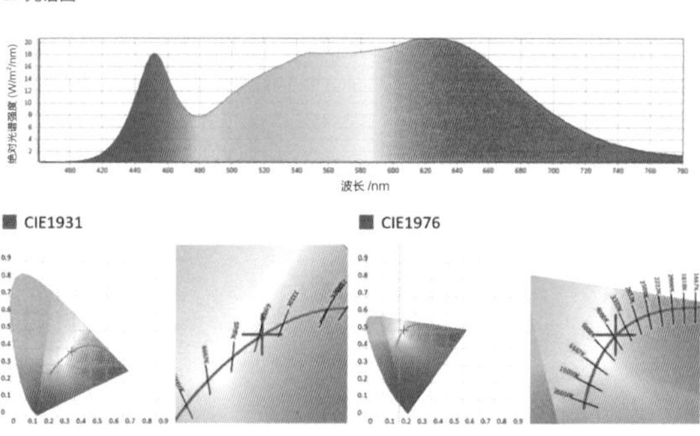

图34　照射绘画作品4灯具光谱图和色度图

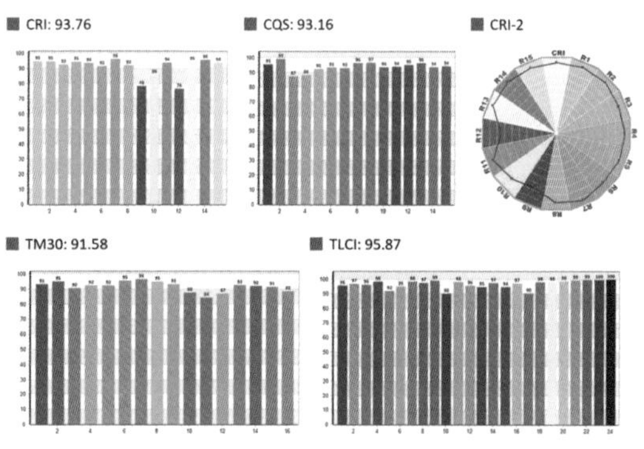

图35　照射绘画作品4灯具显色性

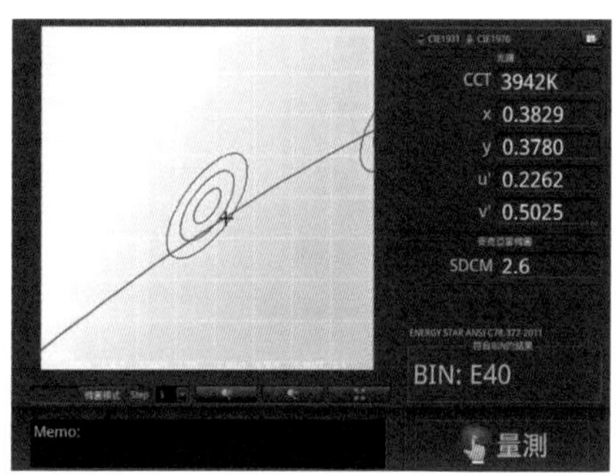

图36　照射绘画作品4灯具色容差

2）绘画作品 5：《大奇华山》

在六层展厅选取展品《大奇华山》采集照明数据，展品是纸本水墨的中国画，尺寸为 6.2m × 2.1m，展品中心点离地面 1.65m。展品内的数据采集点间距为 1.1m × 1.1m，展品背景的数据采集点离展品 0.2m，间距为 1.1m，数据采集点分布见图 37，其测试数据见表 9。

图37　绘画作品5数据采集点分布示意图

表 9　绘画作品 5 照明数据采集表

	编号	照度 /lx	色温 /K	R_a	R_9	R_f
展品内	1	193.9	3909	95.2	82	92.1
	2	1331	3992	94.8	80.2	92.1
	3	434.2	3899	94.5	78.6	91.9
	4	300.3	3831	94.3	78	91.7
	5	1075	3866	94.9	81.6	92.3
	6	150.4	3738	94.6	79	92.1
	7	160.7	3874	95.1	81.8	92.2
	8	1611	3861	94.4	77.5	92.2
	9	535.4	3847	94.4	78.2	91.8
	10	490	3826	94.2	77.4	91.7
	11	1701	3810	94.7	80.5	92.3
	12	146.2	3724	94.7	79.3	92.2
	最大值	1701	3992	95.2	82	92.3
	最小值	146.2	3724	94.2	77.4	91.7
	平均值	677.4	3848	94.7	79.5	92.1
	均匀度	0.22	—	—	—	—
展品背景	13	76.84	3669	94.9	79.2	92.3
	14	363.8	3995	95.2	82.4	92.1
	15	289.1	3793	94	75.9	91.7
	16	144	3748	94.2	76.4	91.8
	17	287.8	3827	94.7	80.1	92.1
	18	65.87	3551	94.7	78.3	92.2
	19	88.94	3822	95.3	82.2	92.2
	20	194.8	3817	94.9	80	92.4
	21	222.9	3810	94.7	79.2	92
	22	316.8	3796	94.6	78.8	92
	23	304.6	3825	94.9	80.9	92.1
	24	95.02	3686	94.7	80.3	92.3
	最大值	363.8	3995	95.3	82.4	92.4
	最小值	65.87	3551	94	75.9	91.7
	平均值	204.2	3778	94.7	79.5	92.1
	对比度	0.3	—	—	—	—

照射绘画作品 5 灯具的光谱图和色度图见图 38，其显色性见图 39，其色容差见图 40。

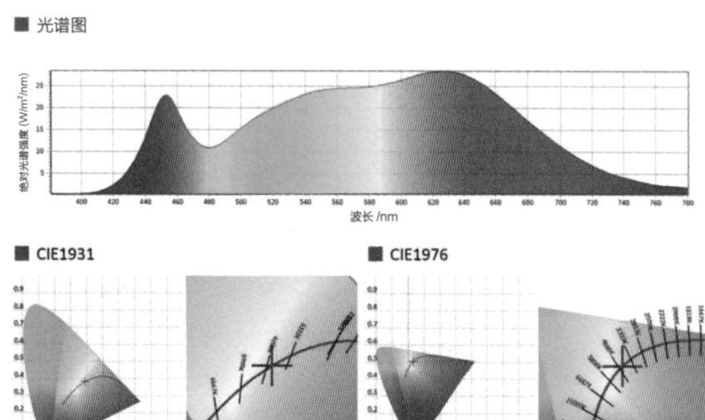

图38　照射绘画作品5灯具光谱图和色度图

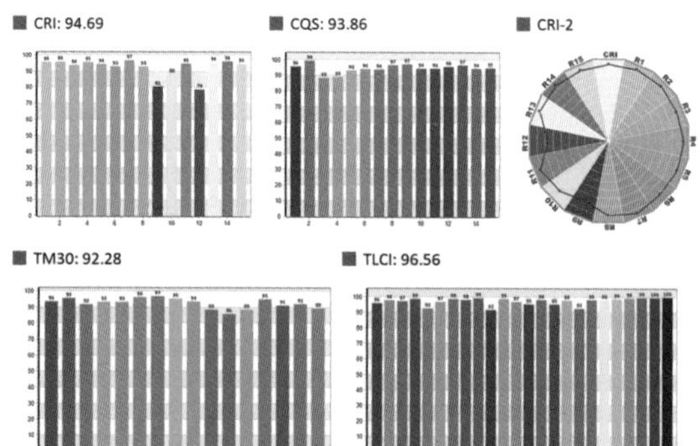

图39　照射绘画作品5灯具显色性

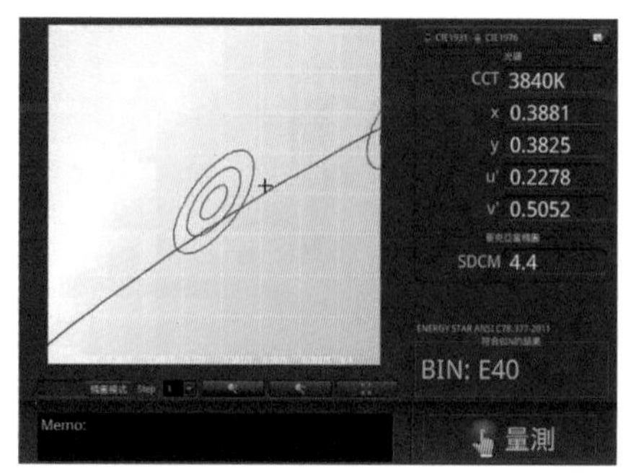

图40　照射绘画作品5灯具色容差

3）绘画作品 6：《雨后花园、蓝色阴雨》

在六层展厅选取展品《雨后花园、蓝色阴雨》采集照明数据，展品是纸本设色的中国画，尺寸为 1.4m×0.7m，展品中心点离地面 1.45m。展品内的数据采集点间距为 0.35m×0.35m，展品背景的数据采集点离展品 0.2m，间距为 0.35m，数据采集点分布见图 41，其测试数据见表 10。

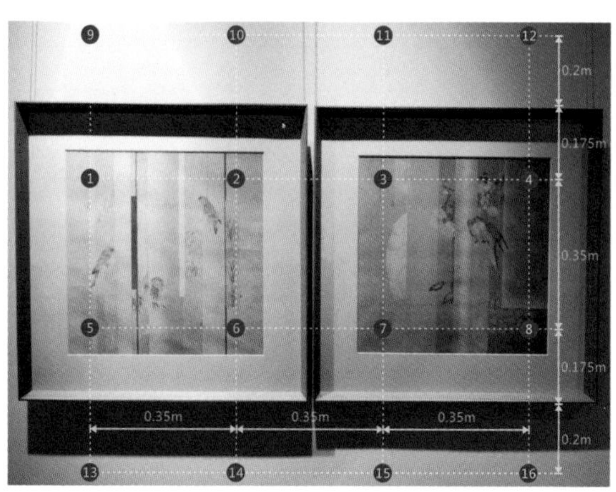

图41　绘画作品6数据采集点分布示意图

表 10　绘画作品 6 照明数据采集表

	编号	照度 /lx	色温 /K	R_a	R_9	R_f
展品内	1	2702	4083	82	2.9	81.9
	2	949.6	4100	82.7	6.7	81.8
	3	1023	4149	83.1	9.4	81.5
	4	346.8	4002	83.1	9.8	81.8
	5	1680	4094	82.1	3.3	81.9
	6	1361	4081	82.3	4.7	81.9
	7	1119	4113	82.7	6.8	81.8
	8	750.8	4147	83.4	10.9	81.6
	最大值	2702	4149	83.4	10.9	81.9
	最小值	346.8	4002	82	2.9	81.5
	平均值	1242	4096	82.7	6.8	81.8
	均匀度	0.28	—	—	—	—
展品背景	9	3280	4166	82.5	5.8	81.8
	10	1437	4124	82.9	8.5	81.5
	11	1841	4169	83.2	9.9	81.4
	12	148.6	3883	83.7	12.9	82.3
	13	1071	4089	82.3	4.5	82.1
	14	954	4080	82.7	6.7	81.9
	15	876.5	4117	83	9	81.7
	16	526.5	4108	83.4	11.1	81.7
	最大值	3280	4169	83.7	12.9	82.3
	最小值	148.6	3883	82.3	4.5	81.4
	平均值	1267	4092	83	8.6	81.8
	对比度	1.02	—	—	—	—

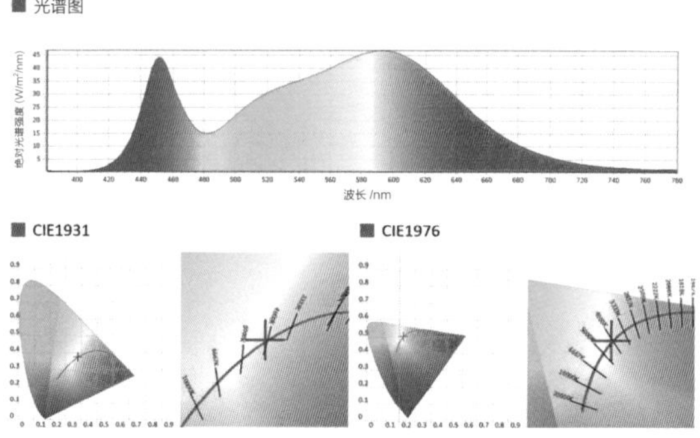

图42　照射绘画作品6灯具光谱图和色度图

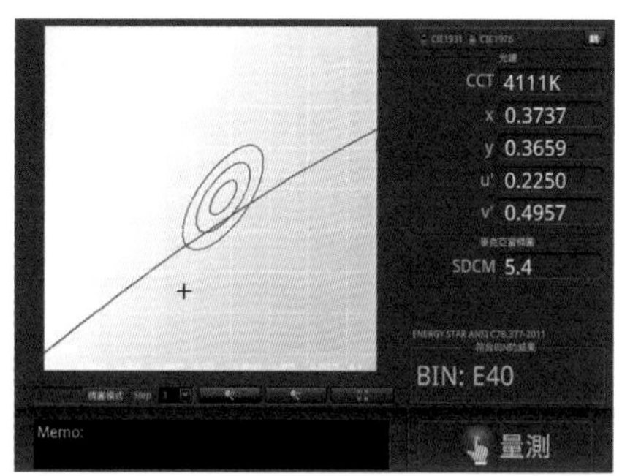

图44　照射绘画作品6灯具色容差

照射绘画作品 6 灯具的光谱图和色度图见图 42，其显色性见图 43，其色容差见图 44。

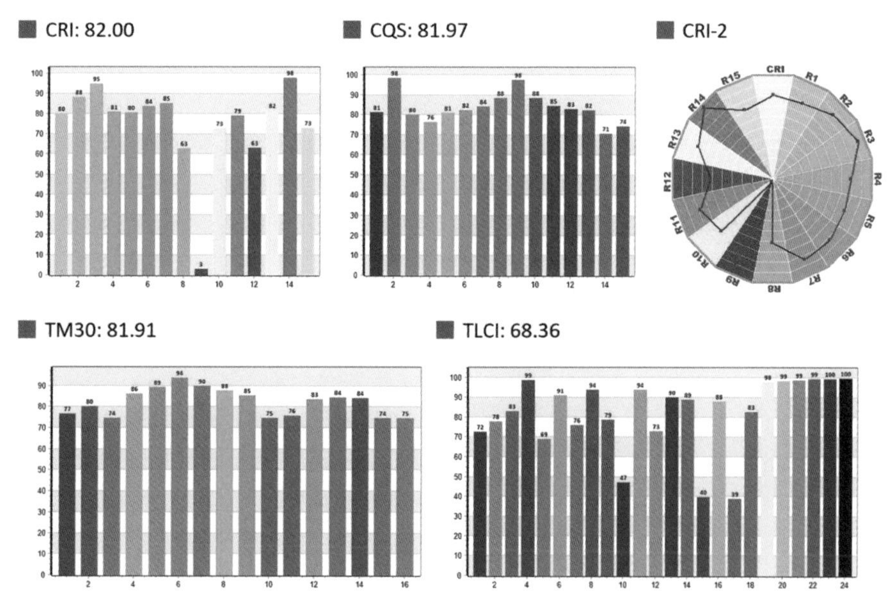

图43　照射绘画作品6灯具显色性

（二）陈列空间光环境质量评估

根据实地调研的照明数据，对陈列空间的用光安全、灯具质量、光环境分布三个方面的指标进行评分，其评估结果见表 11、12。

表 11　陈列空间（5F 展厅）光环境质量评分表

评分指标					5F 展厅					
					绘画作品 1		绘画作品 1		绘画作品 1	
一级指标	权重	二级指标		权重	数据	加权分值	数据	加权分值	数据	加权分值
用光安全	40%	照度 /lx		15%	351.6	1.5	565.4	1.5	241.5	1.5
		年曝光量 /（lx · h/ 年）			849466		1366006		583464	
		色温或相关色温 /K		15%	3852	10.5	3890	10.5	3843	10.5
		展品周围环境温升 /℃		5%	0.2	5	0.2	5	0.3	5
		紫外线含量 /（μW/lm）		5%	0.0132	5	0.0181	5	0.0061	5
灯具质量	30%	显色质量	一般显色指数 R_a	10%	90	8.5	89.6	8.5	89.8	8.5
			特殊显色指数 R_9		62.3		60.4		60.9	
			保真显色指数 R_f		87.9		87.8		88	
		频闪	闪烁百分比 PF/%	10%	0.79	10	0.163	10	0.368	10
		色容差 /SDCM		5%	8.7	1.5	5.2	1.5	5.1	1.5
		产品外观与陈展空间协调		5%	完美	5	完美	5	完美	5
光环境分布	30%	展示区水平照度均匀度		5%	0.52	3.5	0.52	3.5	0.52	3.5
		展示区垂直照度均匀度		10%	0.09	3	0.37	5	0.51	7
		眩光控制（UGR）		5%	15	3.5	15	3.5	15	3.5
		展示区与陈展环境对比关系		5%	6.54	3.5	6.54	3.5	6.54	3.5
		展品表现的艺术感		5%	0.39	5	0.57	3.5	0.38	5
总分合计					65.5		66.0		69.5	

表 12　陈列空间（6F 展厅）光环境质量评分表

评分指标					6F 展厅					
					绘画作品 4		绘画作品 5		绘画作品 6	
一级指标	权重	二级指标		权重	数据	加权分值	数据	加权分值	数据	加权分值
用光安全	40%	照度 /lx		15%	500.6	1.5	677.4	1.5	1242	1.5
		年曝光量 /（lx · h/ 年）			1209450		1636598		3000672	
		色温或相关色温 /K		15%	3933	10.5	3848	10.5	4096	10.5
		展品周围环境温升 /℃		5%	0.3	5	0.2	5	0.5	5
		紫外线含量 /（μW/lm）		5%	0.0207	5	0.0259	5	0.0371	5
灯具质量	30%	显色质量	一般显色指数 R_a	10%	93.2	9	94.7	9	82.7	6
			特殊显色指数 R_9		75.5		79.5		6.8	
			保真显色指数 R_f		91.1		92.1		81.8	
		频闪	闪烁百分比 PF/%	10%	12.236	7	12.208	7	0.293	10
		色容差 /SDCM		5%	2.6	3.5	4.4	2.5	5.4	1.5
		产品外观与陈展空间协调		5%	完美	5	完美	5	完美	5
光环境分布	30%	展示区水平照度均匀度		5%	0.37	2.5	0.37	2.5	0.37	2.5
		展示区垂直照度均匀度		10%	0.25	3	0.22	3	0.28	3
		眩光控制（UGR）		5%	18	2.5	18	2.5	18	2.5
		展示区与陈展环境对比关系		5%	3.2	3.5	3.2	3.5	3.2	3.5
		展品表现的艺术感		5%	0.69	3.5	0.3	5	1.02	2.5
总分合计					61.5		62		58.5	

（三）非陈列空间照明调研

1. 五层大堂

五层大堂位于美术馆入口处，整个空间高为6m。大堂入口正门处是一整面玻璃幕墙，因此大堂白天的照明主要是天然采光。大堂的工作照明主要采用导轨投光的照明方式，灯具主要是20W的LED轨道灯，部分为70W的金卤灯。

1）大堂地面照明。在大堂地面选取一块区域采集照明数据，选取区域的尺寸为4.5m×3m，数据采集点间距为1.5m×1.5m，数据采集点分布如图45所示，其测试数据见表13。

五层大堂照射地面灯具的色容差见图46，光谱图和色度图见图47，其显色性见图48。

图45 五层大堂地面数据采集点分布示意图

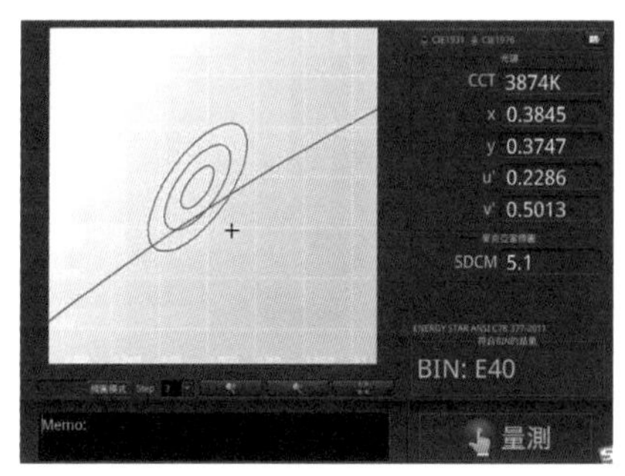

图46 五层大堂照射地面灯具色容差

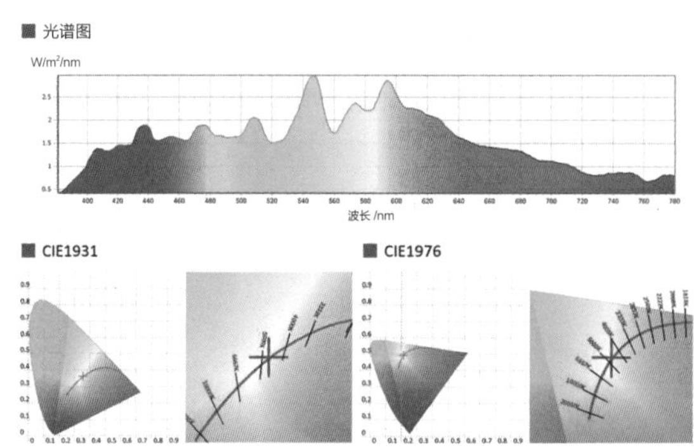

图47 五层大堂照射地面灯具光谱图和色度图

表13 五层大堂地面照明数据采集表

编号	照度/lx	色温/K	R_a	R_9	R_f
1	26.02	3006	89.4	49.5	86.6
2	41.66	3562	94.8	69.4	93.2
3	24.89	3647	96.7	85.3	96.7
4	73.21	4209	95.9	73.3	95
5	49.91	3801	94.5	67.3	93.7
6	34.99	3666	95.2	69.8	94.3
7	148.4	4156	91.2	50	91.6
8	45.35	4162	93.4	60.8	93.5
9	43.83	3907	94.7	68.7	93.9
10	155.8	4658	89.9	38.5	91
11	127.4	3812	88.8	46.4	88.7
12	121	3558	87.6	45.8	85.5
最大值	155.8	4658	96.7	85.3	96.7
最小值	24.89	3006	87.6	38.5	85.5
平均值	74.4	3845	92.7	60.4	92
均匀度	0.33	—	—	—	—

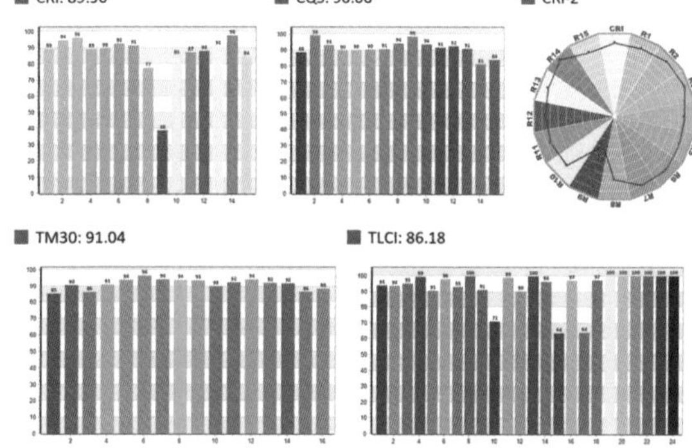

图48 五层大堂照射地面灯具显色性

2）大堂墙面照明。大堂墙面选取一块区域采集照明数据，选取区域的尺寸为3m×3m，数据采集点间距为1.5m×1.4m，数据采集点分布见图49，其测试数据见表14。

图49 五层大堂墙面数据采集点分布示意图

表 14　五层大堂墙面照明数据采集表

编号	照度 /lx	色温 /K	R_a	R_9	R_f
1	57.61	4622	98.5	88.7	97.4
2	268.3	4152	91.3	65.4	90.2
3	72.45	4823	96.3	79.9	96.1
4	69.51	4656	96.4	79.1	95.9
5	340.2	4119	90.7	63.3	89.7
6	99.57	4915	95.6	77.2	95.6
7	85.11	4675	96.4	79.5	95.9
8	370.7	4108	91	64.3	90.1
9	132.6	4808	94.7	74.3	94.5
最大值	370.7	4915	98.5	88.7	97.4
最小值	57.61	4108	90.7	63.3	89.7
平均值	166	4542	94.5	74.6	93.9
均匀度	0.35	—	—	—	—

五层大堂照射墙面灯具的光谱图和色度图见图 50，其显色性见图 51，其色容差见图 52。

3）大堂眩光控制。在大堂选取主要的视线方向采集其眩光数据，数据见图 53。

2. 五层过廊

在五层空间选取一个过廊采集照明数据，过廊宽为 2m，高为 3.5m。过廊的工作照明主要采用导轨投光的照明方式，灯具主要是 70W 的金卤灯。

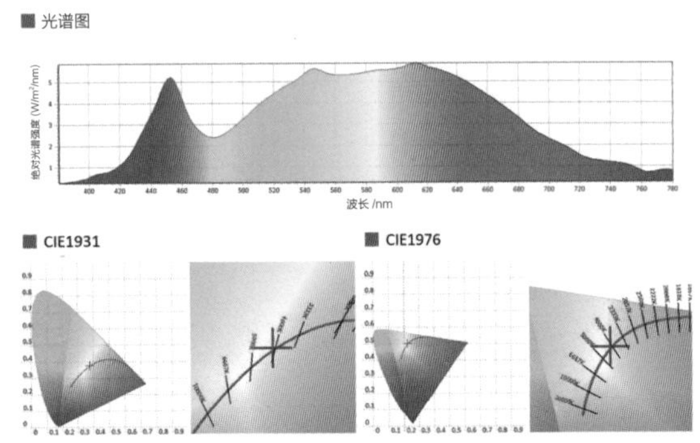

图50　五层大堂照射墙面灯具光谱图和色度图

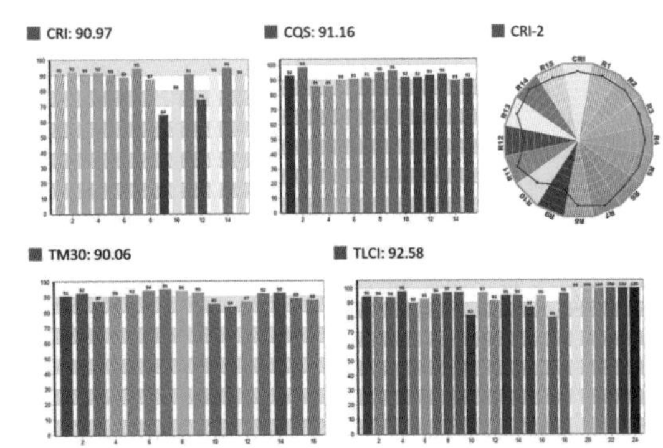

图51　五层大堂照射墙面灯具显色性

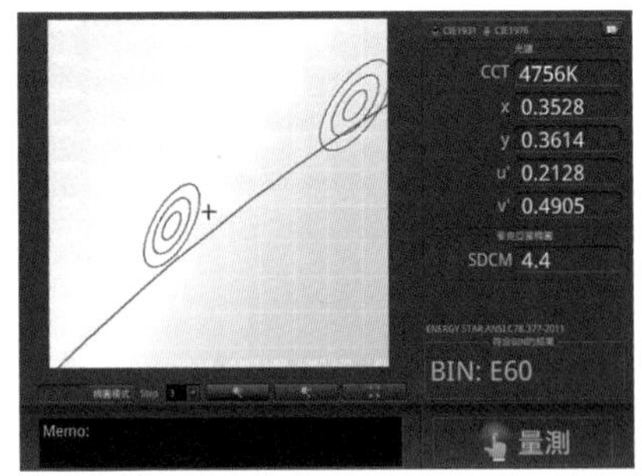

图52　五层大堂照射墙面灯具色容差

UGR: 28
背景亮度: 10.79 cd/m^2

测试信息
测试模式：自动模式
方位角：-60° - 60°　　俯仰角：-45° - 45°
自动阈值：500

图53　五层大堂眩光全景图

1）过廊地面照明

在过廊地面选取一块区域采集照明数据，选取区域的尺寸为 6m × 1m，数据采集点间距为 2m × 1m，数据采集点分布见图 54，其测试数据见表 15。

图54　五层过廊地面数据采集点分布示意图

表 15　五层过廊地面照明数据采集表

编号	照度 /lx	色温 /K	R_a	R_9	R_f
1	181	4208	82.1	−18.4	85.6
2	126.2	4607	85.1	4.2	88.4
3	165.3	4359	75.3	−50.2	79.6
4	228.4	4424	74.7	−53.3	79.3
5	222.3	4881	89.9	32	92.1
6	149.4	4709	88.2	22.2	90.8
7	66.52	4478	85.9	8.9	89
8	89.12	4408	75.8	−49.4	79.8
最大值	228.4	4881	89.9	32	92.1
最小值	66.52	4208	74.7	−53.3	79.3
平均值	154	4509	82.1	−13	85.6
均匀度	0.43	—	—	—	—

图57　五层过廊照射地面灯具色容差

五层过廊照射地面灯具的光谱图和色度图见图 55，其显色性见图 56，其色容差见图 57。

2）过廊墙面照明

在过廊墙面选取一块区域采集照明数据，选取区域的尺寸为 6m × 1.5m，数据采集点间距为 2m × 1.5m，数据采集点分布见图 58，其测试数据见表 16。

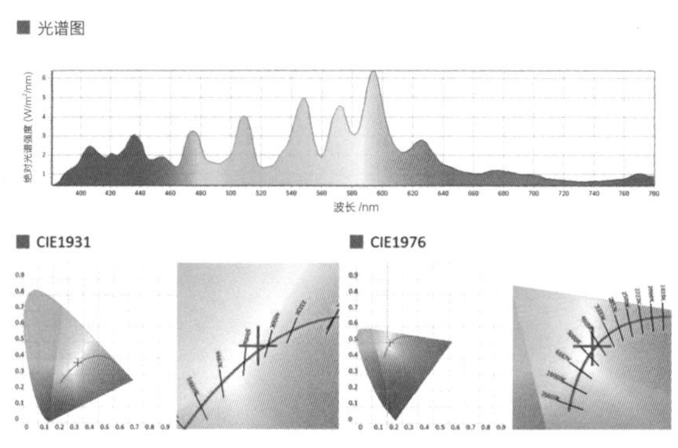

图55　五层过廊照射地面灯具光谱图和色度图

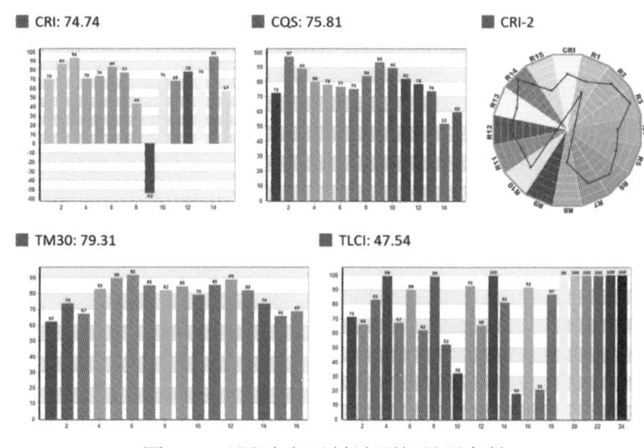

图56　五层过廊照射地面灯具显色性

图58　五层过廊墙面数据采集点分布示意图

表 16　五层过廊墙面照明数据采集表

编号	照度 /lx	色温 /K	R_a	R_9	R_f
1	30.96	4451	97.4	80.2	96.8
2	29.71	3920	84.5	0.1	87.8
3	10.81	3897	85.4	7.4	88.5
4	17.79	4082	82.5	−7.4	86.1
5	161.7	5055	93	49.5	94.1
6	129.1	4336	86.3	8.3	89.2
7	26.55	4021	82.1	−12.7	85.6
8	67.65	4243	76.9	−43.1	81
最大值	161.7	5055	97.4	80.2	96.8
最小值	10.81	3897	76.9	−43.1	81
平均值	59.3	4251	86	10.3	88.6
均匀度	0.18	—	—	—	—

五层过廊照射墙面灯具的光谱图和色度图见图 59，其显色性见图 60，其色容差见图 61。

3）过廊眩光控制。在过廊选取主要的视线方向采集其眩光数据，数据见图 62。

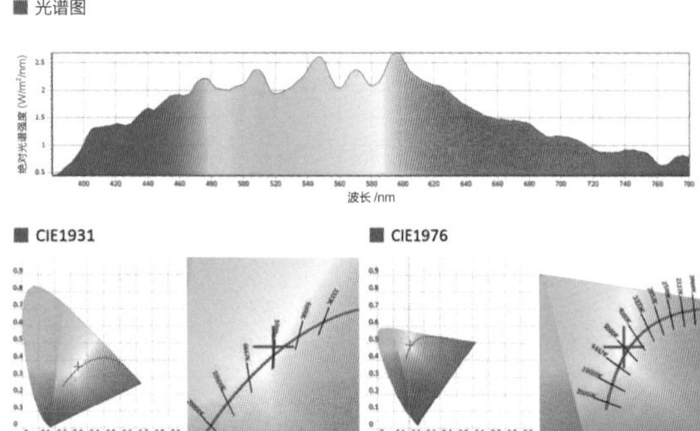

图59　五层过廊照射墙面灯具光谱图和色度图

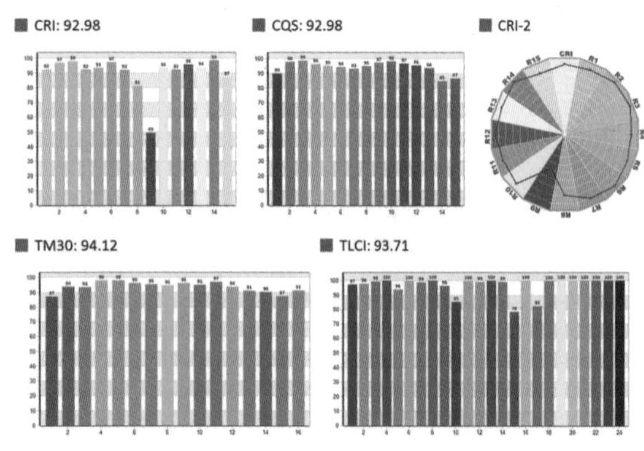

图60　五层过廊照射墙面灯具显色性

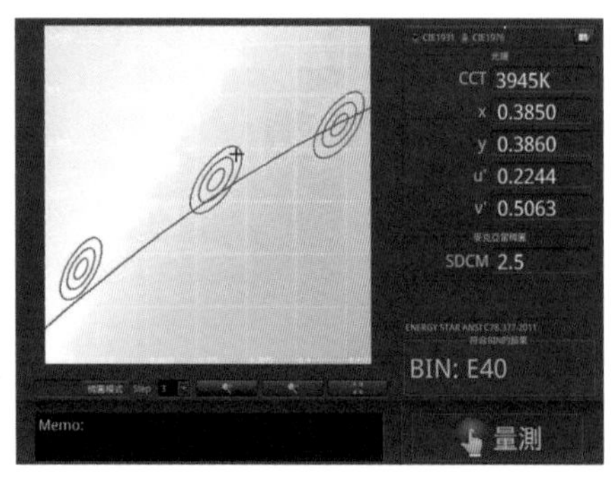

图61　五层过廊照射墙面灯具色容差

UGR: 17
背景亮度: 5.15 cd/m^2

测试信息
测试模式: 自动模式
方位角: -40° - 40°　　俯仰角: -30° - 30°
自动阈值: 500

图62　五层过廊眩光全景图

图63　五层报告厅地面数据采集点分布示意图

3. 五层报告厅

报告厅位于美术馆的五层空间，高为3.7m。报告厅的工作照明主要采用格栅顶棚的照明方式，灯具主要是T5荧光灯盘。

1）报告厅地面照明

在报告厅地面选取一块区域采集照明数据，选取区域的尺寸为4.5m×3m，数据采集点间距为1.5m×3m，数据采集点分布见图63，其测试数据见表17。

表17　五层报告厅地面照明数据采集表

编号	照度 /lx	色温 /K	R_a	R_9	R_f
1	320.7	5492	82.5	34	80.3
2	367.9	5560	82.7	35	80.3
3	360.2	5599	82.8	36.1	80.4
4	97.21	4827	85.8	41.3	82.5
5	231.5	5394	83.2	35.7	80.7
6	268.7	5718	82.7	36.5	80.3
7	395.2	5509	82.6	34.5	80.3
8	428.6	5540	82.5	34.3	80.3
最大值	428.6	5718	85.8	41.3	82.5
最小值	97.21	4827	82.5	34	80.3
平均值	309	5455	83.1	35.9	80.6
均匀度	0.31	—	—	—	—

五层报告厅照射地面灯具的光谱图和色度图见图 64，其显色性见图 65，其色容差见图 66。

2）报告厅墙面照明

在报告厅墙面选取一块区域采集照明数据，选取区域的尺寸为 4.5m×1.5m，数据采集点间距为 1.5m×1.5m，

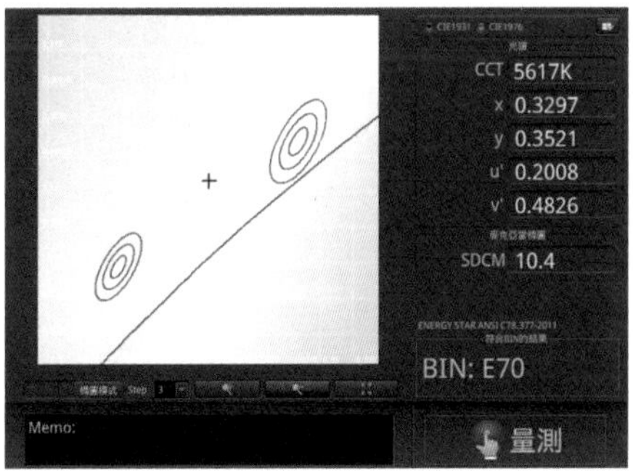

图66 五层报告厅照射地面灯具色容差

图67 五层报告厅墙面数据采集点分布示意图

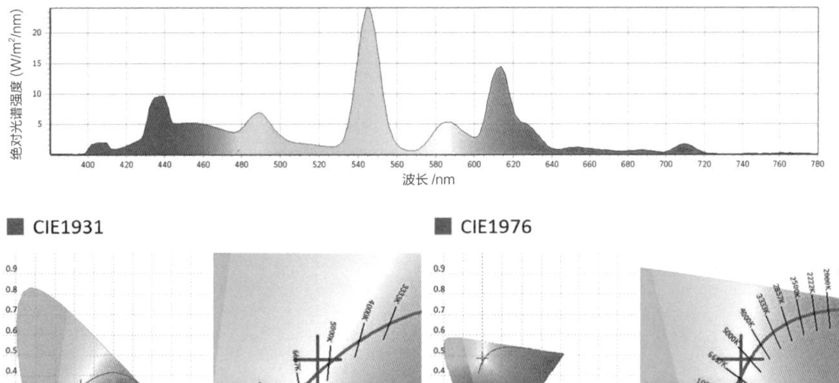

图64 五层报告厅照射地面灯具光谱图和色度图

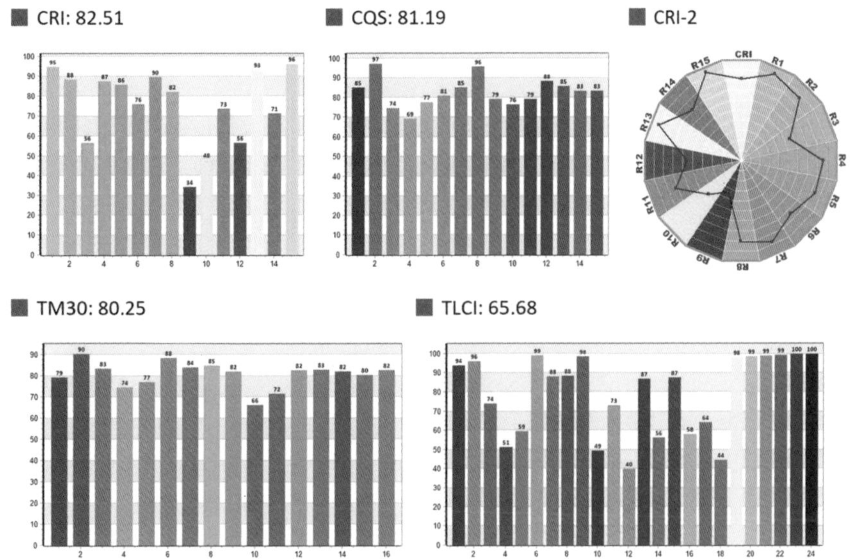

图65 五层报告厅照射地面灯具显色性

数据采集点分布见图 67，其测试数据见表 18。

五层报告厅照射墙面灯具的光谱图和色度图见图 68，其显色性见图 69，其色容差见图 70。

■ 光谱图

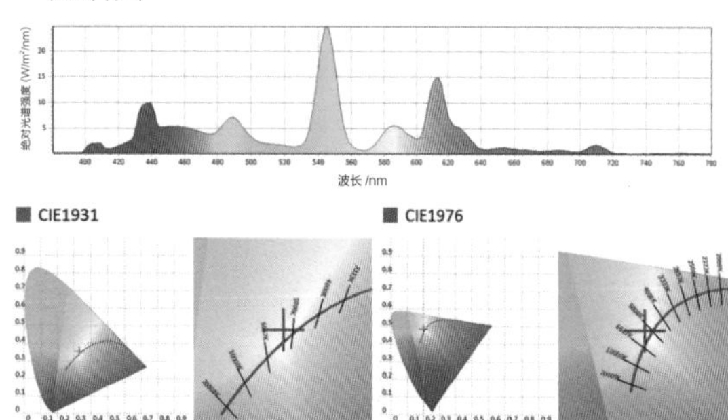

图68　五层报告厅照射墙面灯具光谱图和色度图

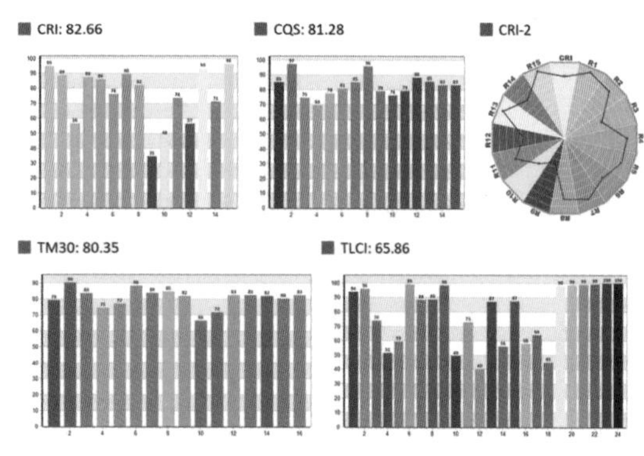

图69　五层报告厅照射墙面灯具显色性

图70　五层报告厅照射墙面灯具色容差

表 18　五层报告厅墙面照明数据采集表

编号	照度 /lx	色温 /K	R_a	R_9	R_f
1	316.5	5463	83.1	36.2	80.6
2	355.8	5498	82.9	36	80.5
3	441.4	5516	82.7	34.7	80.4
4	423.5	5544	82.7	35	80.4
5	369.3	5503	83	36.1	80.5
6	377.6	5470	83	35.7	80.5
7	381.4	5434	82.8	34.9	80.4
8	345.2	5451	82.8	34.7	80.4
最大值	441.4	5544	83.1	36.2	80.6
最小值	316.5	5434	82.7	34.7	80.4
平均值	376	5485	82.9	35.4	80.5
均匀度	0.84	—	—	—	—

（四）非陈列空间光环境质量评估

根据实地调研的照明数据，对非陈列空间灯具质量、光环境分布两个方面的指标进行评分，其评估结果见表 19。

表 19　非陈列空间光环境质量评分表

评分指标					5F 公共空间					
					大堂		过廊		报告厅	
一级指标	权重	二级指标		权重	数据	加权分值	数据	加权分值	数据	加权分值
灯具质量	50%	显色质量	一般显色指数 R_a	15%	94.5	13	82.1	7.5	83.1	7.5
			特殊显色指数 R_9		74.6		−13		35.9	
		频闪	闪烁百分比 PF/%	20%	8.58	14	37.9	6	11.02	14
		色容差 /SDCM		15%	4.4	7.5	5.4	4.5	10.4	4.5
光环境分布	50%	空间水平照度均匀度		10%	0.33	5	0.43	5	0.31	5
		空间垂直照度均匀度		10%	0.35	5	0.18	3	0.84	10
		眩光控制（UGR）		10%	28	3	17	5	轻微不适	7
		功率密度 /（W/m²）		10%	4.42	10	不考察	10	不考察	10
		光环境控制		10%	基本控制	5	基本控制	5	基本控制	5
总分合计					62.5		46		63	

（五）美术馆运行评价评估

根据现场对美术馆相关人员的访谈记录，对美术馆运行的专业性评估、运维评估、资金维护管理评估三个方面的指标进行评分，其评估结果见表 20。

表 20　美术馆运行评估评分表

项目	权重	评分内容	理想得分	实际得分	总分
专业人员管理	30%	配置专业人员负责光环境管理工作	5	5	23
		能够与光环境顾问、外聘技术人员、专业光环境公司进行光环境沟通与协作	5	5	
		能够自主完成馆内布展调光和灯光调整改造工作	10	8	
		有照明设计的基础，能独立开展这项工作，能为展览或光环境公司提供相应的技术支持	10	5	
定期检查与维护	40%	有光环境设备的登记和管理机制，并严格按照规章制度履行义务	5	3	23
		制订光环境维护计划，分类做好维护记录	5	3	
		定期清洁灯具、及时更换损坏光源	10	6	
		定期测量照射展品的光源的照度与光衰问题，测试紫外线含量、热辐射变化，以及核算年曝光量并建立档案	10	5	
		LED 光源替代传统光源，是否对配光及散热性与原灯具匹配性进行检测	5	3	
		同一批次灯具色温偏差和一致性检测	5	3	
维护资金	30%	可以根据实际需求，能及时到位地获得设备维护费用	15	8	16
		有规划地制订光环境维护计划，能有效开展各项维护和更换设备工作	15	8	
总分合计			100	62	62

三　美术馆光环境质量评分与总结

根据实地调研的照明数据和现场对美术馆相关人员的访谈记录，对美术馆的陈列空间、非陈列空间和运行评价三个方面进行评分，其光环境质量评估结果见表 21。

表 21　美术馆光环境质量评分表

评价阶段	运行期间评价							
评价类型	陈列空间			非陈列空间		运行评价		
评价指标	用光安全	灯具质量	光环境分布	灯具质量	光环境分布	专业人员管理	定期检查与维护	维护资金
控制项	满足	满足	满足	满足	满足	满足	满足	满足
权重	40%	30%	30%	50%	50%	30%	40%	30%
加权得分	22	24.25	17.58	26.17	31	23	23	16
合计	63.83			57.17		62		
总分合计	183							
评分等级	合格							

江西省美术馆前身为江西省展览中心，是在原展览大楼基础上进行的升级改造项目，为江西省重点建设工程。对这类场馆改造提升项目也具有典型性，改造的方向与照明方式也需要考量，评估光环境的工作不可缺少。

江西省美术馆光环境指标测试调研报告

调研对象：江西省美术馆

调研地点：江西省南昌市八一大道266号（原江西省展览中心原址）

调研内容：美术馆光环境评测

调研时间：2019-11-29

指导专家：艾晶[1]、汪猛[2]、骆伟雄[3]

调研团队：夏梅芳[4]、陈刚[5]、黄宁[5]

参与单位：1.中国国家博物馆；2.北京市建筑设计研究院；3.广东省博物馆；4.德国欧科照明（ERCO）上海代表处；5.路川金域电子贸易（上海）有限公司

调研设备：远方光电（Everfine）SPIC-200光谱彩色照度计

一 概述

（一）调研对象简介

江西省美术馆前身为江西省展览中心，位于江西省南昌市繁华的八一广场西侧。建筑前身为1968年建成的“毛泽东思想胜利万岁馆”。

2016年12月，按照江西省委、省政府“退商还文”和“恢复原貌、修旧如旧”的决策部署，原展览中心大楼进行了全面升级改造，改造工程为省重点建设工程。改造后的省展览中心大楼在室内布局上保留了1万多平方米展厅，新增了中央大厅、贵宾厅、多功能厅、会议室，安装了自动扶梯、客梯、货梯、大楼中央空调、消控和BA楼宇智能化系统，获得中国展览馆协会授予的“展览场馆工程部门一级资质”的专业展馆。

目前正以原江西省展览中心单位建制为主，规划在展览中心原址上建成江西省美术馆（图1）。

图1　江西省美术馆外景

（二）调研区域照明介绍

江西省美术馆地上建筑4层，地下1层（图2、表1）。

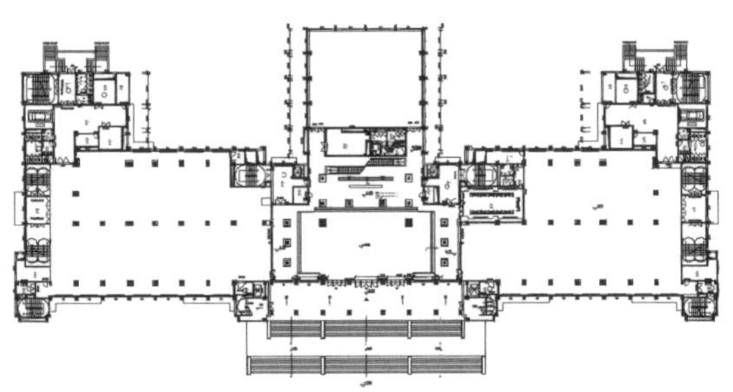

图2　江西省美术馆平面图

表1　江西省美术馆建筑基本信息

建筑面积	25000m^2	展厅面积	10000m^2
固定展厅（规划）	2个	临时展厅（规划）	5个

馆内的展厅布局及改建工作处于前期规划设计阶段，调研期间尚无常设展厅，仅利用原展览中心展厅举办一些临时展览活动，因而展陈照明也是在原有照明设施基础上补充部分临时照明措施。

总体照明方式：混合照明（导轨投光、筒灯、天然光）

光源类型：LED照明为主

灯具类型：直接型为主

照明控制：各空间未分回路 / 分模式控制

运维：配置专业人员负责光环境管理工作，定期清洁灯具、及时更换损坏光源

本次调研样本的选取，根据《美术馆光环境评价方法》（以下简称"评价方法"）的第4.1.3规定，经与馆方沟通，选取了以下4个地点作为典型样本进行调研如表2。

表2 调研样本表

空间类型	采样空间1	采样空间2
陈列空间	3层北厅 "临时展览"	2层北厅 待建设"常设展"
非陈列空间	2层多功能厅 待建设"业务研究用房"	1层大厅 "大堂序厅"

二 调研数据解析

（一）陈列空间照明情况

1. 采样空间1：3层北厅

展厅面积为1500m²，层高为4.7m。目前为临时摄影展厅。采样空间位置、实景如图3、4所示。

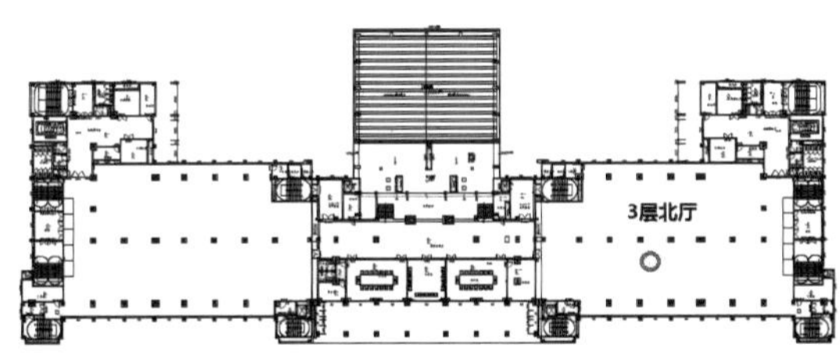

图3 采样空间位置

图4 采样空间实景

照明方式：展板支架灯与导轨投光

光源类型：LED照明为主

灯具类型：直接型为主

照明控制：各空间未分回路 / 分模式控制

调研时发现展厅地面反光较强烈。用光安全、灯具与光源性能见表3、4。

测量数据取自展品垂直面。

表3 用光安全

参数	测量点1		测量点2	
	数值	控制项	数值	控制项
照度 /lx	415.5lx	–	560lx	–
年曝光量 /（lx·h/年）	1.037Mlx	不限制	1.398Mlx	不限制
色温或相关色温 /k	4163K	合格	4179K	合格

表4 灯具与光源性能

参数数值		测量点1		测量点2	
		评分项	数值	评分项	
显色指数	R_a	71.7		72	
	R_9	22		30	
	R_f	89	优	92	优
色容差 /SDCM		6.6		2.9	良
展品与背景（亮）照度对比度		1:10		1:6	
色温或相关色温		4163K	合格	4179K	合格

该区域现场测试时为临时摄影作品展，参照我们正制订中的《美术馆光环境评价方法》标准，发现：

照度偏高，建议如改为常设展厅，目前的摄影展照度应降低到300lx以下。

显色性：R_a值为71～72之间，对摄影展而言显示性不足，建议提高R_a至85以上。R_9高于60为合理，为今后更好地为观众提供优质观展环境，建议光源此项品质要大幅提高。

展品与背景对比度，不宜超过3:1。

色容差指标某些区域需要提升与改进。

2. 采样空间 2：2 层北厅

展厅面积为 1500，层高为 4.7m。目前为临时展厅。采样空间位置、实景如图 5、6 所示。

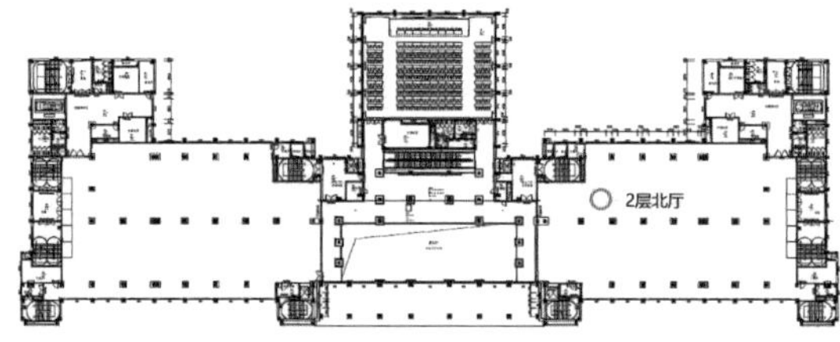

图5 采样空间位置

图6 采样空间实景

照明方式：导轨投光为主

光源类型：LED 照明为主

灯具类型：直接型为主

照明控制：各空间未分回路 / 分模式控制

展厅现有地面有较强反光。用光安全、灯具与光源性能见表 5、6。

测量数据取自展品垂直面。

表 5 用光安全

参数	测量点 1		测量点 2	
	数值	控制项	数值	控制项
照度 /lx	900lx	–	725lx	–
年曝光量 / (lx · h/ 年)	2.246Mlx	不限制	1.812Mlx	不限制
色温或相关色温 /k	3121K	合格	3613K	合格

该区域由于天然光条件较好，叠加上人工照明，照度值远远高于展陈需要，不太适合敏感作品展示。建议今后做展厅使用时，照明设计要控制照度和年曝光量，并合理利用天然光。

表 6 灯具与光源性能

参数数值		测量点 1		测量点 2	
		评分项	数值	评分项	
显色指数	R_a	84.9	合格	88	合格
	R_9	20		30	
	R_f	89	优	89	优
色容差 /SDCM		6.6	–	5.9	–
展品与背景（亮）照度对比度		未置展品	–	未置展品	–
色温或相关色温		3121K	合格	3613K	合格

该区域的人工照明色容差指数均高于 3SDCM，参观者肉眼即可分辨出同一批色温的不同光源的色温差别，这种观展感受会影响展示效果。

由于该展厅未布展，故实际展品布置位与展品背景无法确定，且调研测试时采光窗无法遮挡，因此假设的展品布置面与展厅墙面的照度比偏高，分别为1:8和1:7，但不作为本次评价的依据。

（二）非陈列空间照明情况

1. 采样空间 1：2 层多功能厅

2 层多功能厅面积为 500m²，层高为 5.2m。采样空间位置、实景如图 7、8 所示。

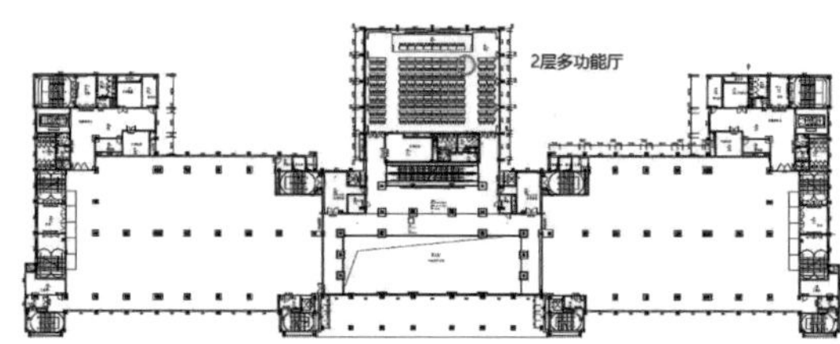

图7 采样空间位置

图8 采样空间实景

该空间以LED筒灯为主，空间未分回路/分模式控制，采样时在水平面进行测量。光环境采集指标信息见表7。

表7 光环境采集指标信息表

参数		测量数值	评分项
照度		686.9lx	合格
显色指数	R_a	75.9	合格
	R_9	16	—
	R_f	89	不涉及
色容差/SDCM		5.9	—
眩光		有	—

该区域的人工照明显色指数 R_a 应提升至80以上，有关红色 R_9 指数目前较低，色容差超过3SDCM，明显感觉会有色偏差，后续改造需注意上述问题。

2. 采样空间2：1层大厅

采样空间为1层大厅，面积为920m²，层高为12m。采样空间位置、实景如图9、10所示。

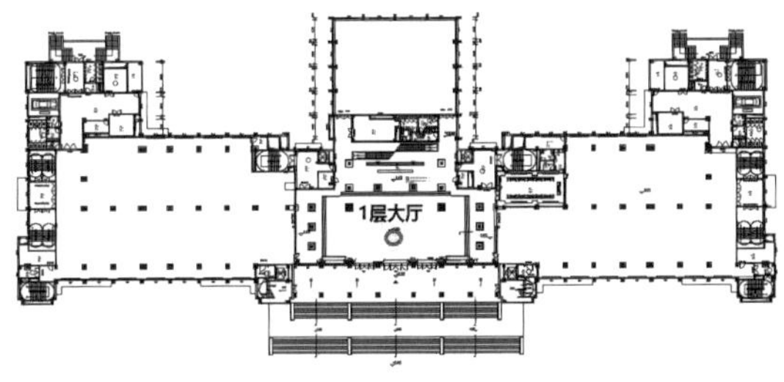

图9 采样空间位置

图10 采样空间实景

人工照明以LED照明为主，空间有天然光引入。现有地面有反光，我们进行地面水平面采集数据。光环境采集指标信息如表8所示。

表8 光环境采集指标信息表

参数		测量数值	评分项
照度		725.9lx	合格
显色指数	R_a	88.3	良
	R_9	33	
	R_f	89	不涉及
色容差/SDCM		5.9	—
眩光		无	—

该区域人工照明显色性良好，但红色 R_9 数值偏低，色容差超过3SDCM，有明显色彩不一致现象。

（三）照明情况评估

因馆方尚处前期规划阶段，目前只有部分临时展览，评价工作只能针对现状进行评估，见表10、11。

陈列空间：

——照度：总体均偏高

——显色指数：部分指标待提升

——色容差：待提升

——对比度：待提升

非陈列空间：

——照度：合格

——显色指数：

R_a：合格

R_9：待提升

——色容差：待提升

运行评价：暂无法进行有效评估。

表 10　非陈列空间光环境质量评分表

评分指标				采样空间 1			采样空间 2		
一级指标	二级指标		权重	数据	分值	加权分值	数据	分值	加权分值
灯具质量	显色质量	R_a	15%	75.9	40		88.3	75	
		R_9		16	20		33	30	
		R_f		89			89		
	色容差 /SDCM		15%	5.9	30	4.5	5.9	30	4.5
光环境分布	眩光控制		10%	有轻微不舒适感（良）	65	6.5	无不舒适感（优）	90	9.0
	光环境控制方式		10%	节能控制	60	6.0	节能控制	60	6.0

表 11　陈列空间光环境质量评分表

评分指标				采样空间 1			采样空间 2		
一级指标	二级指标		权重	数据	分值	加权分值	数据	分值	加权分值
用光安全	照度 /lx		15%	487.5（平均）	30	9.8	810（平均）	20	9
	年曝光量			1.218（平均）	100		2.029（平均）	100	
	相关色温 /K		10%	4171（平均）	100	10	3065（平均）	100	10
灯具质量	显色质量	R_a	15%	72（平均）	40	8.0	86.5（平均）	60	9.0
		R_9		26（平均）	20		25（平均）	20	
		R_f		90.5（平均）	100		89（平均）	100	
	色容差 /SDCM		15%	4.8（平均）	50	7.5	6.3（平均）	30	6
光环境分布	眩光控制		10%	有轻微不舒适感（良）	65	6.5	有轻微不舒适感（良）	65	6.5

三　调研总结

江西省美术馆目前光环境基本现状，通过我们对该馆现场数据采集，以及对馆方进行访谈等多种形式，已做了深入研究与专家评估。因该馆未来会有提升改造规划需求，我们的评估工作会对该馆后期光环境规划及施工、运营发挥指导价值。

（一）改建过程中结合现有建筑情况，建议扬长避短。

1. 现有大部分展厅有高大窗户，白天天然光对室内空间会影响很大，建议后期改造要对天然光做适当遮挡或合理采用控制系统的举措，避免直射引用天然光。或在照明系统中增加光照传感器，根据室外天然光照强弱变化自适应地调整人工照明系统，以合理利用天然光。

2. 目前各展厅的原有照明装置状况良好，各项技术指标基本符合要求，建议保留作为改造后展厅的基础照明使用，展陈照明另行重新设计，宜采用吊装式支架导轨灯具，以满足对各类临时展览的需求。

（二）照明系统应与灵活多样的展览需求匹配，做到智能与快速配置。

1. 该馆临时展览多，展品内容会经常更换，如果能采用智能照明系统预先设计多种应用场景，会便于后期管理。

2. 建议该馆要有整体照明系统，单个展厅最好有单独控制，这将有利于减少人工成本与提高运营质量。

（三）展览空间环境需要改善，现在地面有反光，增加了光环境的不确定性，建议后期改造更换地面材料，宜采用低亮度、吸光材质。

银川当代美术馆位于宁夏回族自治区银川市，2015年建成开馆，是我国西北最大的单体当代美术馆。展馆外观造型独特，内有馆藏百幅中国晚清时期油画，和有关中西方早期对话交流史料价值的地图等珍贵艺术作品。馆内充分利用了自然光，主要展厅采用全人工光。常设展与临时展馆在照明方式与灯具设备上有明显区别，报告采集数据真实，案例也经典。

银川当代美术馆光环境指标测试调研报告

调研对象：银川当代美术馆
调研时间：2019年12月13日
指导专家：索经令[1]，高帅[2]
调研人员：杨秀杰[2]，李明辉[3]，董涛[4]，何伟[4]
调研单位：1. 首都博物馆；2. 北京清控人居光电研究院有限公司；3. 北京克赛思新能源科技有限公司；4. 阳江三可照明实业有限公司
调研设备：照度计（XYI-III），彩色照度计（SPIC-200），激光测距仪（BOSMA），紫外辐照计（R1512003），红外光辐照计红外功率计（LH-130），卷尺

一　概况

（一）建筑概况

银川当代美术馆（图1），坐落于黄河西岸，位于宁夏回族自治区银川市华夏河图银川艺术小镇内，于2015年8月8日开馆，占地面积约为35亩，建筑面积达15000m²，总投资约为人民币2.24亿元（不包括馆藏投资），是目前中国西北地区最大的单体当代美术馆。

图1　银川当代美术馆

作为非营利性公共美术馆，银川当代美术馆正努力打造成为向公众开放的一个多元的当代文化展示窗口和全球化视野下的学习平台，在为城市文化景观带来改变，与世界艺术交流提供窗口的同时，促其成为一个承载文化交往的场所、一个激发创造与想象的源泉、一个具备包容性与交融性的学堂。

（二）照明概况

银川当代美术馆共四层，配套设施齐全。馆内设有7个功能区域，分别是艺术展览区、商业休闲区、教育培训区、储藏物流区、行政办公区和设备及辅助用房、交通流线区。

馆内共6个展厅，其中地下一层为1号、2号展厅，二层为3号、4号展厅，三层为5号、6号展厅，其中3号、4号展厅为常设展厅，典藏包括数百幅中国晚清时期油画、有关中西方早期对话交流的地图以及中国当代艺术作品。

馆内入口门厅照明和二层连接廊以天然光为主，主要展厅采用全人工光。总体照明氛围营造良好，视觉舒适度较高。

1. 照明方式

展览照明以轨道射灯为主，基础照明采用嵌入式灯具。

2. 光源类型

1号、2号、5号、6号展厅的轨道射灯为LED光源，3号、4号展厅的轨道射灯为卤钨光源。基础照明采用紧凑型荧光灯光源。

3. 灯具类型

展览照明和基础照明均以直接型照明灯具为主。

4. 照明控制

采用配电箱集中手动控制开关。

（三）调研概况

本次对银川当代美术馆的二层连接廊、地下一层的1号展厅、二层3号、4号展厅及三层6号展厅进行详细的数据调研，测试数据如图2～5所示。

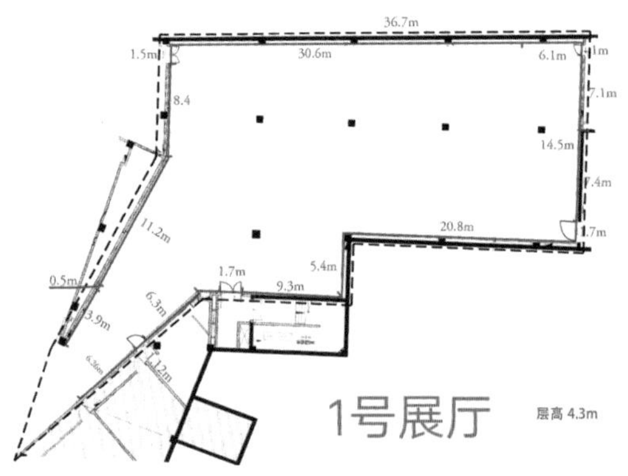

图2 地下一层1号展厅平面图

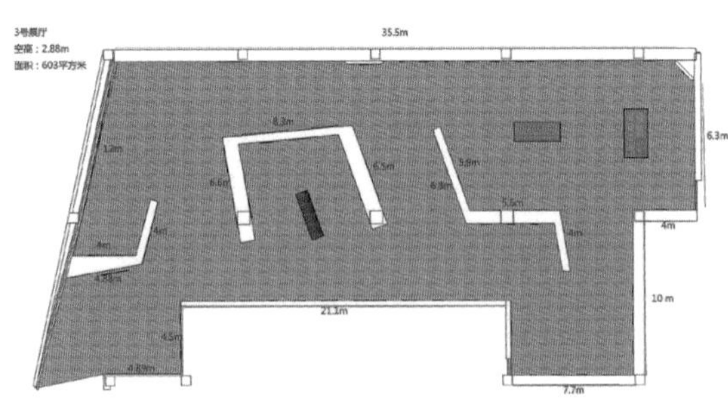

图3 二层3号展厅平面图

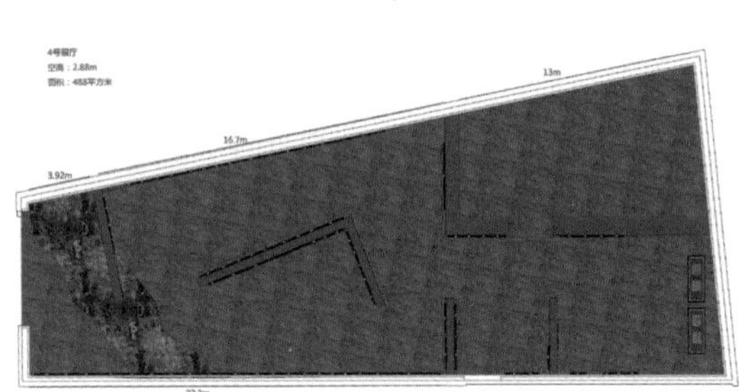

图4 二层4号展厅平面图

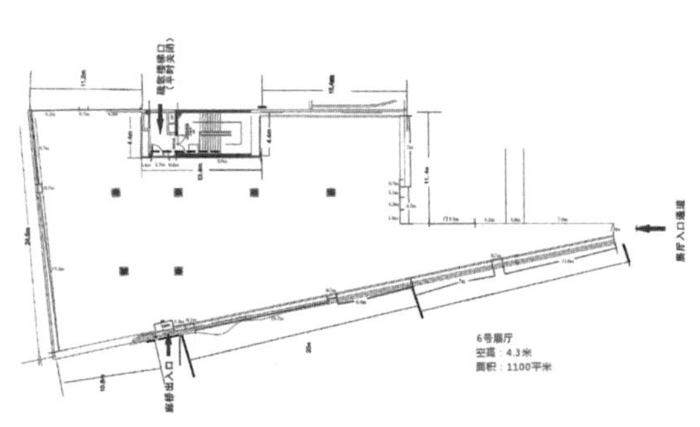

图5 三层6号展厅平面图

二 照明调研数据分析

(一) 调研区域

数据采集工作，按照功能区分为陈列空间、非陈列空间。陈列空间中，选取典型绘画进行调研测量；非陈列空间选择了具有代表性的连接廊过厅、序厅。美术馆内部情况如图6所示，调研区域如表1所示。

图6 银川当代美术馆内部图片

表1 调研对象列表

调研类型 / 区域		对象	数量
陈列空间	6 号展厅	油画	1 组
	4 号展厅	油画、玻璃画收藏	4 组
	3 号展厅	地图收藏	1 组
	1 号展厅	油画	1 组
非陈列空间	二层连接廊	空间	1 组
	4 号展厅序厅	展板	1 组
	3 号展厅序厅	展板	1 组

(二) 二层连接廊照明

银川当代美术馆卫星图、入口图片如图7、8所示。连接廊在入口大厅的西侧，天花和幕墙采光导入充足的天然光，东西两侧为白色墙面，使导入的光线充分利用。

图7 银川当代美术馆卫星图

东侧幕墙　　地下一层和门厅　　天花　　连廊外形

图8　银川当代美术馆入口图片

馆方介绍白天开放期间只使用天然光照明，晚上不开放。连接廊地面照度分布如图9所示，实测数据见表2。

（三）负一层1号展厅照明

地下一层1号展厅正在做“张小涛《显微事件》作品展”，展出油画作品。展厅层高为4.3m，照明以导轨投光为主；未采集到展厅反射率的数据。见图10、11，表3、4为油画展品1《围城》的测试数据。

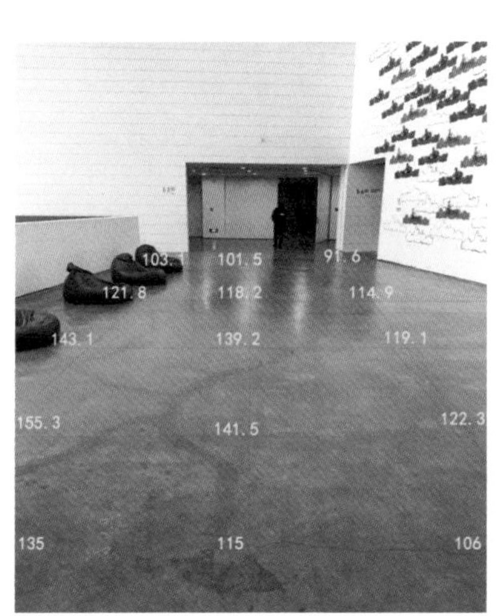

图9　银川当代美术馆二层连接廊地面照度分布

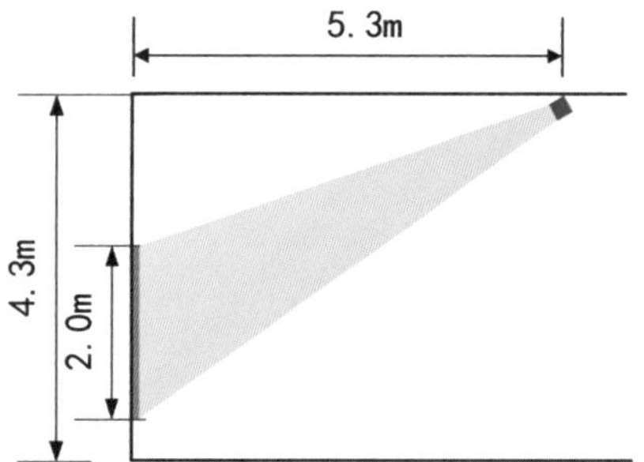

图10　平面展品1（围城）照度分布

表2　二层连接廊地面照度实测数据（天然光）

地面照度 /lx	103.1	101.5	91.6
	121.8	118.2	114.9
	143.1	139.2	119.1
	155.3	141.5	122.3
	135.0	115.0	106.0

注1.照度测量方法：中心布点法。
注2.测试时间：下午2点。
注3.天气：晴，光线充足。
注4.平均照度为121.8lx；照度均匀度为0.75。

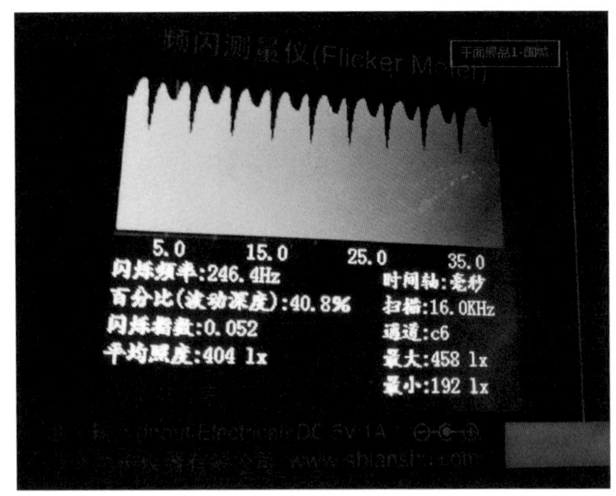

图11　油画展品1《围城》照度分布、频闪检测图

表 3　油画展品 1《围城》基本情况采集表

位置	展品类型	照明方式	光源类型	灯具类型	功率 /W	温度 /℃	湿度	照明配件	照明控制
地下一层	油画	导轨投光	LED	直接型	—	—	—	—	开关
数据部分									
色温 /K	显色指数				色容差 / SDCM	紫外线含量 / （μW/lm）		闪烁频率 /Hz	百分比
	R_a	R_f	R_g	R_9					
3843	83.3	83.8	98.1	21	4.8	0		246.4	5.2%

注1.两侧灯具对打照亮画作，左右两侧具有接近的亮度，利于辨识细节。
注2.照度测量（中心布点法）：以宽为3m、高为2m的矩形为布点模板。
注3.平均照度为281.12lx，照度均匀度为0.42，水平面平均照度为52.48lx，照度均匀度为0.73。
注4.两侧墙面平均照度为103.4lx，和画作的对比度为0.37倍。

表 4　油画展品 1《围城》照度实测数据

展品照度 /lx	229	283	269	313	214
	313	367	325	347	274
	342	422	351	346	273
	254	360	298	258	205
	178	248	268	172	119
地面照度 /lx	58.2	62.8	56.4	46.8	38.2

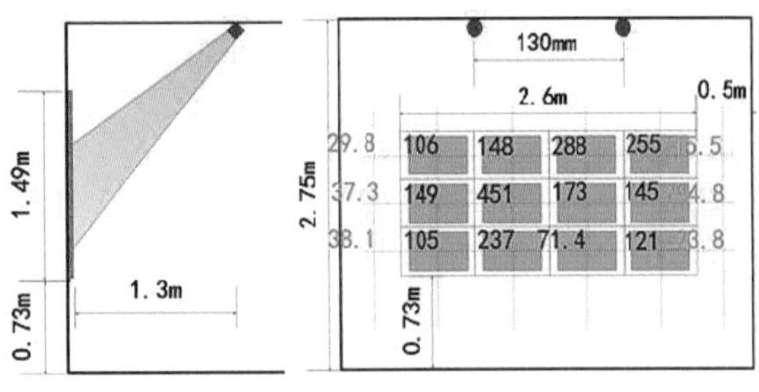

图12　4号展厅序厅照度分布

（四）二层 4 号展厅照明

二层 4 号展厅为常设展厅。展览通过馆藏老地图中所呈现出来的中西方交流路线图，从而勾勒出一种地理上的国际化语境及其变化。同时，通过研究者对古地图绘画艺术的研究，展示出东西方地图绘制上的交流、学习、模仿、改进以及背后涉及的社会文化变迁的问题。

1. 油画展品 2：《世界地图》

4 号展厅序厅展出的是根据托勒密传统方法绘制的世界地图。其测试数据如图 12 ~ 14，表 5 ~ 8 所示。

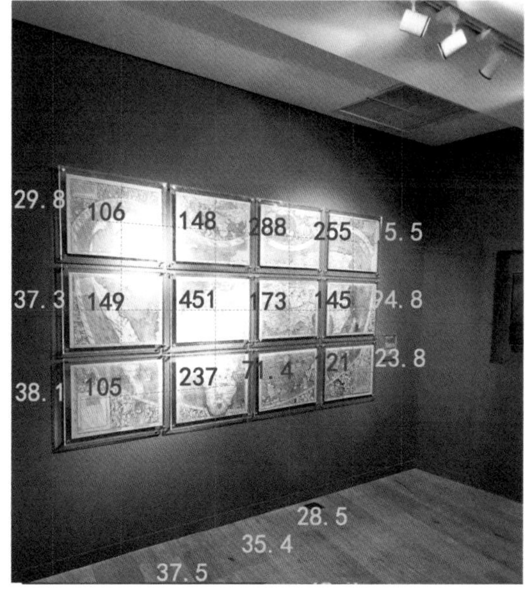

图13 4号展厅序厅左图照度分布图

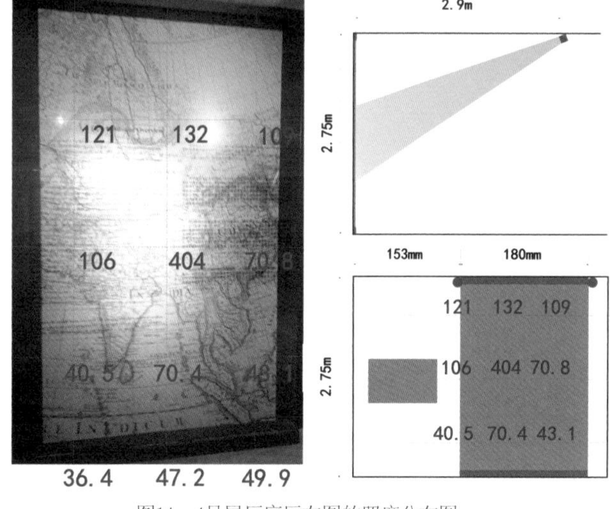

图14 4号展厅序厅右图的照度分布图

表5 4号展厅序厅基本情况采集表

位置	展品类型	照明方式	光源类型	灯具类型	功率/W	温度/℃	湿度	照明配件	照明控制
二层	纸面印刷品	导轨投光	卤钨灯	直接型	—	—	—	—	开关
数据部分									
色温/K	显色指数R_a	R_f	R_g	R_9	色容差/SDCM	紫外线含量/(μW/lm)	闪烁频率/Hz	百分比	
2700	99.1	99.3	99.8	96	4.9	15.9	99.7	1.1%	

注1.两只灯具从画作中心照亮画作，亮度均匀，利于辨识细节。
注2.照度测量（中心布点法）：以宽为1.8m、高为2.75m的矩形为布点模板。
注3.平均照度187.5lx；照度均匀度0.38；水平面（地面）平均照度34.2lx；照度均匀度0.83。
注4.两侧墙面平均照度为82.48lx，和画作的对比度为0.44倍。

表6 4号展厅序厅左图照度实测数据

展品照度/lx	106	148	288	255
	149	451	173	145
	105	237	71.4	121
	254	360	298	258
	178	248	268	172
地面照度/lx	58.2	62.8	56.4	46.8

表7 4号展厅序厅右图基本情况采集表

位置	展品类型	照明方式	光源类型	灯具类型	功率/W	温度/℃	湿度	照明配件	照明控制
二层	纸面印刷品	导轨投光	卤钨灯	直接型	—	—	—	—	开关
数据部分									
色温/K	显色指数R_a	R_f	R_g	R_9	色容差/SDCM	紫外线含量/(μW/lm)	闪烁频率/Hz	百分比	
2700	97.4	—	—	96	1.7	15.9	99.7	1.1%	

表 8　4 号展厅序厅右图的照度实测数据

展品照度 /lx	121	132	109
	106	404	70.8
	40.5	70.4	43.1
地面照度 /lx	36.4	47.2	49.2

注1.2只灯具从两侧打亮画作，中心偏亮。两侧打光，版面亮度较均匀。
注2.照度测量（中心布点法）：以宽为1.8m、高为2.75m的矩形为布点模板。
注3.平均照度为121.8lx；照度均匀度为0.33；水平面平均照度为44.5lx；照度均匀度为0.82。
注4.左侧墙面平均照度为51.65lx，和画作的对比度为2.36倍。

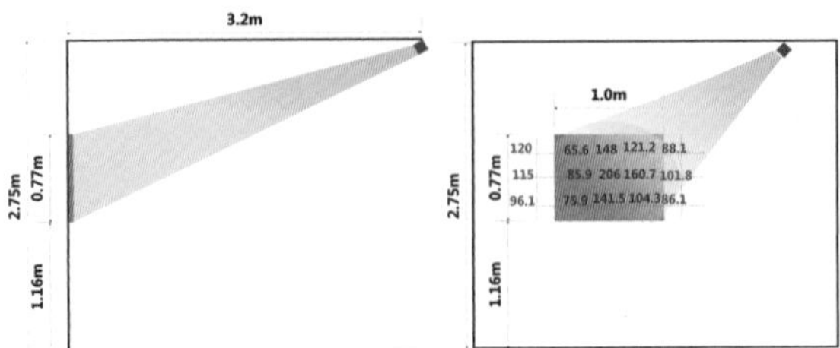

图 16　油画展品 3《拿波里地图》照度分布图

2. 油画展品 3《拿波里地图》

4 号展厅内部展出的是拿波里地图。其测试数据如图 15 ~ 17，表 9 ~ 10 所示。

（五）二层 3 号展厅照明

二层 3 号展厅为常设展厅。展品包括数百幅中国晚清时期的油画。《乾隆半身像》是银川当代美术馆的镇馆之宝。

图17　油画展品3《拿波里地图》照度分布图

图15　4号展厅内部全景图

表 9　油画展品 3《拿波里地图》基本情况采集表

位置	展品类型	照明方式	光源类型	灯具类型	功率 /W	温度 /℃	湿度	照明配件	照明控制
二层	纸面印刷品	导轨投光	卤钨灯	直接型	—	—	—	—	开关
数据部分									
色温 /K	显色指数 R_a	R_f	R_g	R_9	色容差 / SDCM	紫外线含量 /（μW/lm）	闪烁频率 /Hz		百分比
2700	99.1	98.6	100.3	96	4.9	14.5	99.7		1.1%

表 10　油画展品 3《拿波里地图》照度实测数据

展品照度 /lx	65.6	148	121.2
	85.9	206	160.7
	75.9	141.5	104.3
地面照度 /lx	14.3	16.0	13.4

注1.灯具从一侧打光照亮画作，距离较远，在画作表面形成较均匀光斑。
注2.照度测量（中心布点法）：以宽为1m、高为0.77m的矩形为布点模板。
注3.平均照度为123lx；照度均匀度为0.53；水平面平均照度为14.6lx；照度均匀度为0.92。
注4.两侧墙面平均照度为82.48lx，和画作的对比度为0.67倍。

1. 油画展品 4《3 号展厅展览前言》

平面展品 4 的测试数据如图 18 ~ 20，表 11 ~ 12 所示。

图18 展品4《3号展厅展览前言》照度分布图

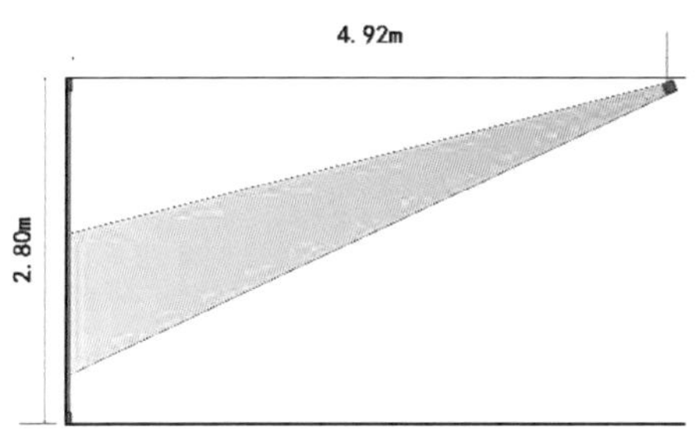

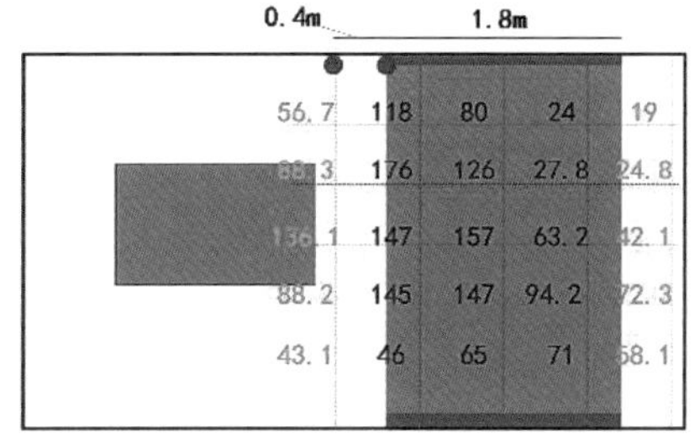

图19 展品4《3号展厅展览前言》表面垂直照度分布图

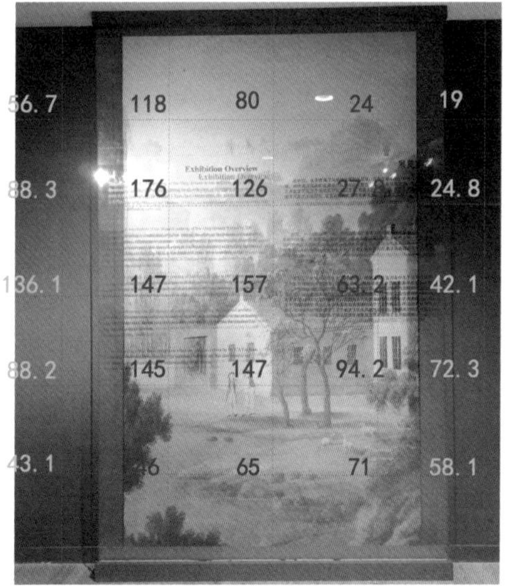

图20 展品4《3号展厅展览前言》表面垂直照度分布图

表 12 平面展品 4《3 号展厅展览前言》照度实测数据

展品照度 /lx	118	80	24
	176	126	27.8
	147	157	63.2
	145	147	94.2
	46	65	71
地面照度 /lx	62.7	144.2	106.8
	98.1	189	176.7
	60.9	181	182.3
	19.7	78.6	97.2

注1.两只灯具从左侧打亮画作，左侧偏亮。因为屋顶仅2.8m高，侧向打光可以减轻亚克力板上的镜面反射。

注2.照度测量（中心布点法）：以宽为1.8m、高为2.8m的矩形为布点模板。

注3.平均照度为99.1lx；照度均匀度为0.24；水平面平均照度为116.4lx；照度均匀度为0.52。

注4.左侧墙面平均照度为82.48lx和画作的对比度为0.83倍；右侧墙面平均照度为43.4lx，和画作的对比度为0.44倍。

表 11 展品 4《3 号展厅展览前言》基本情况采集表

<table>
<tr><td>位置</td><td>展品类型</td><td>照明方式</td><td>光源类型</td><td>灯具类型</td><td>功率 /W</td><td>温度 /℃</td><td>湿度</td><td>照明配件</td><td>照明控制</td></tr>
<tr><td>二层</td><td>纸面印刷品</td><td>导轨投光</td><td>LED</td><td>直接型</td><td>—</td><td>—</td><td>—</td><td>—</td><td>开关</td></tr>
<tr><td colspan="10">数据部分</td></tr>
<tr><td>色温 /K</td><td>显色指数 R_a</td><td>R_f</td><td>R_g</td><td>R_9</td><td>色容差 / SDCM</td><td>紫外线含量 / (μW/lm)</td><td colspan="2">闪烁频率 /Hz</td><td>百分比</td></tr>
<tr><td>2900</td><td>95.9</td><td>97.2</td><td>98.1</td><td>81</td><td>4.3</td><td>0</td><td colspan="2">99.7</td><td>0.8%</td></tr>
</table>

2. 油画展品 5《牧羊女》

油画展品 5 的测试数据如图 21 ～ 23，表 13、14 所示。

图21　3号展厅全局图

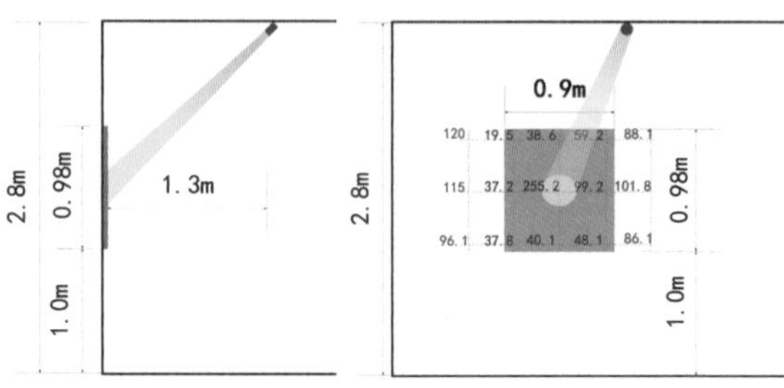

图22　油画展品5《牧羊女》照度分布图

图23　油画展品5《牧羊女》照度分布图

表 14　油画展品 5《牧羊女》照度实测数据

展品照度 /lx	19.5	38.6	59.2
	37.2	255.2	99.2
	37.8	40.1	48.1
地面照度 /lx	21.5	15.1	12.3

注1.单灯侧向打光照亮画作，截光镜头控光范围未涵盖整个画面，画像面部更加清晰。

注2.照度测量（中心布点法）：以宽为0.9m,高为0.98m的矩形为布点模板。

注3.平均照度为123lx；照度均匀度为0.53；水平面平均照度为16.3lx；照度均匀度为0.75。

注4.周围墙面平均照度为22.1lx，和画作的对比度为0.18倍。

表 13　油画展品 5《牧羊女》基本情况采集表

位置	展品类型	照明方式	光源类型	灯具类型	功率 /W	温度 /℃	湿度	照明配件	照明控制
二层	油画	导轨投光	卤钨灯	直接型	—	—	—	—	开关
数据部分									
色温 /K	显色指数 R_a	R_f	R_g	R_9	色容差 / SDCM	紫外线含量 /（μW/lm）	闪烁频率 /Hz		百分比
2700	97.6	97.2	98.1	90	4.7	12.1	99.7		0.8%

3. 油画展品 6《乾隆皇帝冬装像》

油画展品 6 的测试数据如图 24、25，表 15、16 所示。

图25　油画展品6《乾隆皇帝冬装像》照度分布图

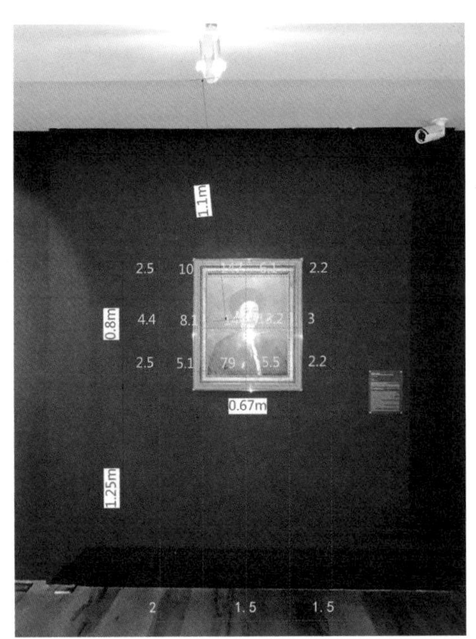

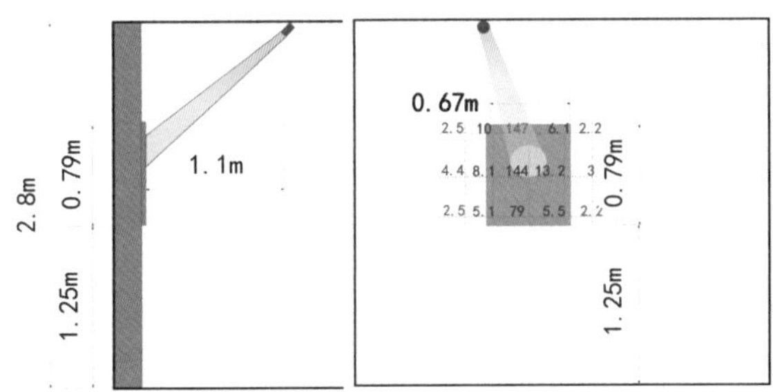

图24　油画展品6《乾隆皇帝冬装像》照度分布图

表 16 油画展品 6《乾隆皇帝冬装像》照度实测数据

展品照度 /lx	10	147	61
	8.1	144	13.2
	5.1	79	5.5
地面照度 /lx	2	1.5	1.5

注1.单灯侧向打光照亮画作，截光镜头控光范围未涵盖整个画面，画像面部更加清晰。
注2.照度测量（中心布点法）：以宽为0.67m，高为0.53m的矩形为布点模板。
注3.平均照度为46.4lx；照度均匀度为0.11；水平面平均照度为1.67lx；照度均匀度为0.89。
注4.周围墙面平均照度为2.8lx，和画作的对比度为0.06倍。

表 15　油画展品 6《乾隆皇帝冬装像》基本情况采集表

位置	展品类型	照明方式	光源类型	灯具类型	功率 /W	温度 /℃	湿度	照明配件	照明控制
二层	油画	导轨投光	卤钨灯	直接型	—	—	—	—	开关
数据部分									
色温 /K	显色指数 R_a	R_f	R_g	R_9	色容差 / SDCM	紫外线含量 /（μW/lm）	闪烁频率 /Hz		百分比
3000	96.5	94.4	96	95	6.7	13.4	99.7Hz		0.8%

4. 油画展品 7《海景之一》

油画展品 7 的测试数据如图 26 ~ 28、表 17、18 所示。

图26　3号展厅全局图

图28　油画展品7《海景之一》照度分布图

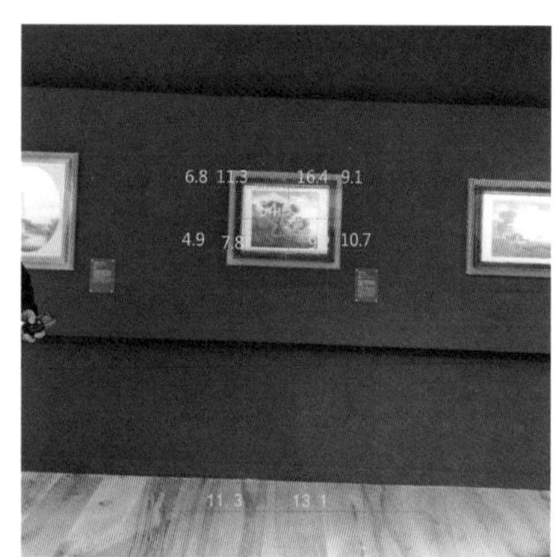

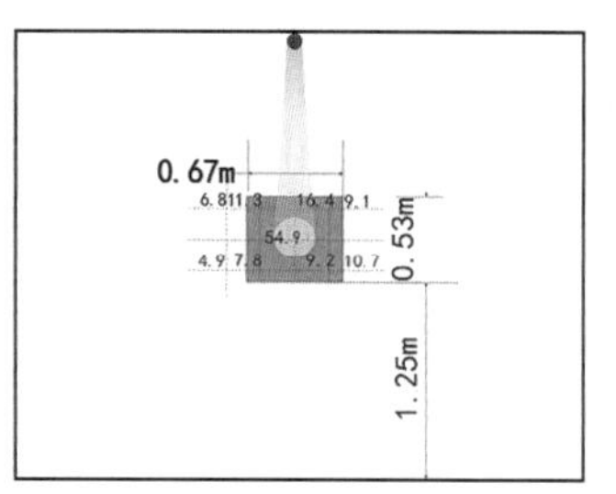

图27　油画展品7《海景之一》照度分布图

表 18　油画展品 7《海景之一》照度实测数据

展品照度 /lx	11.3	—	16.4
	—	54.9	—
	7.8	—	9.2
地面照度 /lx	11.3	—	13.1

注1.单灯正向打光照亮画作，截光镜头控光范围涵盖整个画面，利于辨识细节。
注2.照度测量（中心布点法）：以宽为0.67m，高为0.53m的矩形为布点模板。
注3.平均照度为29.28lx；照度均匀度为0.27；水平面平均照度为12.2lx；照度均匀度为0.93。
注4.周围墙面平均照度为7.9lx，和画作的对比度为0.27倍。
注5.频闪和基础照明灯具有关，关掉基础照明后，频闪消失。

表 17　油画展品 7《海景之一》基本情况采集表

位置	展品类型	照明方式	光源类型	灯具类型	功率 /W	温度 /℃	湿度	照明配件	照明控制
二层	油画	导轨投光	卤钨灯	直接型	—	—	—	—	开关
数据部分									
色温 /K	显色指数 R_a	R_f	R_g	R_9	色容差 / SDCM	紫外线含量 / (μW/lm)	闪烁频率 /Hz		百分比
3000	97.3	95.7	97.3	92	5.9	11.5	100		0.6%

5. 油画展品 8《海景之二》

油画展品 8 的测试数据如图 29、30、表 19、20 所示。

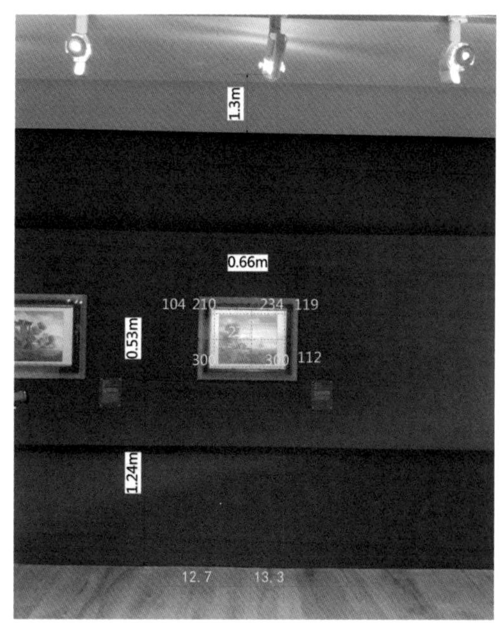

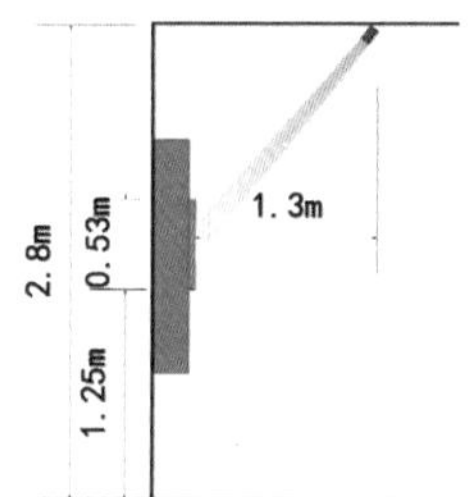

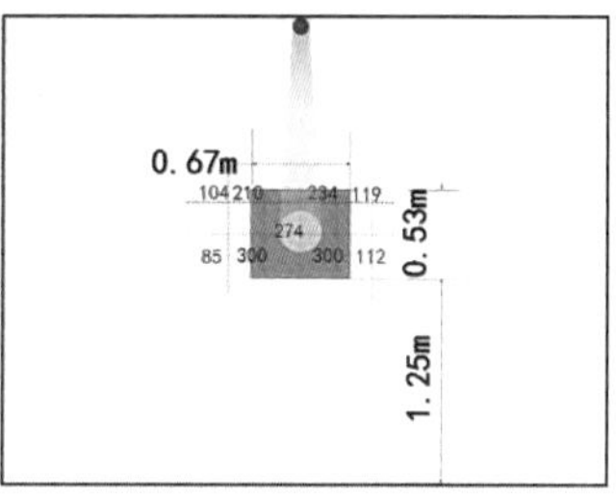

图29 油画展品8《海景之二》照度分布图

图30 油画展品8《海景之二》照度分布图

表 20 油画展品 8《海景之二》照度实测数据

展品照度/lx	210	—	234
	—	274	—
	300	—	300
地面照度/lx	12.1	—	13.3

注1.单灯正向打光照亮画作，截光镜头控光范围涵盖整个画面，利于辨识细节。
注2.照度测量（中心布点法）：以宽为0.67m,高为0.53m的矩形为布点模板。
注3.平均照度为263.4lx；照度均匀度为0.8；水平面平均照度为13lx；照度均匀度为0.95。
注4.周围墙面平均照度为108.25lx，和画作的对比度为0.41倍。
注5.频闪和基础照明灯具有关，关掉基础照明后，频闪消失。

表 19 油画展品 8《海景之二》基本情况采集表

位置	展品类型	照明方式	光源类型	灯具类型	功率 /W	温度 /℃	湿度	照明配件	照明控制
二层	油画	导轨投光	卤钨灯	直接型	—	—	—	—	开关
数据部分									
色温 /K	显色指数 R_a	R_f	R_g	R_9	色容差 / SDCM	紫外线含量 / (μW/lm)	闪烁频率 /Hz		百分比
3000	97.8	95.7	97.3	92	5.9	0	100		0.6%

6. 三层 6 号展厅照明

图 31 所示为三层 6 号展厅照明全局图。油画展品 9《深水区之八》的测试数据如图 32、33，表 21、22 所示。

图31 三层6号展厅照明全局图

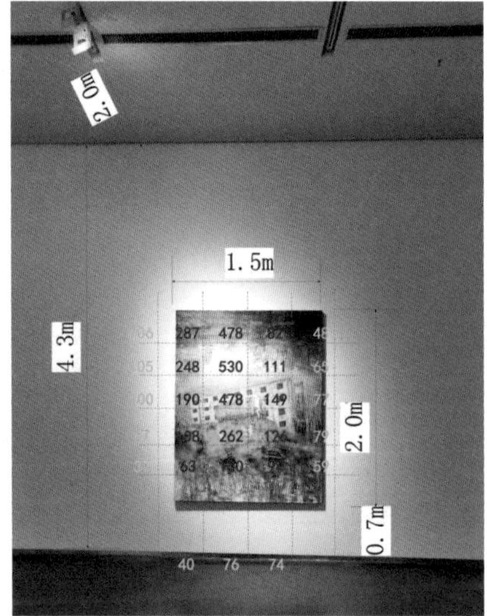

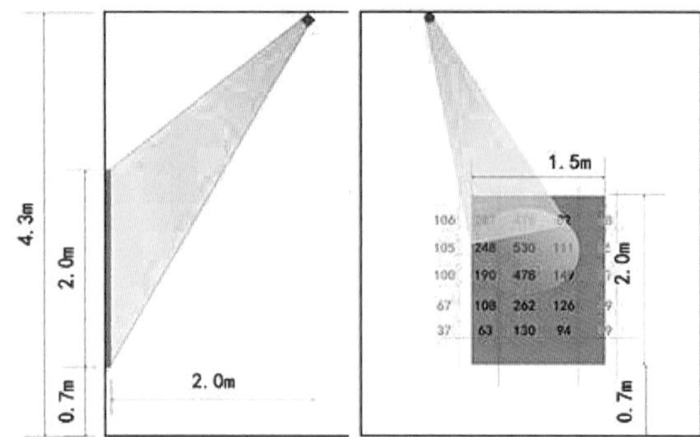

图32　油画展品9《深水区之八》照度分布图

图33　油画展品9《深水区之八》照度分布图

表 21　油画展品 9《深水区之八》基本情况采集表

位置	展品类型	照明方式	光源类型	灯具类型	功率 /W	温度 /℃	湿度	照明配件	照明控制
二层	油画	导轨投光	LED	直接型	—	—	—	—	开关
数据部分									
色温 /K	显色指数 R_a	R_f	R_g	R_9	色容差 / SDCM	紫外线含量 / (μW/lm)	闪烁频率 /Hz		百分比
3600	82.8	96.2	98.7	17	4.7	0	247		43.5%

表 22　油画展品 9《深水区之八》照度实测数据

展品照度 /lx	287	478	82
	248	530	111
	190	478	149
	108	262	126
	63	130	94
地面照度 /lx	40	76	74

注1.灯具从左前侧照亮画作，左亮右暗，会体现出画作笔触的层次，表面的亮度也是足够的。

注2.照度测量（中心布点法）：以宽为1.5m，高为2m的矩形为布点模板。

注3.平均照度为229lx；照度均匀度为0.27；水平面平均照度为63lx；照度均匀度为0.63；

注4.左侧环境照度与画面照度的比为0.36，右侧环境照度与画面照度的比为0.29。

三　总结

（一）调研评分

对以上测试指标进行统计，按照《美术馆光环境评价方法》中的评价标准，对各个场景进行评估，结果如表 23 ~ 26 所示。

表 23　非陈列空间评分

评分指标	光源质量				光环境分布		
	显色指数		频闪控制	色容差	空间水平均匀	空间垂直均匀	眩光控制
	R_a	R_9					
二层连廊	—	—	—	—	优	优	优

表 24　非陈列空间分数

指标项		二层连廊	得分
灯具质量	R_a	15	50
	R_9		
	频闪控制	20	
	色容差	15	
光环境分布	空间水平均匀	10	50
	空间垂直均匀	10	
	眩光	10	
	功率密度	10	
	光环境控制方式	10	

表 25　陈列空间评分

评分指标	用光安全				光源质量					光环境分布				
	照度与年曝光量	紫外线	色温或相关色温	展品周围环境温升	显色指数			频闪控制	色容差	空间水平均匀	空间垂直均匀	眩光控制	展品艺术感	展厅墙面与地面对比
					R_a	R_9	R_f							
展品 1	不合格	优	良	优	不合格	不合格	良	优	合格	优	合格	优	优	优
展品 2	优	合格	优	优	优	优	优	优	合格	优	合格	合格	优	优
展品 3	优	合格	优	优	优	优	优	优	合格	优	良	良	良	不合格
展品 4	优	优	优	优	优	良	优	优	合格	良	不合格	良	良	不合格
展品 5	优	合格	优	优	优	优	优	优	合格	优	良	良	良	良
展品 6	优	合格	优	优	优	优	优	优	不合格	优	不合格	良	不合格	不合格
展品 7	优	合格	优	优	优	优	优	良	不合格	优	不合格	良	优	合格
展品 8	不合格	合格	优	优	优	优	优	良	不合格	优	优	良	优	不合格
展品 9	不合格	优	良	优	不合格	不合格	优	不合格	合格	良	不合格	良	优	良

注：照度与年曝光量计算：按照每天开启9h，每周开启6天，每年52周，进行计算，即9×6×52×照度。

表 26　陈列空间分数

指标项		展品 1	展品 2	展品 3	展品 4	展品 5	展品 6	展品 7	展品 8	展品 9	得分
用光安全	照度与年曝光量	0.45	1.5	1.5	1.5	1.5	1.5	1.5	0.45	0.45	34.1
	紫外线	0.5	0.25	0.25	0.5	0.25	0.25	0.25	0.25	0.5	
	色温或相关色温	0.7	1	1	1	1	1	1	1	0.7	
	展品周围环境温升	0.5	0.5	0.5	0.5	0.5	0.5	0.5	0.5	0.5	
	蓝光	0.5	0.5	0.5	0.5	0.5	0.5	0.5	0.5	0.5	
灯具质量	R_a R_9 R_f	1.3	3	3	2.7	3	3	3	3	1.6	24.4
	频闪控制	1	1	1	1	1	1	0.7	0.7	0.3	
	色容差	0.25	0.25	0.25	0.25	0.25	0.15	0.15	0.15	0.25	
	产品外观与展陈空间协调	0.5	0.5	0.5	0.5	0.5	0.5	0.5	0.5	0.5	
光环境分布	空间水平均匀	0.5	0.5	0.5	0.35	0.5	0.5	0.5	0.5	0.35	20.3
	空间垂直均匀	0.5	0.5	0.7	0.3	0.7	0.3	0.3	1	0.3	
	眩光	0.5	0.25	0.35	0.35	0.35	0.35	0.35	0.35	0.35	
	展品表现的艺术感	0.5	0.5	0.35	0.35	0.35	0.15	0.5	0.5	0.5	
	展示区与展陈环境对比关系	0.5	0.5	0.15	0.15	0.35	0.15	0.25	0.15	0.35	

（二）评价和意见

综合以上测试数据，银川当代美术馆总体照明满足展陈要求，多项指标优于标准要求。

多数常设展厅以卤钨灯照明为主，其他展厅以 LED 照明为主，由于各厅的基础照明采用紧凑型荧光灯光源，对频闪控制有一定影响，关闭基础照明，则频闪指标得到改善。照明光源色温基本为 2700K 及 3000K，偏差值在 ±200K 以内。在使用卤素灯的展厅，显色指数有较好表现，高于标准 $R_a \geqslant 95$ 的要求，保证了展品颜色的还原度和真实度；但在使用 LED 照明的展厅，部分出现 R_a、R_9 数值偏低的情况，但也有使用 LED 照明的展厅呈现较好的数值，因此建议在 LED 灯具产品选型时，要严格甄别。色容差数据方面，67% 的展品色容差控制在 5SDCM 以内，33% 的展品色容差控制在 7SDCM 以内，影响色容差的原因是基础照明中荧光灯光源，因此平时展陈时间，可考虑关闭基础照明，以保证色彩一致性。紫外线相对含量符合低于 20μW/lm 的标准要求。部分灯具带有防眩光构件，但因层高、地板材质反光、灯具照射距离等因素，造成眩光，可通过调整灯具和展品的间距改善眩光影响。展品与展品之间表面照度值产生差异，最大偏差在 10 倍以上，会在视觉上造成不舒适，建议进行合理调整，形成统一的视觉感受。部分场景的垂直照度均匀度出现不合格或刚刚合格的情况，可通过调试灯光、合理布光进行改善。

辽河美术馆是东北地区面积最大的美术馆。该美术馆配套设施与功能齐全，场馆照明光源以LED为主，大厅和顶棚引入自然光。此篇调研报告采集数据较为完整齐全，对场馆所用灯具一一采样，非陈列空间库房照明也做了采集，大厅空间还进行了采光系数的标准内容拓展。整个报告科学严谨，数据采集真实可靠，具有很强的参考价值。

辽河美术馆光环境指标测试调研报告

调研对象：辽河美术馆
调研时间：2019年12月3日
指导专家：邹念育[1]、张昕[2]
调研人员：郑春平[3]、王志胜[1]、孙桂芳[3]、綦雨凡[1]、刘凯[1]、高闻[1]、朱丹[1]、高海雯[1]、张聪[1]
参与单位：1. 大连工业大学光子学研究所；2. 清华大学建筑学院；3. 华格照明科技（上海）有限公司
调研设备：远方SFIM-300闪烁光谱照度计、X-rite SpectroEye spectrophotometer、victor 303B红外测温仪等

一　概述

（一）美术馆简介

辽河美术馆（图1）坐落于北方著名生态之城——辽宁省盘锦市，这里地处辽河三角洲中心地带，南临渤海，北依中国东北的松辽平原。美术馆建筑面积为11331m²，地上两层，高为12.8m，是中国第一座以清水混凝土工艺建设的美术馆，也是东北地区面积最大的美术馆。

美术馆正门处设有大厅，风格大气、现代、宽敞明亮，可容纳500余人，适合举办展览开幕式等活动。展厅面积约为6000m²，内分9个展区。馆内一楼南侧1、2、3号展厅相连，作为常设展示空间——辽河画廊，长期展示辽河画院画家们的精品佳作；一楼北侧4号展厅灯光效果丰富，除展墙以外，展厅中间可以自由摆放展品，适合举办小规模个展或雕塑、装置等艺术品展览；美术馆二楼5、6、7、8、9号展厅厅间相连，举架较高，视野开阔，可举办各种中大规模展览或联展。美术馆集收藏、展示、交流、拍卖、学术创作等多功能于一体，并配有会议室、多功能厅、茶饮休闲区、保险库房等综合性配套设施。

（二）调研区域概况

本次主要测试了三个陈列空间，分别为常设展厅（1号展厅和3号展厅）、临时展厅（4号展厅），和三个非陈列空间，分别为中央大厅、演讲台面和库房。位置分布如图2所示。

照明场景：展览照明及工作照明。

光源类型：LED光源为主。

灯具类型：直接型为主。

照明控制：各个展厅独立控制，手动开关。

光源应用：

1）中央大厅采用LED射灯，顶面有天窗，可引入天然光。

2）展厅照明采用LED灯作为展示照明，荧光灯作为辅助。

3）二楼展厅，顶棚采用特殊材质，引进天然光。

图1　辽河美术馆

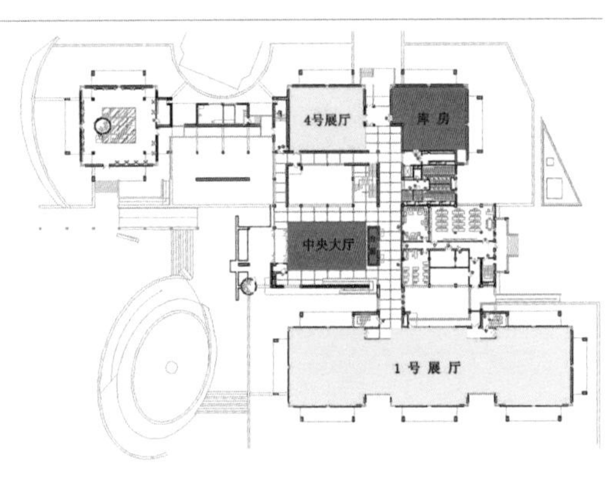

（a）一楼平面

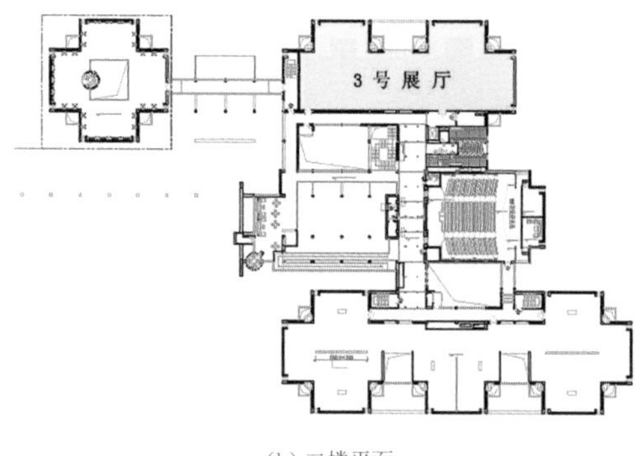

(b) 二楼平面

图2 调研测试区域分布（黄色部分为陈列区域、红色部分为非陈列区域）

二 调研数据剖析

（一）非陈列空间照明调研

1. 中央大厅照明

中央大厅如图 3 所示，高为 12m。照明顶面有天窗，可引入天然光，辅以 LED 射灯。经现场测试采光系数为 16%，中央大厅照度分布见图 4，测量数据见图 5，测量现场见图 6，照明情况见表 1。

图3 中央大厅空间图

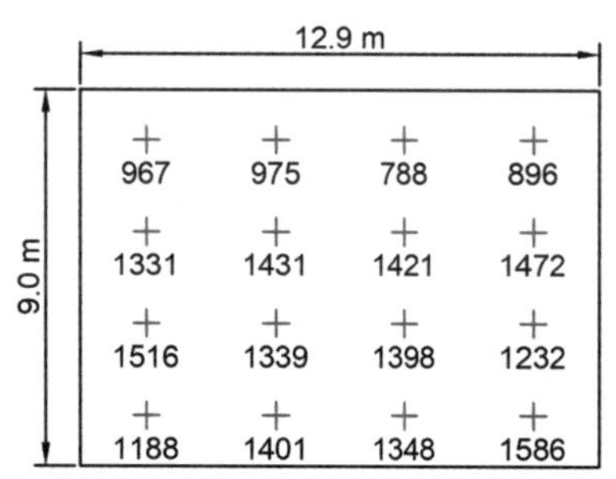

图4 中央大厅照度分布图

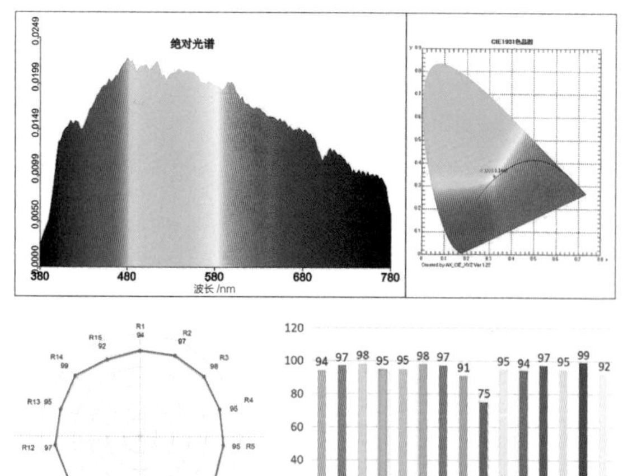

图5 中央大厅测量数据图

图6 采光系数测量现场

采光系数公式如下：

$$C=E_{\mathrm{N}}/E_{\mathrm{W}}\times 100\% \quad (1)$$

式（1）中 C 为采光系数；E_{N} 为在室内给定平面上的一点接受天空漫射光而产生的照度；E_{W} 为同一时刻该天空半球在室外无遮挡水平面上产生的天空漫射光照度。

实际测量结果为 E_{N}=2121lx，E_{W}=13490lx，得出 $C=E_{\mathrm{N}}/E_{\mathrm{W}}$=2121/13490×100%=16%，中央大厅的采光系数为 16%。

表1 中央大厅平面数据

空间类型	光照度均值	色温均值	色容差均值	R_a 均值	R_9 均值	测量时间
中央大厅	2121lx	6124K	3.7SDCM	93.7	61.9	11:35
	照度均匀度	地面反射率	墙面反射率	温升	采光系数	室外照度
	0.37	0.36	0.69	0.9℃	16%	13.49klx

（二）演讲台面照明

演讲台高度为 1.5m，如图 7 所示，采集了台面的垂直照度与水平照度。水平照度平均值为 1135lx，均匀度为 0.75；垂直照度平均值为 795lx，均匀度为 0.76。演讲台高度为 1.5m，其垂直照度为 959lx。照明采集点分布如图 8 所示，测量数据如图 9 所示，具体测量数据见表 2。

图7　演讲台面空间图

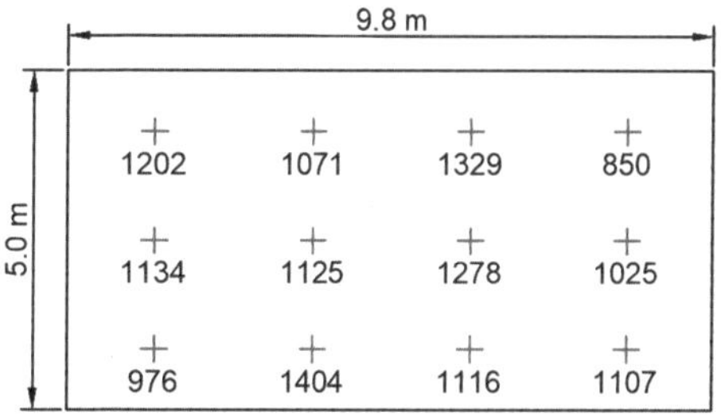

9.8 m
5.0 m
1202　1071　1329　850
1134　1125　1278　1025
976　1404　1116　1107

图8　演讲台面所处水平照度分布图

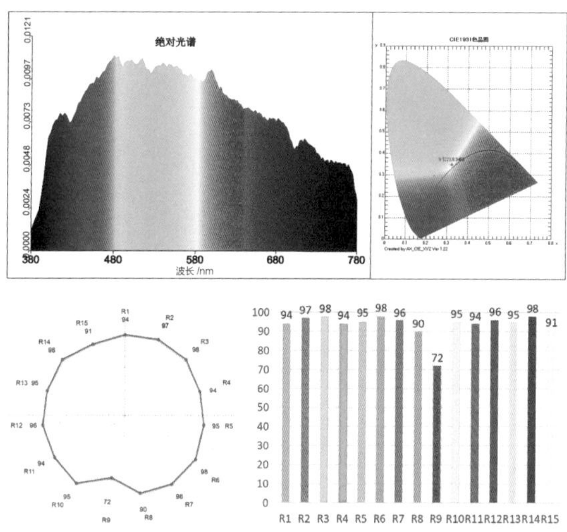

图 9　演讲台面测量数据图

表 2　演讲台面平面数据

空间类型	水平面	最大照度	最小照度	色温均值	色容差均值	R_a 均值	R_9 均值
演讲台面	垂直	977lx	608lx	5849K	6.0SDCM	96.6	78.6
	水平	1404lx	850lx	5972K	4.5SDCM	93	54.9
	水平面	照度均值	照度均匀度	温升	演讲台高度	演讲台水平面	演讲台照度
	垂直	795lx	0.76	0.9℃	1.5m	垂直面	959lx
	水平	1135lx	0.75				

（三）库房照明

库房所用荧光灯管并未全部打开，如图 10 所示。照度均匀度为 0.82，地面反射率为 0.36，墙面反射率为 0.69，具体照明情况见表 3，库房照明采集点分布如图 11 所示，测量数据如图 12 所示，所用灯具光源特性见表 4。

图 10　库房空间图

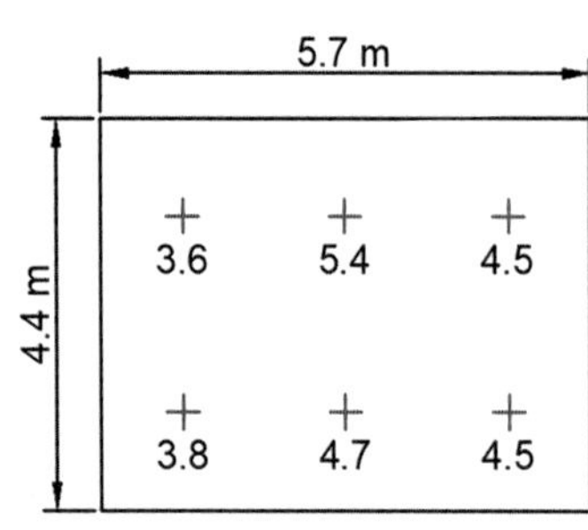

图 11　库房照度分布图

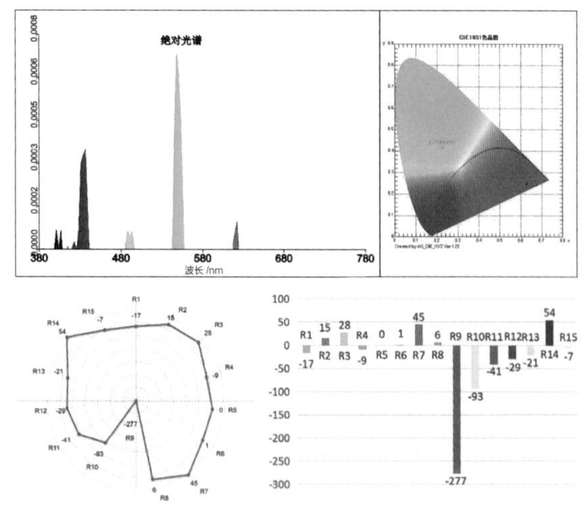

图 12　库房测量数据图

表 3　库房平面数据

空间类型	照度均匀值	色温均值	色容差均值	R_a 均值	R_9 均值
库房	4.4lx	9240K	11.18SDCM	8.3	−277
	照度均匀度	地面反射率	墙面反射率	温升	
	0.82	0.36	0.69	2.8℃	

表 4　库房灯具与光源特性数据采集表

空间类型	图样	灯具类型	灯具数目	闪烁频率	百分比（波动深度）	闪烁指数
库房		荧光灯管	10	100.0Hz	18.7%	0.055
		评价（可视闪烁）：明显存在（8.1）				

（四）非陈列空间照明数据总结

非陈列空间照明数据统计情况见表 5，可看出中央大厅整体光环境较好，天然光的引入在视觉等各方面给观赏者带来很好的体验。大厅台面的光环境情况较好，适合举办各项活动、展出等。库房的光环境情况较差，灯具情况评分较低，有待改善。

表 5　非陈列空间综合数据统计表

非陈列空间	灯具质量					光环境分布				
类型	显色指数			频闪控制	色容差 / SDCM	照度均匀度（水平）	照度均匀度（垂直）	眩光	功率密（大堂）	光环境控制（展厅）
	R_a	R_9	R_f							
大厅	93.7	61.9	89.1	合格	3.7	0.37	0.53	6	合格	良
台面	96.6	78.6	86.5	合格	6.0	0.75	0.61	6	—	良
库房	8.3	−277	—	合格	11.18	0.82	0.42	7	—	良

注：眩光评分项参照《美术馆光环境评价方法》，选择主观方式评分，参与者为20人。

二　陈列空间照明调研

（一）常设展厅

本次调研的常设展厅是4号展厅见图13，4号展厅位于美术馆一楼北侧，展线长度为160m，现展出的是辽河美术馆馆藏作品展，长期开放。照明采集点分布如图14所示，测量数据见图15，具体照明情况见表6和表7。

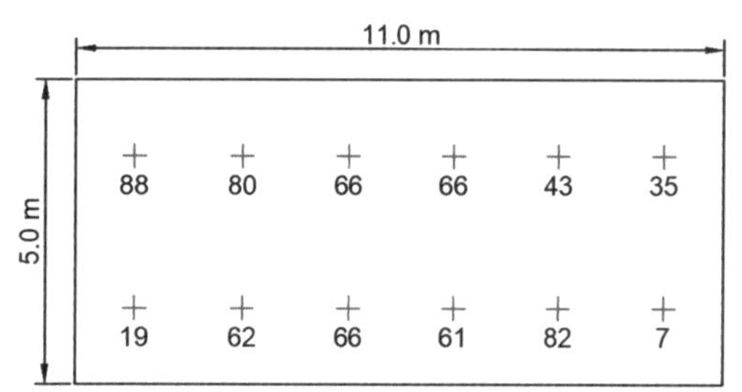

图14　4号展厅照度分布图

图13　第4号展厅空间图

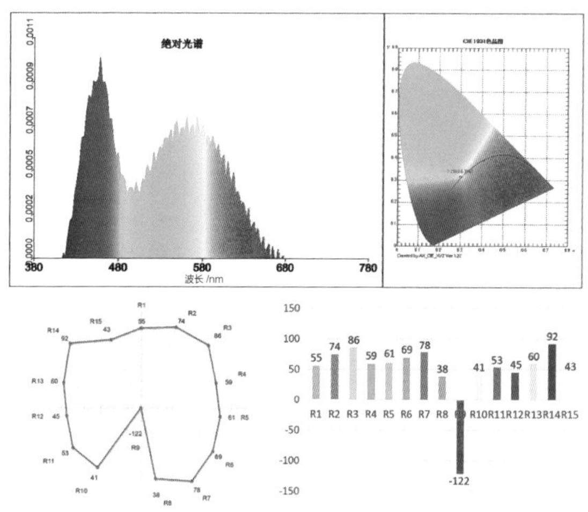

图15　4号展厅测量数据图

表6　4号展厅平面数据

空间类型	照度均匀值	色温均值	色容差均值	R_a均值	R_9均值
4号展厅	56lx	8550K	12.3SDCM	62.8	-124
	照度均匀度	地面反射率	墙面反射率	温升	
	0.13	0.36	0.69	1.9℃	

表7　4号展厅灯具与光源特性数据采集表

空间类型	图样	灯具类型	灯具数目	闪烁频率	百分比（波动深度）	闪烁指数
4号展厅		LED射灯	70	94.9Hz	2.0%	0.003
		评价（可视闪烁）：几乎没有（30.8）				
		LED球泡灯	23	100.0Hz	3.2%	0.009
		评价（可视闪烁）：几乎没有（16.2）				
		荧光灯管	38	100.0Hz	70.5%	0.289
		评价（可视闪烁）：十分严重（8.1）				

（二）临时展览

本次调研的临时展厅有1号展厅和3号展厅。1号展厅是振兴街道“不忘初心·牢记使命”主题教育摄影展（图16）。本次展出的作品，是从全街12个社区和28家驻油田二级单位征集的数百幅摄影作品中精选的，分为“不忘初心担使命”“为民服务促发展”“艰苦创业百战多”“砥砺奋进新时代”四个部分。1号展厅光照度平均值为84lx，均匀度为0.27，照明采集点分布如图17所示，测量数据如图18所示，具体照明情况见表8，1号展厅灯具与光源特性数据见表9。

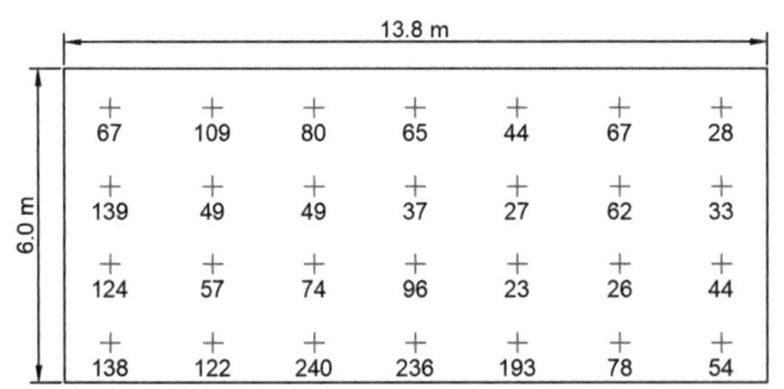

图17　1号展厅照度分布图

图16　1号展厅空间图

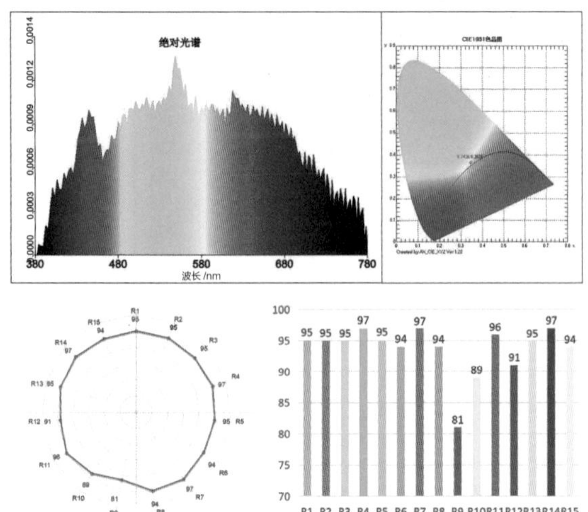

图18　1号展厅测量数据图

表8　1号展厅平面数据

空间类型	照度均匀值	色温均值	色容差均值	R_a 均值	R_9 均值
1号展厅	84lx	4648K	7.5SDCM	92.5	78
	照度均匀度	地面反射率	墙面反射率	温升	
	0.27	0.36	0.69	0.3℃	

表9　1号展厅灯具与光源特性数据采集表

空间类型	图样	灯具类型	灯具数目	闪烁频率	百分比（波动深度）	闪烁指数
1号展厅		LED射灯	66	0Hz	0.0%	0.000
		评价（可视闪烁）：几乎没有				
		紧凑型荧光灯泡	16	99.8Hz	2.4%	0.005
		评价（可视闪烁）：几乎没有（32.3）				

3 号展厅（图 19）位于美术馆二楼北侧，展线长度为 300m，适合举办个展或小型联展，现未列展品，且顶棚引入特殊材质，引入天然光，采光系数为 1.2%，如图 20、21 所示。照明采集点分布如图 22、23，照明情况见表 10，3 号展厅灯具与光源特性数据见表 11。

图21　专家观察采光条件

图19　3号展厅空间图

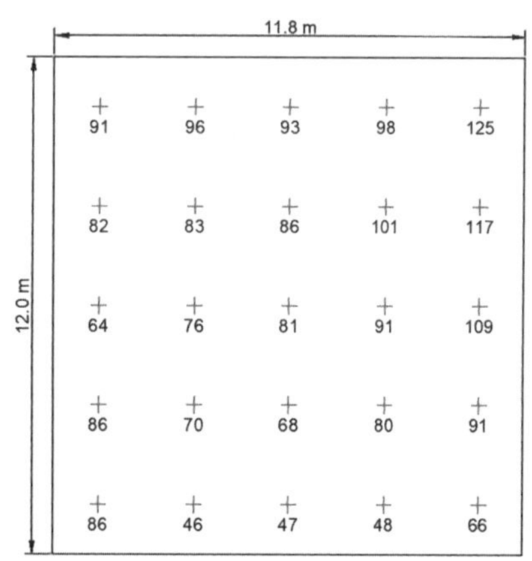

图22　3号展厅照度分布图

图20　顶棚采光条件

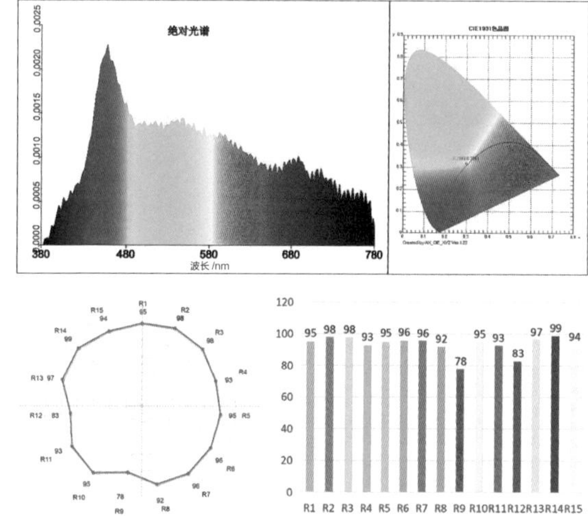

图23　3号展厅测量数据图

表 10　3 号展厅平面数据

空间类型	图样	灯具类型	灯具数目	闪烁频率	百分比（波动深度）	闪烁指数
3 号展厅		LED 球泡灯	66	0Hz	0.0%	0.000
		评价（可视闪烁）：几乎没有				

表 11　3 号展厅灯具与光源特性数据采集表

空间类型	照度均匀值	色温均值	色容差均值	R_a 均值	R_9 均值	测量时间
3 号展厅	102lx	7838K	9.6SDCM	95.1	78.5	14:40
	照度均匀度	地面反射率	墙面反射率	温升	采光系数	室外照度
	0.45	0.43	0.57	1.2℃	1.2%	8.463klx

（三）展品照明

1）绘画作品 1：《最美新闻人》

《最美新闻人》（图 24）位于 1 号展厅，作品尺寸为 0.82m×0.82m，有轨道射灯重点照明，具体照明情况见图 25、26，相关平面数据见表 12。

图24 《最美新闻人》展品

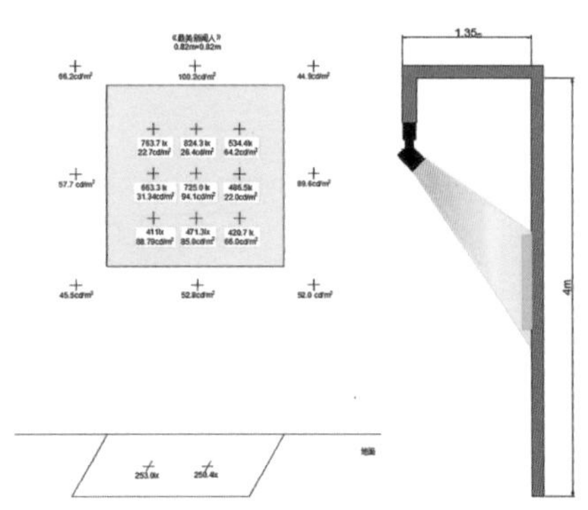

图25 《最美新闻人》数据采集图、照明方式示意图

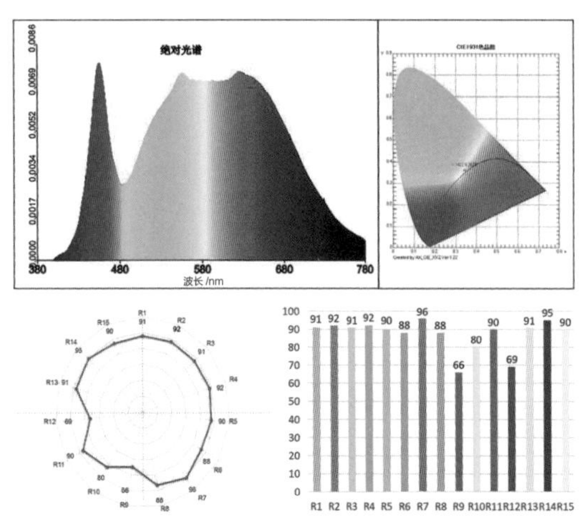

图26 《最美新闻人》展品光谱图

2）绘画作品 2：《恒大社区》

《恒大社区》位于 1 号展厅（图 27），有直射灯照射，作品尺寸为 2.40m×1.25m，照明情况见图 28、29，相关平面数据见表 13。

图27 《恒大社区》展品

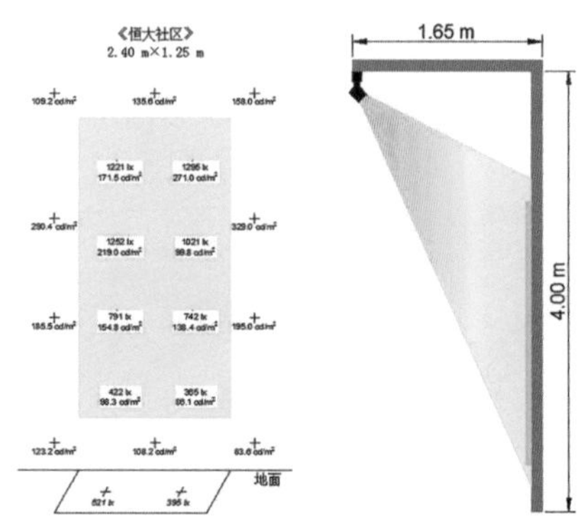

图28 《恒大社区》数据采集图、照明方式示意图

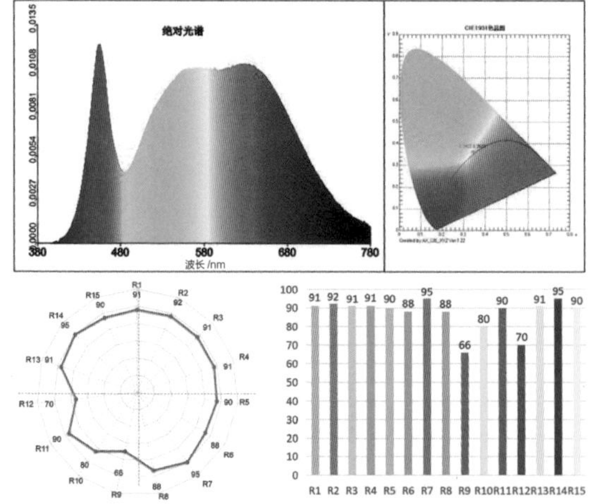

图29 《恒大社区》展品光谱图

表 12 《最美新闻人》平面数据

空间类型	展品表面照度均匀值	墙面平均亮度	展品平均亮度	R_a均值	R_9均值	眩光评分
最美新闻人	590lx	60.2cd/m^2	56.1cd/m^2	91.1	67	8

表 13 《恒大社区》展品平面数据表

展品名称	展品表面照度均匀值	墙面平均亮度	展品平均亮度	R_a均值	R_9均值	眩光评分
恒大社区	890lx	171.8cd/m^2	154.9cd/m^2	90.6	65.1	7

3）绘画作品 3：《咱们工人有力量》

《咱们工人有力量》位于 1 号展厅（图 30），作品尺寸为 0.82m×0.82m，有射灯重点照明，具体照明情况见图 31、32，相关平面数据见表 14。

图30 《咱们工人有力量》展品

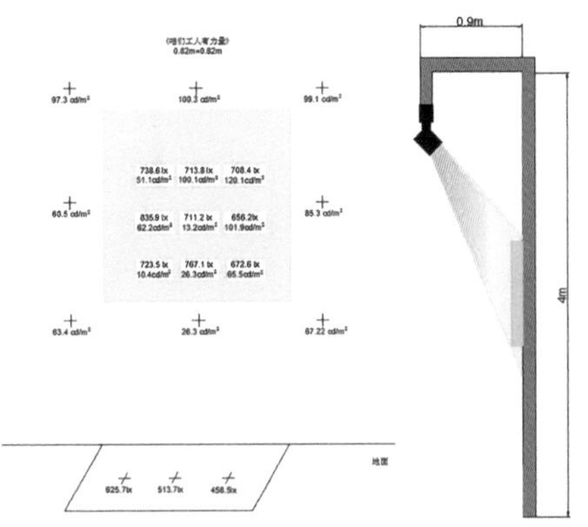

图31 《咱们工人有力量》数据采集图、照明方式示意图

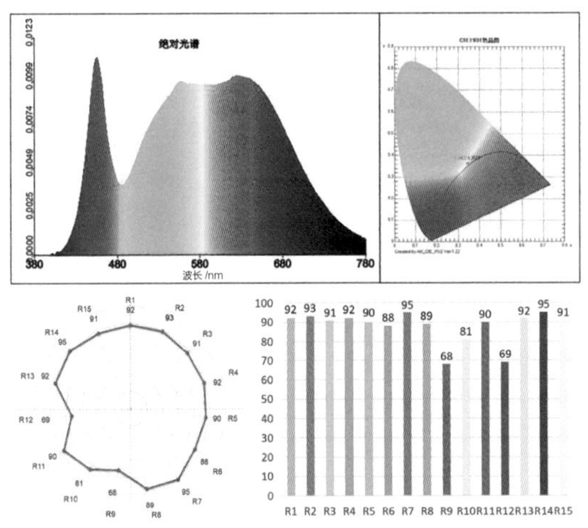

图32 《咱们工人有力量》展品光谱图

表 14 《咱们工人有力量》平面数据

展品名称	展品表面照度均匀值	墙面平均亮度	展品平均亮度	R_a 均值	R_9 均值	眩光评分
咱们工人有力量	725lx	75.1cd/m²	62.8cd/m²	91.1	67.8	8

4）绘画作品 4：《希望的田野》

《希望的田野》展品位于 4 号展厅（图 33），作品尺寸为 1.93m×1.94m，无射灯重点照明，展品未覆膜，裸露于光源下。照明情况见图 34、35，相关平面数据见表 15。

图33 《希望的田野》展品

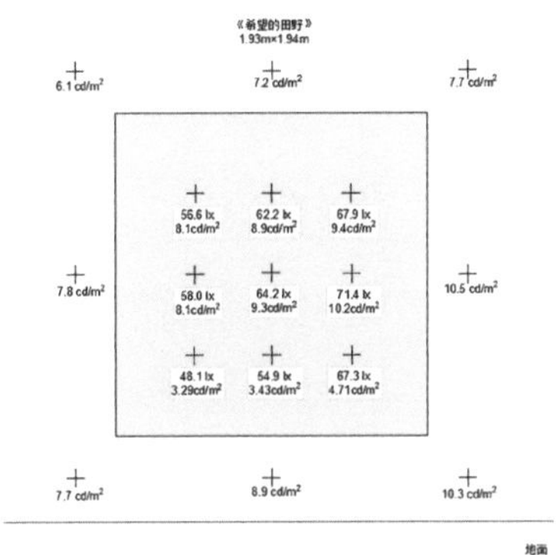

图34 《希望的田野》数据采集图

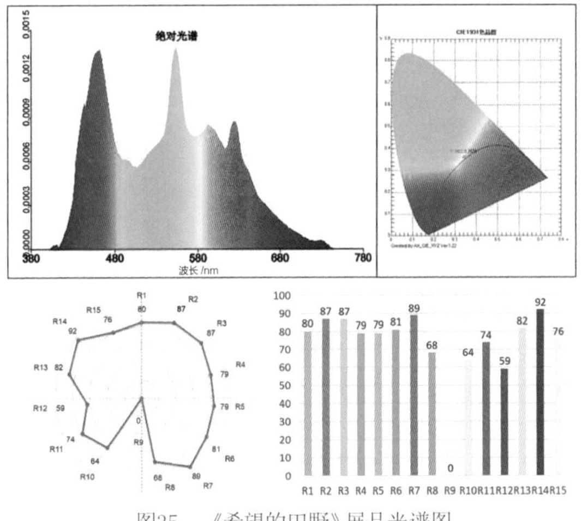

图35 《希望的田野》展品光谱图

表15 《希望的田野》平面数据

展品名称	展品表面照度均匀值	墙面平均亮度	展品平均亮度	R_a 均值	R_9 均值	眩光评分
希望的田野	61lx	8.3cd/m²	7.3cd/m²	91.1	67.8	6

5）绘画作品 5：《小院秋情》

《小院秋情》位于 4 号展厅（图 36），作品尺寸为 2.40m×1.70m，无射灯，一般照明，展品表面覆膜，照明情况见图 37、38，相关平面数据见表 16。

图36　《小院秋情》展品

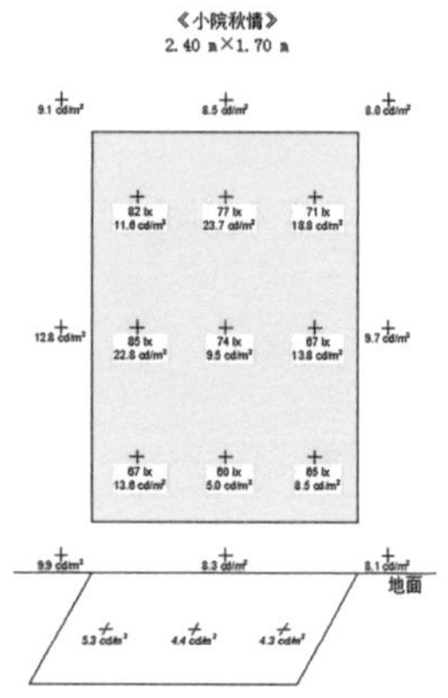

图37　《小院秋情》数据采集图

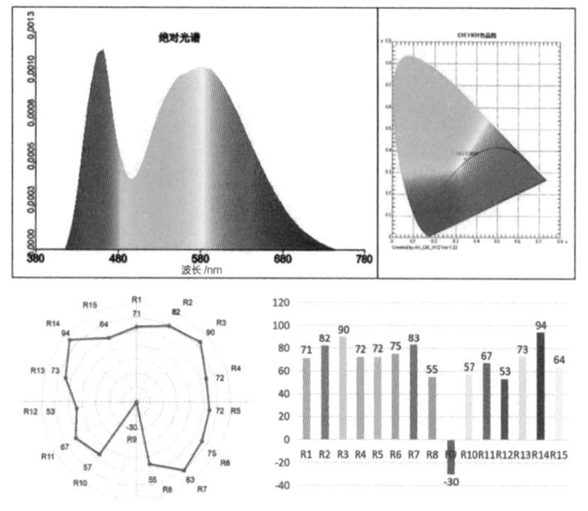

图38　《小院秋情》展品光谱图

表 16　《小院秋情》平面数据表

展品名称	展品表面照度均匀值	墙面平均亮度	展品平均亮度	R_a 均值	R_9 均值	眩光评分
小院秋情	72lx	9.3cd/m²	14.2cd/m²	74.9	−30.2	7

绘画作品 6：展柜油画

展柜油画位于 1 号展厅（图 39），有射灯重点照明，线条灯上部区域洗墙照明，作品尺寸为 1.36m×1.65m，照明情况见图 40、41，相关平面数据见表 17。

图39　展柜油画

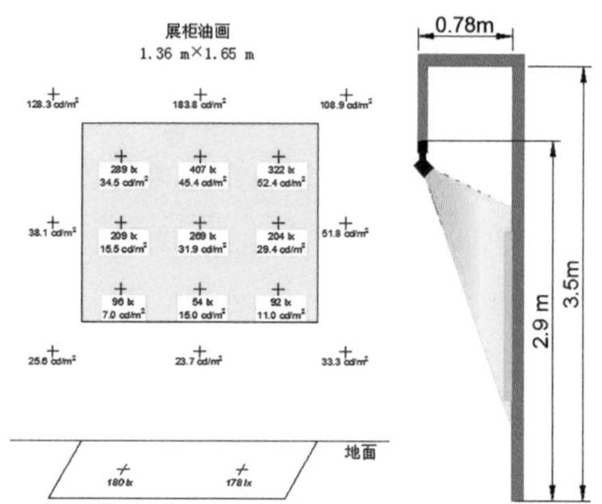

图40　展柜油画数据采集图、油画照明方式示意图

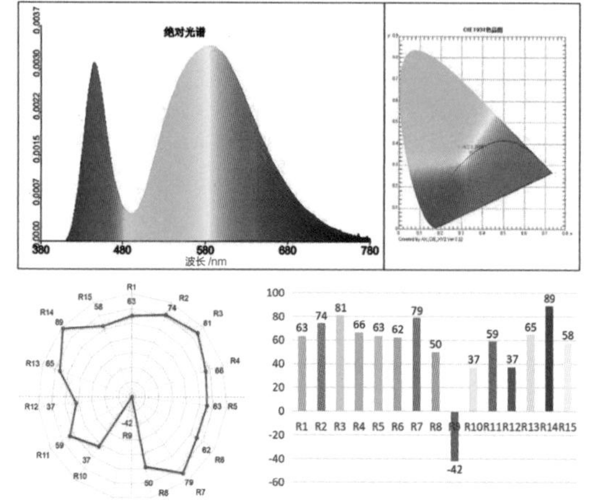

图41　展柜油画展品光谱图

表 17　展柜油画平面数据表

展品名称	展品表面照度均匀值	墙面平均亮度	展品平均亮度	R_a 均值	R_9 均值	眩光评分
展柜油画	216lx	74.2cd/m²	26.9cd/m²	69.2	−38	6

（四）陈列空间照明数据总结

陈列空间照明统计数据见表 18，因 3 号展厅暂未列展品，相关数据暂未测出。针对油画，照度与年曝光量值≤ 360000lx · h/a，在满足视觉和艺术效果的前提下，减缓了对展品的损伤程度，是合理的。陈列空间的综合光环境一般，有较大提升空间。用光安全、灯具质量均达到合格。光环境分布有待提升。

表 18　陈列空间综合数据统计表

陈列空间	用光安全				灯具质量					光环境分布			
类型	照度与年曝光量 /（lx · h/a）	展品表面温升 /℃	紫外线含量 /（μW/lm）	色温或相关色温 /K	显色指数			频闪控制	色容差 /SDCM	照度均匀度水平	照度均匀度垂直	眩光	对比度
					R_a	R_9	R_f						
4 号展厅	67lx/167768	1.9	0.0179	8550	62.8	−124	79.6	合格	12.3	0.13	0.81	7	0.65
1 号展厅	605lx/1514920	0.3	0.0085	4648	92.5	78	86.9	合格	7.5	0.27	0.57	6	0.61
3 号展厅	—	1.2	0.0042	7838	95.1	78.5	92.1	合格	9.6	0.45	—	8	—

三　美术馆总体照明总结

通过对辽河美术馆全方位的调研分析、访谈记录、问卷调查等方式，最终形成本报告以及相应的分数统计。最终的统计结果如下。

（一）用光安全评分

表 A.1　用光安全测试要点统计表

编号	测试要点	优	良	合格	不合格	统计分值
		A	B	C	D	
1	照度与年曝光量			✓		4.9
2	紫外线相对含量	✓				9.8
3	色温或相关色温				✓	2.9
4	展品表面温升	✓				9.6
总计	单项指标项 = 平均分 ×10× 权重					24.85

（二）灯具质量评分

表 A.2　陈列空间灯具质量测试要点统计表

编号	测试要点 A		优	良	合格	不合格	统计分值
			B	C	D		
1	显色指数	R_a	✓				6.8
		R_9			✓		
		R_f	✓				
2	频闪控制				✓		4.8
3	色容差					✓	2.6
总计	单项指标项 = 平均分 ×10× 权重						14.2

表 A.3 非陈列空间灯具质量测试要点统计表

编号	测试要点 A		优 B	良 C	合格 D	不合格	统计分值
1	显色指数	R_a	✓				7.3
		R_9			✓		
		R_f	✓				
2	频闪控制				✓		4.1
3	色容差				✓		6.2
总计	单项指标项 = 平均分 ×10× 权重						28.45

（三）光环境分布评分

表 A.4 陈列空间光环境分布测试要点统计表

编号	测试要点	优 A	良 B	合格 C	不合格 D	统计分值
1	亮（照）度水平空间分布			✓		4.9
2	亮（照）度垂直空间分布		✓			7
3	眩光		✓			7
4	对比度	✓				9.8
总计	单项指标项 = 平均分 ×10× 权重					21

表 A.5 非陈列空间光环境分布测试要点统计表

编号	测试要点	优 A	良 B	合格 C	不合格 D	统计分值
1	亮（照）度水平空间分布		✓			6.8
2	亮（照）度垂直空间分布		✓			6.9
3	眩光		✓			7
4	功率密（大堂序厅）			✓		4.7
5	光环境控制（展厅）		✓			6.5
总计	单项指标项 = 平均分 ×10× 权重					31.9

（四）运行评价评分

	测试要点	统计分值
专业评估	配置专业人员负责光环境管理工作	5
	能够与光环境顾问、外聘技术人员、专业光环境公司进行光环境沟通与协作	5
	能够自主完成馆内布展调光和灯光调整改造工作	9
	有照明设计的基础，能独立开展这项工作，能为展览或光环境公司提供相应的技术支持	9
运维评估	有光环境设备的登记和管理机制，并严格按照规章制度履行义务	5
	制订光环境维护计划，分类做好维护记录	5
	定期清洁灯具、及时更换损坏光源	9
	定期测量照射展品的光源的照度与光衰问题，测试紫外线含量、热辐射变化，以及核算年曝光量并建立档案	8
	LED 光源替代传统光源，是否对配光及散热性与原灯具匹配性进行检测	4
	同一批次灯具色温偏差和一致性检测	5
资金维护管理评估	可以根据实际需求，能及时到位地获得设备维护费用	13
	有规划地制订光环境维护计划，能有效开展各项维护和更换设备工作	13
总分		90

（五）建议

该馆在运行管理方面做得不错，有定期检查与维护。不足之处在于由于部分灯具较为老旧，光源存在一定的色彩偏移失真问题。建议尽快升级相关灯具，弥补部分展陈照明灯具在展品颜色再现方面存在的不足。中央大厅和二楼展厅通过特殊材质引入天然光，较大程度上吸引观众，并带来心理愉悦感，但要注意兼顾天然光对展览效果和艺术作品的双重影响。

辽沈战役纪念馆是一家纪念类博物馆，其中《攻克锦州》全景画馆是中国第一座全景画馆，我们调研此馆对应用标准具有特殊价值，该全景画馆展示手法特殊，是以复原场景再现历史为目的的全封闭场馆。应用《美术馆光环境评价方法》目的明确，是为了解决当前该馆照明设备的改造问题，报告中介绍了场馆改造的全过程，包括改造前、改造中和改造后是怎样利用标准解决实际应用的问题。同时，也为标准在博物馆中应用提供示范案例。

辽沈战役纪念馆全景画馆光环境改造评估报告

调研对象：辽沈战役纪念馆全景画馆
调研时间：2019 年 10 月 29 日
指导专家：艾晶[1]
参加调研人员：孙桂芳[2]，董德生[3]
参与单位：1. 中国国家博物馆；2.WAC 华格照明灯具（上海）有限公司；3. 北京合光盛达电子工程技术有限公司
调研设备：远方 SFIM-400 闪烁光谱照度计、照明护照 ALP-01、测距仪

一　全景画馆概述

辽沈战役纪念馆成立于 1958 年，馆名由叶剑英元帅题写，是作为全国首批博物馆、纪念馆向社会公众实行免费开放的纪念馆（图 1）。该馆占地面积为 188000m²，以辽沈战役军事主题，形成一组完整的具有纪念意义的建筑群体，成为集历史研究、文化传播、艺术博览、旅游休闲等功能于一体的大型军事主题公园。其中，《攻克锦州》全景画馆是中国第一座全景画馆，被誉为中国博物馆和世界美术史的艺术精品的经典之作。它是中国美术史上前所未有的艺术巨作，已跻身于世界大型全景画的行列。

图1　辽沈战役纪念馆

《攻克锦州》全景画馆为圆柱形密闭堡垒式建筑，全景画在全封闭场馆内，室内照明起非常重要的展示作用，起视觉传达深度解读历史，再现宏大战争场景的特殊作用。直径为 42.24m，高为 28m；全景画画面高为 16.1m，周长为 122.24m，总面积为 1968m²，重量达 4 吨。

二　改造前现场光环境概况

辽沈战役纪念馆的《攻克锦州》全景画馆为全封闭室内照明，灯具安装在观众看台的顶部围栏上，灯具使用时间较长，照明设备与场景控制相连接，用 DMX512 协议控制，目前控制设备与部分灯具已经损坏，使用的照明产品为大功率舞台灯，所用光源为原欧司朗（现朗德万斯）生产的 4 组 36W 光源，型号 930 的长形紧凑型荧光灯，该光源平均寿命为 20000h，可调光，但荧光灯的紫外辐射较强，光谱不连续，色温高，显色性相对较低。此外，由于该照明产品长时间使用后，很多光源已经产生光衰，光效也下降，已经不能满足实际正常观众观赏的需求（图 2 ~ 5）。因此需要对其进行照明改造升级。其他具体问题如下：

图2　改造前《攻克锦州》全景画馆照明现状

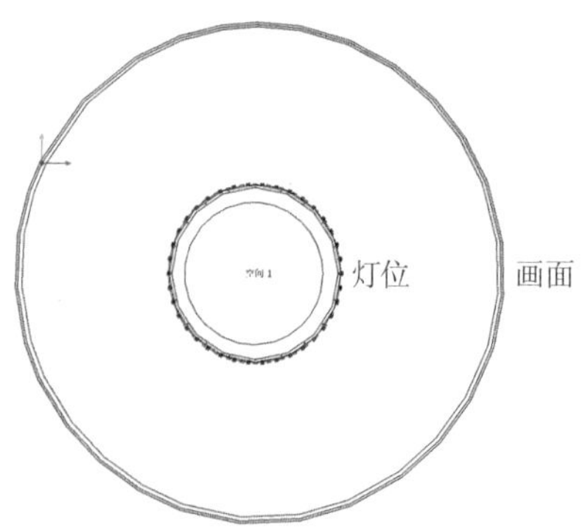

图3　现场灯具安装示意图

（一）光源为荧光灯管，寿命比较短，更换频繁，增加维护成本；现场有部分灯已经不亮。

（二）荧光灯含有红外线、紫外线，对展品有一定的伤害。

（三）现场灯具无法接入控制，画面无法生动地表现出来，无法满足观众的需求。

（四）现场的油画展面灯光效果有明显暗区，照度不均匀，画面显得不干净。

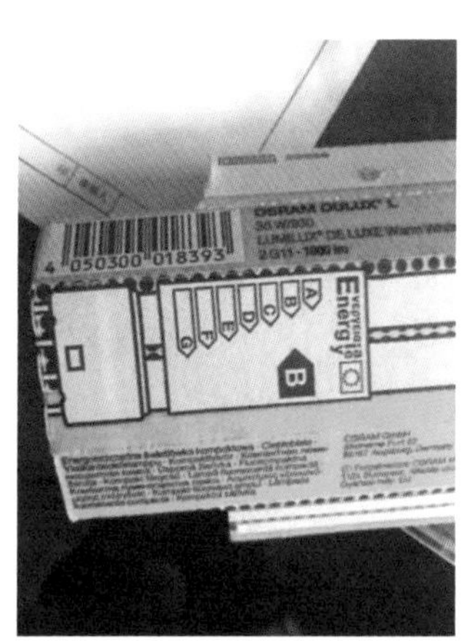

图4　光源型号包装的等级

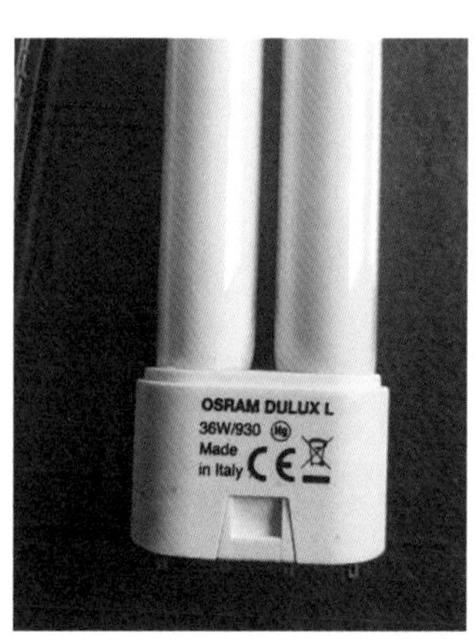

图5　现场使用光源样灯

三　改造前数据采集工作

根据改造项目需要，现场我们采集了两个应用场景数据（观众正常参观模式和投影表演模式），如表1、2所示；现场采集测试点和技术参数数据，如图6、7所示。

改造前灯具为荧光灯，现场采集测试数据显示，该光源在色彩还原性方面指标比较低，红色还原性差，尤其对展品色彩饱和度方面表现欠佳，数据表明此光源已

图6　现场采集数据的测试点

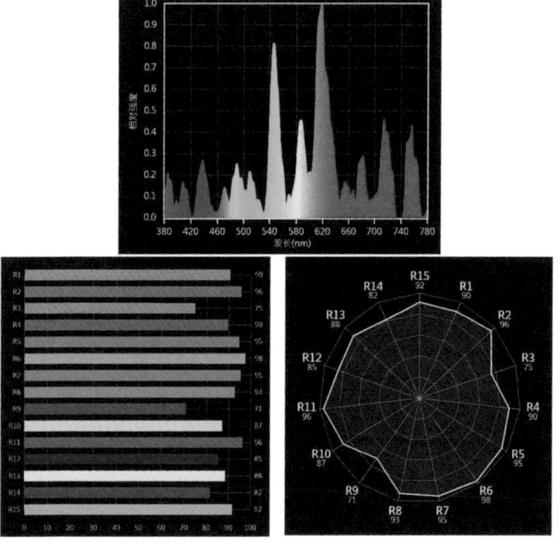

图7　现场光色数据图

表1　观众正常参观模式现场采集数据表

测试点	照度 /lx	色温 /K	显色指数 R_a	R_9
1	47	2787	91	62
2	56	2851	91	59
3	57	2863	91	57
4	19	2879	90	40
5	55	2872	91	62
6	29	2816	91	61
7	10	2849	91	71

表2　投影表演模式现场采集数据表

测试点	照度 /lx	色温 /K	显色指数 R_a	R_9
1	14	2885	90	45
3	10	2846	89	43
4	15	2827	90	34
5	21	2830	90	39
6	9	2771	88	42
7	2	2432	66	45
观众席地面	1	2410	68	42

不适合此类高水平绘画作品照明展示要求。另外，场馆中目前的照明设备与控制设备使用年限已久，已经不能满足实际工作需要，改造建议推荐使用色彩还原好的光源做替代产品。

该全景画馆为复原场景的馆舍，在展示效果表现方面已经非常成功，观众在视看过程中，可以满足仿真模拟战争时的真实效果。经我们与馆方工作人员进一步交流，他们认为在观众正常参观模式下现场光环境效果较理想，只是存在照明控制设备与部分灯具损坏才希望改造它，而且希望改造后能恢复到原有现场展示效果。

（四）改造提升光环境设计方案

我们改造提升《攻克锦州》全景画馆光环境需要保留原有展示灯光效果，在选择替换产品和改造方案时，对原有场馆明暗表现和细节展示要吸取借鉴改造前效果。尤其要认真分析改造前现场采集的各项数据指标（照度、色温等方面）做技术支持。在设计中我们主要考虑两方面因素：一是提升现有光环境整体品质；二是要传承改造前观众观展时的视觉效果。提升原有光环境因技术落后造成的缺陷，还原以往在两个视看模式下的相关指标参数。

首先，我们根据现场采集数据进行分析，起初参考了《博物馆照明设计规范》（GB/T23863–2009）和《美术馆照明规范》（WH/T79–2018）两个标准，对原有光环境进行技术分析，该馆光环境的各项指标。具体参考依据如表3、4所示。《博物馆照明设计规范》（GB/T23863–2009）要求：1）选择色彩还原性高的照明产品，博物馆对辨色要求高的场所，一般显色指数（R_a）不应低于90；一般场所，其显色指数（R_a）不应低于80。2）选择紫外线、红外线含量较低的光源。

原场馆光源显色指数R_a90符合两项标准，在照度方面也远远低于国标，对文物保护方面表现良好。但在特殊显色指数R_9值方面只有60左右，表明原光源对红色还原差，尤其在投影表演模式下更低。在采集数据的现

表3　博物馆建筑陈列室展品照度标准值及年曝光量限值

类　别	参考平面及其高度	照度 /lx	年曝光量 /（lx · h/a）
对光特别敏感的展品：纺织品、织绣品、绘画、纸质物品、彩绘、陶（石）器、染色皮革、动物标本等	展品面	≤ 50	≤ 50000
对光敏感的展品：油画、蛋清画、不染色皮革、角制品、骨制品、象牙制品、竹木制品和漆器等	展品面	≤ 150	≤ 360000
对光不敏感的展品：金属制品、石质器物、陶瓷器、珠宝石器、岩矿标本、玻璃制品、搪瓷制品、珐琅器等	展品面	≤ 300	不限制

注1.陈列室一般照明应按展品照度值的20%~30%选取。
注2.陈列室一般照明UGR不宜大于19。
注3.一般场所R_a不应低于80，变色高的场所，R_a不应低于90。

表4　美术馆建筑照明标准值

房间或场所	参考平面及其高度	照度标准值 /lx	UGR	U_0	R_a
会议报告厅	0.75m 水平面	300	22	0.60	80
休息厅	0.75m 水平面	150	22	0.40	80
美术品售卖	0.75m 水平面	300	19	0.60	80
公共大厅	地面	200	22	0.40	80
绘画展厅	地面	100	19	0.60	80
雕塑展厅	地面	150	19	0.60	80
藏画库	地面	150	22	0.60	80
藏画修理	0.75m 水平面	500	19	0.70	90

注1.绘画、雕塑展厅的照明标准值中不含展品陈列照明。
注2.当展览对光敏感要求的展品时应满足表2的要求。

场没有眩光，没有任何不舒适感。

《攻克锦州》全景画馆的空间高度为 18m，属于室内特殊场馆，对照明灯具产品性能要求较高，另外，全景画作品为油画类型，要求照明对作品色彩还原较高，显色指数至少 R_a90 以上，均匀度方面要求也在 0.6 以上。而现场这么高的尺度展馆进行照明改造，又要求均匀度和高显色性，因此该项目属于特殊照明案例（图 8）。

馆方改造要求模拟冬日下午 2 点左右的战争场面，借鉴目前现场采集的数据要求，尤其在照度数据、色温数据方面要有所保留原有效果。因此，对全景画馆改造，灯具选择的前提，是要参考原场景调研分析数据，再结合当前 LED 技术的发展进行综合考虑。技术方面的依据，主要参考我们课题组制订的 2019 年度文化和旅游部行业标准《美术馆光环境评价方法》有关规定，参考 5.2.3 光源质量，参照表 7；以及 5.2.3 产品外观与展陈空间协调参照表 8 来评价。即“陈列空间光源质量评分项依据表”和“产品外观与展陈空间协调评分项依据”两个表有关规定，如表 5、6 所示。

图8　全景画局部照片

表 5　陈列区光源质量评估依据表

考察要点		优	良	合格	不合格
显色指数	R_a	$S > 95$	$95 \geqslant S > 90$	$90 \geqslant S \geqslant 85$	$R_a < S$
	R_9	$S > 95$	$95 \geqslant S > 75$	$75 \geqslant S > 60$	$S \leqslant 60$
	R_f	$S > 95$	$95 \geqslant S > 90$	$90 \geqslant S > 85$	$S \leqslant 85$
频闪控制		（1）若 $f \leqslant$ 90Hz，MD $\leqslant 0.01*f$%；（2）若 90Hz $< f \leqslant$ 3000Hz，MD $\leqslant 0.0333*f$%；（3）若 $f >$ 3000Hz，MD 没限制	（1）若 $f \leqslant$ 8Hz，$0.01*f$% < MD $\leqslant$ 0.2%；（2）若 8Hz $< f \leqslant$ 90Hz，$0.01*f$% < MD $\leqslant 0.025*f$%；（3）若 90Hz $< f \leqslant$ 1250Hz，$0.0333*f$% < MD $\leqslant 0.08*f$%；（4）若 1250Hz $< f \leqslant$ 3000Hz，MD > $0.0333*f$%	（1）若 $f \leqslant$ 8Hz，0.2% < MD $\leqslant$ 30%；（2）若 8Hz $< f \leqslant$ 90Hz，$0.025*f$% < MD $\leqslant$ 30%；（3）若 90Hz $< f \leqslant$ 300Hz，$0.08*f$% < MD $\leqslant 0.3333*f$%；（4）若 300Hz $< f \leqslant$ 1250Hz，MD > $0.08*f$%	其他：（1）若 $f \leqslant$ 90Hz，MD > 30%；（2）若 90Hz $< f \leqslant$ 300Hz，MD > $0.3333*f$%。
色容差		$S \geqslant$ 2SDCM	$2 > S \geqslant$ 4SDCM	$4 > S \geqslant$ 5SDCM	$S >$ 5SDCM

注1.频闪分类，请参考附件D的示意图D.5进行评价。
注2.能调光的灯具选择调光30%后测量频闪值。

表 6　产品外观与展陈空间协调评分项依据

考察要点	优	良	合格	不合格
产品外观与展陈空间协调关系	完美	较好	协调不充分	匹配差

注1.产品外观和色彩与展陈空间艺术氛围、色彩基的协调性主观评估。
注2.评判要考虑观众视觉感受程度。

所选购的光源产品，在技术指标方面必须达到表 5、6 合格以上指标要求，最好选择良和优，效果会更佳。另外，我们依据原场景调研数据分析，建议新采购光源色温保持在 3000K 左右，平均照度能达到 100lx 即可。项目原采购方案所选光源功率为 86W，照度采集指标略微偏高 200lx，特殊显色指数值为 R_9 为 58，色容差 > 5SDCM，红色还原效果一般。为提高该馆整体光环境品质，我们建议新采购光源在显色指标上 $R_9 > 60$，色容差 $\leqslant$ 5SDCM，以降低指标，最后选了功率瓦数为 56WLED 灯，可以实现提高照明效果和节能环保的作用（节能对比见表 7）。

表 7　节能对比表

		改造前	改造后
光源类型		荧光灯	LED
灯具 1	功率	4 × 36W	56W
	数量	36 套	86 套
灯具 2	功率	8 × 36W	—
	数量	36 套	—
总功率		15.552kW	4.816kW
节省功率		—	10.736kW
节能百分比		—	69.03%

经我们对项目进行验收检测，认为项目目前选用的灯具：华格 SHINE　PRO 系列 LED 产品，其紫外线含量 0.3μW/lm，对油画展品几乎无伤害，而且可以满足该空间高度，高显色性 $R_a > 90$，$R_9 > 75$ 与均匀度 > 0.6 为优、良的目标要求。经改造完成后，我们在原采集点进行了二次数据对照采集。具体如表 8、9 所示。

表 8　观众正常参观模式现场采集数据表

测试点	照度 /lx	色温 /K	显色指数 R_a	R_9	色容差 / SDCM
1	63.3	2902	97	89	4.9
2	62.097	3009	96.8	87	3.4
3	61.5943	3019	96.9	88	3.7
4	57.7842	3005	96.9	88	3.2
5	45.8212	3019	96.9	88	3.6
6	42.8249	3019	96.9	89	3.6
7	29.6929	2956	97	88	2.6
观众席地面	14	—	—	—	—

表 9　投影表演模式现场采集数据

测试点	照度 /lx	色温 /K	显色指数 R_a	R_9	色容差 / SDCM
1	16	2902	97	89	4.9
2	14	3009	96.8	87	3.4
3	11	3019	96.9	88	3.7
4	11	3005	96.9	88	3.2
5	11	3019	96.9	88	3.6
6	11	3019	96.9	89	3.6
7	9	2956	97	87	3.2

项目最后验收，我们所采集到的各项数据指标（图 9），皆优于原改造前光环境照明品质，评价各项指标皆为良或优，而且效果还原了改造前模样，符合了馆方对全景画馆进行改造提升的目标要求。该项目于 2020 年 8 月 26 日竣工完成，此项目也是国内第一例综合运用文化和旅游部行业标准《美术馆光环境评价方法》，进行老馆光环境改造提升与项目验收的成功案例，在此也向辽沈战役纪念馆馆领导的大力支持表示感谢！

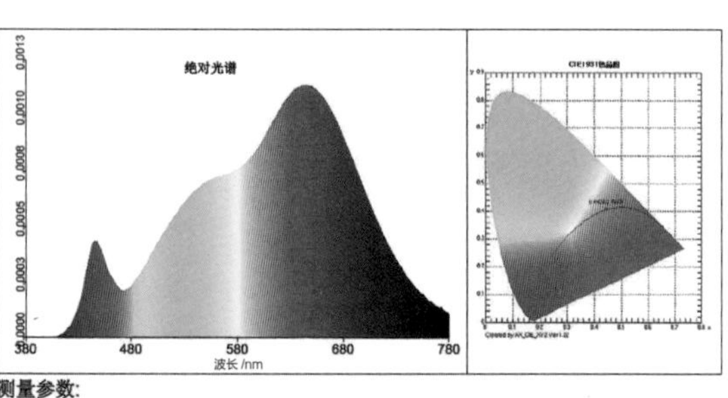

测量参数:

光照度E= 62.097 lx　E(fc)=5.7711 fc　辐射照度Ee=0.228659 W/m²

CIE x= 0.4384　CIE y= 0.4081　CIE u'=0.2498　CIE v'=0.5232
相关色温=3009 K　峰值波长=631.0 nm　半波宽=175.0 nm　主波长=582.3 nm
色纯度=54.1 %　红色比=24.9 %　绿色比=72.3 %　蓝色比=2.8 %
Duv=0.00141　S/P=1.43
显色指数Ra=96.8　R1= 99　R2= 97　R3= 93
R4= 96　R5= 98　R6= 97　R7= 97
R8= 96　R9= 87　R10= 93　R11= 95
R12= 91　R13= 99　R14= 95　R15= 97

SDCM= 3.4(F3000)　白光分级:OUT

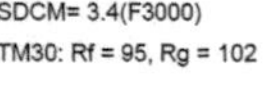

TM30: Rf = 95, Rg = 102

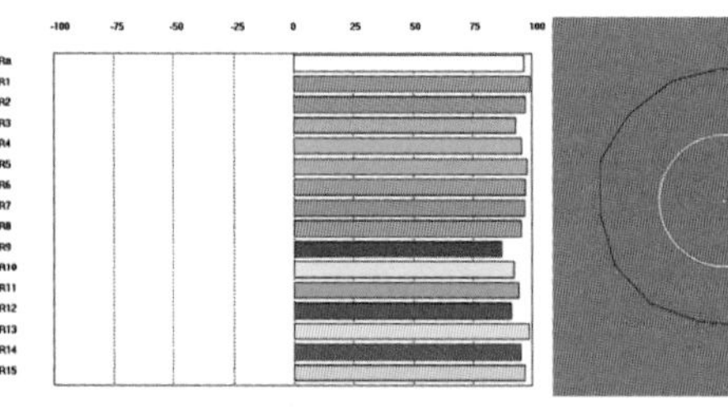

图9　现场光色数据图（观众正常参观模式测试点2）

宁波美术馆是一座非常具有港城特色的高品位现代化美术馆，主体建筑是中国美术学院建筑艺术学院院长王澍的代表作品之一，他于2012年获美国普利兹克建筑奖。因此选择此馆调研非常有典型意义。此调研报告完全按照标准要求进行数据采集，内容翔实，撰写全面，可以作为此类调研报告的经典之作进行推广。

宁波美术馆光环境指标测试调研报告

调研对象：宁波美术馆
调研时间：2019年11月16日，天气：晴
指导专家：王志胜[1]，颜劲涛[2]，吴海涛[3]
调研人员：金小明[3]，饶建臣[3]，褚琳[3]，朱丹[3]，高海雯[3]，张聪[3]
参与单位：1. 大连工业大学光子学研究所；2. 中国美术馆；3. 宁波赛尔富电子有限公司
调研设备：远方 SFIM-300 闪烁光谱照度计、victor 303B 红外测温仪、沈达威手持式激光测距仪 SW-100、CS-200 色彩亮度计等

一 概述

（一）美术馆建筑概述

宁波美术馆（图1）于2005年10月建成并正式开放。以立足宁波、放眼全国、面向当代作为办馆宗旨，以打造全国一流的并具有港城特色的高品位现代化美术馆作为奋斗目标，通过展览、收藏、研究、陈列和推广宁波籍艺术家及国内外知名艺术家的优秀作品，推动和提升宁波市文化艺术事业的发展。

图1 宁波美术馆

宁波美术馆位于繁华的三江口北侧，东临浩瀚的甬江，南联古朴的老外滩，西邻江北人民路。由主楼、上台广场、地下车库、码头等部分组成，占地15800m²，建筑面积23100多m²，主体建筑是中国美术学院建筑艺术学院院长王澍的代表作品之一。采用双层外壳的设计处理，外形轮廓在甬江岸边上，犹如驻泊在港城的一艘“艺术方舟”。

宁波美术馆共四层，每层均设展厅，其中美术馆主楼面积16200m²，大小展厅面积达5300m²，艺术品收藏库1500多m²，可同时或分别举办不同类型、不同题材的展览。宁波美术馆现有各类藏品4000余件，年均举办国内外各类展览近60场，是国际博协现当代艺术委员会和全国美术馆专业委员会会员单位。

（二）宁波美术馆照明概况

宁波美术馆的中央大厅设置在二楼且与主入口相连，主要以自然光照明为主，其余展厅为了保护文物不被自然光直射均采用人工光源。由于特殊的建筑和布展设计，宁波美术馆在展陈空间的布局以一般照明与重点照明相结合，辅助空间主要以一般照明为主，根据不同类型展品的需求进行相应的灯光调整，其中一楼设有显示屏展厅，可从多种方式来展现出作品的特性，除此之外，美术馆每天开放时间设置为9:00～17:00，且每周一会闭馆进行布展以及照明环境调整，每年馆方会对照明设备进行两次的定期检查与维修，为美术馆总体照明环境提供有力的保障。

总体照明方式：以导轨射灯重点照明，结合荧光灯塑造环境光；

光源类型：展陈区域以金卤灯为主，荧光灯为辅，展示区域以LED筒灯为主；

灯具类型：以直接型为主；

照明控制方式：各个展厅分回路独立控制，手动开关。

（三）调研区域选择

本次调研区域主要选取6个典型区域，主要分为非展陈区域：中央大厅①，入口长廊②；展陈区域：1号厅（过廊区⑥，普通展区⑤，显示屏展区④），2号厅③，如图2、3所示。

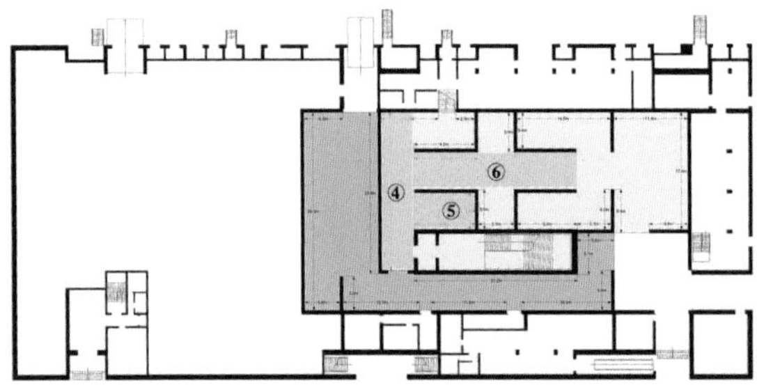

图2　一层平面图

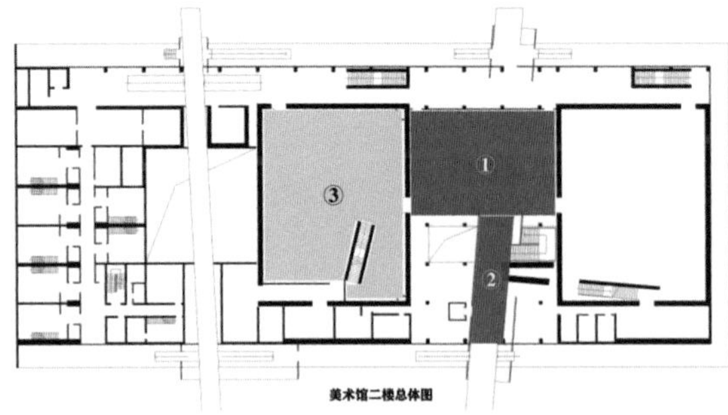

图3　二层平面图

图4　中央大厅实景图

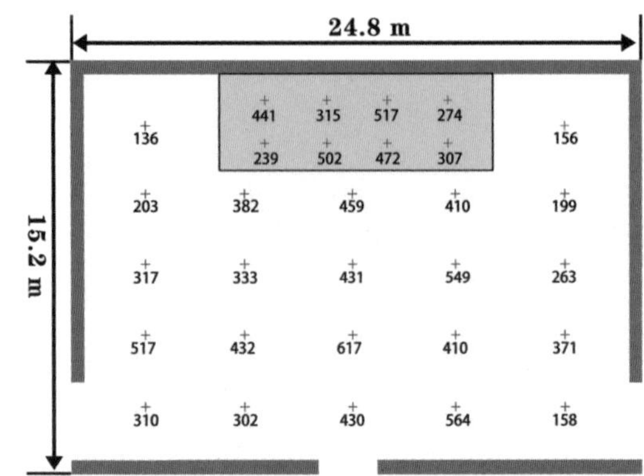

图5　中央大厅照度分布图（单位：lx）

二　调研数据采集分析

（一）非展陈区域

1. 中央大厅

中央大厅（图4）面积为400m²，设置展示台，是举办各类展览开幕式、酒会等活动的场所。结合建筑的设计结构，此厅以天然采光为主，玻璃屋顶下安装可调节式遮光帘，通过遮光帘之间的缝隙透过自然光，方便控制和过滤自然光，以免由于光线过量或过暗为参观者带来不舒适的观赏体验，展台区域采用导轨射灯进行重点照明，为举办各种活动营造良好的氛围。

中央大厅实地照度测量采用中心布点法，大厅取5×5布点，展台区域取4×2布点，图5为大厅及展台的照度分布图，图6为大厅地面测量数据，表1、2为中央大厅地面测试数据测量结果。

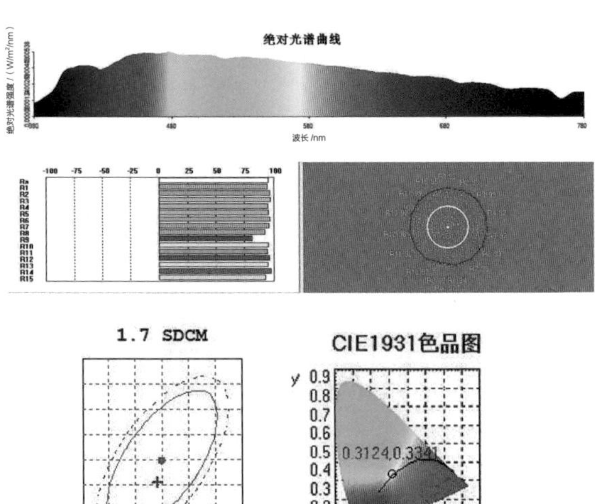

图6　中央大厅地面测量数据图

表 1　中央大厅数据表

光照度	333lx			辐射照度	1.50898W/m²		
CIEx	0.3124	CIEy	0.3341	CIEu'	0.1958	CIEv'	0.4710
相关色温	6482K	峰值波长	478.0nm	半波宽	315.2nm	主波长	492.2nm
色纯度	7.00%	红色比	14.90%	绿色比	77.60%	蓝色比	7.50%
D_{uv}	0.00590	S/P	2.46				
显色指数 R_a	97.1	R_1	96	R_2	98	R_3	99
R_4	97	R_5	97	R_6	99	R_7	98
R_8	94	R_9	85	R_{10}	97	R_{11}	96
R_{12}	98	R_{13}	97	R_{14}	99	R_{15}	95
色容差 /SDCM	1.7			白光分级	OUT		

表 2　中央大厅照明情况一览表

测量尺寸	面积 378m²，高度 5m							
光源类型	导轨射灯 + 自然光							
光环境设置	自然光 + 导轨投光							
墙面反射率	0.73			地面反射率	0.62			
眩光评价	略有不适眩光							
展台区域	最大照度	517lx	最小照度	239lx	平均照度	383.9lx	照度均匀度	0.8
大厅整体	最大照度	617lx	最小照度	136lx	平均照度	333.4lx	照度均匀度	0.5

2. 入口长廊

入口长廊作为美术馆客流量较大的区域，整体照明环境采用自然光 +LED 筒灯，在非特殊情况下，自然光占主导，为往来游客创造舒适的入口光环境。长廊区域取纵向 6 点进行测量，服务台测量水平照度以及垂直照度两个部分，图 7 为入口长廊实景图及照度分布图，图 8 为地面测量数据图，表 3、4 为入口长廊地面测试数据测量结果。

图7　入口长廊实景图及照度分布图（单位：lx）

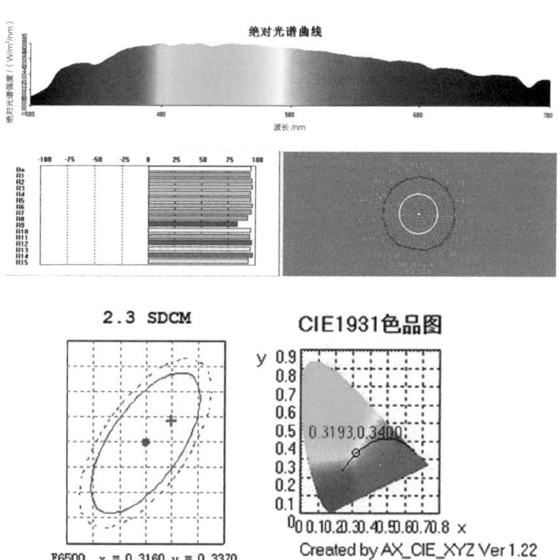

图8入口长廊地面测量数据图

表3　入口长廊数据表

光照度	415lx			辐射照度	0.388292W/m²		
CIEx	0.3193	CIEy	0.34	CIEu'	0.1983	CIEv'	0.4751
相关色温	6107K	峰值波长	478.0nm	半波宽	322.3nm	主波长	497.9nm
色纯度	4.40%	红色比	15.40%	绿色比	77.40%	蓝色比	7.20%
D_{uv}	0.00556	S/P	2.39				
显色指数 R_a	97.4	R_1	97	R_2	99	R_3	99
R_4	97	R_5	97	R_6	99	R_7	98
R_8	94	R_9	84	R_{10}	97	R_{11}	97
R_{12}	98	R_{13}	97	R_{14}	99	R_{15}	95
色容差 /SDCM	2.3			白光分级	OUT		

表4　入口长廊照明情况一览表

测量区域尺寸		面积 131m²，高度 5m					
光源类型		LED 筒灯					
墙面反射率		0.61		地面反射率		0.63	
眩光评价		略有不适眩光		服务台水平平均照度		314lx	
最大照度	1020lx	最小照度	258lx	平均照度	442lx	照度均匀度	0.58

3. 非陈列空间照明数据总结

表5所示为非陈列空间光环境质量评分表。

表5　非陈列光环境质量评分表

评分指标				中央大堂			入口长廊		
一级指标	二级指标		权重	数据	分值	加权分值	数据	分值	加权分值
灯具质量	显色质量	R_a	25%	97.1	100	23.8	97.4	100	23.2
		R_9		85	86		84	78	
		R_f		98	100		98	100	
	色容差 /SDCM		25%	1.7	100	25	2.3	67	16.8
光环境分布	照度水平均匀度		10%	0.5	58	5.8	0.58	65	6.5
	照度垂直均匀度		10%	0.63	68	6.8	0.65	76	7.6
	眩光控制		15%	无不适眩光	85	12.75	略有不适眩光	78	11.7
	光环境控制方式		15%	节能控制	65	9.75	节能控制	70	10.5

（二）展陈区域

1. 一号展厅

一号展厅总面积为1600m²，展墙高为5m，展线长为400m，以展示传统绘画为主，同时采用中国传统青砖铺地，反射率较低，防止产生眩光的不舒适感，同时给人以古朴、素雅的感受。本次调研期间一号展厅正在进行宁波奉化雪窦山全国摄影展，展厅分成常规展示和显示屏展示两种不同的布展方式来从多角度展现作品之美，调研组结合不同的布展方式分别对普通展区，显示屏展区以及展厅内的连廊部分进行调研。

1）常规展区

此展区主要采用导轨射灯进行重点照明，根据中心布点法取5×3个点进行测量，图9为常规展厅实景图，图10为普通展厅照度图，图11为常规展厅地面测量数据图。表6、7为常规展区照明测量数据。

图9 常规展区实景图

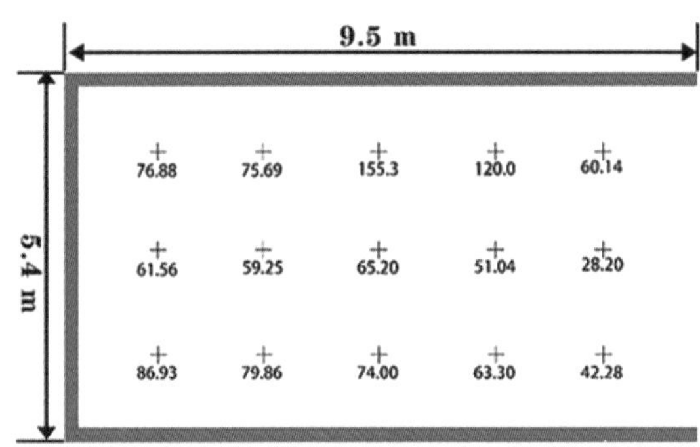

图10 常规展区照度图（单位：lx）

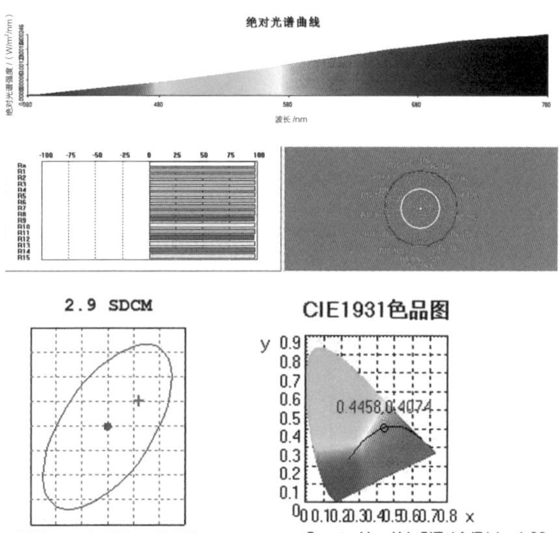

图11 常规展区地面测量数据图

表6 常规展区数据表

光照度	79.86lx			辐射照度	0.50029W/m²		
CIEx	0.4458	CIEy	0.4074	CIEu'	0.2549	CIEv'	0.524
相关色温	2882K	峰值波长	799.0nm	半波宽	200.9nm	主波长	583.3nm
色纯度	56.10%	红色比	25.30%	绿色比	71.50%	蓝色比	3.20%
D_{uv}	0.00016	S/P	1.43				
显色指数R_a	99.8	R_1	100	R_2	100	R_3	100
R_4	100	R_5	100	R_6	100	R_7	100
R_8	100	R_9	100	R_{10}	100	R_{11}	100
R_{12}	99	R_{13}	100	R_{14}	100	R_{15}	100
色容差/SDCM	2.9			白光分级	OUT		

表7 常规展区照明情况一览表

展厅尺寸		面积51m²，高度5m					
光源类型		导轨射灯					
墙面反射率		0.61		地面反射率		0.23	
温升		0.1℃		眩光评价		略有不适眩光	
最大照度	155.3lx	最小照度	28.2lx	平均照度	73.3lx	照度均匀度	0.4

对一号展厅常规展区摄影作品《岩头民俗奇遇谷》进行测试，展品为组合照片展示外围裱木制外框，灯具安装距墙面 1m 处。图 12 为作品测试区域布点图，表 8、9 为作品测试数据。

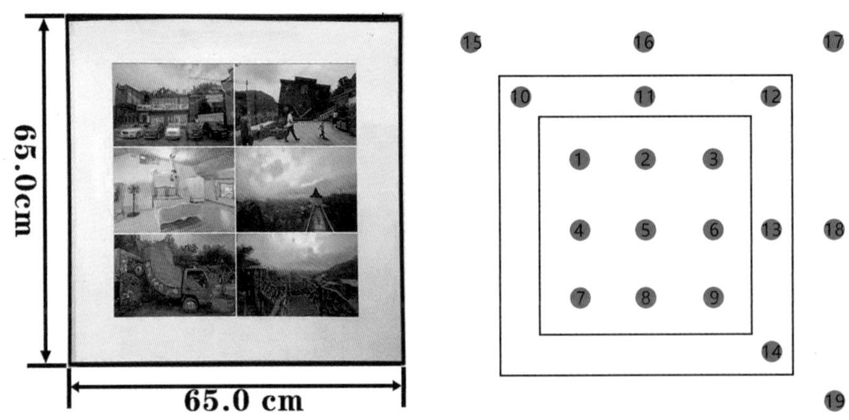

图12 《岩头民俗奇遇谷》测试点

表 8 摄影作品《岩头民俗奇遇谷》测试数据表（照度单位：lx，亮度单位：cd/m²）

作品名称:	岩头民宿奇遇谷					
取样编号	1	2	3	4	5	6
照度	301.20	282.60	293.50	321.00	302.60	267.90
亮度	10.20	14.89	18.44	62.17	46.40	14.76
取样编号	7	8	9	—		
照度	327.80	315.50	288.10			
亮度	9.34	16.41	9.10			
平均照度	最大照度	最小照度	照度均匀度	平均亮度	最大亮度	最小亮度
300.03	321.00	267.90	0.89	27.81	62.17	9.10
作品背景墙数据采集						
取样编号	15	16	17	18	19	—
照度	297.2	247.9	258，4	301.7	293.0	
亮度	63.98	58.22	56.19	67.99	59.93	
裱框留白区						
取样编号	10	11	12	13	14	—
照度	285.2	232.6	213.5	297.6	276.5	
亮度	77.77	70.01	71.16	78.82	74.37	
亮度对比度		3∶1				

表 9　摄影作品《岩头民俗奇遇谷》照明情况一览表

展品类型	用光安全						
	平均照度	年曝光量	光谱分布图	初始温度及时间		结束温度及时间	
裸展	300.03lx	751255.64lx · h/ 年		23.4℃	11:15	23.8℃	11:24
	灯具与光源性能						
	光源类型	展品与背景亮度对比度	显色指数			色容差	色温
			R_a	R_9	R_f		
	轨道射灯 + 荧光灯	0.49	99.1	98	99	2SDCM	2913K

2）显示屏展区

显示屏展区无照明灯具，主要利用 LED 显示屏背光源对摄影图片进行静态展示，结合其他展区的杂散光来保证地面的照度。图 13 为显示屏展区实景图，图 14 为显示屏展厅照度图。根据中心布点法取 7×3 个点进行测量。表 10 为显示屏展厅测试数据。

对一号展厅显示屏区摄影作品《佛门弟子》进行测试，展品利用背光源显示屏进行展示，展区内无照射光源。图 15 为作品测试区域布点图，表 11 为作品的测试数据。

图13　显示屏展厅实景图

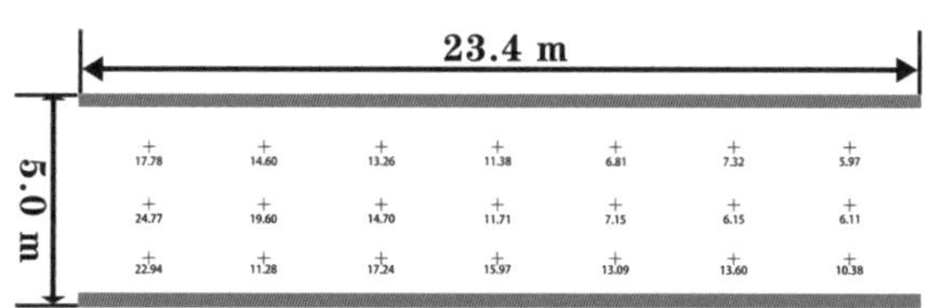

图 14　显示屏展厅照度图（单位：lx）

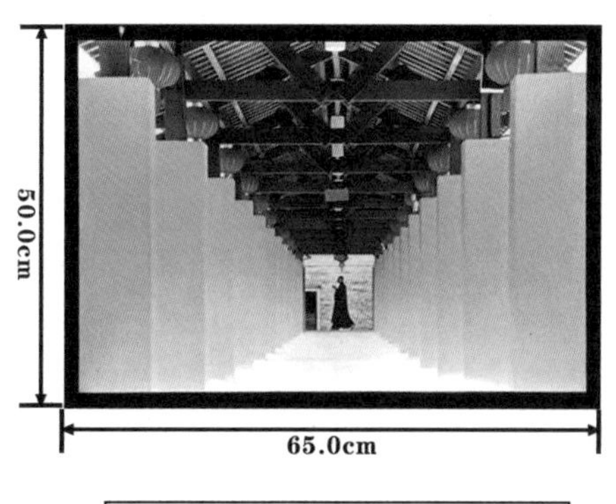

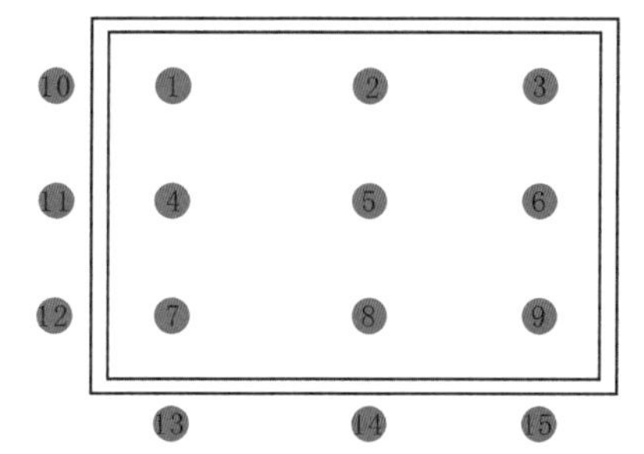

图15　摄影作品《佛门弟子》测试点

表 10　显示屏展厅测试数据

展厅尺寸		面积 117m²，高度 5m					
光源类型		无照射光源 +LED 背光源显示屏					
墙面反射率		0.61		地面反射率		0.267	
温升		0.2℃		眩光评价		略有不适眩光	
最大照度	24.77lx	最小照度	5.97lx	平均照度	12.94lx	照度均匀度	0.47

注：此展区没有主要照明光源因此不对相关数据进行细致测量。

表 11　摄影作品《佛门弟子》测试数据表

展品名称	佛门弟子					
展品类型	电子屏					
取样编号	1	2	3	4	5	6
亮度 / (cd/m²)	69.51	64.72	81.77	77.11	7.23	84.21
取样编号	7	8	9	亮度平均值		
亮度 / (cd/m²)	148.20	254.10	161.60	105.38		
作品背景墙数据采集						
取样编号	10	11	12	13	14	15
亮度 / (cd/m²)	5.54	5.23	4.92	4.85	4.71	4.85
亮度对比度：21∶1						

对一号展厅显示屏区摄影作品《佛门》进行测试，展示方式同《佛门弟子》。图 16 为作品测试区域布点图，表 12 为作品的测试数据。

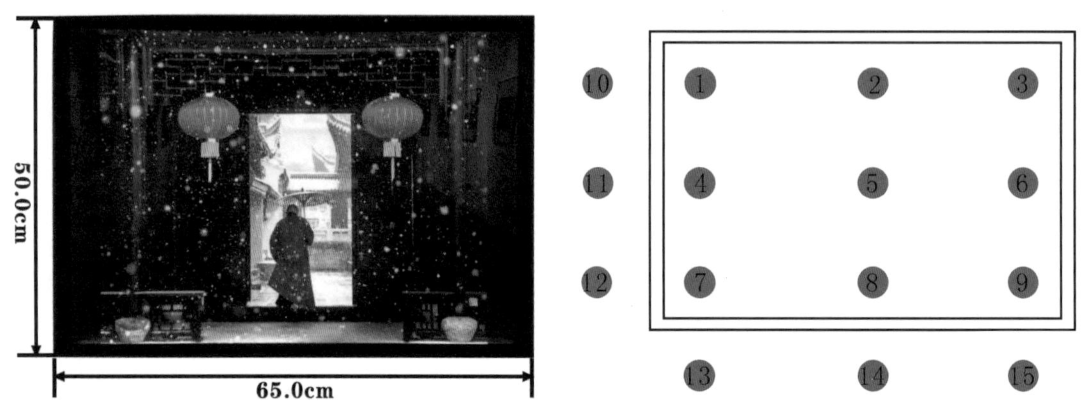

图16　摄影作品《佛门》测试点

表 12　摄影作品《佛门》测试数据表

展品名称	佛门					
展品类型	电子屏					
取样编号	1	2	3	4	5	6
亮度 / (cd/m²)	10.67	4.60	5.00	2.80	119.30	3.98
取样编号	7	8	9			
亮度 / (cd/m²)	2.42	25.40	11.67			
作品背景墙数据采集						
取样编号	1	2	3	4	5	6
亮度 / (cd/m²)	4.36	4.20	3.78	3.40	3.42	3.19
亮度对比度	7∶1					

3）一号展厅走廊

一号展厅的连廊主要利用单排导轨射灯进行照明，根据中心布点法取 9×3 个点进行测量，图 17 为一号展厅连廊实景图及照度图，图 18 为一号展厅走廊地面测量数据图。表 13、14 为展厅走廊测试数据表。

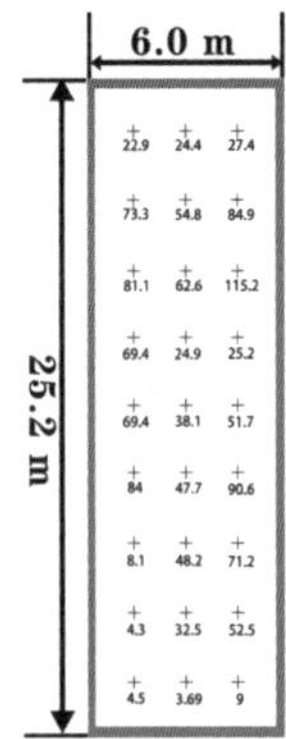

图17　一号展厅走廊实景及照度图（单位：lx）

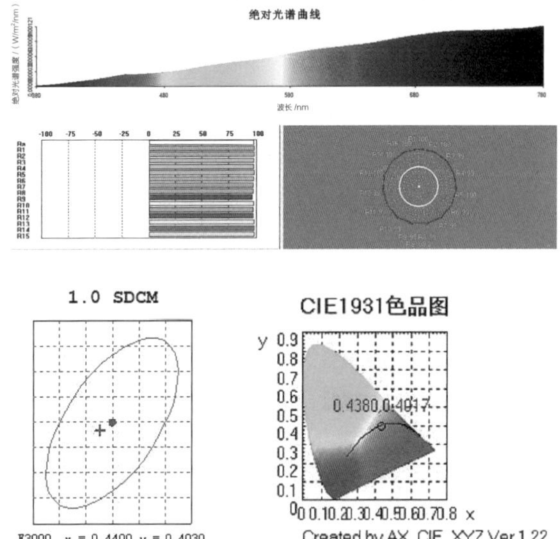

图18　一号展厅走廊地面测量数据图

表 13　一号展厅走廊测试数据

光照度	42.28lx			辐射照度	0.388292W/m²		
CIEx	0.4449	CIEy	0.4059	CIEu'	0.2523	CIEv'	0.5206
相关色温	2963K	峰值波长	780.0nm	半波宽	210.6nm	主波长	583.4nm
色纯度	52.00%	红色比	24.80%	绿色比	71.90%	蓝色比	3.30%
D_{uv}	-0.0011	S/P	1.47				
显色指数 R_a	99.3	R_1	100	R_2	100	R_3	99
R_4	99	R_5	100	R_6	99	R_7	99
R_8	99	R_9	98	R_{10}	99	R_{11}	99
R_{12}	99	R_{13}	100	R_{14}	100	R_{15}	100
色容差 /SDCM	1.0			白光分级	OUT		

表 14　一号展厅走廊照明情况一览表

展厅尺寸		面积 151m²，高度 5m					
光源类型		LED 背光源显示屏					
墙面反射率		0.61		地面反射率		0.23	
温升		0℃		眩光评价		无不适眩光	
最大照度	115.2lx	最小照度	4.3lx	平均照度	47.5lx	照度均匀度	0.1

2. 二号展厅

二号展厅为宁波美术馆的两个主展厅之一，总面积为640m²，展墙高为8m，展线长为200m。这是个能够展示多种艺术形式的现代展厅，适合不同类型的展览，可根据不同要求，合理灵活地运用。

二号展厅实景及照度图如图19所示，地面测量数据如图20所示，表15、16为二号展厅的测试数据。

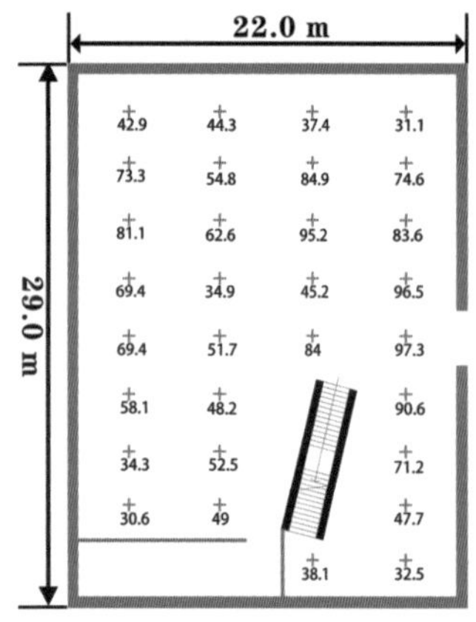

图19　二号展厅实景及照度图

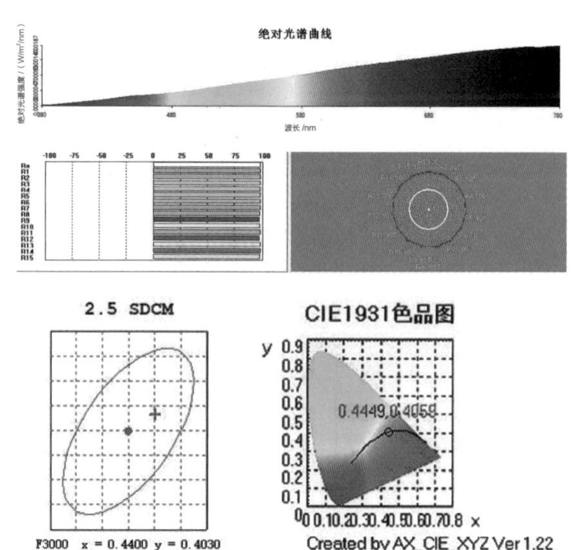

图20　二号展厅地面测量数据图

表15　二号展厅测试数据

光照度	62.55lx			辐射照度	0.388292W/m²		
CIEx	0.4449	CIEy	0.4059	CIEu'	0.2549	CIEv'	0.5233
相关色温	2885K	峰值波长	777.0nm	半波宽	205.0nm	主波长	583.4nm
色纯度	55.40%	红色比	25.40%	绿色比	71.50%	蓝色比	3.20%
D_{uv}	−0.0003	S/P	1.42				
显色指数R_a	99.7	R_1	100	R_2	c	R_3	100
R_4	100	R_5	100	R_6	100	R_7	100
R_8	99	R_9	99	R_{10}	100	R_{11}	99
R_{12}	99	R_{13}	100	R_{14}	100	R_{15}	100
色容差/SDCM	2.5			白光分级	OUT		

表16　二号展厅照明情况一览表

测试区域尺寸		面积640m²，高度8m					
光源类型		导轨射灯＋荧光灯					
墙面反射率		0.61		地面反射率		0.62	
温升		0℃		眩光评价		无不适眩光	
最大照度	97.3lx	最小照度	31.1lx	平均照度	60.2lx	照度均匀度	0.51

对二号展厅油画作品《棉花姑娘》进行测试，展品类型裸展，外围安装木制外框，灯具安装距离墙面 1m 处。图 21 为作品测试区域布点图，表 17、18 为对本幅作品的测试数据。

对二号展厅水墨画作品《太湖记忆》进行测试，展品类型裸展，无裱框；灯具安装距离墙面 1m 处。图 22 为作品测试区域布点图，表 19、20 为对本幅作品的测试数据。

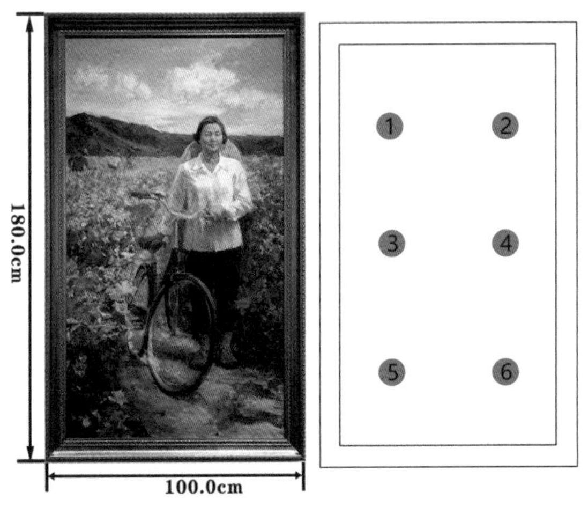

图21　油画作品《棉花姑娘》布点图

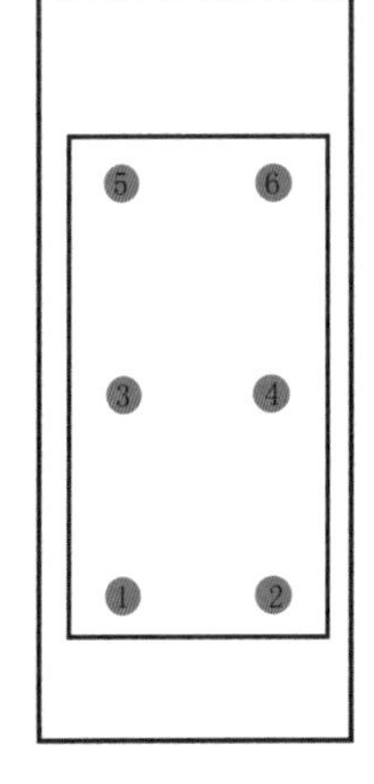

图22　水墨画作品《太湖记忆》布点图

表 17　油画作品《棉花姑娘》测试数据表（照度单位：lx，亮度单位：cd/m^2）

展品名称	棉花姑娘					
展品类型	油画作品					
取样编号	1	2	3	4	5	6
照度	235.10	253.50	224.70	207.30	144.70	121.00
亮度	25.30	35.98	25.53	4.73	6.80	6.00
平均照度	最大照度	最小照度	照度均匀度	平均亮度	最大亮度	最小亮度
197.72	329.50	121.00	0.6	17.06	35.98	2.73

表 18　油画作品《棉花姑娘》照明情况一览表

<table>
<tr><td rowspan="2">展品类型</td><td colspan="7">用光安全</td></tr>
<tr><td>平均照度</td><td>年曝光量</td><td>光谱分布图</td><td colspan="2">初始温度及时间</td><td colspan="2">结束温度及时间</td></tr>
<tr><td rowspan="5">裸展</td><td>197.72lx</td><td>495090.88
lx · h/ 年</td><td></td><td>20.08℃</td><td>10:20</td><td>21℃</td><td>10:25</td></tr>
<tr><td colspan="7">灯具与光源性能</td></tr>
<tr><td rowspan="2">光源类型</td><td rowspan="2">展品与背景亮度对比度</td><td colspan="3">显色指数</td><td rowspan="2">色容差</td><td rowspan="2">色温</td></tr>
<tr><td>R_a</td><td>R_9</td><td>R_f</td></tr>
<tr><td>导轨射 + 荧光灯</td><td>0.36</td><td>99.7</td><td>99</td><td>99</td><td>3.2SDCM</td><td>2791K</td></tr>
</table>

表 19　水墨画作品《太湖记忆》测试数据表（照度单位：lx，亮度单位：cd/m^2）

取样编号	1	2	3	4	5	6
照度	98.86	130.1	151.7	148.2	159.1	129
亮度	31.25	31.04	25.9	35.38	38.69	50.03
平均照度	最大照度	最小照度	照度均匀度	平均亮度	最大亮度	最小亮度
136.16	159.1	98.86	0.72	35.38167	50.03	25.9

表 20 水墨画作品《太湖记忆》照明情况一览表

展品类型	用光安全						
	平均照度	年曝光量	光谱分布图	初始温度及时间		结束温度及时间	
裸展	136.16lx	345301.76		21.2℃	10:30	21.3℃	10:35
	灯具与光源性能						
	光源类型	展品与背景亮度对比度	显色指数				
			R_a	R_9	R_f	色容差	色温
	导轨射灯 + 荧光灯	0.34	99.7	99	100	4.3SDCM	2850K

对二号展厅篆书作品进行测试，展品类型裸展，无裱框；灯具安装距离墙面 1m 处。图 23 为作品测试区域布点图，表 21、22 为对本作品的测试数据。

3. 陈列空间照明数据总结

表 23 为陈列空间光环境质量评分表。

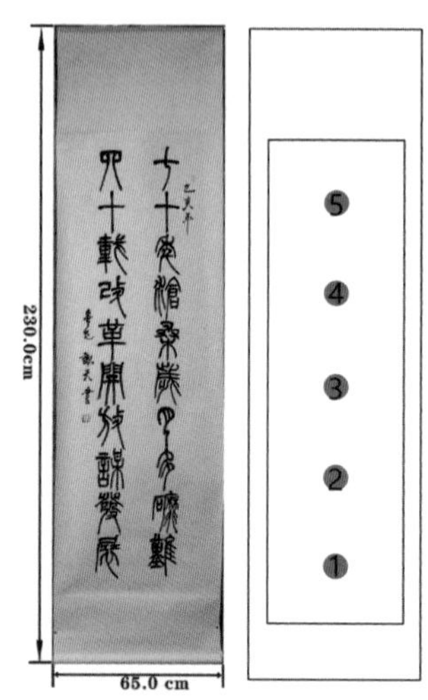

图23 篆书作品布点图

表 21 篆书作品测试数据表（照度单位：lx，亮度单位：cd/m²）

取样编号	1	2	3	4	5	
照度	112.3	137.4	143.6	154.1	150.2	129
亮度	28.83	29.01	34.89	38.4	32.88	50.03
平均照度	最大照度	最小照度	照度均匀度	平均亮度	最大亮度	最小亮度
139.52	154.1	112.3	0.8	32.802	38.4	28.83

表 22 篆书作品照明情况一览表

展品类型	用光安全						
	平均照度	年曝光量	光谱分布图	初始温度及时间		结束温度及时间	
裸展	139.52lx	349358.08 lx · h/ 年		20.6℃	10:10	21.2℃	10:15
	灯具与光源性能						
	光源类型	展品与背景亮度对比度	显色指数			色容差	色温
			R_a	R_9	R_f		
	导轨射灯 + 荧光灯	0.22	99.6	99	99	4SDCM	2848K

表 23　陈列光环境质量评分表

评分指标				一号展厅			二号展厅								
一级指标	二级指标		权重数据	摄影作品 2 岩头民宿			油画作品（棉花姑娘）			书法作品（篆书）			水墨画作品（太湖记忆）		
				分值	加权分值	数据	分值	加权分值	数据	分值	加权分值	数据	分值	加权分值	
用光安全	照度 /lx		15%	300.0	78	11.7	197.7	78	11.7	139.5	35	5.3	136.2	36	5.4
	年曝光量			751200			495091			349358			340945		
	紫外线含量 /（μW/lm）		10%	0.04	100	10.0	0.02	100	10.0	0.02	100	10.0	0.03	100	10.0
	相关色温 /K		10%	2913.0	100	10.0	2791.0	100	10.0	2848.0	100	10.0	2850.0	100	10.0
	展品周围环境温升		5%	0.3	97	4.9	0.4	95	4.8	0.5	95	4.8	0.0	100	5.0
灯具质量	显色指数	R_a	15%	99.1	100	15.0	99.7	100	15.0	99.6	100	15.0	99.7	100	15.0
		R_9		98.0			99.0			99.0	100		99.0	100	
		R_f		99.0			99.0			99.0	100		100.0	100	
	色容差 /SDCM		15%	2.0	93	14.0	3.2	74	11.1	4.0	70	10.5	4.3	68	10.2
光环境分布	照度水平均匀度		8%	0.9	97	7.8	0.5	72	5.8	0.8	96	7.7	0.7	100	8.0
	照度垂直均匀度		10%	0.8	94	9.4	0.8	82	8.2	0.8	97	9.7	0.7	95	9.5
	眩光控制		6%	偶有不适眩光	78	4.7	无不适眩光	98	5.9	无不适眩光	94	5.6	无不适眩光	96	5.8
	亮度对比度		6%	0.3	95	5.7	0.4	95	5.7	0.2	78	4.7	0.3	95	5.7

三　美术馆总体照明总结

通过对宁波美术馆全方位的调研分析、主观访谈记录等调研方式，最终形成本报告及相应的分数统计，最终结果见图 24。

（一）总体眩光控制主观评价

眩光控制主观总体评分：优秀

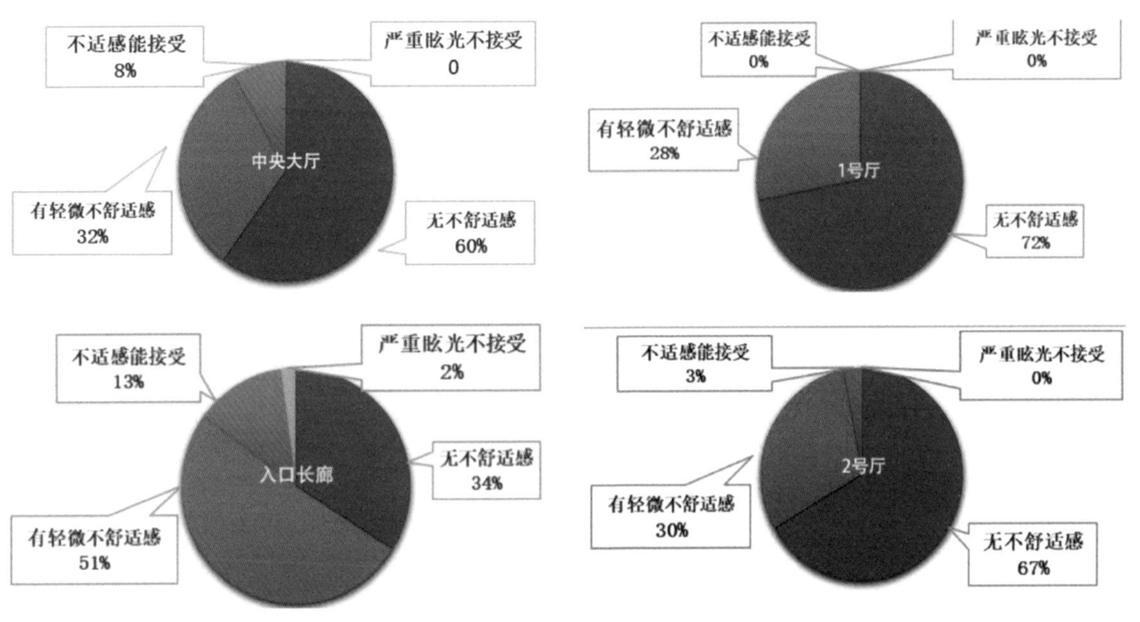

图24　眩光控制主观评价统计图

（二）光维护总体评价

表 24 为美术馆“对光维护”运营评分表。

运营总体评分等级：优秀

表 24　美术馆“对光维护”运营评分表

一级指标	二级指标	评价等级	实际得分
专业人员管理	配置专业人员负责光环境管理工作	基础项	5
	能够与光环境顾问、外聘技术人员、专业光环境公司进行光环境沟通与协作。	基础项	5
	能够自主完成馆内布展调光和灯光调整改造工作．	基础项	10
	有照明设计的基础，能独立开展这项工作，能为展览或光环境公司提供相应的技术支持。	附加项	8
定期检查与维护	有光环境设备的登记和管理机制，并严格按照规章制度履行义务。	基础项	5
	制订光环境维护计划，分类做好维护记录。	基础项	5
	定期清洁灯具、及时更换损坏光源。	附加项	10
	定期测量照射展品的光源的照度与光衰问题，测试紫外线含量、热辐射变化，以及核算年曝光量并建立档案。	附加项	0
	LED 光源替代传统光源，是否对配光及散热性与原灯具匹配性进行检测。	附加项	3
	同一批次灯具色温偏差和一致性检测。	附加项	5
维护资金	可以根据实际需求，能及时到位地获得设备维护费用。	基础项	15
	有规划地制定光环境维护计划，能有效开展各项维护和更换设备工作。	附加项	15
总分			86

（三）建议

在灯具选择方面，按照不同的功能分区对其进行差异化的规划，采用了不同的灯具进行照明，对展品有一定的保护。但总体上采用 LED 灯具较少，目前 LED 光源的技术逐渐成熟，可选用配光更适合的 LED 灯具进行照明，提供更高品质的光环境。

美术馆出入口区域应适当增加照度，让观赏者进入美术馆后在视觉的明视觉和暗视觉之间有更自然的过度，营造更适宜的光环境。陈列展厅区域的照度值较高，但受到建筑高度的影响，墙面出现了不均匀分布，呈现出较为明显的光斑，对人的视觉有一定的影响。建议对展厅空间的光环境进行精细化的设计，按照空间特性选用更适合的光源和灯具对空间进行更好的布光。

在照明控制方面，由于宁波美术馆大部分灯具仍采用的传统光源，不方便对展区进行智能控制。在光环境的营造方面受到限制，不能根据不同类型的展览进行调整。

在光维护方面，馆方可以较好地对灯具进行维护，但缺少相关专业人员，建议馆方与专业的照明公司来进行合作，以营建高标准的展陈条件。

无锡程及美术馆虽为小型专题馆，基本采用了LED灯具照明，场馆在选择灯具方面比较合理，光色恰当合适，灯具布局也合理，整个光环境视觉舒适度高，该美术馆是应用LED非常成功的案例，对标准应用在中小美术馆中也能起到典范作用。

无锡程及美术馆光环境指标测试调研报告

调研对象：无锡程及美术馆
调研时间：2019年12月25日
指导专家：徐华[1]，姜靖[2]
调研人员：王伟[3]，王艳[3]
参与单位：1.清华大学建筑设计研究院有限公司；2.中国国家博物馆；3.佛山市银河兰晶照明电器有限公司
调研设备：远方照度仪（SFIM-400）、激光测距仪（SW-100）、福禄克红外测温枪（FLUKE62）、美德时温湿度计

一　概况

（一）建筑概况

无锡程及美术馆位于风光秀丽的环太湖生态景观带——蠡湖公园内，于2006年11月18日奠基，2008年2月5日正式对外免费开放。总占地面积为7300m²，总建筑面积为2400m²，地上二层（展厅、办公区域，地下一层（展厅、多功能厅等）馆内设施完备，展览、教育、休闲区有序规划，和谐融入蠡湖风景区。在湖光山色、绿树掩映中的程及美术馆环境雅致，温婉恬淡，是无锡文旅融合集美艺教育、休闲一体的典型代表（图1）。

图1　程及美术馆周边环境

（二）照明概况

照明主体于2008年开馆时设计并实施，展厅照明主要由展示空间照明和展品展示照明组成，门厅照明由天然采光和人工照明组成，展示空间照明主要采用人工照明及天然采光结合两种方式。人工照明主要采用日光灯，其目的是日常维护以及展品更换时做基本照明，在公众开放日是关闭的。展示照明在2013年进行了改造，改造后的展示照明主要是LED灯具。本次调研测试场所：门厅、1号展厅、3号展厅。

二　调研数据剖析

（一）门厅照明

1.照明情况

门厅照明由天然采光和人工照明组成。天然光主要来源于门厅主入口及二楼玻璃天井，人工照明光源为日光灯。门厅面积约为180m²，在正常日照条件下利用天然光就可满足照明要求，阴雨天气会启用全部或部分人工照明（图2）。

图2　门厅照明（人工光源全部开启时，水平面垂直面测试点）

2. 测试数据

天然采光，人工照明关闭时，测试数据如表 1 所示。

表 1　人工照明关闭时的测试数据

照度 /lx	164
照射典型展品光源的光谱功率分布 SPD（红外、紫外、可见光）	—
色温或相关色温 /K	3450（阴天早晨）
显色性 R_a	100
显色性 R_9	100
频闪	—
色容差 /SDCM	—
空间水平均匀度	0.4
空间垂直均匀度	0.6

人工光源全部开启时，测试数据如表 2 ~ 3、图 3 ~ 6 所示。

表 2　人工照明全部开启时的测试数据汇总

照度 E/lx	468.2	E/(fc)	43.51	辐照度 E_e（W/m^2）	1.6396
E_e/(W/m^2)（380 ~ 780nm）	1.64	S/P	1.766	X	0.3758
y	0.3776	u'	0.2217	$V*$	0.5013
CCT/K	4134	D_{uv}	0.00179	L_p/nm	450
L_d/nm	577.5	HW/nm	28.4	Purity/%	26.1
R ratio/%	19.0	G ratio/%	77.2	B ratio/%	3.8
色容差 /SDCM	2.0	R_a	90.8	R_1	91.5
R_2	91.6	R_3	90.0	R_4	92.0
R_5	90.2	R_6	87.3	R_7	94.5
R_8	89.4	R_9	69.3	R_{10}	78.9
R_{11}	90.9	R_{12}	70.0	R_{13}	91.1
R_{14}	94.0	R_{15}	90.6	IP	42191.0
积分时间	24.7	CQS	90.81	GAI EES	78.59
GAI BB 8	97.09	GAI BB 15	100.8		

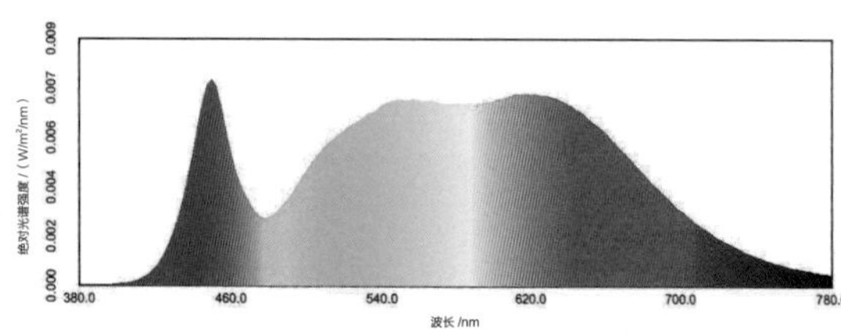

图3　人工照明全部开启时光谱图

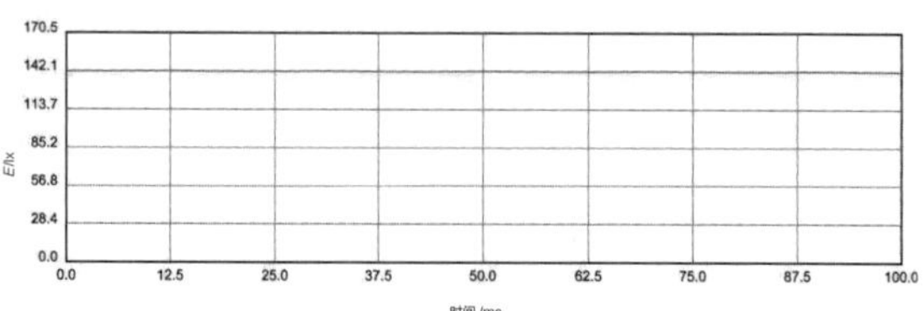

图4　闪烁曲线图

表 3　数据分析表

			Graphic shift/%	
Hue Bin	Hue Angle	R_f	Chroma	Hue
1	0.0°～22.5°	92	−4	−2
2	22.5°～45.0°	93	−3	2
3	45.0°～67.5°	88	−2	6
4	67.5°～90.0°	91	0	6
5	90.0°～112.5°	91	2	4
6	112.5°～135.0°	94	4	−0
7	135.0°～157.5°	95	−0	−3
8	157.0°～180.0°	94	−2	−2
9	180.0°～202.5°	93	−4	2
10	202.5°～225.0°	86	−5	7
11	225.0°～247.5°	83	1	12
12	247.5°～270.0°	86	4	8
13	270.0°～292.5°	92	6	1
14	292.5°～315.0°	92	5	−1
15	315.0°～337.5°	89	4	−7
16	337.5°～360.0°	88	1	−8

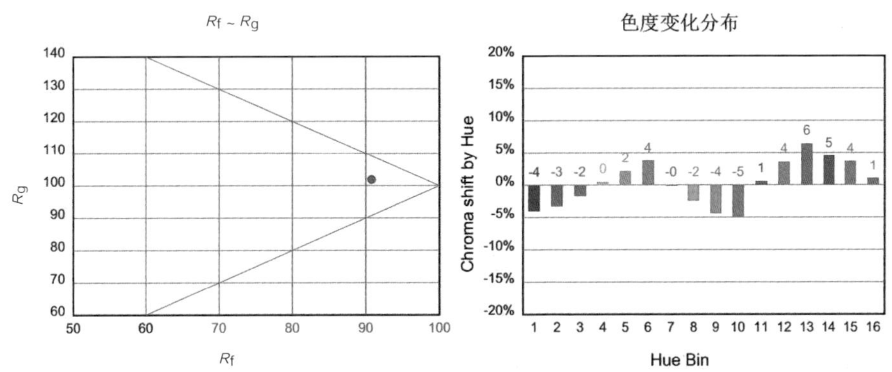

图5　R_f～R_g与色度变化分布图

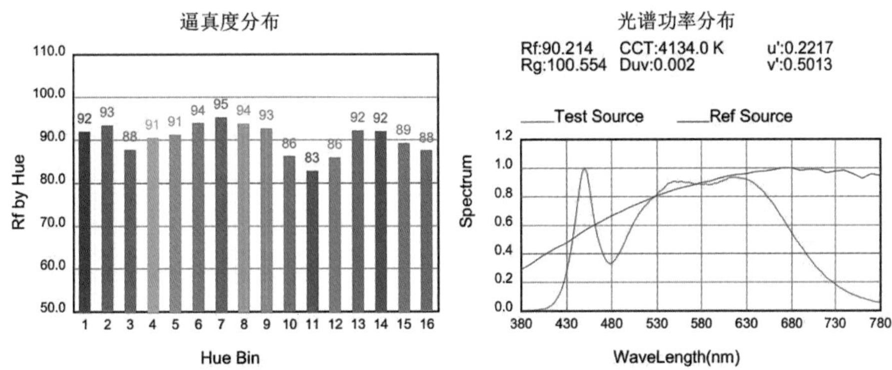

图6　逼真度分布与光谱功率分布图

3. 小结

门厅照明主要采用天然光，来源为顶部天井及主入口的天然光射入，光线采集充分，正常天气条件下，基本不用人工光做补充。大厅天花板采用嵌入式日光灯，照度在 460 ~ 480lx，均匀度很好，照度的差异主要取决于天然光的采集程度，据图 3 ~ 6，表 1 ~ 3 的数据分析显示，距离入口和大厅近越近，照度值越高。

（二）一号展厅照明

1. 照明情况

此展厅中展示照明采用 LED 灯具，展品类型是大幅面摄影作品。展示空间照明在展览期间关闭，仅利用展品展示照明来完成展示空间的照明要求，其中展示空间地面照明依靠展示照明的反射光和逸散光，平均照度为 95.8 ~ 107lx，可以满足观展需要。展示照明灯具主要是导轨射灯，光源为 LED，功率为 13 ~ 15W，色温为 4000 ~ 4200K，展品平均照度为 368 ~ 484lx，展品重点突出（图 7、8）。

2. 测试数据（导轨灯，光源：LED）

一号展厅照明测试数据如表 4 ~ 6，图 9 ~ 12 所示：

图7　一号展厅展览照明

图8　一号展厅照明测量现场

表 4　一号展厅照明测试数据汇总

平均照度 /lx	484.5
照射典型展品光源的光谱功率分布 SPD（红外、紫外、可见光）	—
色温或相关色温 /K	4200
显色性 R_a	92
显色性 R_9	92
频闪	0.001
色容差 /SDCM	3.7
空间水平均匀度	0.8
空间垂直均匀度	0.9

表 5　一号展厅照明测试数据

Items	value	Items	value	Items	value
照度 E/lx	484.5	E/fc	45.03	辐照度 E_e（W/m^2）	1.7011E0
E_e/（W/m^2）（380 ~ 780nm）	1.701E0	S/P	1.802	X	0.3720
y	0.3741	u'	0.2206	V'	0.4991
CCT/K	4217	D_{uv}	0.00129	L_p/nm	450.0
L_d/nm	577.4	HW/nm	28.2	Purity/%	23.9
R ratio/%	18.8	G ratio/%	77.2	B ratio/%	4.0
色容差 /SDCM	3.7	R_a	91.4	R_1	92.0
R_2	92.3	R_3	90.6	R_4	92.3

续表 5

Items	value	Items	value	Items	value
R_5	90.6	R_6	88.0	R_7	95.2
R_8	89.9	R_9	70.7	R_{10}	80.3
R_{11}	91.0	R_{12}	69.6	R_{13}	91.7
R_{14}	94.4	R_{15}	91.3	IP	42988.9
积分时间	22.0	CQS	90.91	GAI_EES	80.19
GAI_BB_8	97.60	GAI_BB_15	101.5		

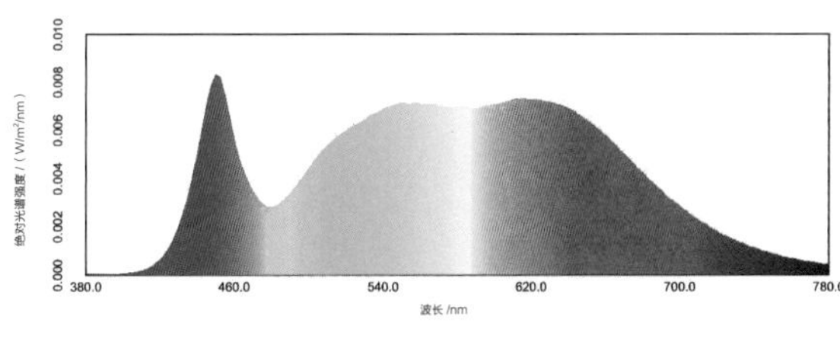

图9 一号展厅照明光谱图

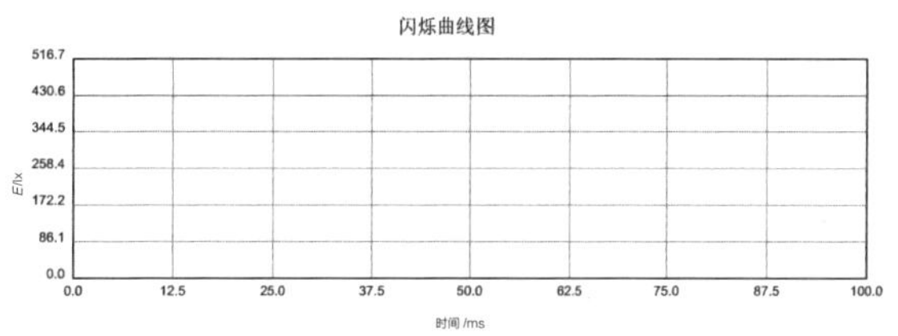

图10 一号展厅照明闪烁曲线图

表 6 一号展厅照明分析表

			Graphic shift/%	
Hue Bin	Hue Angle	R_f	Chroma	Hue
1	0.0° ~ 22.5°	92	−4	−1
2	22.5° ~ 45.0°	93	−3	2
3	45.0° ~ 67.5°	88	−2	6
4	67.5° ~ 90.0°	91	0	5
5	90.0° ~ 112.5°	91	1	4
6	112.5° ~ 135.0°	95	3	−0
7	135.0° ~ 157.5°	96	−1	−2
8	157.5° ~ 180.0°	94	−3	−1
9	180.0° ~ 202.5°	92	−4	3
10	202.5° ~ 225.0°	86	−5	8
11	225.0° ~ 247.5°	83	1	12
12	247.5° ~ 270.0°	86	4	7
13	270.0° ~ 292.5°	92	6	1
14	292.5° ~ 315.0°	92	4	−1
15	315.0° ~ 337.5°	89	4	−7
16	337.5° ~ 360.0°	88	1	−8

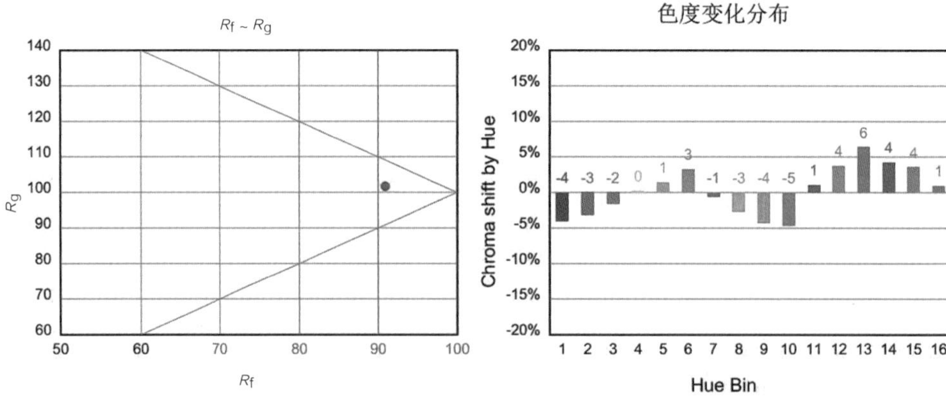

图11　R_f～R_g与色度变化分布图

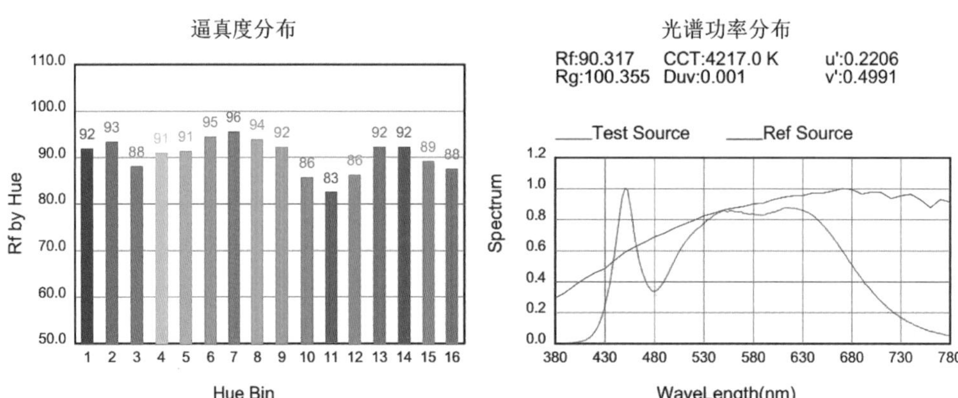

图12　逼真度分布与光谱功率分布图

3. 小结

一号展厅应用 LED 照明，从测试情况看，光色一致性好，灯具使用已近 2 年，没有出现色温的漂移现象，色温保持在 4100 ～ 4200K，无明显不舒适光。

（三）三号展厅照明

1. 照明情况

此展厅中展示照明采用 LED 灯具，展品类型是小幅面摄影作品。展厅的展示照明均采用了 LED 光源，灯具型式主要是导轨射灯（图 13）。

（1）灯具以及光源使用情况：空间展品灯具主要是导轨射灯，光源主要是 LED，功率为 13 ～ 15W，色温为 4000 ～ 4200K；独立式展柜为成套产品，灯具主要为无红外线和紫外线的日光灯，色温为 2700 ～ 3000K。

（2）照明环境情况：展厅做了展示空间照明，光源为 LED，仅在布展时开启，地面照度为 6 ～ 15lx（展示照明没有开启时），展品做重点照明，展品照度为 51 ～ 1300lx。展品重点突出。

2. 测试数据

三号展厅照明测试数据如表 7 ～ 9，图 14 ～ 17 所示：

图13　三号展厅照明测量方案讨论现场

表 7　三号展厅照明测试数据汇总

平均照度 /lx	468.2
照射典型展品光源的光谱功率分布 SPD（红外、紫外、可见光）	—
色温或相关色温 /K	4134
显色性 R_a	92
显色性 R_9	93
频闪	0.002
色容差 /SDCM	2
空间水平均匀度	0.9
空间垂直均匀度	0.8

表 8　三号展厅照明测试数据

Items	value	Items	value	Items	value
照度 E/lx	468.2	E/fc	43.51	辐照度 E_e（W/m^2）	1.6396E0
E_e/(W/m^2)（380 ~ 780nm）	1.640E0	S/P	1.766	X	0.3758
y	0.3776	u'	0.2217	V'	0.5013
CCT/K	4134	D_{uv}	0.00179	L_p/nm	450.0
L_d/nm	577.5	HW/nm	28.4	Purity/%	26.1
R ratio/%	19.0	G ratio/%	77.2	B ratio/%	3.8
色容差 /SDCM	2.0	R_a	90.8	R_1	91.5
R_2	91.6	R_3	90.0	R_4	92.0
R_5	90.2	R_6	87.3	R_7	94.5
R_8	89.4	R_9	69.3	R_{10}	78.9
R_{11}	90.9	R_{12}	70.0	R_{13}	91.1
R_{14}	94.0	R_{15}	90.6	IP	42191.0
积分时间	24.7	CQS	90.81	GAI_EES	78.59
GAI_BB_8	97.09	GAI_BB_15	100.8		

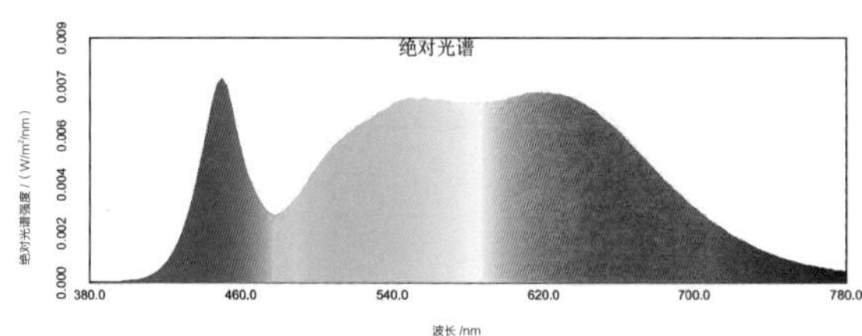

图14　三号展厅照明光谱图

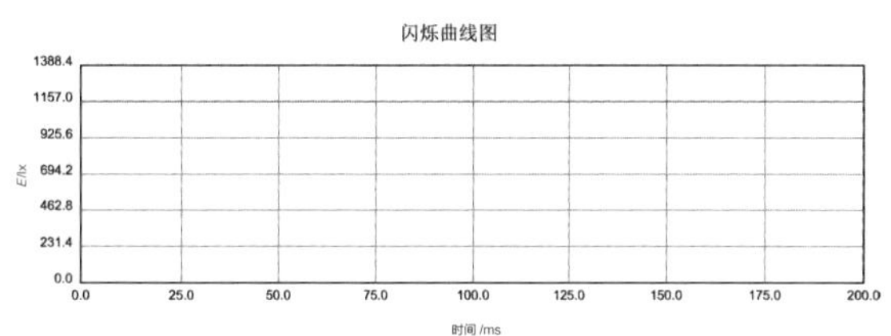

图15　三号展厅照明闪烁曲线图

表9　三号展厅照明分析表

			Graphic shift/%	
Hue Bin	Hue Angle	R_f	Chroma	Hue
1	0.0° ～ 22.5°	92	−4	−2
2	22.5° ～ 45.0°	93	−3	2
3	45.0° ～ 67.5°	88	−2	6
4	67.5° ～ 90.0°	91	0	6
5	90.0° ～ 112.5°	91	2	4
6	112.5° ～ 135.0°	94	4	−0
7	135.0° ～ 157.5°	95	−0	−3
8	157.5° ～ 180.0°	94	−2	−2
9	180.0° ～ 202.5°	93	−4	2
10	202.5° ～ 225.0°	86	−5	7
11	225.0° ～ 247.5°	83	1	12
12	247.5° ～ 270.0°	86	4	8
13	270.0° ～ 292.5°	92	6	1
14	292.5° ～ 315.0°	92	5	−1
15	315.0° ～ 337.5°	89	4	−7
16	337.5° ～ 360.0°	88	1	−8

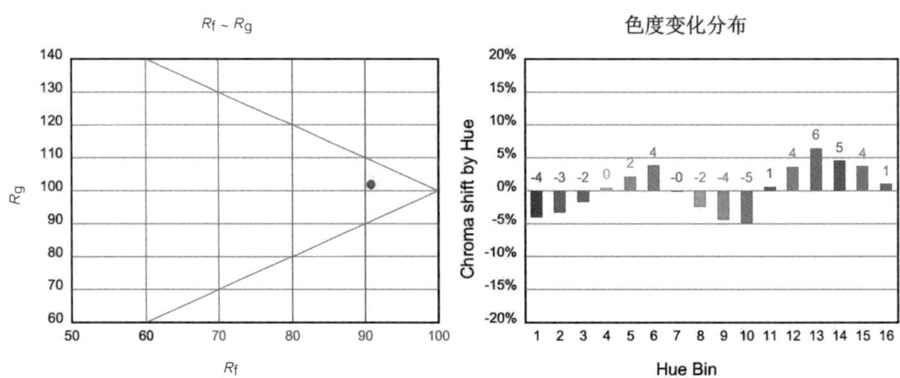

图16　R_f～R_g与色度变化分布图

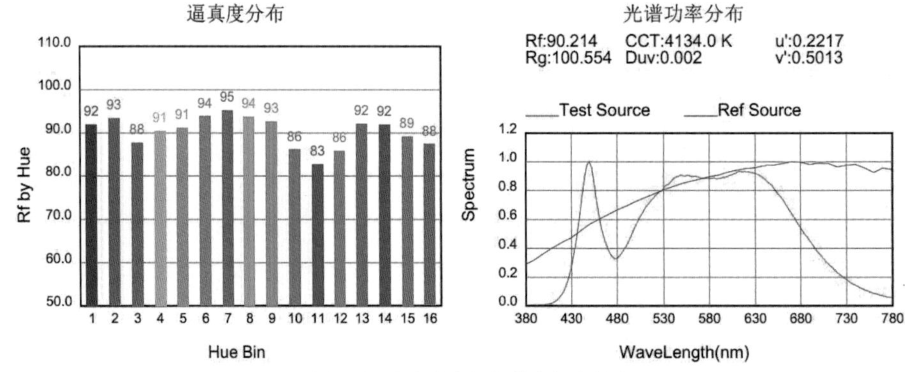

图17　逼真度分布与光谱功率分布图

3. 小结

三号展厅照明主要使用LED射灯，从测试情况看，光色一致性可以接受，色温保持在4000～4200K，大部分照度保持在400～480lx，无明显不适光，出光均匀，色温为4000K左右，R_a保持在90左右，R_9保持在93。三号展厅中主要用了LED光源，经过比较，LED在光色上没有明显的劣势。建议照明设计需要注意照度超标问题，标准照度范围更有利于的展品保护。

三　总结

无锡程及美术馆属于小型专业馆，馆方对照明设计优化使用，根据场馆特点从展览需求出发，将LED灯具用于美术馆照明，灯具选择合理、色温合适、灯具布局较合理，照明舒适度高。

此次调研测试期间，该馆主要展览为摄影展，且复制品较多，展品对文物保护方面的要求不高，因此照度较高，整体均匀度较好，观看感觉舒适，建议在LED调光方面应结合实际加强专业指导。总体来看，展馆LED应用是比较成功的，是美术馆LED照明应用的一个成功案例。

艺仓美术馆原为上海煤运码头旧址处的煤仓，是一座工业遗址改造美术馆。该调研报告将该馆建设形式与光环境数据的采集方法表现得淋漓尽致，对解读如何应用标准和怎样采集调研数据做了透彻分析，对读者应用标准会有很大启发。

艺仓美术馆光环境指标测试调研报告

调研对象：艺仓美术馆
调研时间：2019 年 12 月 23 日
指导专家：常志刚[1]，姜靖[2]，林铁[3]
调研人员：俞文峰[4]，韩天云[4]，王贤[4]
调研单位：1. 中央美术美院；2. 中国国家博物馆；3. 上海科锐光电发展有限公司；4.AKZU 深圳市埃克苏照明系统有限公司
调研设备：1. 光谱闪烁照度计，型号：Everfine SFIM-300；2. 便携式照度计，型号：UNI-T UT382；3. 红外测温仪，型号：SMART SENSOR AS872A；4. 紫外辐射照度计，型号：Everfine U-20；5. 激光测距仪，型号：BOSCH DLE70

一 概述

（一）调研对象简介

艺仓美术馆（Modern Art Museum Shanghai，以下简称美术馆）原为上海煤运码头旧址处的煤仓，在保留原有的建筑和风景上重新构筑，成为一座承载艺术的“仓库”；其建筑设计采用了悬吊结构，使用拆除屋顶后留下的顶层框架柱，支撑一组巨型桁架，然后利用这组桁架层层下挂，下挂的横向楼板一侧竖向受力为上部悬吊，一侧与原煤仓结构相连作为竖向支撑。整体设计以流动线条将煤仓仓体完美转化为展览空间，并采用水平线条搭建方式，使原本封闭的仓储建筑与黄浦江景构成公共性连接融为一体。略微错动的横向层板既是一个独立空间，也是一处景观，仿佛暗示了黄浦江的流动性特征。呈“V”字形编织的纤细竖向吊杆在外观形式上，既被赋予了艺仓美术馆特别的形式语言，又与直上顶层的钢桁架楼梯通道相得益彰。“煤仓”并非孤立的构筑物，它原本和北侧不远处的长长的高架运煤通道是一个生产整体。作为浦江贯通中的老白渡绿地景观空间，艺仓将既有的工业构筑物有效保留，一边呈现它作为工业文明遗存物的历史价值，一边被承载着新的公共性及其服务功能。

艺仓美术馆聚焦“多元”、“开放”、“交流”与“学习”，秉持开放的国际视野及跨领域的融合触角，引介东西方经典艺术，呈现现代设计与生活美学，探索新科技与多元媒体触发的艺术未来，持续关注以亚洲为主体的当代艺术，透过新颖的策展理念与技术，让美术馆成为公众的艺术文化体验舞台，从中获得灵感，增益新知，美感生活。同时，艺仓始终坚持艺术的高度，致力于推广公共教育，平衡国际化与本土化的关系，聚力艺术文化的生产，通过艺术、音乐、表演、美食的兼容并蓄，为来自不同背景的公众带来全年无间断的艺术发生现场。艺仓美术馆整体外观如图 1 所示。

图1 艺仓美术馆整体外观

调研期间美术馆正值“光／谱鲍勃·迪伦”艺术大展，展期为 2019 年 9 月 28 日至 2020 年 3 月 8 日。鲍勃·迪伦是 20 世纪最有影响力和突破性的艺术家之一，也是第一位获诺贝尔文学奖的音乐家，他改变了音乐与语言之间的关系，被誉为“后现代的游吟诗人”。这次展览是鲍勃·迪伦在中国的首次综合性大展，精选从 20 世纪 60 年代至今，鲍勃·迪伦最为重要的 300 余件艺术作品，包含手稿、素描、油画、雕塑以及影像等资料。

（二）调研空间区域介绍

美术馆开放区域总共四层，其中一层为公共区域，玻璃幕墙墙面，主要有入口，接待台，休闲工作区（时尚展演区）面积为 170m^2，下沉式艺术娱乐区面积为 358m^2，总体梁下层高为 3 ～ 5m（不同区域略有不同），其中休闲工作区处于西侧，整体落地玻璃幕墙，受天然光影响。图 2 所示为美术馆一层平面图。

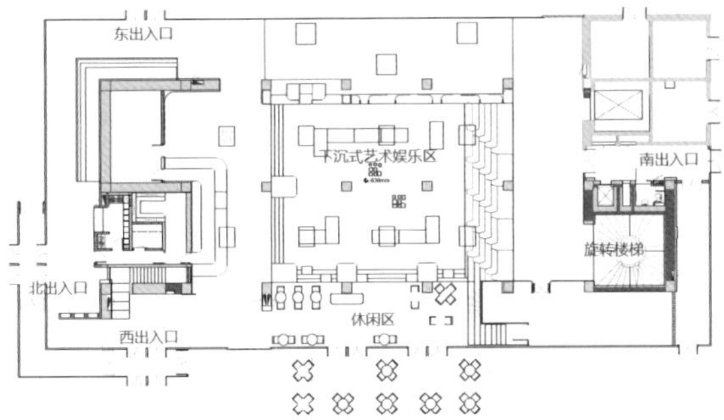

图2　美术馆一层平面图

美术馆二层为展厅区域，整体南北向长为42m，东西向长为22.7m，整体空间高度为2.6m，设有储藏间，设备间，临时办公室，中部为原煤仓建筑出料斗口（空间高度仅为2.15m，当前展览未做展陈空间之用），主要展示区域在围绕中部斗口区域的环行廊道中，面积为293m²，高度为2.57m，展厅共计681m²。图3所示为美术馆二层平面图。

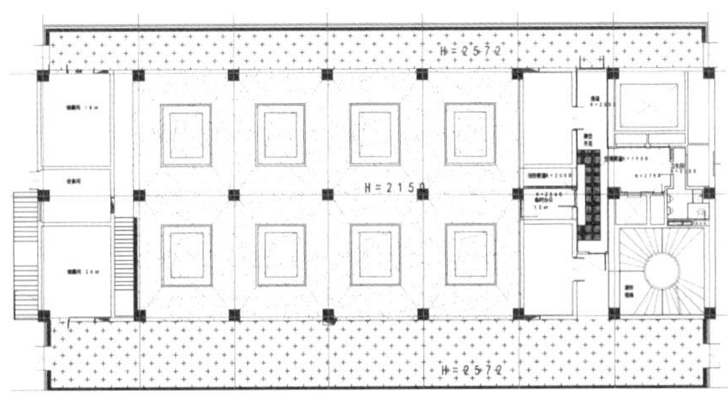

图3　美术馆二层平面图

美术馆三层和四层为主要展示区域。其中三层整体南北向长为49.5m，东西向长为20.1m，其中部有346m²位于二层的出料斗口上方中空，建成玻璃地板展区，空间高为5.3m，梁下净高为4.6m；周围环行廊道展区面积共计619m²，高度为3m，如图4所示。

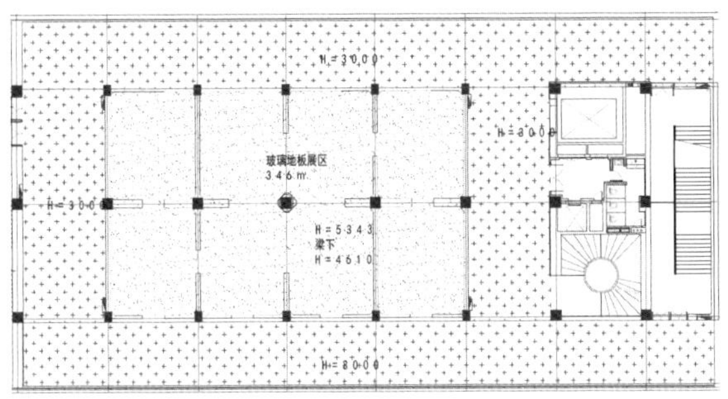

图4　美术馆三层平面图

美术馆四层整体南北向长为40.1m，东西向长为22.9m，展区面积共计801m²，中间部分面积为330m²，挑空区域层高近9.5m，净高约为7m，周围也是环行廊道展区，高度为2.9m，梁下区域高为2.6m，如图5所示。

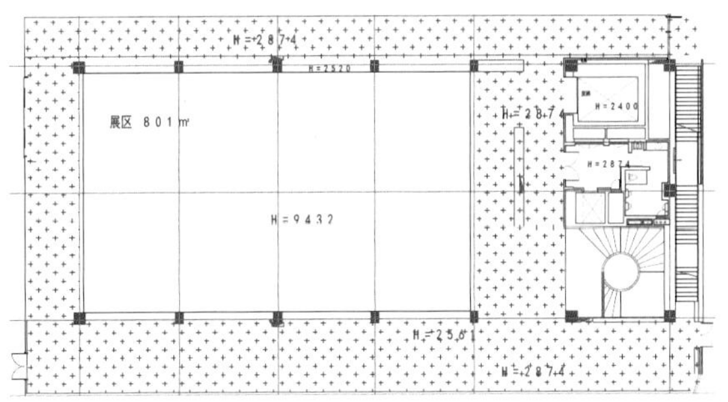

图5　美术馆四层平面图

（三）调研测量方法说明

1. 测量空间

结合美术馆的情况，对二层、三层和四层展陈空间进行现量数据测量。

2. 抽样测量选取标准

针对每个展厅的展示项（展品）进行抽样测量，抽样主要考虑因素为：展品（以下简称测量项）类型有一定的代表性，类型有一定的差异，尺寸有一定的差异，所在空间环境有一定的差异，能尽量收集展陈空间各种形式的展项（测量项）的照明数据，然后进行综合分析评估。

3. 测量点选择

对每个测量项进行多个测量点测量，测量点均匀分布，考虑测量项尺寸，测量数据的时间和工作量，每个测量项内部被照面至少10个测量点，尺寸较大者测量点数量增加到12个、15个、20个、25个不等，外部至少6个测量点。美术馆当前展出大部分为平面展品，以油画，手稿等为主，少量立体展品，具体方法如下：

1）平面展品的测量点基本分布

纵横网点型式均匀分布，首先定位最外沿测量点位置与展品边缘距离为展品展体宽度／高度的1/8。

对外沿测量点进行等分取得其他内部测量点，如2等分可得3点（1个中点加2个外沿测量点），3等分可得4点（2个等分点加2个外沿点），以此类推。纵横相加可得3×3、3×4、3×5、4×3、4×5等多个测量点。

测量项纵向两边三等分点向外距离15～20cm处分别各取两点，横向两边中点向外距离15～20cm处分别各取1点，共6点为测项项外部测量点，如图6所示。

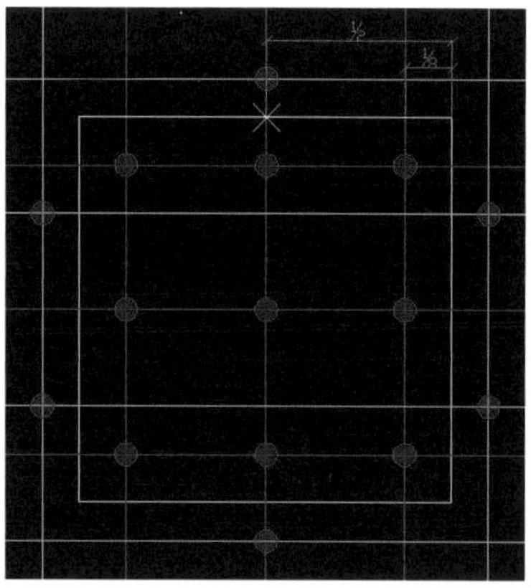

图6 内部测量点及2+2+1+1外部测量点分布示意图

特别说明：四层 9.5m 高挑空区域，有展墙由 25 张尺寸相同的油画紧凑排列组成，整个画面作为一个测量项（测量项编号 H4-9），内部测量每张绘画中心点，即 5×5=25 个测量点，外部左右两侧测量绘画排列连接处并于整个画面外沿距离 15 ~ 20cm 左右，则左右各 4 个测量点，下沿中心 15 ~ 20cm 处取一个测量点，上沿过高无法测量且人正常观赏时并无影响，而省略之，故外部测量点有 4+4+1=9 个，如图 7 所示。

2）立体展品测量点基本分布

由于本次测量的展览中立体展品较少，只选取一个典型代表测量。测量分布如图 8 所示。

展品（测量项）基本分为 5 面（底面为展品安放面除外），正面（Front），右侧面（Right），背面（Back），左侧面（Left）及顶面（Top）；各面端点取对角线，正面、背面及左侧面对角线由左上至右下，正面及北面对角线两端各 1/8 处取 1 点，中点取一点，共 3 点；右侧面及顶面对角线由左下至右上，如正面取点法取 3 点；左侧面及顶面取对角线的 3 等分点为测量点（2 点）；正个立体展品内部测量点为 3+3+3+2+2=13 点；

测量项正面，右侧面，左侧面与底面交线的中点向外 15 ~ 20cm 各取点为外部测量点，共 3 点。

（四）调研数据概要

本次调研共测量美术馆的展陈空间 3 个，二层展厅（测量空间编号 H2），三层展厅（测量空间编号 H3）及四层展厅（测量空间编号 H4）；其中 H2 抽样测量项 3 个，编号为 H2-G1 至 H2-G3；H3 抽样测量项 10 个，编号为 H3-G1 至 H3-G10；H4 抽样测量项 9 个，编号为 H4-G1 至 H4-G9；共计 22 个测量项；其中 H3-G7 为立体展品，其他为类型及尺寸多样的平面展品，最大的有 5m 高、6m 宽，最小的只有 0.6m，非展陈空间测量项 4 个，一层休闲工作区工作面（测量项编号 N1-1-T）一层接待区地面（编号 N1-2-G），四层拉膜仿天光入口处地面（编号 N4-G），四层入口处墙面（编号 N4-W）；共计测量项 26 个，测量点 439 个；温度数据 420 个，照明及频闪数据共 878 组。

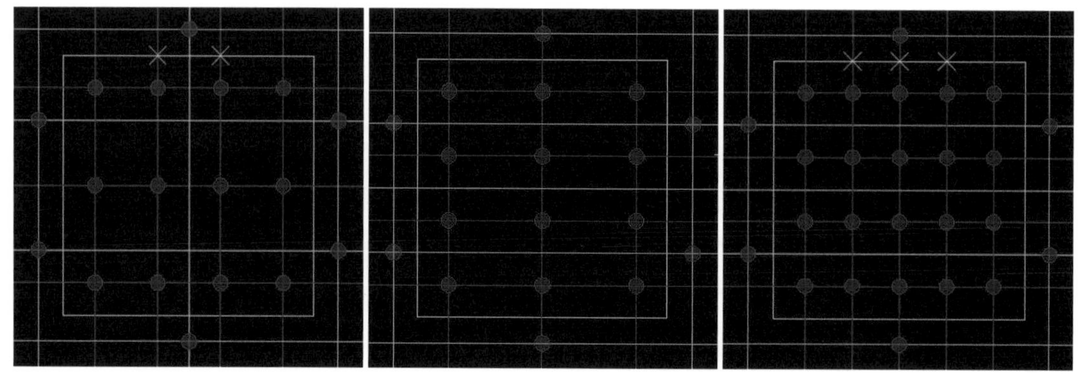

图7 3×3、3×4、3×5等内部测量点及2+2+1+1外部测量点分布示意图

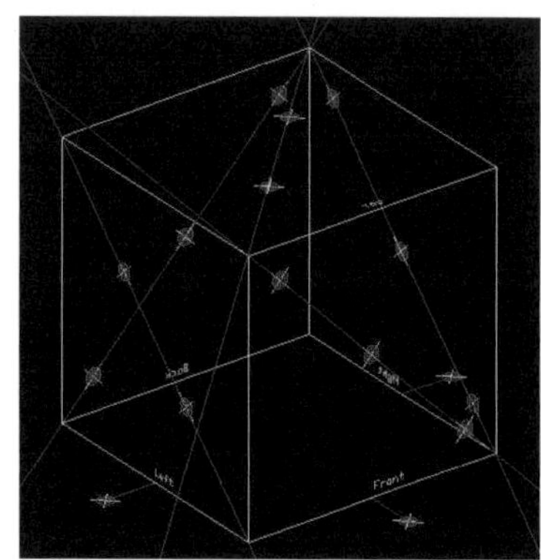

图8 立体展品测量点分布示意图

二 调研数据解析

（一）展陈空间

调研组在正式调研前对美术馆进行了实地参观了解，根据展厅的空间特点，展品特点对各展厅（测量空间）中的测量项进行规划选择，尽量收集展厅里各种空间结构下各种形式展项（测量项）的照明数据。

1. 二层展厅（测量空间编号 H2）

二层展厅（测量空间编号 H2），抽样测量项 3 个，编号为 H2-G1 至 H2-G3；各测量项与展厅现场分布如图 9 所示。

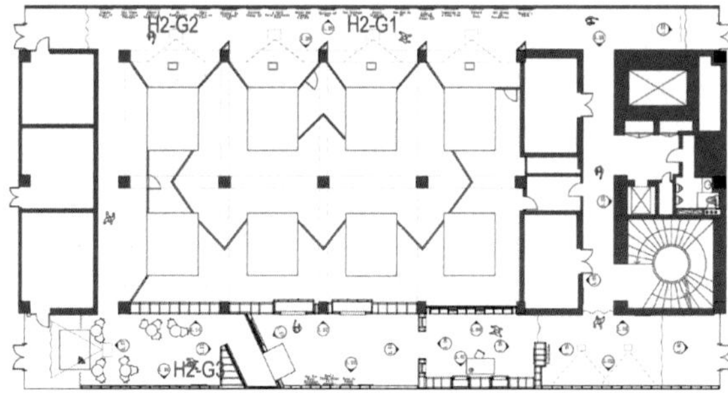

图9　H2空间测量项分布图

各测量项展品尺寸如下：
H2–G1：83cm×52cm；
H2–G2：109cm×52cm；
H2–G3：89cm×180cm。

2. 三层展厅（测量空间编号 H3）

三层展厅（测量空间编号 H3），抽样测量项 10 个，编号为 H3–G1 至 H3–G10；其中 H3–G6 项为立体展品，由于 H3–G6 项厚度较小，且按平面展品形式展出，因此按平面展品测量和计算；H3–G7 项为按立展展品测量和计算，各测量项于展厅现场分布如图 10 所示。

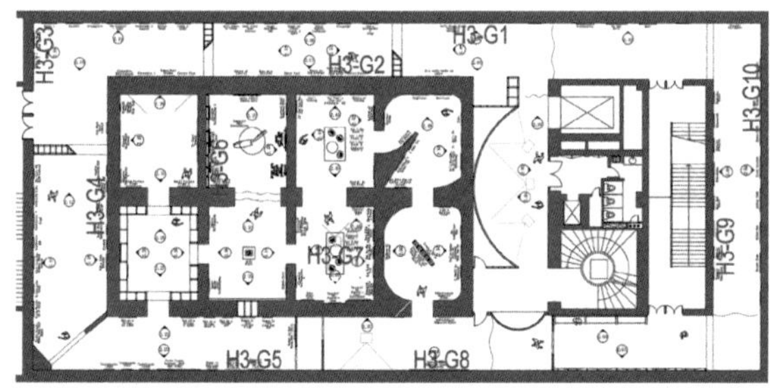

图10　H3空间测量项分布图

各测量项展品尺寸如下：
H3–G1：129cm×118cm；
H3–G2：75cm×90cm；
H3–G3：104cm×135cm；
H3–G4：62.5cm×72cm；
H3–G5：288cm×197cm；
H3–G6：dia.89cm；
H3–G7：142cm×220cm×110cm；
H3–G8：400cm×277cm；
H3–G9：81cm×129cm；
H3–G10：157cm×106cm。

3. 四层展厅（测量空间编号 H4）

四层展厅（测量空间编号 H4），抽样测量项 9 个，编号为 H4–G1 至 H4–G9；其中 H4–H9 项为大型平面展品，整个展项由 25 张作品组成，高 5m、宽 6m，各测量项于展厅现场分布如图 11 所示。

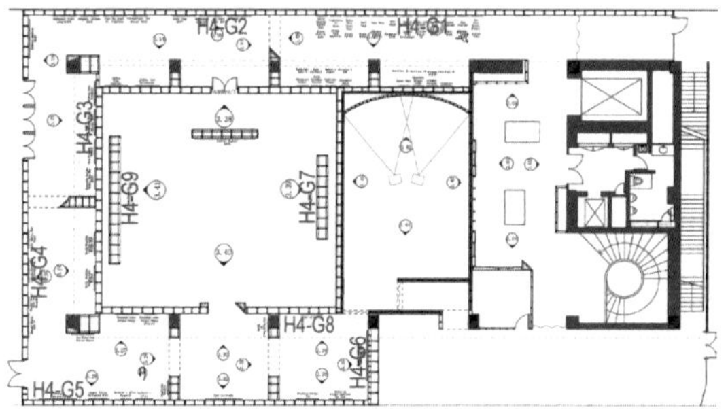

图11　H4空间测量项分布图

各测量项展品尺寸如下：
H4–G1：66cm×60cm；
H4–G2：145cm×115cm；
H4–G3：146cm×225cm；
H4–G4：139cm×108cm；
H4–G5：225cm×151cm；
H4–G6：289cm×197cm；
H4–G7：386cm×290cm；
H4–G8：129cm×139cm；
H4–G9：500cm×600cm。

（二）非展陈空间

选取了一层休闲工作区工作面及北入口处地面，四层楼梯口处（拉膜模拟天光）地面及立面。考虑到一层两个测量点附近都有大面积玻璃钢幕墙受天然光影响较大，我们的测量时间选择在 17：00 时以后，测量当日为北半球冬季，日落时间较早，当日为阴雨天气，测量时户外已基本无天然光（测量数据可考虑为无天然光影响）。

1. 一层公共区域（空间编号 N1）

一层休闲工作区工作面（测量项 N1–1–T）及北入口处地面（测量项编号 N1–2–G），其空间位置如图 12 所示。

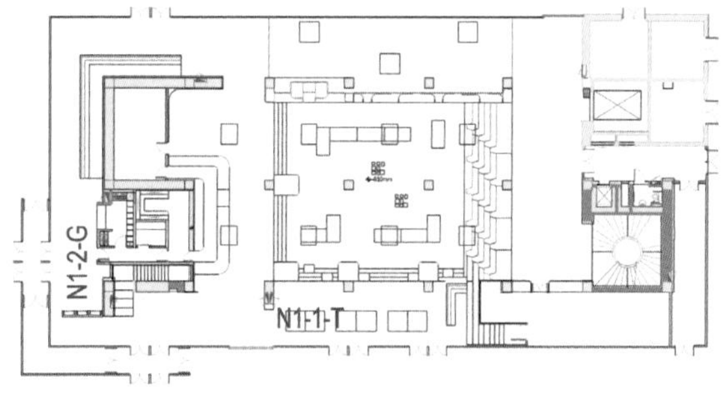

图12　N1空间测量项分布图

2. 四层公共区域（空间编号 N4）

选取四层楼梯口处，此处设计较有特色，拉膜仿天光造型，高度 2.8m；对地面（测量项 N4–G）及立面／墙面（测量项 N4–W）进行采样，对地面测量时对不同高度旋转台阶取三点测量参考观察其照度变化，如图 13 所示。

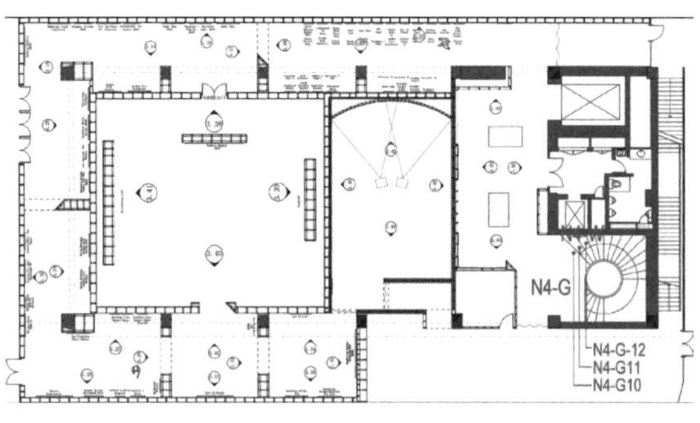

图13 N4空间测量项分布图

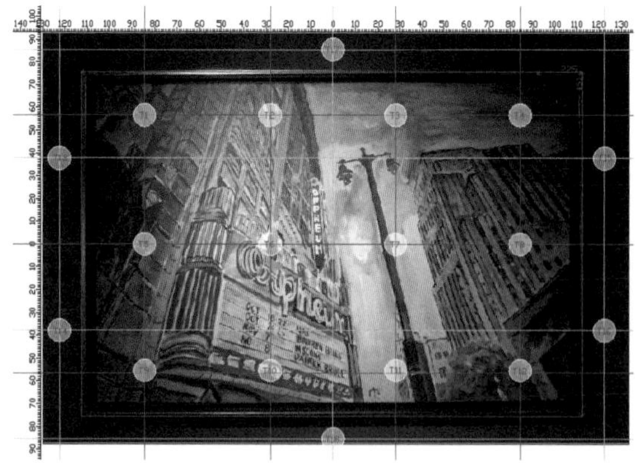

图14 测点布置

（三）数据综合分析

1. 示例

以典型测量项为例（测量项H4-G5，尺寸：225cm×151cm）。

1）测量点分布

如图14所示。

2）测量项在空间环境中的状态

如图15所示。

3）测量数据

如表1所示。

图15 测量项在空间环境中的状态

表1 35、H4-G5测量项基础数据

测量点	初始温度 T_a	终止温度 T_b	照度/lx	当前展览累计曝光量/lx·h	相关色温/K	R_a	R_9	R_g	R_f	频闪f/Hz	频闪FPF/%	SDCMstd	色容差/SDCM	紫外线/(μW/lm)	CIEx	CIEy
H4-G5-T1	16.8	13.9	9.19	3676	3130	91.5	65	89	98	637.3	45.3	F3000	6.9	0	0.4292	0.4035
H4-G5-T2	16.5	13.8	73.16	29264	3097	92.9	64	92	99	110.9	16.89	F3000	5.8	0	0.431	0.4035
H4-G5-T3	16.5	13.8	39.49	15796	3097	91.7	59	91	97	177.5	18.93	F3000	6.4	0	0.4337	0.4092
H4-G5-T4	16.5	13.4	3.479	1391.6	4068	91.8	88	86	105	1707.1	100	F3000	34.6	0	0.3712	0.3507
H4-G5-T5	15.7	13.3	21.94	8776	2912	92.8	60	89	98	250.6	27.03	F3000	1.3	0	0.4409	0.4013
H4-G5-T6	15.5	12.9	150.6	60240	3057	92.4	60	91	99	100	14.22	F3000	4.4	0	0.4339	0.4047
H4-G5-T7	15	13	75.34	30136	3079	93.2	64	91	98	100	16.12	F3000	5.2	0	0.4323	0.4041
H4-G5-T8	15.1	13	9.591	3836.4	3295	94.7	75	90	93	523.5	54.46	F3000	13.3	0	0.4236	0.4114
H4-G5-T9	14.9	12.2	11.76	4704	2797	87.7	44	86	99	451.3	42.71	F3000	5.9	0	0.4509	0.4065
H4-G5-T10	15.7	12.9	63.05	25220	3121	93.4	64	91	98	111.3	17.28	F3000	6.6	0	0.4305	0.4051
H4-G5-T11			40.63	16252	3153	92.9	63	91	97	122.3	19.08	F3000	8	0	0.4294	0.4068
H4-G5-T12			9.254	3701.6	2914	92.3	77	92	104	541.3	47.48	F3000	8.1	0	0.4319	0.3838
H4-G5-T13			5.614	2245.6	3105	95.4	88	91	91	1236.9	72.95	F3000	10.7	0	0.4397	0.4232
H4-G5-T14			8.731	3492.4	2911	91.8	60	90	104	762.4	55.81	F3000	4.6	0	0.4365	0.3925
H4-G5-T15			2.422	968.8	3135	72.5	61	83	89	1953.3	100	F3000	18.3	0	0.41	0.3618
H4-G5-T16			4.48	1792	2976	96.4	85	94	101	1354.9	91.98	F3000	3.3	0	0.4343	0.3958
H4-G5-T17			13.48	5392	2719	93.9	61	95	100	343.4	36.66	F3000	10.9	0	0.4617	0.4164
H4-G5-T18			29.11	11644	2991	94.7	70	93	100	171.1	22.38	F3000	2.2	0	0.4356	0.4003

注1.H4-G5为测量项名称。
注2.初始时间10:54；终止时间15:32。

4）测量数据分析

如表 2 所示。

表 2　36、H4-G5 项各测量点指标评价

展品内测量点	用光的安全				灯具光源性能				
	照度得分	紫外辐射得分	温升数值 T_b-T_a	表面热辐射得分	R_a 得分，iPa1	R_9 得分，iPa2	R_f 得分，iPa3	显色性能得分 AVG（iPa1，iPa2）	频闪控制得分
H4-G5-T1	10	10	−2.9	9	7	5	9	7	7
H4-G5-T2	10	10	−2.7	9	7	5	9	7	5
H4-G5-T3	10	10	−2.7	9	7	1	9	5.7	5
H4-G5-T4	10	10	−3.1	9	7	9	9	8.3	7
H4-G5-T5	10	10	−2.4	9	7	1	9	5.7	5
H4-G5-T6	0	10	−2.6	9	7	1	9	5.7	5
H4-G5-T7	10	10	−2	9	7	5	9	7	5
H4-G5-T8	10	10	−2.1	9	7	5	9	7	1
H4-G5-T9	10	10	−2.7	9	5	1	9	5	1
H4-G5-T10	10	10	−2.8	9	7	5	9	7	5
H4-G5-T11	10	10			7	5	9	7	5
H4-G5-T12	10	10			7	7	9	7.7	1

H4-G5 测量项各项指标评价如表 3 所示。

说明：测量数据显示温升为负值，是由于测量时季节为冬季，初始测量时展厅空调在开启状态，终止测量时展厅空调已关闭，因此室温下降，这也说明环境温度远大于光辐射对展品的影响。

表 3　H4-G5 测量项各项指标

测量项	H4-G5
展品内平均照度 /lx	42
展品平均照度累计曝光量 /lx	16916
展品内最高照度 /lx	150.6
展品最高照度累计曝光量 /lx	60240
展品内最低照度 /lx	3.5
展品内照度均匀度	0.08
展品外平均照度 /lx	11
展品内外对比度	4.0
展品内色温均值 /K	3143
展品内色容差均值 /SDCM	8.9
用光的安全	
最高照度得分	0
平均照度得分	10
展期最高累计曝光量得分	10
展期平均累计曝光量得分	10
色温或相关色温得分	9
表面热辐射得分	9
紫外辐射得分	10

灯具光源性能	
显色性能得分	6
频闪控制得分	6
色容差得分	1
光环境分布	
展品垂直照度均匀度数值	0.08
展品垂直照度均匀度得分	1
展品平均照度 /lx	42.3
背景平均照度 /lx	10.6
展品与背景对比度	4.0
展品与背景对比度得分	9

5）各测量项基本数据

如表 4 ～ 7 所示。

表 4　用光的安全相关参数

测量项（展品）	用光的安全相关参数						
	照度与年曝光量						
	展品内平均照度 /lx	展品平均照度累计曝光量 /lx	展品内最高照度 /lx	展品最高照度累计曝光量 /lx	展品内色温均值 /K	展品表面温升均值 /℃	紫外辐射值
H2-G1	149	59569	469	187560	3952	-8	0
H2-G2	128	51208	380	152080	3908	-6	0
H2-G3	148	59157	331	132440	4246	-3	0
H3-G1	104	41505	170	67880	3006	-9	0
H3-G2	101	40492	219	87560	3064	-7	0
H3-G3	56	22380	144	57440	2977	-7	0
H3-G4	90	36068	151	60200	3011	-6	0
H3-G5	78	31205	278	111240	3114	-6	0
H3-G6	161	64257	279	111600	3929	-7	0
H3-G7	98	39059	372	148680	4436	-6	0
H3-G8	83	33067	126	50400	3029	-3	0
H3-G9	78	31367	255	101800	3909	-3	0
H3-G10	77	30604	263	105320	4151	-7	0
H4-G1	99	39765	198	79040	3927	2	0
H4-G2	42	16666	51	20484	2774	0	0
H4-G3	51	20291	172	68640	2999	-1	0
H4-G4	55	22100	101	40400	3110	-2	0
H4-G5	42	16916	151	60240	3143	-3	0
H4-G6	92	36844	278	111040	3056	-3	0
H4-G7	17	6758	44	17796	3075	-5	0
H4-G8	52	20818	99	39464	3046	-5	0
H4-G9	41	16514	128	51040	3143	—	—

表 5　灯具光源性能相关参数

测量项（展品）	灯具光源性能相关参数						光环境分布相关计算参数			
	显色性能 R_a 均值	显色性能 R_9 均值	显色性能 R_f 均值	中心点闪烁频率 /Hz	中心点闪烁百分比 /%	展品内色容差均值 / SDCM	展品内最低照度 /lx	水平照度均匀度	垂直照度均匀度	展品外平均照度 /lx
H2-G1	97.0	94.8	100.5	472.9	25.4	4	19	—	0.1	46
H2-G2	98.0	97.8	101.3	422.5	7.3	4	45	—	0.4	23
H2-G3	96.2	93.5	101.2	100.0	15.0	5	20	—	0.1	30
H3-G1	94.6	68.5	98.8	100.1	12.8	3	47	—	0.5	70
H3-G2	92.5	60.1	97.1	100.2	12.3	6	37	—	0.4	35
H3-G3	92.4	58.9	98.3	166.4	17.2	4	17	—	0.3	17
H3-G4	93.9	66.5	98.0	100.0	12.8	4	26	—	0.3	45

表 5（续表）

测量项（展品）	灯具光源性能相关参数						光环境分布相关计算参数			
	显色性能 R_a 均值	显色性能 R_9 均值	显色性能 R_f 均值	中心点闪烁频率 /Hz	中心点闪烁百分比 /%	展品内色容差均值 /SDCM	展品内最低照度 /lx	水平照度均匀度	垂直照度均匀度	展品外平均照度 /lx
H3-G5	94.1	70.3	100.6	105.5	10.3	8	15	—	0.2	22
H3-G6	97.7	95.6	101.9	100.0	20.6	5	87	—	0.5	91
H3-G7	96.2	92.9	100.8	111.5	10.8	5	10	0.5	—	79
H3-G8	97.5	89.4	101.3	291.4	3.9	4	44	—	0.5	54
H3-G9	96.0	92.1	101.3	100.0	14.0	5	13	—	0.2	12
H3-G10	97.0	92.7	101.3	362.8	34.1	6	13	—	0.2	31
H4-G1	96.6	91.4	103.3	122.1	36.5	7	23	—	0.2	84
H4-G2	97.0	95.8	103.4	354.0	11.8	9	28	—	0.7	33
H4-G3	92.8	63.0	97.3	188.0	18.5	7	8	—	0.2	13
H4-G4	93.4	67.7	100.2	100.0	16.6	7	15	—	0.3	27
H4-G5	92.3	65.3	98.8	100.0	16.1	9	3	—	0.1	11
H4-G6	96.4	81.8	98.6	100.1	15.8	5	18	—	0.2	21
H4-G7	91.1	60.5	97.8	585.8	79.4	7	4	—	0.3	11
H4-G8	93.1	66.2	98.8	155.2	21.4	5	9	—	0.2	29
H4-G9	92.4	62.0	99.3	154.4	10.8	8	8	—	0.2	14
N1-1-T	88.5	56.8	100.0	100.1	16.0	3	95	0.4	—	—
N1-2-G	89.9	62.3	99.4	101.3	20.0	2	76	0.7	—	—
N4-G	72.6	-17.4	95.0	0.0	0.9	7	668	0.8	—	—
N4-W	72.4	-17.7	95.0	0.0	0.7	8	458	—	0.5	—

表 6　非展陈空间光环境分布相关参数

非展陈空间测量项	灯具光源性能相关参数						光环境分布相关计算参数		
	显色性能 R_a 均值	显色性能 R_9 均值	显色性能 R_f 均值	中心点闪烁频率 /Hz	中心点闪烁百分比 /%	展品内色容差均值 /SDCM	最低照度 /lx	水平照度均匀度	垂直照度均匀度
N1-1-T	88.5	56.8	100.0	100.1	16.0	3	95	0.4	—
N1-2-G	89.9	62.3	99.4	101.3	20.0	2	76	0.7	—
N4-G	72.6	-17.4	95.0	0.0	0.9	7	668	0.8	—
N4-W	72.4	-17.7	95.0	0.0	0.7	8	458	—	0.5

表 7　非展陈空间光环境评价得分

非展陈空间测量项	灯具光源性能				光环境分布
	显色性能得分	频闪控制得分	色容差得分	水平照度均匀度得分	垂直照度均匀度得分
N1-1-T	5	5	7	5	—
N1-2-G	5	5	9	7	—
N4-G	1	2	1	9	—
N4-W	1	2	1	—	7

6）评价结果

如表 8、9 所示。

表 8　用光的安全的评价得分

测量项（展品）	用光的安全							
	照度与年曝光量							
	最高照度得分	平均照度得分	展期最高累计曝光量得分	展期平均累计曝光量得分	蓝光辐射	色温或相关色温得分	展品表面热辐射得分	紫外辐射得分
H2-G1	0	10	10	10	10	7	9	10
H2-G2	0	10	10	10	10	7	9	10
H2-G3	0	10	10	10	10	5	9	10
H3-G1	0	10	10	10	10	9	9	10
H3-G2	0	10	10	10	10	9	9	10
H3-G3	10	10	10	10	10	9	9	10
H3-G4	0	10	10	10	10	9	9	10
H3-G5	0	10	10	10	10	9	9	10
H3-G6	0	0	10	10	10	7	9	10
H3-G7	0	10	10	10	10	5	9	10
H3-G8	10	10	10	10	10	9	9	10
H3-G9	0	10	10	10	10	7	9	10
H3-G10	0	10	10	10	10	7	9	10
H4-G1	0	10	10	10	10	7	4	10
H4-G2	10	10	10	10	10	9	8	10
H4-G3	0	10	10	10	10	9	9	10
H4-G4	10	10	10	10	10	9	9	10
H4-G5	0	10	10	10	10	9	9	10
H4-G6	0	10	10	10	10	9	9	10
H4-G7	10	10	10	10	10	9	9	10
H4-G8	10	10	10	10	10	9	9	10
H4-G9	10	10	10	10	10	9	—	10

表 9　灯具光源性能的评价得分

测量项（展品）	灯具光源性能			光环境分布		
	显色性能得分	频闪控制得分	色容差得分	展品水平照度均匀度得分	展品垂直照度均匀度得分	展品表现的艺术感
H2-G1	7	7	5	—	1	9
H2-G2	7	7	7	—	5	9
H2-G3	7	7	5	—	1	9
H3-G1	6	6	7	—	5	5

表 9（续表）

测量项（展品）	灯具光源性能			光环境分布		
	显色性能得分	频闪控制得分	色容差得分	展品水平照度均匀度得分	展品垂直照度均匀度得分	展品表现的艺术感
H3-G2	5	5	1	—	5	7
H3-G3	5	5	7	—	5	9
H3-G4	6	6	7	—	1	5
H3-G5	6	6	1	—	1	9
H3-G6	7	7	1	—	7	5
H3-G7	7	7	1	7	—	5
H3-G8	8	8	7	—	7	5
H3-G9	7	7	1	—	1	9
H3-G10	7	6	1	—	1	7
H4-G1	7	7	1	—	1	5
H4-G2	8	8	1	—	7	5
H4-G3	6	6	1	—	1	9
H4-G4	6	6	1	—	1	7
H4-G5	6	6	1	—	1	9
H4-G6	7	7	1	—	1	9
H4-G7	6	6	1	—	1	5
H4-G8	6	6	1	—	1	5
H4-G9	7	7	1	—	1	9

2. 统计结果

根据上述各测量数据及相关分析评价，对各空间的数据进行综合，梳理统计结果。

1）各展陈空间照明各项指标评价

①用光的安全

如表 10 所示。

表 10　各展陈空间用光的安全指标评价得分

展陈空间	照度与年曝光量	蓝光辐射 *	色温或相关色温	展品表面热辐射	紫外辐射
权重	10%	10%	10%	5%	5%
H2	10	10	6.3	9	10
H3	10	10	8	9	10
H4	10	10	8.8	9	10

注：美术馆采用的是正规厂家提供的产品，应当符合相关安全认证要求，此控制项合格得分。

②灯具光源性能

如表 11 所示。

表 11 各展陈空间灯具光源性能指标评价得分

展陈空间	显色性能	频闪控制	色容差	产品外观与空间协调
权重	10%	10%	5%	5%
H2	7.0	7.0	5.7	6
H3	6.4	6.3	3.4	6
H4	6.7	6.5	1	7

③光环境分布

如表 12 所示。

表 12 各展陈空间光环境分布指标评价

展陈空间	展示区水平均匀度	** 展示区垂直均匀度	眩光控制	展示区与展陈环境对比关系	展品表现的艺术感
权重	5%	10%	5%	5%	5%
H2	7*	2.3	7.8	8	9
H3	7	3.7	7	7	6.6
H4	7*	1.7	8	7	7

注：因H2、H3空间的展品主要为平面展面且展出方式是垂直悬挂于立面展出，故无水平均匀度数据，为计算方便，此处皆参考H3空间的数据。

展陈区空间光环境分布较好，上述数值仅供参考。主观感受来看，垂直均匀度评价达良好，计6分。对各指标进行加权并乘10进位可得各空间综合指标得分，如表13所示。

表 13 各空间综合指标得分

展陈空间	综合指标得分
H2	78
H3	75
H4	76

2）各非展陈空间照明各项指标评价

①灯具质量

如表 14 所示。

表 14 各非展陈空间灯具质量指标评价

非展陈空间	显色性能	频闪控制	色容差
权重	15%	20%	15%
N1	5	5	8
N4	1	5	1

②光环境分布

如表 15 所示。

表 15 各非展陈空间光环境分布指标评价

非展陈空间	空间水平均匀度	空间垂直均匀度	眩光控制	功率密度	控制方式
权重	10%	10%	10%	10%	10%
N1	6	7*	8.6	10	5
N4	9	7	9	10	5

注：因N1空间主要测量项为工作面和地面水平照明数据，故无垂直均匀度数据，为计算方便，此处参考N4空间的数据。对各指标进行加权并乘10进位可得各空间综合指标得分，如表16所示。

表 16 各空间综合指标得分

展陈空间	综合指标得分
N1	67
N4	47

3）展陈空间、非展陈空间综合结果

如表 17、18 所示。

表 17　展陈空间综合评价结果

一级指标	二级指标	权重	评分	等级
用光的安全	照度与年曝光量	10%	10	优秀
	蓝光辐射	10%	10	优秀
	色温或相关色温	10%	7.7	优秀
	展品表面热辐射	5%	9	优秀
	紫外辐射	5%	10	优秀
灯具光源性能	显色性能	10%	6.7	合格
	频闪控制	10%	6.6	合格
	色容差	5%	3.4	不合格
	产品外观与空间协调	5%	6.3	合格
光环境分布	展示区水平均匀度	5%	7	良好
	展示区垂直均匀度	10%	6	合格
	眩光控制	5%	7.6	优秀
	展示区与展陈环境对比关系	5%	7.3	良好
	展品表现的艺术感	5%	7.5	良好
综合加权 ×10			76	良好

表 18　非展陈空间综合评价结果

一级指标	二级指标	权重	评分	等级
灯具质量	显色性能	15%	3.1	合格
	频闪控制	20%	5.2	合格
	色容差	15%	4.5	合格
光环境分布	空间水平均匀度	10%	7.5	良好
	空间垂直均匀度	10%	7	良好
	眩光控制	10%	8.8	优秀
	功率密度	10%	10	优秀
	控制方式	10%	5	合格
综合加权 ×10			60	合格

三　分析综述

（一）展陈区

1. 总体情况

艺仓美术馆的展陈区域照明整体良好，展陈照明用光的安全控制得很好。此项占展陈照明评价体系的权重 40%，即 40 分，美术馆得分 37，折算成百分制可得 92.5。用光安全项中，年曝光量的计算只按当前展期计算，实际为当前展期的累计曝光量；各测量项（展品）本展览后一年内可剩余累计曝光量及可展出安全时长如表 19 所示。

2. 展陈空间照明问题

主要是在灯具光源性能方面，仅处于良好下边缘

（1）色容差性能较差

这与部分空间层高较低，测量项附近有投影仪或霓虹灯干扰或有一定的关系；但也有一些测量项附近无干扰时测得光源的色坐标也有较大的偏移（本报告不再累述计算及论证过程），甚至同一个灯不同测量点色容差取值相差 10 步长，相应色温读数偏差达 500K 以上。

（2）灯具的显色性能得分不高

通过上述数据可知，部分灯具的显色性能优秀，R_a 可达 95 以上，R_9 及 R_f 也有较高的取值；但也有一部分

表 19 各展品本次展览后一年内可剩余累计曝光量（lx · h）及可展出安全时长（h）

测量项	平均照度下 年曝光量余额	平均照度下 剩余可展出时长	最高照度下 年曝光量余额	最高照度下 剩余可展出时长
H2–G1	300431	2017	172440	368
H2–G2	308792	2412	207920	547
H2–G3	300843	2034	227560	687
H3–G1	318495	3069	292120	1721
H3–G2	319508	3156	272440	1245
H3–G3	337620	6034	302560	2107
H3–G4	323932	3592	299800	1992
H3–G5	328795	4215	248760	894
H3–G6	295743	1841	248400	890
H3–G7	无限制	无限制	无限制	无限制
H3–G8	326933	3955	309600	2457
H3–G9	328633	4191	258200	1015
H3–G10	329396	4305	254680	967
H4–G1	320235	3221	280960	1422
H4–G2	343334	8240	339516	6630
H4–G3	339709	6697	291360	1698
H4–G4	337900	6116	319600	3164
H4–G5	343084	8113	299760	1990
H4–G6	323156	3508	248960	897
H4–G7	353242	20909	342204	7692
H4–G8	339182	6517	320536	3249
H4–G9	343486	8320	308960	2421

灯具显色性能较低，R_a 在 90 左右，R_9 则只在 60 左右，甚至个别测量点低于 50，可以提高。

（3）频闪控制较一般

测量发现展陈空间大部分灯具频率在 100 ~ 1000Hz，集中在 500Hz 以下，且有较大的波动深度，可以优化。

（4）产品外观与空间协调评价仅供参考，因二层三层空间较低，选用灯具时也可适当考虑其尺寸及安装位置，以期更好的空间感受。

3. 展陈区空间光环境分布

展陈区空间光环境分布较好，垂直均匀度与灯具配光，灯光的照射方向有一定的关系，可适当优化调整灯具的安装位置、照射角度。

（二）非展陈区

非展陈区功能性照明整体光环境分布良好，照明设计较好；但所测量区域灯具性能较差，部分区域色彩还原性能较低（R_a 低于 75，R_9 为负值）；色容差和频闪控制性能也在相关国际标准的低位，可以提高。

浙江大学艺术与考古博物馆类型特别，是国内第一家按照美国博物馆协会文物保护标准设计建造的艺术史博物馆，它既不是纯粹的美术馆也不是博物馆，甚至更不像一般大学博物馆，这个案例很重要，为今后其他场馆预留了照明设计必要的研究资料。

浙江大学艺术与考古博物馆光环境指标测试调研报告

调研对象：浙江大学艺术与考古博物馆
调研时间：2019 年 12 月 25 日
调研人员：罗明[1]、刘小旋[1]、胡宇[1]、祝跃宸[1]、曹铭锴[1]、田大林[1]、赵柏钥[1]、刘余[1]、刘子豪[1]、施科宇[1]、何元元[1]、李倩[2]、刘森[2]
调研单位：1 浙江大学；2 杭州远方光电研究院
调研设备：JETI 1211UV 亮度色度计、X-rite SpectroEye 便携式分光密度仪、KONICA MINOLTA CL-500A 分光辐射照度计、远方 SFIM-400 光谱闪烁照度计、远方 LGM-200B 照明眩光测量系统、Victor 303B 红外测温仪、恒昌手持激光测距仪等

一　博物馆建筑概述

浙江大学艺术与考古博物馆（图 1），由浙江大学与著名中国艺术史家方闻教授共同倡议设立。其设立的理念为：人类以行为、语言与艺术，创造其文明，并以文字与视觉史料为手段，记录其文明；故视觉素养的培养，应成为大学教育的基本组成。出于此理念，浙江大学于 2009 年决定建立艺术史教学博物馆，并正式定名为“浙江大学艺术与考古博物馆”（Zhejiang University Museum of Art and Archaeology，ZJUMAA，简称“浙大艺博馆”）。该馆位于浙江大学紫金港校区西南端，建筑由纽约 GMT 设计事务所主持设计，由浙江大学建筑设计院负责施工图设计。浙大艺博馆总面积为 25000m²，由展厅、库房、方闻图书馆、修复展示室、实物教室、报告厅、研究室、教育活动区等组成，其中展厅、库房和珍本书库为恒温恒湿，可满足国内、国际文物保护要求。

浙大艺博馆并非普通意义上的美术馆或文物陈列馆。它是文字与视觉交汇的路口，不同学科交汇的路口，人类经验交汇的路口。在此，浙大师生、校外学者、艺术家与社会公众将交流、探讨、分享彼此的观念；促进学科的交流与融合；以艺术作品的解读为手段，激发创造力与批判性思维；在心系人类文明传统的同时，思考文明发展的新方向。作为一座文明史、艺术史教学博物馆，浙大艺博馆首要使命是支持、提升浙江大学的教学、研究与社会服务水平。通过艺术品原作的收藏、教学、研究与展示，开展“实物教学”，开启“文”与“物”并重的模式，让学生亲身接触到文物、艺术品原作，提升学生视觉能力、美学素养和批判性思维。同时，其展览和教育项目皆免费向社会公众开放。浙大艺博馆平面图见图 2。

图1　浙江大学艺术与考古博物馆

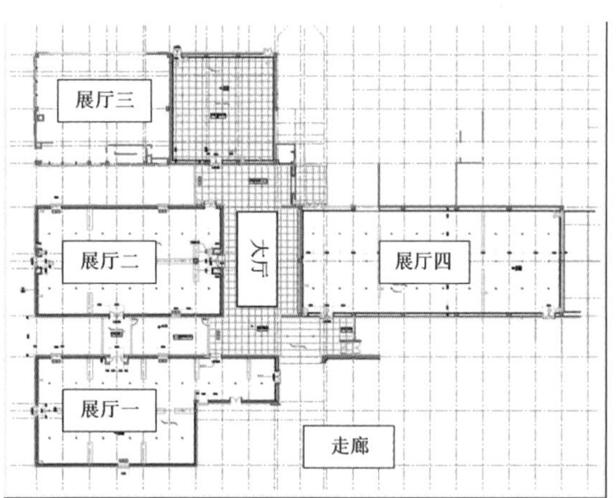

图2　浙大艺博馆平面图

二　调研数据剖析

为了全面地调查浙大艺博馆馆内照明情况，我们选择了馆内两个展厅中的五个展品，一号展厅内三个展品(1-1，1-2，1-3)，二号展厅内两个展品 (2-4，2-5)，一楼走廊以及大厅进行数据采集。

（一）展品及照度的采集

博物馆主要以 LED 照明为主，大厅及走廊照明会混杂日光。大厅照度测量点使用中心布法取 3×5=15 个点，照度测量点如图 3 所示；走廊照度测量点使用中心布法取 3×5=15 个点，照度测量点如图 4 所示。

图3　大厅实景图以及照度测量点

图4　走廊实景图以及照度测量点

一号展厅是“中国与世界：浙江大学艺术与考古博物馆新获藏品展”，展出的是 2009 年迄今新获的部分藏品，旨在诠释“中国中心、全球脉络”的收藏规划和展示筹建期间的收藏成果。展品的时间跨度从唐代至 20 世纪中叶，内容涉及书画、碑刻、瓷器、漆器、金铜造像等。

此展厅选择三个目标展柜，展品亮度测量点使用中心布法。目标展品 1-1 亮度测量共取 3×3=9 个点，照度测量点如图 5 所示，在展品所在平面取 13 个点；目标展品 1-2 亮度测量取 2×4=8 个点，照度测量点如图 6 所示，在展品所在平面取 8 个点；目标展品 1-3 亮度测量共取石像身上 5 个点，照度测量点如图 7 所示，在展品所在平面取 10 个点。

图5　目标展品1-1以及照度测量点

图 5 为颇负盛名的《唐颜真卿楷书西亭记残碑》，是该馆的镇馆之宝。唐大历十二年（公元 777 年），左侧残高为 112cm，右侧残高为 133cm，宽约为 95.5cm，厚约为 40cm，碑身四面环刻楷书，碑阴上部浅刻有篆字“柳文畅西亭记”。这件残碑是目前所见唯一一件颜真卿宦游湖州时期的存世碑刻。

图 6 系扇面画作展柜，包括张大千《竹梅扇页》等优秀作品，作品诗文真率豪放，书法劲拔飘逸、外柔内刚、独具风采。画翎毛花卉或工笔或写意，清润秀丽，落落大方；山水涉笔成趣，点画新奇，富有诗意；泼墨、泼彩描绘风景，也独具风格。

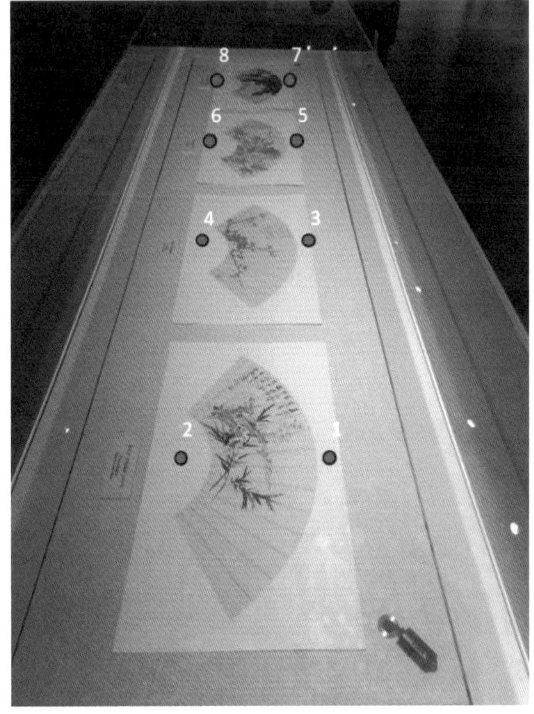

图6　目标展品1-2以及照度测量点

二号展厅是“国之光——从《神州国光集》到‘中国历代绘画大系’”展览，以近代图像科技的发展和进步为线索，以近百年来中国绘画知识的公共化为背景，集中展示由浙江大学、浙江省文物局编纂出版的“中国历代绘画大系”项目成果，展品包括了历代的字画及颜料等。

此展厅选择两个目标展柜，展品亮度测量点使用中心布法。目标展品2-4亮度测量共取垂直面上取11个点，照度测量点如图8所示，在展柜所在平面取13个点；在目标展品2-5亮度测量水平面上取2×4=8个点，照度测量点如图9所示，在展柜所在平面取8个点。

图8　目标展品2-4以及照度测量点

图7为一尊观音半身像，约12～13世纪，发髻、胸口及下方各有一尊佛像，观音头梳高髻，面部端庄英气，五官清秀细腻，深目直鼻，雕刻工艺精湛，纹样精致，有很高的研究价值。

图7　目标展品1~3以及照度测量点

图8为人物画像是临摹品，画幅巨大，画中人物神情体态栩栩如生，轮廓纹理清晰，颜色鲜艳明丽，细节描绘精湛，富有质感。

图9陈列的是历代采用的颜料。从纸本到绢本到木刻铜版画，图像记录方式的变化，折射出文明演变的轨迹，历千年而不朽，正是这些五光十色的宝石颜料的功劳，它们均是在矿石、植物等天然材料中提取制成的。

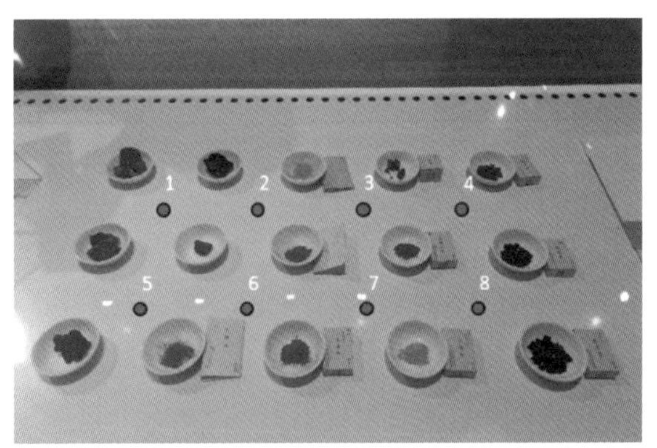

图9　目标展品2-5以及照度测量点

（二）光源光谱及颜色相关指标的收集

每个展品的测量数据包含上述展品不同位置的亮度、照度、光谱、闪烁度、温度等参数。分光光度计用来测部分展品的背景色，远方 LGM-200B 系统用来侦测三个视场的眩光。浙大艺博馆均采用 ERCO 公司所提供的 Eclips In Track 的灯具，光源都是相同的色温 3000K，它们本身差异都很小。不同展厅的光源，用两台光谱仪器设备测量的数据也极为接近。于是决定只报告两个光源数据（大厅及第一展厅），包含光谱（图 10），国际照明委员会的特殊显色指数（R_a，R_i）（图 11），还有 IES PM-30 提供的照明色域（图 12）。可发现仅图 11 中的 R_8 及 R_9 有差异，其他均相似。由此说明在大厅中有部分的日光照射，这两个指标就有所提升。

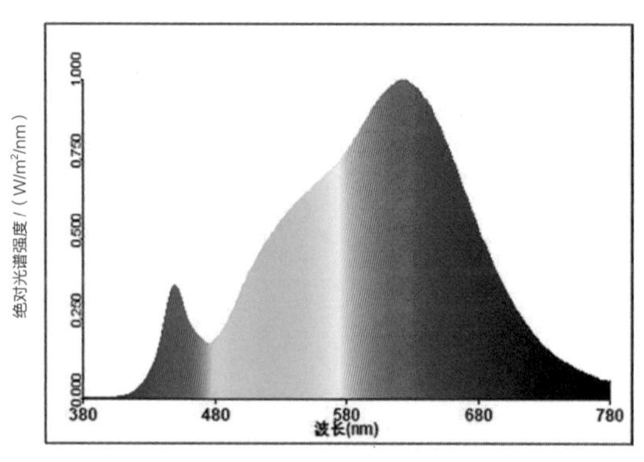

(a) 大厅绝对光谱曲线

(b) 目标展柜绝对光谱曲线

图10　大厅及目标展柜相对光谱曲线

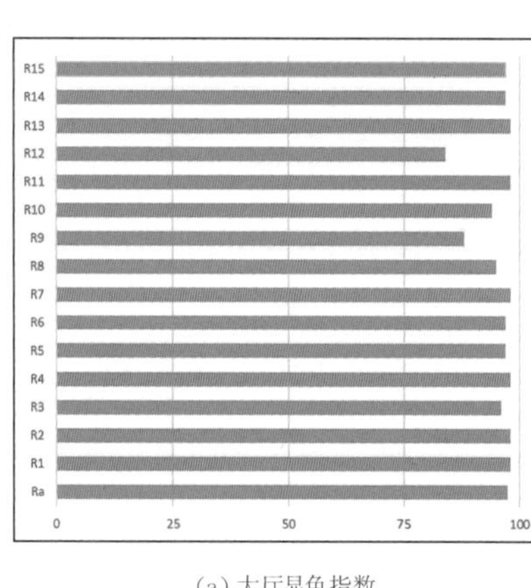

(a) 大厅显色指数

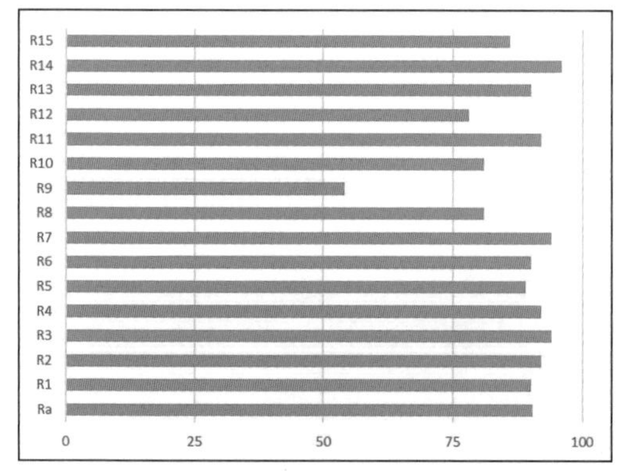

(b) 目标展柜显色指数

图11　大厅及目标展柜照明显色指数（基于照度）

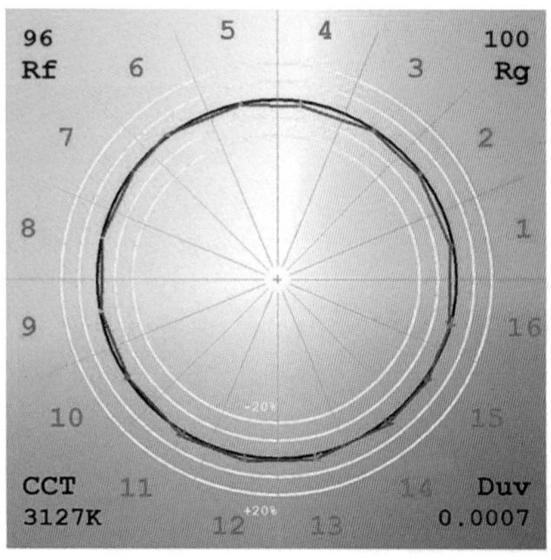

(a) 大厅照明色域

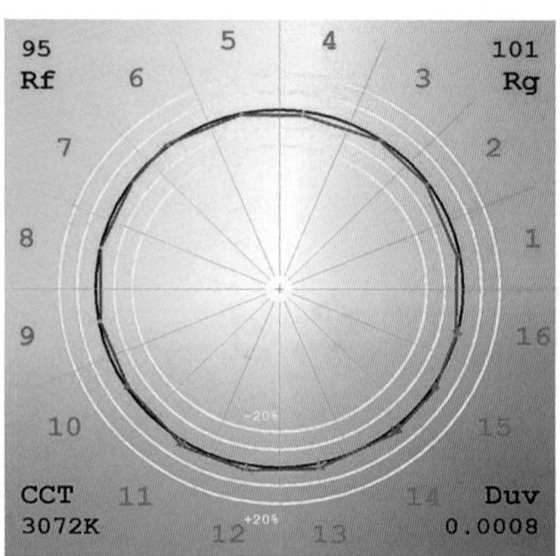

(b) 目标展柜照明色域

图12　大厅及目标展柜照明色域（基于照度）

调研人员针对每一个展厅的展品（图 3 ~ 9）进行了多点的照度及亮度采集，这些数据用于均匀度的分析。表 1 包含平均照度、最大照度与最小照度，记录每一个场景的量测值。均匀度用百分比来表示（均匀度 = 最小照度 / 最大照度 ×100%）。表中显示所有的均匀度都在 95% 以上，大厅跟走廊的均匀度更佳，均匀度达到 98%。

表 1　展品平均照度、最大照度、最小照度

变量	大厅	走廊	展品 1-1	展品 1-2	展品 1-3	展品 2-4	展品 2-5
照度 /lx	216.3	538.2	602.99	194.98	602.99	180.99	180.99
最大照度 /lx	218.63	542.39	617.57	199.15	617.57	184.82	184.82
最小照度 /lx	213.97	533.52	588.46	190.68	588.46	176.07	176.07
照度均匀度 /%	97.87	98.36	95.29	95.75	95.29	95.27	95.27

（三）闪烁指标的收集

图 13 上方是闪烁曲线图。可以看到闪烁的范围均在极低的闪烁频率之内。闪烁曲线基本上都是一条平行线，代表了光源的闪烁变化是非常小的。下方闪烁分析图在不同频率下，在极低频率下才测到波动深度。由此可知，这些光源的闪烁影响是微乎其微的。

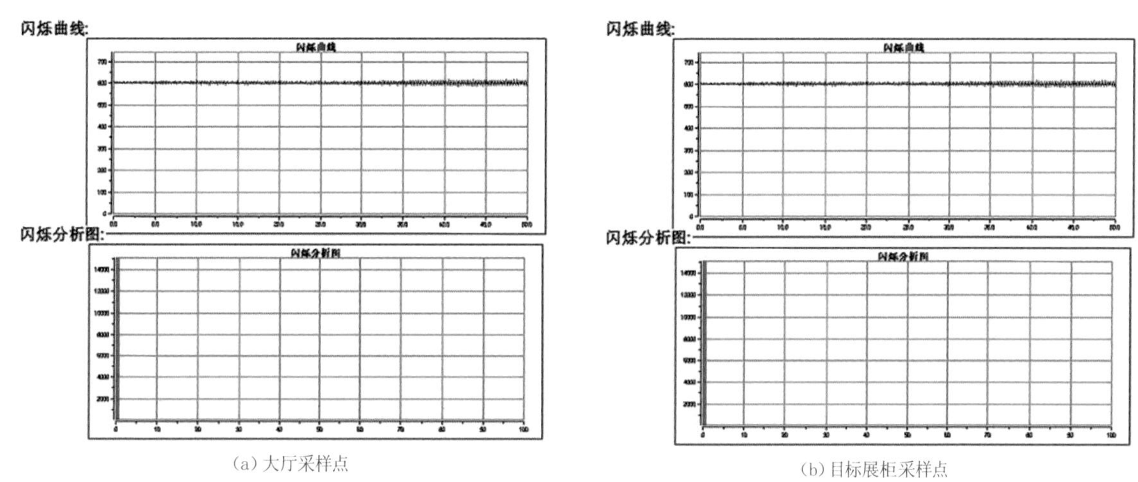

(a) 大厅采样点　(b) 目标展柜采样点

图13　大厅及目标展柜采样点闪烁曲线和闪烁分析图

（四）眩光指标的收集

眩光是指照明设施产生极高的亮度或强烈的对比时，在视场中造成视觉降低和人眼睛的不舒适感。工业建筑和公共建筑常用房间或场所的不舒适眩光，应采用表 2 中的统一眩光值（UGR）来评价。采用远方设备 LMG200B 测量整个场景的眩光，其测量结果见图 14 ~ 16，其中图 (a) 代表场景的图像，图 (b) 是用图像来表示眩光的计算结果，越明亮的地方代表眩光越明显。

表 2　统一眩光值 UGR 与眩光标准分类对应关系

统一眩光值 /UGR	眩光标准分类
28	不可忍受
25	不舒适感
22	刚刚不舒适感
19	感觉舒适与不舒适的界限
16	可接受
13	刚刚感到眩光
10	无眩光感

目标展厅第一个位置眩光（UGR）测量，背景亮度为 4.67cd/m^2，温度为 25℃，相对湿度为 60%RH，方位角为（−40°，−40°），俯仰角为（−30°，−30°），眩光值为 10.1（刚刚察觉光源的存在），如图 14 所示。

（a）实景图

（b）测试图

图14　目标展厅第一个位置眩光测量实景图与测试图

目标展厅第二个位置眩光（UGR）测量，背景亮度为 1.19cd/m^2，温度为 25℃，相对湿度为 60%RH，方位角为（−80°，−80°），俯仰角为（−65°，−25°），眩光值为 21.4（眩光有点不可接受），如图 15 所示。

（a）实景图

（b）测试图

图15　目标展厅第二个位置眩光测量实景图与测试图

目标展厅第三个位置眩光（UGR）测量，背景亮度为 3.51cd/m^2，温度为 25℃，相对湿度为 60%RH，方位角为（−40°，−40°），俯仰角为（−30°，−30°），眩光值为 18.3（眩光尚可接受），如图 16 所示。

(a) 实景图

(b) 测试图

图16　目标展厅第三个位置眩光测量实景图与测试图

(五) 客观测量数据总结

所有的测量数据经过整理分析后在表 3 列出，包含用光的安全、灯具与光源性能、光环境分布三大类。

表 3　客观数据一览表

类型	用光的安全			灯具与光源性能									光环境分布				
	照度及光谱	亮度及光谱	表面温度/℃	CCT/K	R_a	R_9	R_f	R_g	D_{uv}	闪烁指数	闪烁百分比/%	色容差/SDCM	亮度/(cd/m²)	照度/lx	亮度均匀度/%	照度均匀度/%	展品照片
展品1-1			21	2918	91.6	58	93	98	0.0039	0.0037	2.41	6.4	19.08	165.64	61.0	57.5	
展品1-2			21	2908	90.5	54	92	98	0.0032	0.0034	2.17	5.7	28.66	174.19	74.7	72.6	
展品1-3			21.1	2908	91.0	57	92	98	0.0039	0.0037	2.41	6.6	17.33	459.70	62.0	74.7	
展品2-4			20.4	2907	90.4	54	91	99	0.0034	0.0033	2.43	5.9	37.96	212.03	43.9	43.9	
展品2-5			20.3	3072	97.2	87	95	101	0.0008	0.0033	2.43	5.0	1046.5	124.84	81.5	84.5	
大厅			18.6	3127	97.4	88	96	100	0.0007	0.0014	1.08	6.8		212.35		72.5	
走廊			16.9	3132	97.3	89	96	100	0.0012	0.0010	0.82	7.0		279.86		60.2	

注：大堂、走廊是水平测量结果，展品均是垂直测量。

从表 3 可以看到照度光谱与亮度光谱二者之间非常接近，前者是远方光谱闪烁照度计测得，后者是 JETI 亮度色度计测得。

所有量测数据可以分为两大类：陈列区（所有展品），非陈列区（大厅及走廊）。几乎所有非陈列区的数据均优于陈列区，陈列区的 CCT 约为 2900K，R_a 约为 91，R_9 约为 57，R_f 约为 92，R_g 约为 98，D_{uv} 约为 0.0035，闪烁指数约为 0.0036，闪烁指数百分比大概是 2.30，色容差大概是在 6.0，亮度是在 17 ~ 38cd/m² 之间，照度是在 165 ~ 460lx 之间，亮度均匀度在 43% ~ 74% 之间，照度均匀度与其相似。非陈列区的 CCT 为 3100K，R_a 为 97，R_9 为 88，R_f 为 96，R_g 为 100，D_{uv} 为 0.001，闪烁指数为 0.0012，闪烁指数百分比约是 1，色容差约是 6.9，水平照度约为 250lx，照度均匀度约为 65%。

非陈列区所有指标均好于陈列区，这证明适当的日光照射会增加照明的颜色质量。

三 主观测评调研

在调研时，采用量表（附表 A、B）进行主观评估，设计了 17 个评分问题和 2 个主观评价，共有 10 名被试参与当天调研。陈列区域为一号展厅的雕塑、石像及扇面展柜和二号展厅的画作及颜料展柜，非陈列区为大厅以及走廊。艺博馆陈列区与非陈列区评价结果是采用 Z-Score 结果，见图 17 与图 18。Z-score 使得数据标准统一化，提高了可比性。

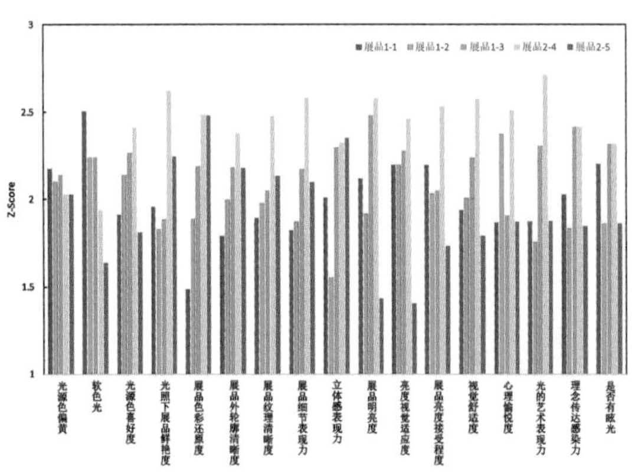

图17 主观评测结果（陈列）

图 17 是陈列区主观评价结果，共有 17 个主观属性。结果显示，展品 2 ~ 4（人物画像）的效果最令人满意，可能的原因是亮度足够，作品尺寸大，颜色丰富多彩，细节清晰明了，整体艺术氛围浓厚，参观者的喜好度增加，所以其他属性也会给出较高的分值。展品 1 ~ 3（观音半身像）非常具有艺术气息，整体保持完好，纹路清晰，打光效果优秀。其次，展品 1 ~ 2（扇面画作）及展品 2 ~ 5（天然颜料）均置于玻璃展柜中，会存在眩光的问题，客观测量及主观评价均可证明眩光的存在，影响参观者的视觉效果。最后，展品 1 ~ 1（唐颜真卿楷书西亭记残碑）的主观评价结果最差，可能是因为石碑被破坏，保存不够完整，给参观者造成展品不自然还原度差等观感。

被试者主观评价陈列区，出现频率较高的形容词为：舒适温暖、高级时尚，部分展品昏暗、不均匀。

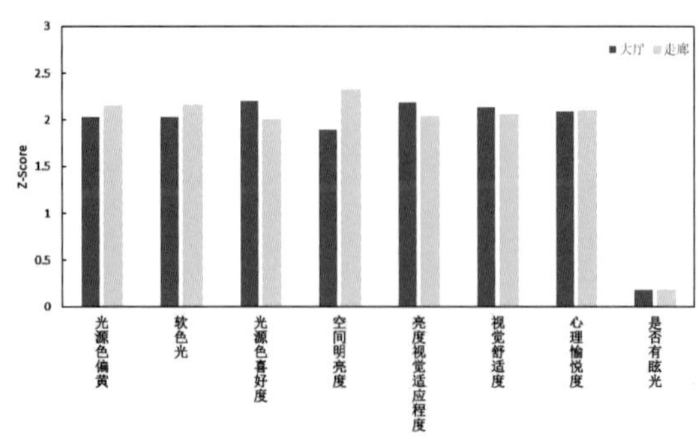

图18 主观评测结果（非陈列）

图 18 是非陈列区主观评价结果，共有 8 个主观属性。可以看出，大厅和走廊的主观属性评价基本持平，只有空间明亮度走廊优于大厅，其原因大概是走廊混入的日光更多，所以会更加明亮。

对于非陈列区被试者给出的评价，频率出现较高的形容词为：空旷、明亮、整齐干净、渐层次变色、现代开放。

艺博馆的眩光分析，三种评价标准分别为：完全无眩光、有眩光但是能接受、有眩光但不能接受。十名被试分别对陈列区五个展品以及非陈列区的大厅和走廊进行的眩光评价，结果见图 19。

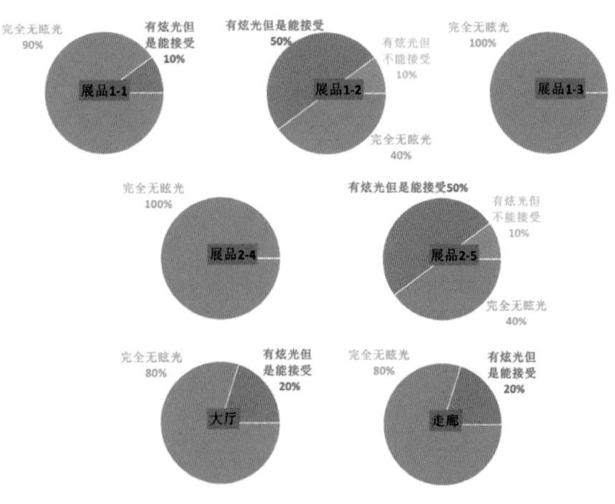

图19 眩光主观评价结果

图 19 显示展品 1–2 及展品 2–5 均有 10% 的被试者感觉有很强的眩光；展品 1–3 及展品 2–4 全部的被试者都认为没有眩光；其他 3 处虽然有眩光，但在可接受的范围。

四　总结

浙江大学艺术与考古博物馆，是一座艺术教学博物馆，馆内藏品丰富，致力于提高师生的视觉能力、美学素养与批判性思维。此次调研，了解浙大艺博馆照明的光源分布及其参数，分析其展览照明与公共空间照明。调研发现浙大艺博馆艺术氛围浓厚，光照环境柔和舒适。照明效果整体良好，LED 光源品质优秀，色温、显色指数、D_{uv}、色容差等参数良好。

然而，浙大艺博馆均采用统一的 LED 光源，光源种类略显单一，使此次调研无法体现 LED 光源可变性的特点。其次，少部分显示屏的自发光会直接照射在展品上，造成不必要的反光，影响参观者的视觉感受。另外，反光问题也造成光泽感较强的展品细节难以观察。部分展柜存在眩光问题，影响视觉效果。

附表A：陈列展厅主观评价量表

陈列展厅	4	3	2	1	−1	−2	−3	−4	展品1–1	展品1–2	展品1–3	展品2–4	展品2–5
Q1：展品照明的光源色	太偏红	太偏蓝	太偏绿	太偏黄	正好								
Q2：光源色冷暖 *	极其暖	很暖	比较暖	勉强算暖	勉强算冷	比较冷	很冷	极其冷					
Q3：光源色喜好度	极其喜欢	很喜欢	比较喜欢	勉强算喜欢	不太喜欢	不喜欢	很不喜欢	完全不喜欢					
Q4：光照下展品鲜艳度	完全过饱和	稍有过饱和	饱和度适中	稍有欠饱和	完全欠饱和								
Q5：展品色彩还原度	完全真实	很真实	比较真实	勉强算真实	不太真实	不真实	很不真实	完全不真实					
Q6：展品外轮廓清晰度	极其清晰	很清晰	比较清晰	勉强算清晰	不太清晰	比较模糊	很模糊	极其模糊					
Q7：展品纹理清晰度	极其清晰	很清晰	比较清晰	勉强算清晰	不太清晰	比较模糊	很模糊	极其模糊					
Q8：展品细节表现力	达到完美	很好	比较好	勉强算好	不太好	比较差	很差	极其差					
Q9：立体感表现力	达到完美	很好	比较好	勉强算好	不太好	比较差	很差	极其差					
Q10：展品明亮度 *	极其明亮	很明亮	比较明亮	勉强算明亮	不太明亮	比较昏暗	很昏暗	极其昏暗					
Q11：亮度视觉适应程度	完全能适应	很容易能适应	能适应	勉强能适应	不太能适应	不能适应	很不能适应	完全不能适应					
Q12：展品亮度接受程度	完美	很合适	比较合适	勉强算合适	不太合适	不合适	很不合适	完全不合适					
Q13：视觉舒适度	极其舒适	很舒适	比较舒适	勉强算舒适	不太舒适	不舒适	很不舒适	极其不舒适					
Q14：心理愉悦度	极其愉悦	很愉悦	比较愉悦	勉强算愉悦	不太愉悦	不愉悦	很不愉悦	极其不愉悦					
Q15：用光的艺术表现力	达到完美	很好	比较好	勉强算好	不太好	比较差	很差	极其差					
Q16：用光在理念传达上的感染力	达到完美	很好	比较好	勉强算好	不太好	比较差	很差	极其差					
Q17：是否有眩光	完全无	有但能接受	有不能接受										
Q18：请用 3 ~ 5 个词形容该空间													
Q19：对本展厅照明的其他看法、建议和意见													

附表 B：非陈列展厅主观评价量表

非陈列展厅	4	3	2	1	−1	−2	−3	−4	大厅	走廊
Q1：展品照明的光源色	太偏红	太偏蓝	太偏绿	太偏黄	正好					
Q2：光源色冷暖	极其暖	很暖	比较暖	勉强算暖	勉强算冷	比较冷	很冷	极其冷		
Q3：光源色喜好度	极其喜欢	很喜欢	比较喜欢	勉强算喜欢	不太喜欢	不喜欢	很不喜欢	完全不喜欢		
Q4：空间明亮度	极其明亮	很明亮	比较明亮	勉强算明亮	不太明亮	比较昏暗	很昏暗	极其昏暗		
Q5：亮度视觉适应程度	完全能适应	很容易能适应	能适应	勉强能适应	不太能适应	不能适应	很不能适应	完全不能适应		
Q6：视觉舒适度	极其舒适	很舒适	比较舒适	勉强算舒适	不太舒适	不舒适	很不舒适	极其不舒适		
Q7：心理愉悦度	极其愉悦	很愉悦	比较愉悦	勉强算愉悦	不太愉悦	不愉悦	很不愉悦	极其不愉悦		
Q8：是否有眩光	完全无	有但能接受	有不能接受							
Q9：请用 3～5 个词形容该空间										
Q10：对本空间照明的其他看法、建议和意见										

嘉德艺术中心是亚洲首家“一站式”艺术品交流平台，被称为北京文化新地标。该报告主要介绍其临时展厅照明使用情况，采集信息典型也具有代表性，报告翔实具体，为美术馆日常光环境评估与日常管理提供可以模仿的案例。

嘉德艺术中心光环境指标测试调研报告

调研对象：嘉德艺术中心
调研时间：2019 年 12 月 6 日
课题组专家：艾晶[1]、高飞[2]、程旭[3]、党睿[4]
课题组主要人员：黄秉中[5]、文迅[5]
调研参与人员：聂卉婧、杨頔、刘蕊
调研单位：1 中国国家博物馆；2 中国照明学会；3 首都博物馆；4 天津大学建筑学院；5 欧普智慧照明科技有限公司
调研设备：光谱闪烁照度计 SFIM-400、紫外线含量检测仪（R1512003）、CL-500A 分光辐射照度计，FLIR E5 手持式红外热像仪

一 概述

（一）嘉德艺术中心概况

位于王府井 1 号的嘉德艺术中心，集艺术展览、拍卖预展、艺术品仓储、文物鉴定、书店、酒店等功能为一体，是亚洲首家“一站式”艺术品交流平台，被称为北京文化新地标（图 1）。

图1 嘉德艺术中心外观

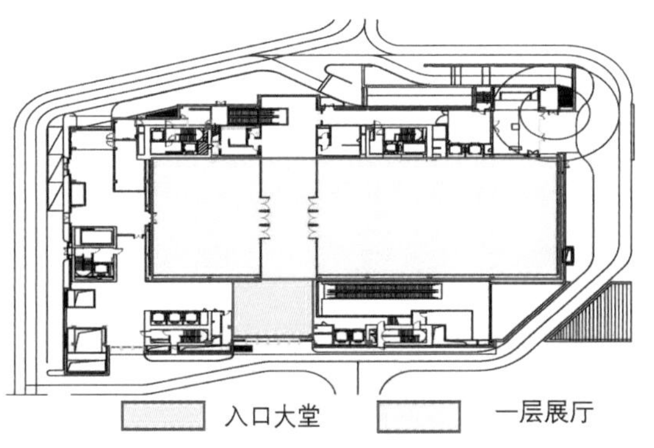

图2 一层平面

大楼一层（图 2）中央为 $1700m^2$ 的无柱展览和活动空间，地下一层（图 3）的两大拍卖厅同时兼具展厅功能，加上位于二层的扩展空间，共同丰富艺术中心的空间形态。

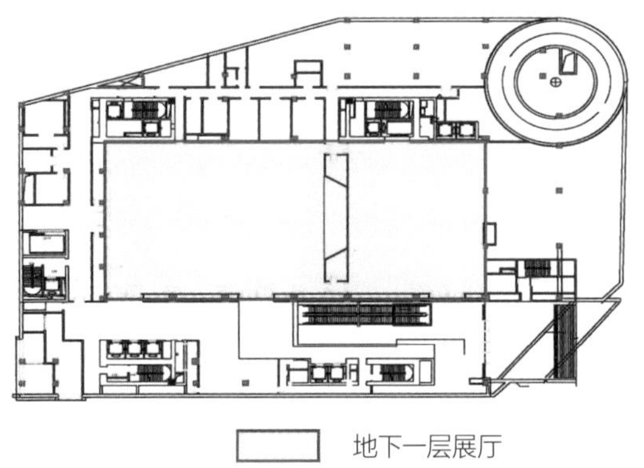

图3 地下一层平面

（二）嘉德艺术中心照明概况：

展馆入口大厅位于一层，大厅照明以大面积发光天棚模拟自然采光，并采用智能控制系统调光来控制灯光，一层及地下一层的展厅无自然采光，主要采用人工照明，总体照明氛围营造良好，视觉舒适度较高。

公共区域照明方式：发光天棚

灯具光源类型：LED 调光灯带

照明控制：智能控制系统自动化控制

展厅区域照明方式：直接照明

灯具光源类型：LED 导轨射灯、LED 洗墙灯

照明控制：手动控制

二　展馆照明调研数据分析

（一）照明数据采集区域

本次调研采集分陈列空间和非陈列空间两部分，陈列空间采集了一层及地下一层两个展厅共 8 件作品及展厅内部平面详细数据，而非陈列空间采集区域为一层入口大堂。

具体调研区域如表 1 所示。

表 1　调研区域

调研类型 / 区域		对象	数量
陈列空间	平面展品	展画	3 组
	立体展品	雕塑	3 组
非陈列空间	入口大堂	门厅	1 组

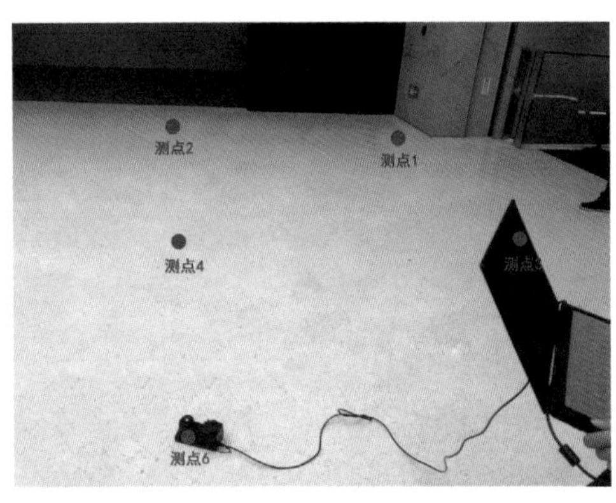

图4　入口大厅数据采集点位

（二）各空间照明调研数据

1. 一层门厅

入口大厅整体面积约为 190m^2，现选择受日光影响相对较小区域做测试，通过中心布点法采集地面数据，2m 间距，采集了全开灯模式和通过调光系统设定好最暗模式两组数据，全开灯模式平均照度分别达到 1133lx，均匀度达到 0.72，最暗模式平均照度为 113.7lx，与事先确认的调光系统可从 10% ~ 100% 进调光比例基本一致，均匀度为 0.58，显色指数达到了 85 以上，具体数据见图 4 ~ 6，基本数据采集信息见表 2、3。

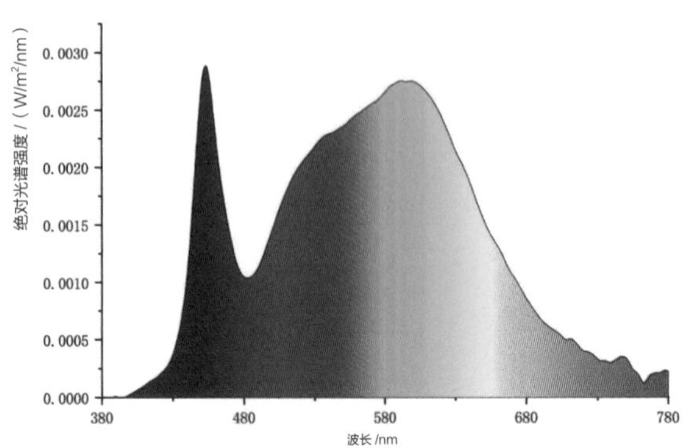

图5　入口大厅照明光谱

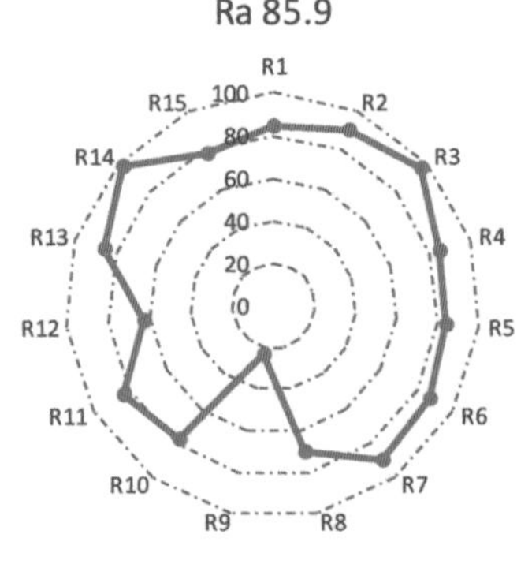

图6　显色指数

表 2　最亮模式照度及色温

测试点	1	2	3	4	5	6	平均照度
水平照度 /lx	816.9	878.5	943.1	947.7	1366.6	1850.9	1133.95
相关色温 /K	4091	4065	4087	4105	4112	4137	4138

表 3　最暗模式照度及色温

测试点	1	2	3	4	5	6	平均照度
水平照度 /lx	66.2	79.9	106.3	123.4	139.6	167.1	113.75
相关色温 /K	4103	4108	4074	4114	4110	4167	4112.7

2．一层陈列空间

嘉德艺术中心不设常设展厅，所有陈列空间均为临时展厅。调研期间一层展厅正展出《风云塑　李向群雕塑艺术展》，展厅无自然光可以利用，照明全部采用轨道射灯。控制方式为手动调光。

1）测试展品 1：雕塑《我们走在大路上》

测试展品 1 照明示意和测点如图 7、8 所示。基本数据采集信息见表 4

图7　测试展品1（图中标注为正面的测试点）

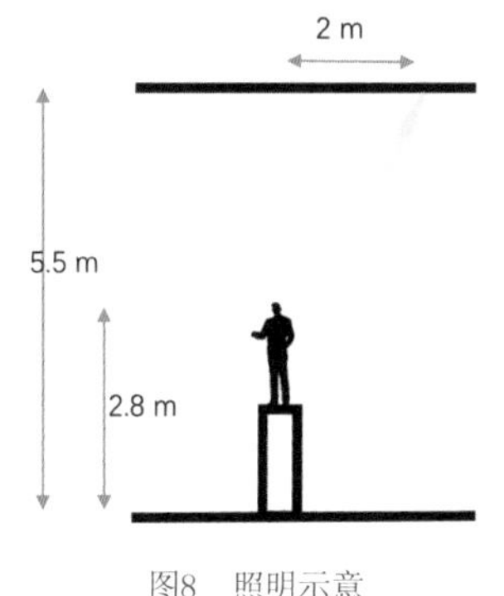

图8　照明示意

通过均匀布点法采集展品及周边数据、展品面平均照度为 116.7lx，均匀度为 0.2；周边平均照度为 50.5lx，均匀度为 0.6；周边环境与展品照度比为 1:2.3，如表 5、6、图 9、10 所示。

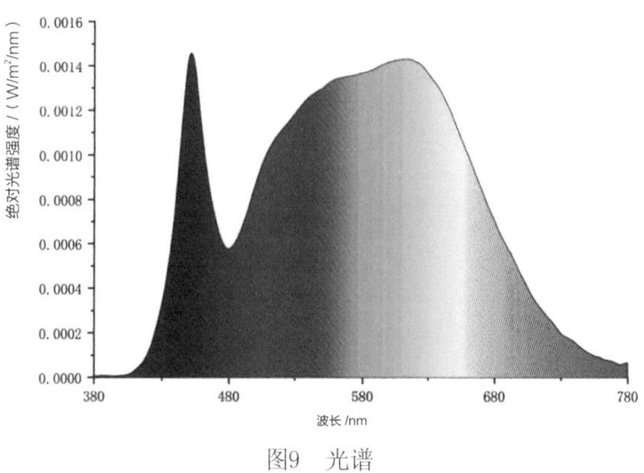

图9　光谱

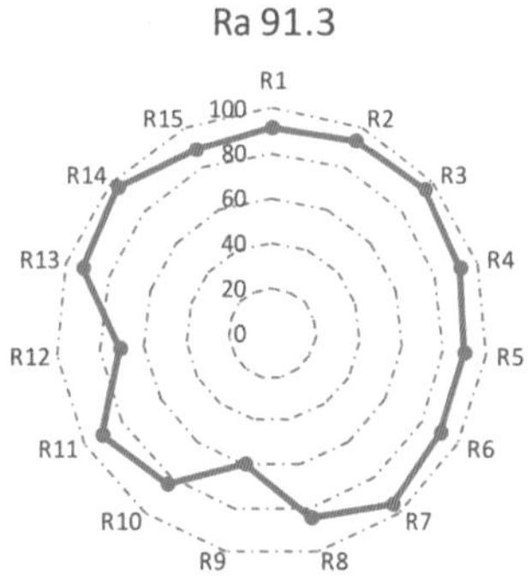

图10　显色指数

表 4　基本数据采集表

位置	展品类型	灯具及安装方式	光源类型	灯具功率 /W	光束角 /（°）	色容差 /SDCM
一层展厅	雕塑	导轨射灯投光	LED	20	24	0.8
色温 /K	显色指数 R_a	显色指数 R_9	紫外 /（μW/lm）	温升 /℃	闪烁频率 /Hz	百分比
4026	91.3	60.0	0.8	2.2	4012.5	0%

表 5　展品照度（垂直面）

测试面	右侧面			正面						左侧面			平均照度
测试点	1	2	3	4	5	6	7	8	9	10	11	12	
垂直照度 /lx	248	250.6	192	91.4	120.9	154.6	24	128.3	99.1	35.3	33.9	21.7	116.7

表 6　展品背景照度（垂直面）

测试点	1	2	3	4	5	6	平均照度
垂直照度 /lx	46.8	80.8	70.4	33.8	39.6	31.4	50.5

2）测试展品 2：雕塑《莫唯》

测试展品 1 照明示意和测点如图 11、12 所示。基本数据采集信息见表 7。

通过均匀布点法采集展品及周边数据、展品面平均照度为 33.2lx，均匀度为 0.3，周边平均照度为 19.6lx，均匀度为 0.9；周边环境与展品照度比为 1∶1.7，如图 13、14 所示，基本数据采集信息见表 8、9。

图11　测试展品2

图13　光谱

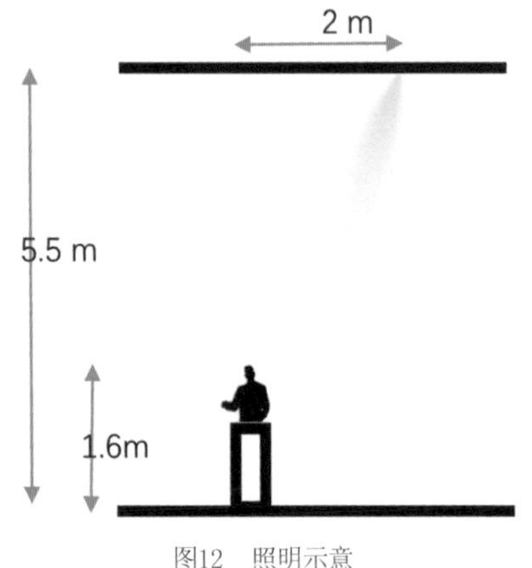

图12　照明示意

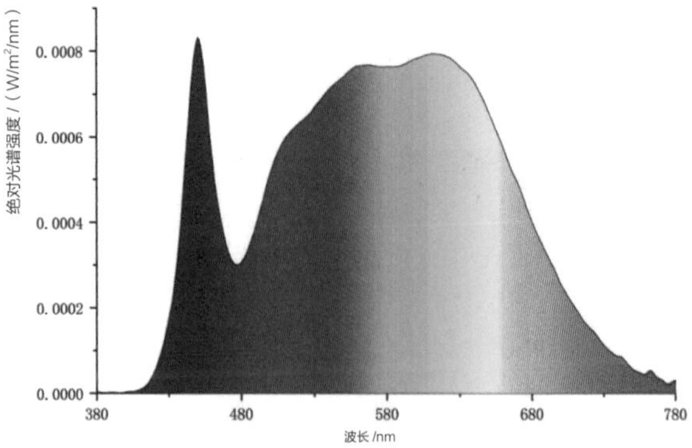

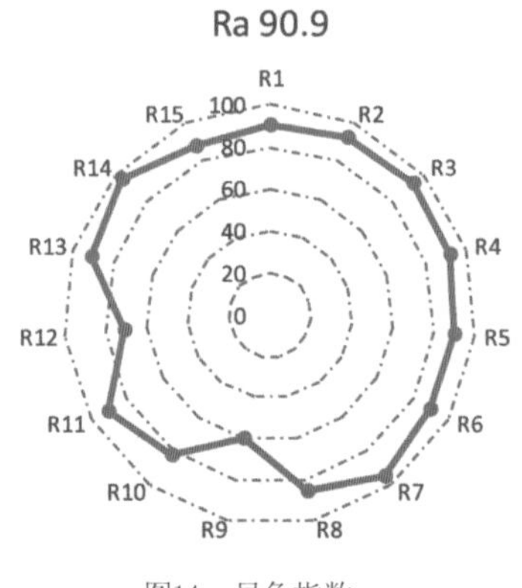

图14　显色指数

表 7　展品基本数据采集表

位置	展品类型	灯具及安装方式	光源类型	灯具功率 /W	光束角 /（°）	色容差 /SDCM
一层展厅	雕塑	导轨射灯投光	LED	20	24	1.5
色温 /K	显色指数 R_a	显色指数 R_9	紫外 /（μW/lm）	温升 /℃	闪烁频率 /Hz	百分比
4080	90.8	57	3.5	1.3	4000	0%

表 8　展品照度（垂直面）

测试面	右侧面			正面						左侧面			平均照度
测试点	1	2	3	4	5	6	7	8	9	10	11	12	
垂直照度 /lx	40.6	28.5	19.4	51.5	46.6	34.9	55.7	43.2	34.1	20.1	13.1	11.2	33.2

表 9　背景照度（垂直面）

测试点	1	2	3	4	平均照度
垂直照度 /lx	17.8	19.8	18.1	22.7	19.6

3）测试展品 3：雕塑《堆云堆雪 · 云》

测试展品 3 照明示意和测点如图 15、16 所示。基本数据采集信息见表 10。

通过均匀布点法采集展品及周边数据、展品面平均照度为 13.1lx，均匀度为 0.21；周边平均照度为 8.5lx，均匀度为 0.6；周边环境与展品照度比为 1:1.5。

图15　测试展品3

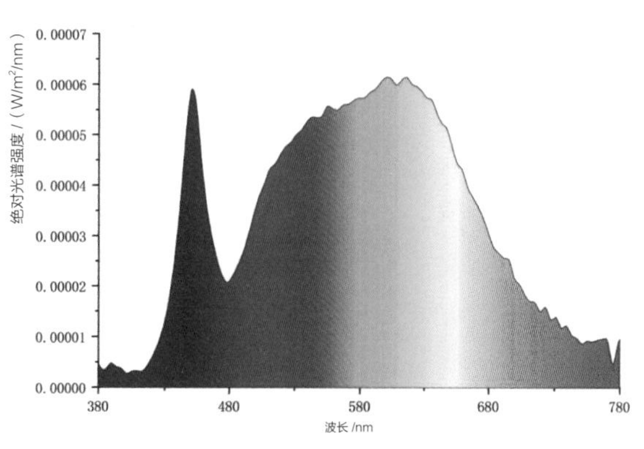

图17　光谱图

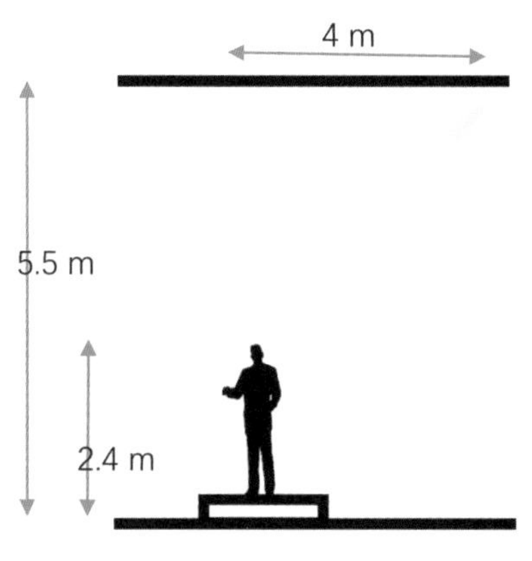

图16　照明示意

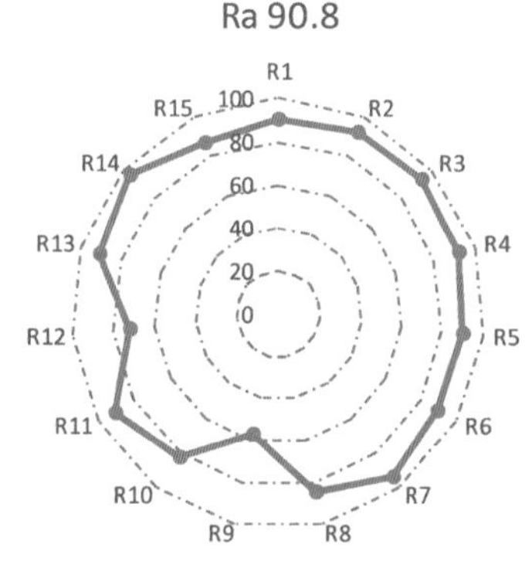

图18　显色指数

表 10　基本数据采集表

位置	展品类型	灯具及安装方式	光源类型	灯具功率 /W	光束角 /（°）	色容差 /SDCM
一层展厅	雕塑	导轨射灯投光	LED	20	24	1.3
色温 /K	显色指数 R_a	显色指数 R_9	紫外 /（μW/lm）	温升 /℃	闪烁频率	百分比
4026	91.3	60.0	0.8	0.9	4000	0%

表 11　展品照度（垂直面）

测试面	右侧面			正面						左侧面			平均照度
测试点	1	2	3	4	5	6	7	8	9	10	11	12	ave
垂直照度 /lx	2.7	3	2.9	3.8	3.6	2.7	3.6	3.6	5.6	50.8	49.6	24.8	13.1

表 12　展品背景照度（垂直面）

测试点	1	2	3	4	平均照度
垂直照度 /lx	5.4	5.2	9.2	14.2	8.5

3. 地下一层陈列空间

调研期间地下一层也是临时展厅，正展出《中国写实画派十五周年油画展》，展厅没有自然光可以利用，照明全部采用轨道射灯。控制方式为手动控制。

1）测试展品 4：油画《花期》

测试展品 4 照明示意和测点如图 19、20 所示。基本数据信息见表 13。

图19　测试展品4

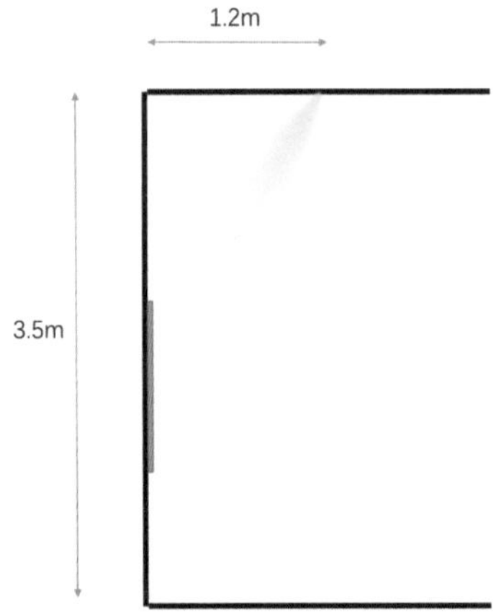

1.2m

3.5m

图20　照明示意

通过均匀布点法采集展品及周边数据、展品面平均照度为 246.2lx，均匀度为 0.2；周边平均照度为 166.6lx，均匀度为 0.4；周边环境与展品照度比为 1:1.46，如图 21、22 所示，基本数据信息见表 14、15。

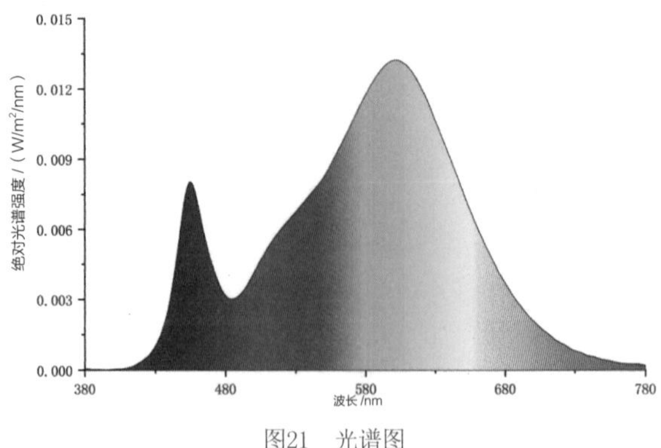

图21　光谱图

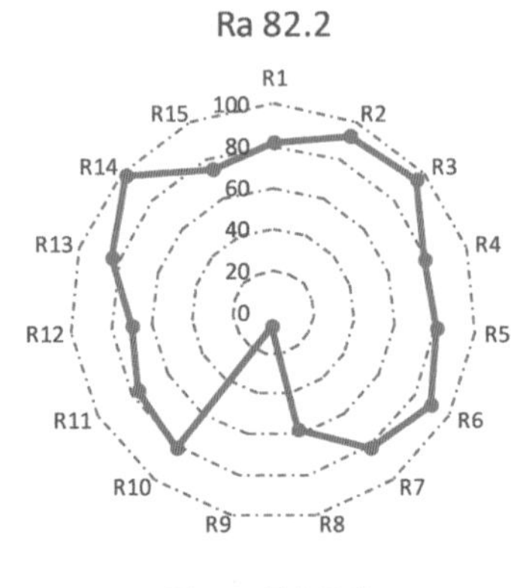

图22　显色指数

表 13　基本数据采集表

位　置	展品类型	灯具及安装方式	光源类型	灯具功率 /W	光束角 /（°）	色容差 /SDCM
地下一层展厅	油画	导轨射灯投光	LED	20	24	7.3
色温 /K	显色指数 R_a	显色指数 R_9	紫外 /（μW/lm）	温升 /℃	闪烁频率 /Hz	百分比
3100	82.1	7.1	0.3	1.2	100	0.95%

表 14　展品垂直面照度

测试点	1	2	3	4	5	6	7	8	9	平均值
垂直照度 /lx	234.8	241.3	180.4	236	405.7	235.1	51.6	200.2	431	246.2
相关色温 /K										

表 15　背景照度

测试点	1	2	3	4	5	6	平均值
垂直照度 /lx	203.3	181.7	238	212.6	89.2	74.6	166.6

2）测试展品 5：油画《夜之歌》

测试展品 5 照明示意和测点如图 23、24 所示。基本数据信息见表 16。

通过均匀布点法采集展品及周边数据、展品面平均照度为 536.4lx，均匀度为 0.25；周边平均照度为 241.5lx，均匀度为 0.37；周边环境与展品照度比为 1∶2.22，如图 25、26 所示，基本数据信息见表 17、18。

图23　测试展品5

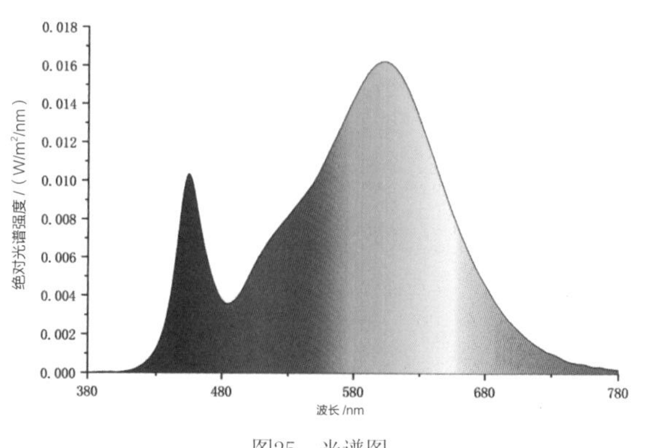

图25　光谱图

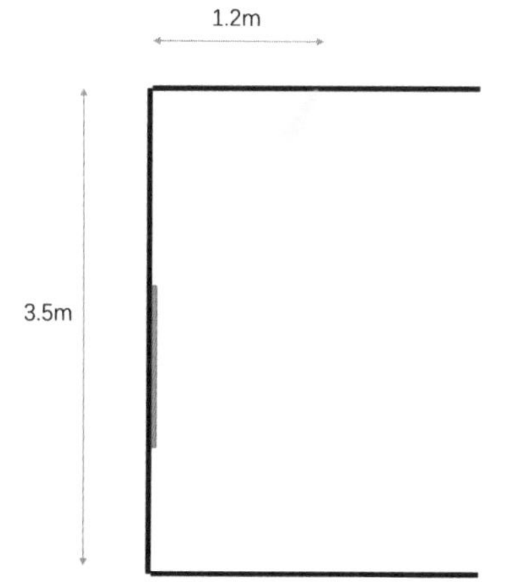

图24　照明示意

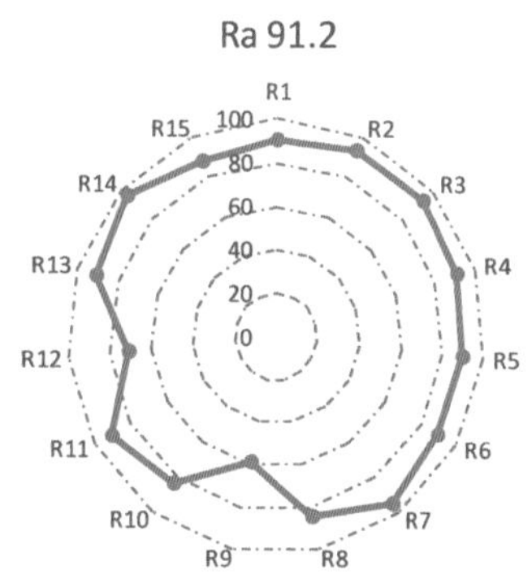

图26　显色指数

表 16　基本数据采集表

位置	展品类型	灯具及安装方式	光源类型	灯具功率 /W	光束角 /（°）	色容差 /SDCM
地下一层展厅	油画	导轨射灯投光	LED	20	24	3.4
色温 /K	显色指数 R_a	显色指数 R_9	紫外 /（μW/lm）	温升 /℃	闪烁频率 /Hz	百分比
3100	91.2	59.4	0.2	0.5	100	3.59%

表 17　展品垂直面照度

测试点	1	2	3	4	5	6	7	8	9	10	11	12	平均值
垂直照度 /lx	800.9	674.1	134.6	398.3	679.1	483.3	821.5	872.2	503.6	623.5	267.8	178.3	536.4
相关色温 /K	3108	3101	2950	3035	3124	3122	3113	3134	3122	3033	2963	3055	3071.7

表 18　背景照度

测试点	1	2	3	4	5	6	平均值
垂直照度 /lx	530.3	318.9	191.8	201.7	117.8	88.5	241.5

3）测试展品6：油画《走远的人》

测试展品6照明示意和测点如图27、28所示。基本数据采集信息见表19。

通过均匀布点法采集展品及周边数据、展品面平均照度为724.6lx，均匀度为0.4；周边平均照度为317.3lx，均匀度为0.53；周边环境与展品照度比为1:2.28，如图29、30所示，基本数据采集信息见表20、21。

图27　测试展品6

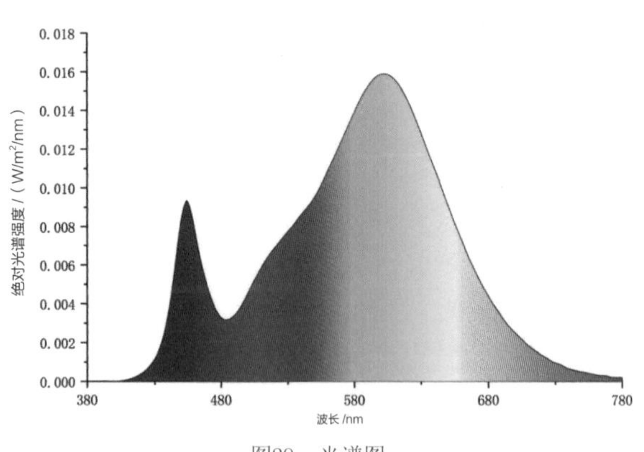

图29　光谱图

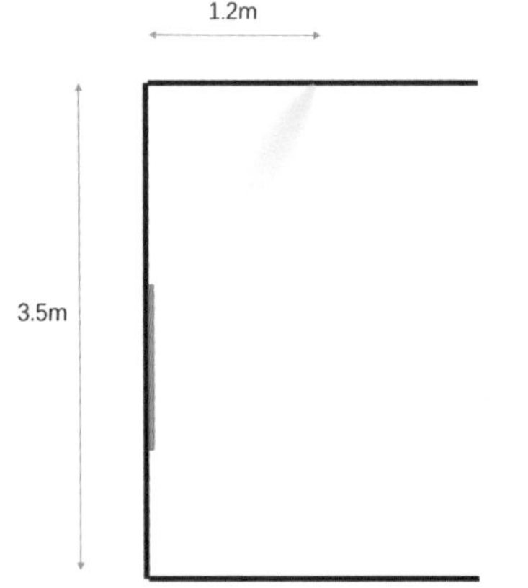

图28　照明示意

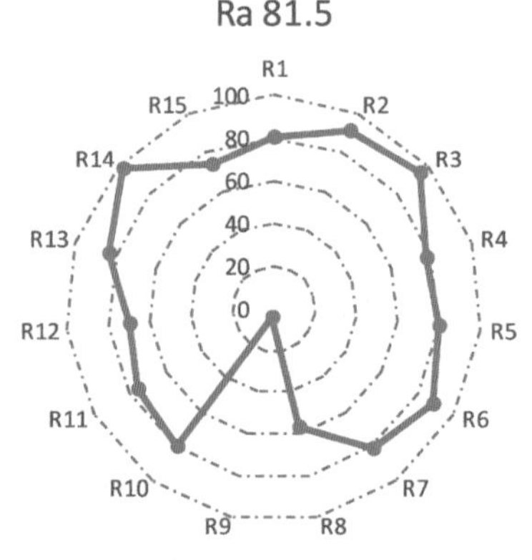

图30　显色指数

表19　基本数据采集表

位　置	展品类型	灯具及安装方式	光源类型	灯具功率 /W	光束角 /（°）	色容差 /SDCM
地下一层展厅	油画	导轨射灯投光	LED	20	24	4.0
色温 /K	显色指数 R_a	显色指数 R_9	紫外线含量 /（μW/lm）	温升 /℃	闪烁频率 /Hz	百分比
3063	81.5	4.62	0.2	0.5	100	1.77%

表20　展品垂直面照度

测试点	1	2	3	4	5	6	7	8	9	平均值
垂直照度 /lx	772	608.5	446.3	557.2	1488.8	666.9	1083.1	611.8	287	724.6
相关色温 /K	3022	3029	3077	3007	3143	3120	3090	3040	3039	3063.0

表21　背景照度

测试点	1	2	3	4	5	6	平均值
垂直照度 /lx	389.3	343.5	335.9	416.7	251.1	167.1	317.3

三　总结

对进行的测试指标进行统计，按照《美术馆光环境评价方法》中的评价标准，对各个场景进行评估，结果如表 22 ~ 26 所示。

表 22　非陈列空间评分

评分指标	光源质量				光环境分布		
	显色指数		频闪控制	色容差/SDCM	显色指数	空间水平均匀	眩光控制
	R_a	R_9					
一层门厅	良	不合格	优	良	良	良	优

注：该场所有天然光引入，因此，数据存在一定偏差。

表 23　非陈列空间分数

指标项		门厅	得分
灯具质量	显色质量	10	42
	频闪控制	20	
	色容差	12	
光环境分布	空间水平均匀	8	38
	空间垂直均匀	–	
	眩光控制	10	
	功率密度（公共空间）	10	
	光环境控制方式	10	

表 24　陈列空间评分

评分指标	用光安全				光源质量					光环境分布				
	照度与年曝光量	紫外线含量/（μW/lm）	色温或相关色温	展品周围环境温升	显色指数			频闪控制	色容差/SDCM	空间水平均匀	空间垂直均匀	眩光控制	展品艺术感	展厅墙面地面对比
					R_a	R_9	R_f							
展品 1	合格	良	良	不合格	良	合格	–	优	优	–	不合格	良	良	良
展品 2	合格	良	良	良	良	合格	–	优	优	–	合格	良	良	良
展品 3	合格	良	良	良	良	不合格	–	优	优	–	不合格	良	良	良
展品 4	合格	优	优	良	不合格	不合格	–	良	不合格	–	优	优	合格	优
展品 5	合格	优	优	优	优	合格	–	优	良	–	优	优	合格	优
展品 6	合格	优	优	优	优	不合格	–	优	良	–	优	优	合格	优

注：照度与年曝光量计算：按照每天开启7h，每周开启6天，每年52周，进行计算，即7×6×52×照度。

表 25　陈列空间分数

指标项		展品 1	展品 2	展品 3	展品 4	展品 5	展品 6	得分
用光安全	照度与年曝光量	15	15	15	15	15	15	32
	紫外线含量 / （μW/lm）	5	5	5	5	5	5	
	色温或相关色温	8	7	7	10	10	10	
	展品周围环境温升	0	3.5	3.5	3.5	5	5	
	蓝光	–	–	–	–	–	–	
灯具质量	R_a	6	6	4	3	7	7	21
	R_9							
	R_f							
	频闪控制	9	9	9	7	9	9	
	色容差 /SDCM	5	5	5	0	5	5	
	产品外观与展陈空间协调	3	3	3	3	3	3	
光环境分布	空间水平均匀	–	–	–	–	–	–	19
	空间垂直均匀	4	6	4	10	10	10	
	眩光	4	4	4	4	4	4	
	展品表现的艺术感	3.5	3.5	3.5	3	3	3	
	展示区与展陈环境对比关系	3.5	3.5	3.5	4.5	4.5	4.5	

表 26　运行评价分数

运行评价指标项		得分
专业人员管理	配置专业人员负责光环境管理工作	18
	能够与光环境顾问、外聘技术人员、专业光环境公司进行光环境沟通与协作	
	能够自主完成馆内布展调光和灯光调整改造工作	
	有照明设计的基础，能独立开展这项工作，能为展览或光环境公司提供相应的技术支持	
定期检查与维护	有光环境设备的登记和管理机制，并严格按照规章制度履行义务	28
	制订光环境维护计划，分类做好维护记录	
	定期清洁灯具、及时更换损坏光源	
	定期测量照射展品的光源的照度与光衰问题，测试紫外线含量、热辐射变化，以及核算年曝光量并建立档案	
	LED 光源替代传统光源，是否对配光及散热性与原灯具匹配性进行检测	
	同一批次灯具色温偏差和一致性检测	
维护资金	可以根据实际需求，能及时到位地获得设备维护费用	25
	有规划地制定光环境维护计划，能有效开展各项维护和更换设备工作	

嘉德艺术中心照明总体情况安全、良好。基本能满足大型综合类展览照明要求，照明光源在保护和展示指标方面达标，照明数量达标，照明方式多样且符合艺术品展示照明要求。但受到场地原因，及艺术家自身的相关要求，部分展览在整体照度均匀度和需要特别突出的展品对比度方面，还有提升空间，例如，一层展厅空间比较高大，在整体照度上数值偏低。

评价结果显示，嘉德艺术中心照明灯具采用轨道射灯，光源使用 LED，色温有 3000K、4000K 两种，偏差值 ±150K 以内，显色指数均在 85 以上，其中地下一层展厅的光环境 $R_a \geqslant 90$，能较好还原油画展的展品真实度。一层展厅显色指数低于地下一层展厅，但也基本满足标准的要求。此外，两个展厅灯具紫外含量基本都在 0.8μW/lm 以下，均能满足陈列用光安全优秀评分标准，同时，由于展出的时间有限，因此，对展品的保护可以说做得相当不错。

根据嘉德艺术中心的布展特点，每个展项都会重新以内容主题布置照明，以往的经验教训可以形成自己的理念和标准，目前这些以往经验的资源都无利用。建议培养专职人员负责照明管理，或者引入外部专业团队合作，形成馆内专业照明的档案数据化、智能模块化、效果艺术化的管理标准化的资源整合模式。

松美术馆是一家国内知名的私人美术馆，具有典型国际视角的艺术空间，展馆各展厅面积不大，但各项硬件条件非常优越，在利用自然光与人工照明方面表现突出，建筑材料具有较好的防紫外线功能，此调研报告点评专业到位，内容呈现丰富，是一篇优秀的调研报告。

松美术馆光环境指标测试调研报告

调研对象：松美术馆
调研时间：2019 年 11 月 15 日
指导专家：索经令[1]，高帅[2]
调研人员：杨秀杰[2]，聂卉婧[2]，陈美鑫[3]
调研单位：1. 首都博物馆；2. 北京清控人居光电研究院有限公司；3. 广东博容照明科技有限公司
调研设备：照度计（KONICA/T-10），彩色照度计（SPIC-200），激光测距仪（classic5a），分光测色仪（KONICA/CM-2600d），紫外辐照计（R1512003），亮度计，多功能光度计（PHOTO-2000），频闪测量仪（LANSHU-201B）

一　概述

（一）建筑概述

松美术馆（Song Art Museum），是一座具有国际视角、国际标准的艺术空间，坐落于北京市顺义区温榆河畔（图 1）。由华谊兄弟创始人、收藏家王中军先生创办，于 2017 年 9 月正式开馆。松美术馆以个人收藏为基础，致力于高品质的艺术展览、深度学术研究和公共审美教育的传播普及。

图1　松美术馆

松美术馆，总占地面积为 22000 余 m²，室内展览面积约为 2200m²，共有 12 个展厅。王中军先生在构想"松"美术馆主体建筑时，有两个初衷：一是节约，充分利用原有设施；二是简洁，以服务艺术为宗旨。本着这样的理念，建筑师去除了原始建筑的符号，将一切转化为几何、净白，使"松"成为一座极具包容力和承载力的"艺术容器"。通过建筑传递出"净"之观感、"无为"之气息，让观者抛却繁杂，使艺术百态毫无顾忌地展现它们的语汇和活力，令不同门类的艺术作品置之此处皆自然。

这座独具匠心的美术馆以"松"为名。在博大精深的中国传统文化中，"松"纯粹、峻然，象征着君子风骨，无论视觉美感，还是精神寓意，都十分契合王中军先生个人对艺术的理解和深植于内心的使命感，为艺术开辟一片净土，真诚、严肃地向大众展示人类最宝贵的精神财富和最珍贵的情感。

（二）照明概况

松美术馆，展厅配套设施齐全。入口门厅照明以天然光为主，主要展厅采用人工光＋天然光结合。总体照明氛围营造良好，视觉舒适度较高。

照明方式：导轨投光、导轨洗墙

光源类型：LED、荧光灯

灯具类型：直接型为主

照明控制：手动开关

二　照明调研数据分析

（一）照明概况

本次对松美术馆的门厅、一层展厅、B1 层展厅进行详细的数据调研。

数据采集工作，按照功能区分为陈列空间、非陈列空间。陈列空间中，选取典型绘画及立体展品进行调研测量；非陈列空间选择了具有代表性的入口门厅，调研区域如表 1 所示。

表 1　调研区域

调研类型 / 区域		对象	数量
陈列空间	平面展品	展画	5 组
	立体展品	雕塑	1 组
非陈列空间	大堂序厅	门厅	1 组

(二)一层门厅照明

入口门厅长为 5.3m，宽为 5.65m。地面反射率为 0.08，墙面反射率为 0.88。

1）照度测量。通过中心布点法采集地面数据，地面平均照度为 339lx，均匀度为 0.3。墙面平均照度为 283lx，均匀度为 0.7，如图 2 和表 2 所示。

2）亮度及光谱数据采集。门厅亮度数据采集如图 3 所示，详细数据见表 3。

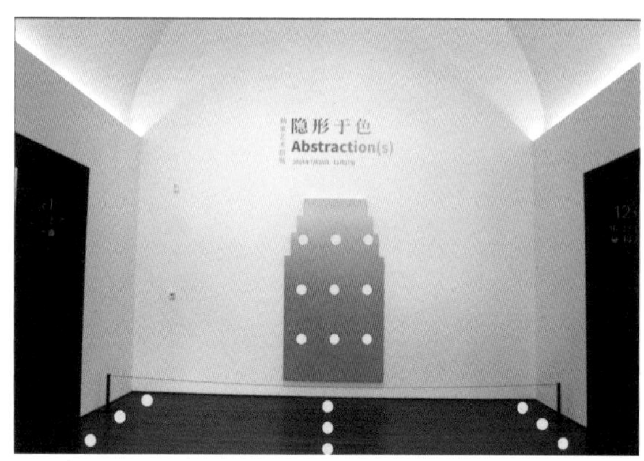

图2　门厅及采集布点数据

图3　门厅亮度采集

表 2　门厅照度数据采集表

墙面照度 /lx	350	290	337
	300	281	327
	199	232	240
地面照度 /lx	256.2	220.8	209.7
	199.2	445	387
	123.2	784	118.2

(三)一层展厅照明

一层展厅展品以垂直平面展品为主，展品照明以 LED 导轨投光 +T5 荧光灯为主；以下为主要展品的测试数据。

1. 油画展品 1

此展品位于 1 号展厅，展厅层高为 5.9m，有部分天然光进入；画幅信息如图 4 所示。基础数据采集见表 4。

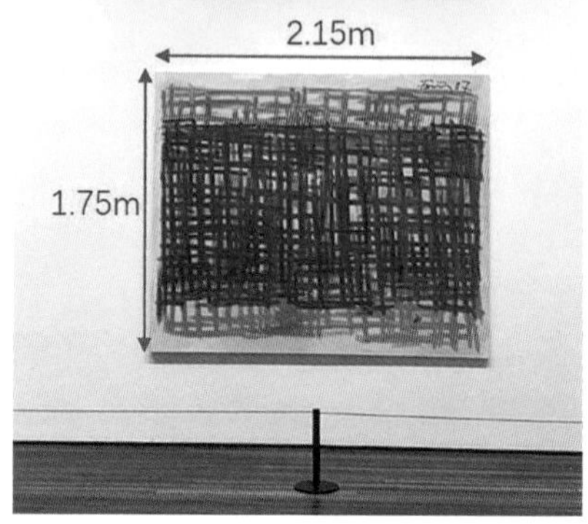

(a) 展品尺寸

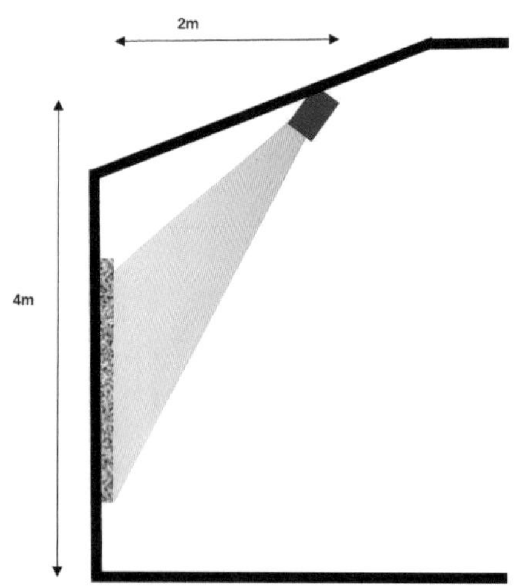

(b) 剖面图和灯具位置

图4　展品画幅信息

表 3　亮度数据采集表

序号	测试位置	平均亮度 / (cd/m²)
1	地面	13.9
2	墙面	13.0

表 4　基本情况采集表

位置	展品类型	照明方式	光源类型	灯具类型	功率 /W	温度 /℃	湿度	照明配件	照明控制
一层	绘画	导轨投光 + 天然光	LED	直接型	—	20.4	23	—	开关
数据部分									
色温 /K	显指 R_a	R_f	R_g	R_9	色容差 / SDCM	紫外线含量 / (μW/lm)		闪烁频率 / Hz	百分比
4071	95	89	97.3	78	3.7	0.4		3968.3	2.3%

1）照度测量。通过中心布点法采集展品及墙面数据、地面数据，展品面平均照度为 292lx，均匀度为 0.7；墙面平均照度为 256lx，均匀度为 0.7；地面平均照度为 458lx，均匀度为 0.7，如图 5 和表 5 所示。

2）亮度及光谱数据采集。展品数据采集如图 6 所示，详细数据见表 6，光谱曲线见图 7。

图5　采集布点示意

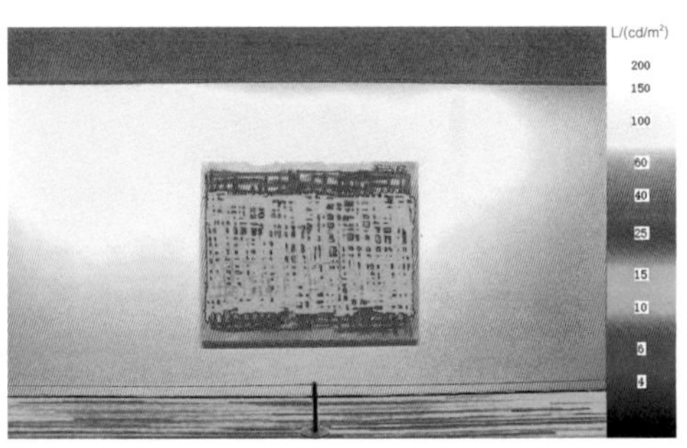

图6　亮度采集

2. 油画展品 2

此展品位于 1 号展厅，展厅层高为 5.9m，有部分天然光进入；画幅信息如图 8 所示。基础数据采集见表 7。

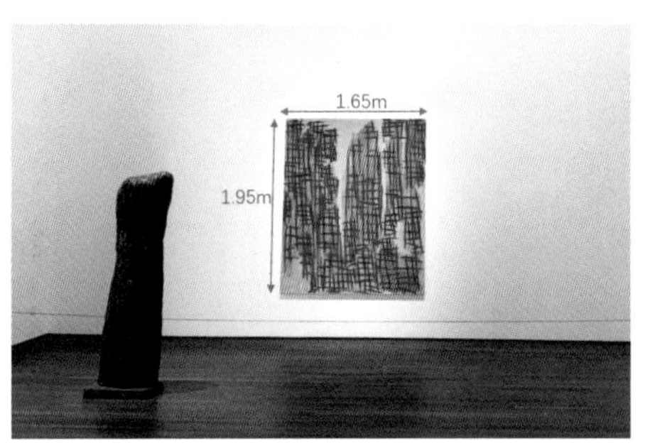

(a) 展品尺寸

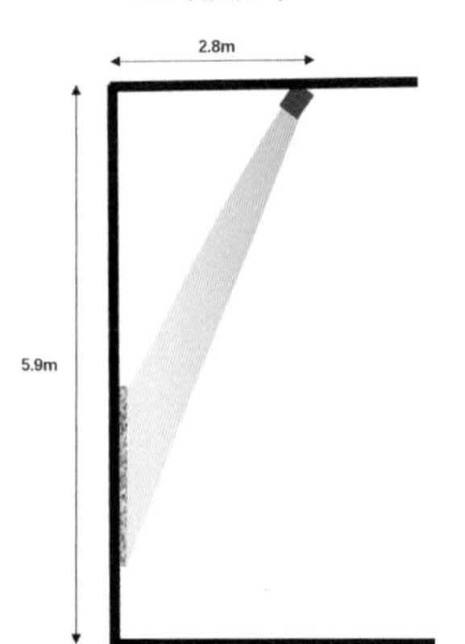

(b) 平面图和灯具位置

图8　油画展品2信息

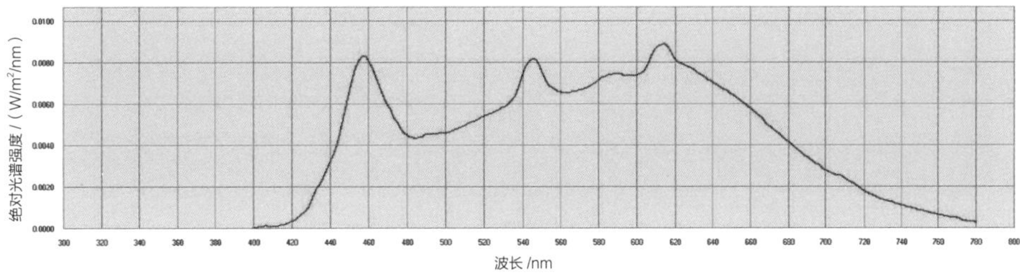

图7　光谱曲线图

表 5　油画展品 1 照度采集数据

展品照度 /lx	200	320	323
	303	300	311
	297	290	285
展品下地面照度 /lx	521	502	495

表 6　油画展品 1 亮度数据

序号	测试位置	平均亮度 / (cd/m²)
1	展画	26.1
2	地面	19.4
3	墙面	64.9

表 7　油画展品 2 基本情况采集表

位置	展品类型	照明方式	光源类型	灯具类型	功率 /W	温度 /℃	湿度	照明配件	照明控制
一层	绘画	导轨投光 + 导轨洗墙 + 天然光	LED+ 荧光灯	直接型	—	20.4	23	—	开关
数据部分									
色温 /K	显指 R_a	R_f	R_g	R_9	色容差 /SDCM	紫外线含量 /（μW/lm）	闪烁频率 /Hz	百分比	
3870	90.7	89.2	96.7	53	5.4	4.9	3896.7	57.6%	

1）照度测量。通过中心布点法采集展品及墙面数据、地面数据，展品面平均照度为297lx，均匀度为0.8；墙面平均照度为240lx，均匀度为0.8；地面平均照度为269lx，均匀度为0.9，如图 9 和表 8 所示。

2）亮度及光谱数据采集。展品数据采集如图 10 所示，详细数据见表 9，光谱曲线见图 11。

图9　采集布点示意及数据

图10　亮度采集

3. 展品 3

此展品位于 2 号展厅，展厅层高为 4.5m，有部分天然光进入；画幅信息如图 12 所示。基础数据见表 10。

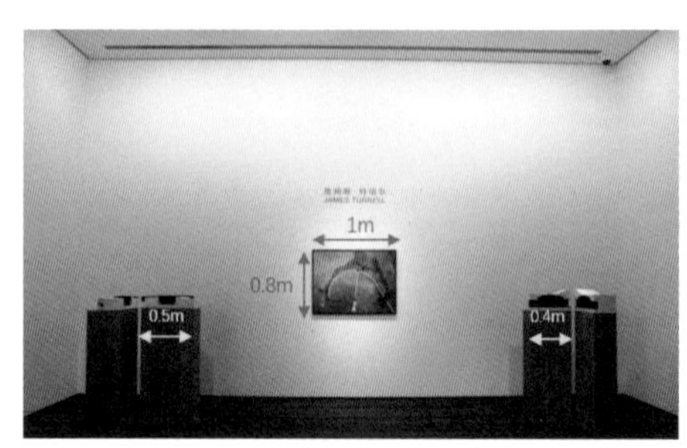

(a) 展品尺寸

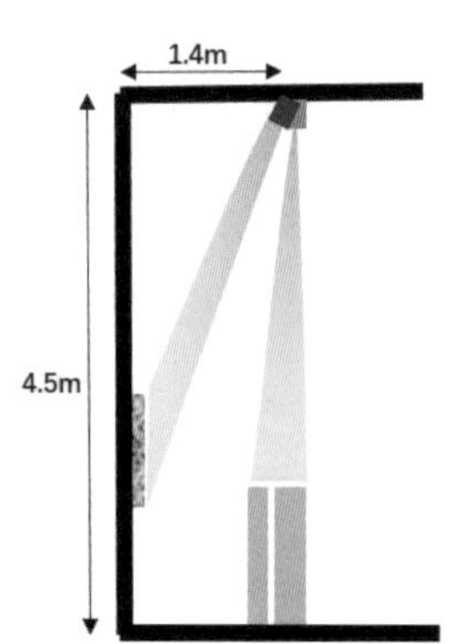

(b) 剖面图和灯具位置

图12　油画展品3信息

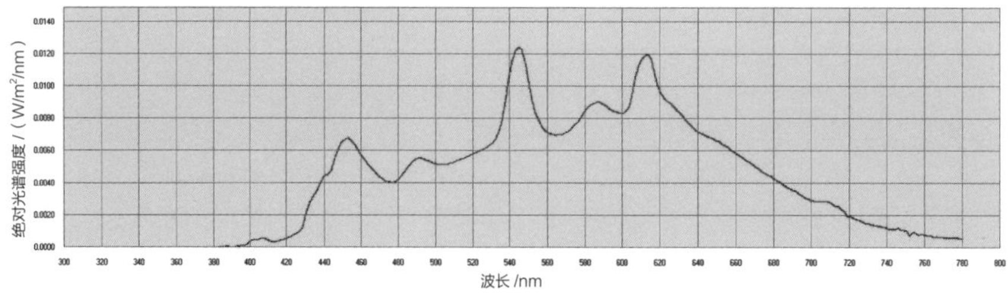

图 11　光谱曲线图

表 8　油画展品 2 照度采集数据

展品照度 /lx	239	354	286
	270	381	296
	250	397	322
	205	302	266
展品下地面照度 /lx	255	299	253

表 9　油画展品 2 亮度数据

序号	测试位置	平均亮度 / (cd/m²)
1	展画	20
2	地面	8.9
3	墙面	46.7

表 10　展品 3 基本情况采集表

位置	展品类型	照明方式	光源类型	灯具类型	功率 /W	温度 /℃	湿度	照明配件	照明控制
一层	绘画 + 雕塑	导轨投光 + 导轨洗墙 + 天然光	LED+ 荧光灯	直接型	—	20.4	23	—	开关
数据部分									
色温 /K	显指 R_a	R_f	R_g	R_9	色容差 /SDCM	紫外线含量 /(μW/lm)	闪烁频率 /Hz	百分比	
3164	88.7	89.3	97.8	44	9.8	4	99.8	6.5%	

1）照度测量。通过中心布点法采集展品及地面数据，平面展品面平均照度为 406lx，均匀度为 0.8；地面平均照度为 296lx，均匀度为 0.9。立体展品立面平均照度为 123lx，均匀度为 0.6；顶面平均照度为 410lx，均匀度为 0.8，如图 13、表 11 所示。

2）亮度及光谱数据采集。展品数据采集如图 14 所示，详细数据见表 12，光谱曲线见图 15。

4．展品 4

此展品位于 6 号展厅，展厅层高为 4.1m，此展品为全人工光照明，画幅信息如图 16 所示。基础数据见表 13。

图13　展品3采集布点示意及数据

图14　展品3亮度采集

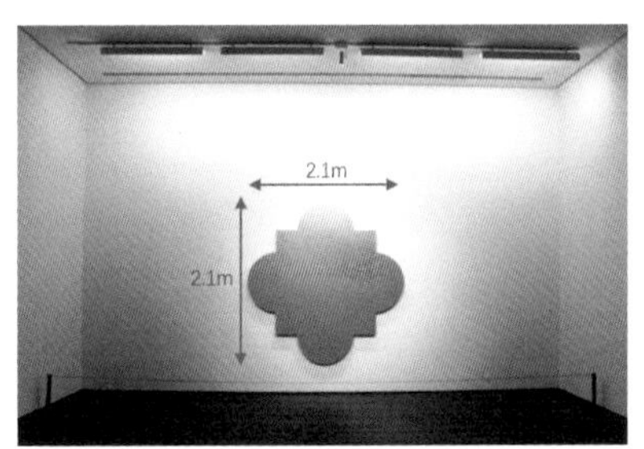

(a) 展品4尺寸

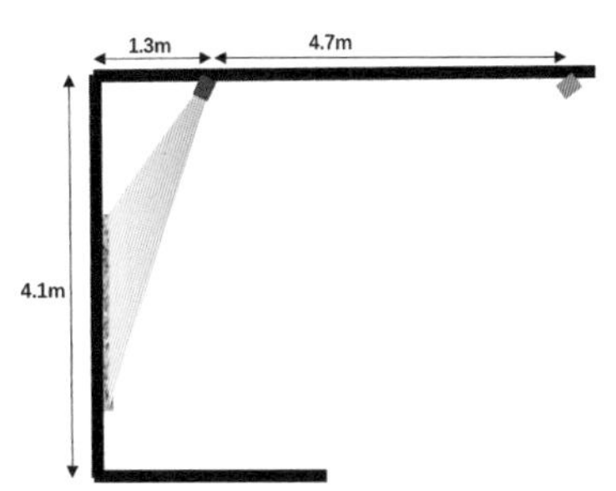

(b) 剖面图和灯具位置

图16　展品4信息

表 11　照度采集数据

平面展品照度 /lx	329	499	376
	320	524	398
	330	503	371
展品下地面照度 /lx	286	329	272

表 12　亮度数据

序号	测试位置	平均亮度 / (cd/m²)
1	展画	23.4
2	地面	11
3	墙面	54.1

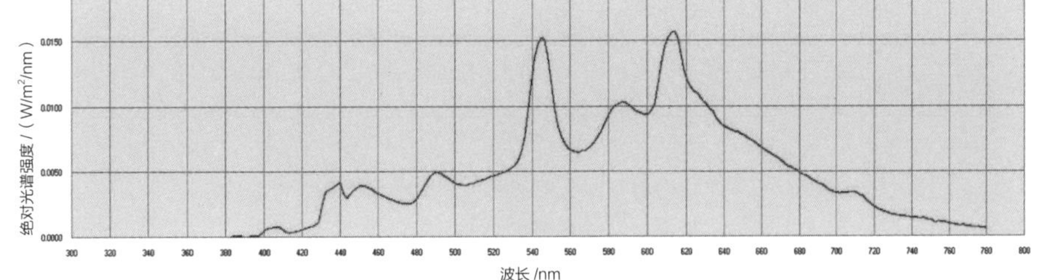

图15　光谱曲线图

表 13　展品 4 基本情况采集表

位置	展品类型	照明方式	光源类型	灯具类型	功率 /W	温度 /℃	湿度	照明配件	照明控制
一层	丙烯 + 灰泥	导轨投光 + 导轨洗墙	LED+ 荧光	直接型	—	20.4	23	—	开关
数据部分									
色温 /K	显指 R_a	R_f	R_g	R_9	色容差 / SDCM	紫外线含量 / (μW/lm)		闪烁频率 /Hz	百分比
3990	91.5	87.1	96.8	50	3.4	2.5		99.8	7.5%

1）照度测量。通过中心布点法采集展品及地面数据，展品面平均照度为 410lx，均匀度为 0.8；地面平均照度为 282lx，均匀度为 0.9，如图 17、表 14 所示。

2）亮度及光谱数据采集。展品数据采集如图 18 所示，详细数据见表 15，光谱曲线见图 19。

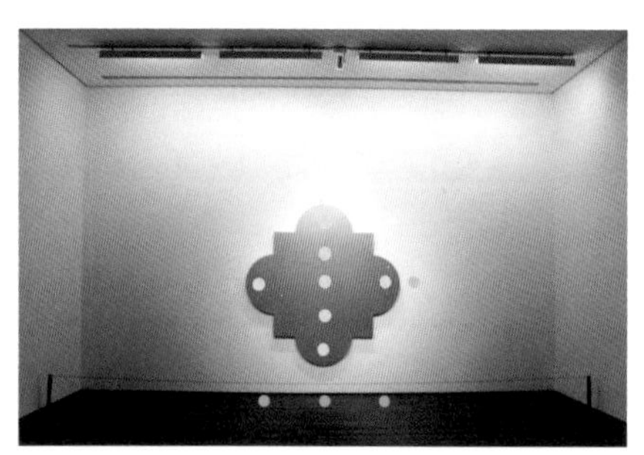

图17　展品4采集布点示意及数据

图18　展品4亮度采集

表 14　展品 4 照度采集数据

<table>
<tr><td rowspan="5">展品照度 /lx</td><td rowspan="5">355</td><td>450</td><td rowspan="5">381</td></tr>
<tr><td>455</td></tr>
<tr><td>520</td></tr>
<tr><td>370</td></tr>
<tr><td>340</td></tr>
<tr><td>展品下地面照度 /lx</td><td>256</td><td>294</td><td>296</td></tr>
</table>

5 展品 5

此展品位于 8 号展厅，展厅层高为 2.8m，有大部分天然光进入；画幅信息如图 20 所示。基础数据见表 16。

(a) 展品5尺寸

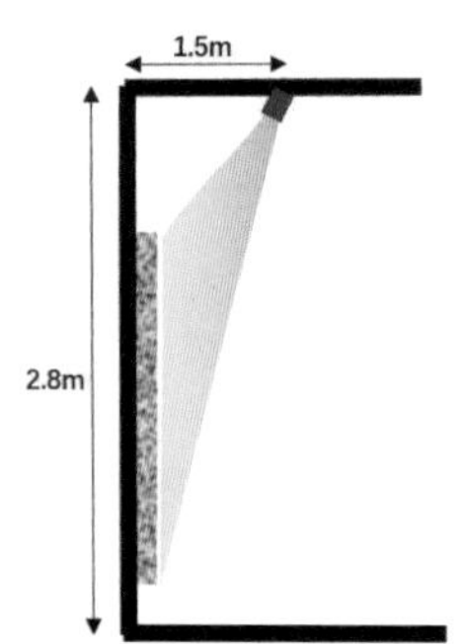

(b) 平面图和灯具位置

图20　展品5信息

表 15　展品 4 亮度数据

序号	测试位置	平均亮度 / (cd/m²)
1	展画	52.6
2	地面	10.7
3	墙面	66.8

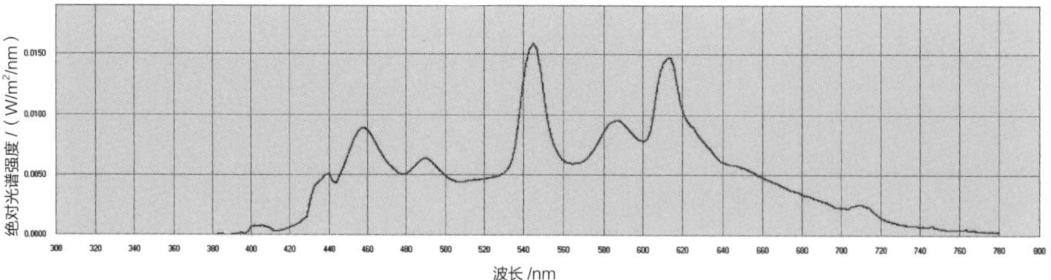

图19　展品4光谱曲线图

表 16 展品 5 基本情况采集表

位置	展品类型	照明方式	光源类型	灯具类型	功率 /W	温度 /℃	湿度	照明配件	照明控制
一层	绘画	导轨投光 + 导轨洗墙 + 天然光	LED+ 荧光灯	直接型	—	20.4	23	—	开关
数据部分									
色温 /K	显指 R_a	R_f	R_g	R_9	色容差 / SDCM	紫外线含量 / (μW/lm)		闪烁频率 / Hz	百分比
3980	85.8	86.2	96.7	27	6.4	4.9		100	16.2%

1）照度测量。采集展品及地面照度数据，展品平均照度为 280lx，均匀度为 0.7；地面平均照度为 247lx，均匀度为 0.9，如图 21、表 17 所示。

2）亮度及光谱数据采集。展品数据采集如图 22 所示，详细数据见表 18，光谱曲线见图 23。

图21 展品5采集布点示意及数据

图22 展品5亮度采集

此展品所处展厅有大量的天然光进入，但玻璃采用了防紫外处理，紫外线得到了很好的控制，如图 24 所示.

图24 展品5紫外测试

表 17 展品 5 照度采集数据

展品照度 /lx	248	610	260
	257	490	250
	217	239	195
	190	205	192
展品下地面照度 /lx	263	238	241

表 18 展品 5 亮度数据

序号	测试位置	平均亮度 / (cd/m²)
1	展画	39.5
2	地面	14.5
3	墙面	74.9

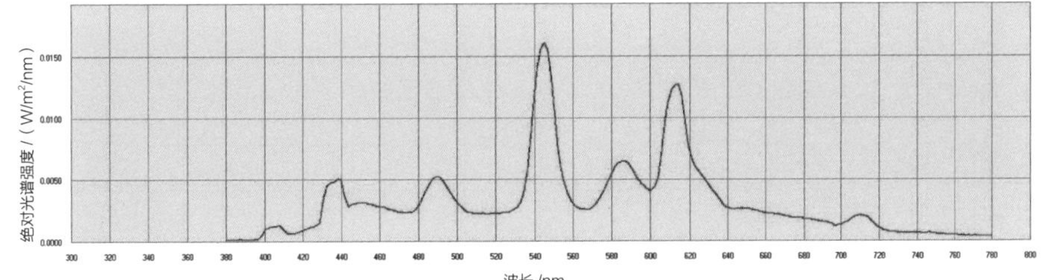

图23 展品5光谱曲线图

（四）眩光测试

根据人行视野，选取点位测试眩光指标，以下为统一眩光值（UGR）测试，数据见图 25 和表 19。

图25 眩光采集

表 19 眩光值

测试项目	1	2	3	4	5	6	7
UGR	无眩光	无眩光	无眩光	9.7	9.4	4.0	12.7

三 总结

对测试指标进行统计，按照《美术馆光环境评价方法》中的评价标准，对各个场景进行评估，结果如表 20 ~ 24 所示。

表 20 非陈列空间评分

评分指标	光源质量				光环境分布		
	显色指数		频闪控制	色容差 / SDCM	空间水平均匀	空间垂直均匀	眩光控制
	R_a	R_9					
一层入厅	—	—	—	—	合格	优	优

注：本次测试入口门厅为全天然光，未测试光源质量指标。

表 21 非陈列空间分数

指标项		门厅	得分
灯具质量	R_a	1.5	50
	R_9		
	频闪控制	1	
	色容差	0.75	
光环境分布	空间水平均匀	0.5	45
	空间垂直均匀	0.5	
	眩光	1	
	功率密度	1	
	光环境控制方式	1	

表 22　陈列空间评分

评分指标	用光安全				光源质量					光环境分布				
	照度与年曝光量	紫外	色温或相关色温	展品周围环境温升	显色指数			频闪控制	色容差	空间水平均匀	空间垂直均匀	眩光控制	展品艺术感	展厅墙面与地面对比
					R_a	R_9	R_f							
展品 1	不合格	优	良	优	优	良	优	优	良	优	优	优	合格	优
展品 2	不合格	良	良	优	良	不合格（53）	优	优	不合格（5.4）	优	优	优	合格	优
展品 3	合格	良	优	优	合格	不合格（44）	优	良	不合格（9.8）	优	优	优	合格	良
展品 4	不合格	良	良	优	良	不合格（50）	优	良	良	优	优	优	合格	合格
展品 5	合格	良	良	优	合格	不合格（27）	优	合格	不合格（6.4）	优	优	优	合格	优

注：照度与年曝光量计算：按照每天开启7h，每周开启6天，每年52周，进行计算，即7×6×52×照度。

表 23　陈列空间分数

指标项		展品 1	展品 2	展品 3	展品 4	展品 5	得分
用光安全	照度与年曝光量	0	0	1.5	1.5	1.5	30
	紫外线含量 /（μW/lm）	0.5	0.35	0.35	0.35	0.35	
	色温或相关色温	0.7	0.7	1	0.7	0.7	
	展品周围环境温升	0.5	0.5	0.5	0.5	0.5	
	蓝光	0.5	0.5	0.5	0.5	0.5	
灯具质量	R_a	2.7	2	1.8	2	1.8	23
	R_9						
	R_f						
	频闪控制	1	1	1	1	0.5	
	色容差 /SDCM	0.35	0.15	0.15	0.35	0.15	
	产品外观与展陈空间协调	0.5	0.5	0.5	0.5	0.5	
光环境分布	空间水平均匀	0.5	0.5	0.5	0.5	0.5	27
	空间垂直均匀	1	1	1	1	1	
	眩光	0.5	0.5	0.5	0.5	0.5	
	展品表现的艺术感	0.25	0.25	0.25	0.25	0.25	
	展示区与展陈环境对比关系	0.5	0.5	0.35	0.25	0.5	

表 24　运行评价分数

运行评价指标项		得分
专业人员管理	配置专业人员负责光环境管理工作	30
	能够与光环境顾问、外聘技术人员、专业光环境公司进行光环境沟通与协作	
	能够自主完成馆内布展调光和灯光调整改造工作	
	有照明设计的基础，能独立开展这项工作，能为展览或光环境公司提供相应的技术支持	
定期检查与维护	有光环境设备的登记和管理机制，并严格按照规章制度履行义务	20
	制订光环境维护计划，分类做好维护记录	
	定期清洁灯具、及时更换损坏光源	
	定期测量照射展品的光源的照度与光衰问题，测试紫外线含量、热辐射变化，以及核算年曝光量并建立档案	
	LED 光源替代传统光源，是否对配光及散热性与原灯具匹配性进行检测	
	同一批次灯具色温偏差和一致性检测	30
维护资金	可以根据实际需求，能及时到位地获得设备维护费用	
	有规划地制定光环境维护计划，能有效开展各项维护和更换设备工作	

评价结果显示，松美术馆照明总体基本满足展陈要求，多项指标优于标准要求，具有较好的视觉舒适度及展品保护措施，少数指标未达到标准评价要求或刚刚合格。

照明光源色温为 3000K、4000K 两类，偏差值为 ±200K 以内，显色性相关指标（R_a、R_f）均在 85 以上，80% 的光环境的显色指数高于标准的要求（$R_a \geqslant 90$），基本保证了展品颜色的还原度和真实度。展厅灯具有效控制眩光，所测 UGR 均不高于 13，亮度及亮度对比度适宜，视觉舒适度良好。紫外部分，紫外线含量均值在 5μW/lm 以下，仅设置 LED 光源的场景的紫外线含量为 0.4μW/lm，对展品具有较好的保护。

本次测试中，发现荧光灯使用和天然光引入，对部分数据产生了影响。如多数场景的显色参数较高，但 R_9 整体数值偏低，多数是由于荧光灯的使用，造成如上结果，且荧光灯使用时间较长，造成光源的老化、色偏，对色容差的测量和评价产生较大影响。此外，天然光的引入，对测试所得色容差指标值的有效评估也产生影响。且由于天然光的引入和强度变化，引起部分画幅表面的照度产生变化，在某几个变化点出现照度偏高的情况，在展品保护方面值得引起注意。值得肯定的是，虽然本美术馆采用了荧光灯，且采用人工光和天然光结合的方式，但紫外辐射含量远低于标准要求的限值，可见荧光灯具和玻璃，均具有较好的防紫外线措施，对展品起到了很好的保护作用，值得同类美术馆借鉴。

吴中博物馆于2020年6月28日开馆。作为新馆，馆方对光环境质量比较重视，调研结果显示，馆内照明各项指标较优，能为今后新建博物馆、美术馆照明设计提供参考，且该馆馆藏丰富，在县级市博物馆中首屈一指，另外该馆除陈列空间外，公共空间配置功能较齐全，此调研报告为我们运用标准调研的最后一案例。

江苏省吴中博物馆光环境指标测试调研报告

调研对象：江苏省吴中博物馆
调研时间：2020年7月18日
调研人员：孙建佩[1]，吴忠华[1]，郑园[1]，刘阳[1]，施文雨[2]，陈刚[3]
调研单位：1 杭州远方光电信息股份有限公司；2 广州市三信红日照明有限公司；3 路创（LUTRON）
调研设备：光谱闪烁照度计（SFIM-400）；手持式光谱亮度计（SRC-2）；照明眩光测量系统（LGM-200B）；紫外辐照度计（U-20）

一　概述

（一）吴中博物馆概述

吴中博物馆（图1）位于江苏省澹台湖景区世界文化遗产大运河及国保单位宝带桥南侧，建筑面积为18000余平方米。

图1　吴中博物馆

吴中博物馆定位于“高水平、有特色的区域文化综合体”，打造“领先的吴文化展示、研究和学习平台”，以“人文吴中、美丽太湖、诗意江南”为思路，构建和展开博物馆展览、教育、公共服务等各方面的工作。

除常规陈列展厅与临展厅外，博物馆设置有教育中心、学术报告厅、多功能厅、文创商店、咖啡馆等公共活动空间，整体配置向现代博物馆所需的教育、公共服务职能倾斜。

博物馆一楼主要用于临展、教育和公共服务，二楼主要设置常规陈列。一楼的两个临展厅重点打造吴地文化、江南文化特色展和其他国内外精品展；二楼的常规陈列以“考古探吴中”与“风雅颂吴中”的专题展览形式，对学术意义的“吴文化”及“吴地文化”进行相对全面的解读。

以“文化综合体”为定位，吴中博物馆不再仅仅是文物收藏和文化艺术展览展示的空间，更是展览陈列、课程讲座、游艺演出、休闲娱乐相结合的，综合性的集展览、教育、文化体验、文化消费为一体的公共学习与交流空间。

（二）吴中博物馆照明概况

照明方式：导轨投光、嵌入式投光、嵌入式洗墙、发光顶棚

光源类型：LED

灯具类型：直接型

照明控制：手动控制、时间控制

二　照明调研数据分析

（一）调研概况

本次对吴中博物馆2楼展厅进行详细的数据采集工作，按照功能区分为陈列空间、非陈列空间。陈列空间中，重点选取巨型展品及立体展品进行调研测量；非陈列空间选择展厅出口门厅及通道，调研区域如表1所示。

表1　调研区域

调研类型／区域		对象	数量
陈列空间	立体展品	文物	2组
	平面展品	地图及展画	3组
非陈列空间	出口	门厅	1组
	过渡空间	通道	1组

（二）考古探吴中展厅照明情况

考古探吴中展厅面积为 800m²，高度为 4m，见图 2。

图2　考古探吴中展厅

图3　展品1（水平平面展品）

1. 对该展厅墙面和地面反射率测试，结果如表 2 所示。

2. 由于该展厅为博物馆中最大的展厅，故对该展厅的墙面和地面的亮度进行测试。

墙面亮度：20.47cd/m²；地面亮度：4.26cd/m²。

则墙面与地面亮度比值为 S=4.8。

3. 以下为该展厅内主要展品的测光数据

1）展品 1（水平平面展品）

该展品为半封闭展览，在展品表面，选取 8 个点（图 3 中标示）进行测量。测试原始数据见表 3。

测量点 5（图中红圈内点）对应的光谱曲线图、显色指数和色容差图如图 4 所示。

从测量的照度值可知，最小照度为 129.2lx，照度平均值为 172.4lx，即展品表面照度均匀度为 0.75。

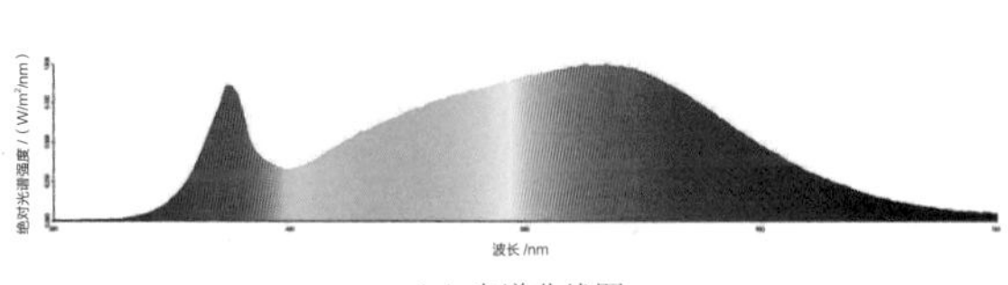

（a）光谱曲线图

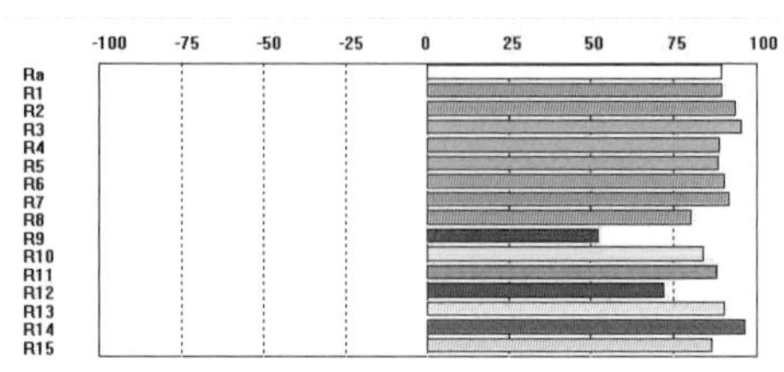

（b）显色指数图

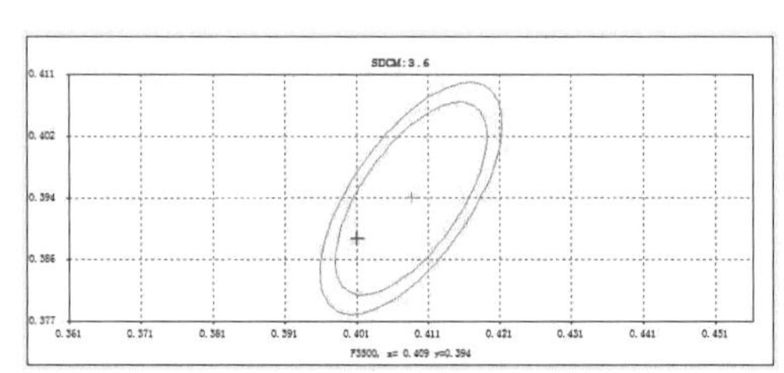

（c）色容差图

图4　测量点5对应的光谱曲线图、显色指数图和色容差图

表 2　墙面和地面反射率测量

	墙面			地面		
反射率	79.86%	82.1%	83.28%	14.74%	14.78%	14.72%
平均值	81.75%			14.75%		

表 3　展品 1 测试原始数据

参量		1	2	3	4	5	6	7	8
照度 E/lx		223.3	232.9	184.3	179.9	129.2	143.0	149.2	137.6
色温 CCT/K		3556	3535	3508	3504	3569	3680	3603	3466
显色指数	R_a	91	91.1	91	91.2	90.3	89.8	90.6	91.2
	R_9	55.2	55.3	55.2	55.5	52.8	52.0	54.8	54.7
	R_f	90	90	90	90	90	89	90	91
色容差 /SDCM		4.1	3.9	2.9	2.9	3.6	6.5	4.9	1.8
频闪控制		f：825Hz；MD：4.89%							

2）展品 2（垂直平面展品）

该展品（图 5）为裸展，展品表面照度存在明显不均匀现象，测试时，在与人眼同高位置，选取 5 个点（图 5 中标示）进行测量。测试原始数据见表 4。

测量点 3（图中红圈内点）对应的光谱曲线图、显色指数和色容差图如图 6 所示。

在该展品处，测得频闪数据图如图 7 所示。

3）展品 3（垂直平面展品）

该展品（图 8）为裸展，在展品表面选取 9 个测量点（图 8 中标示）进行测量，数据如表 5 所示。

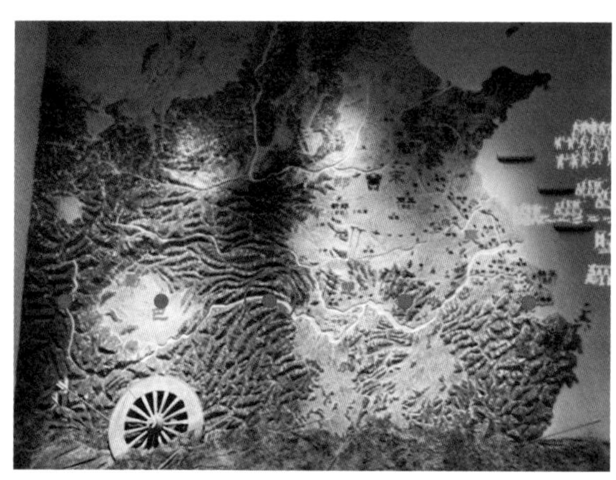

图5　展品2（垂直平面展品）

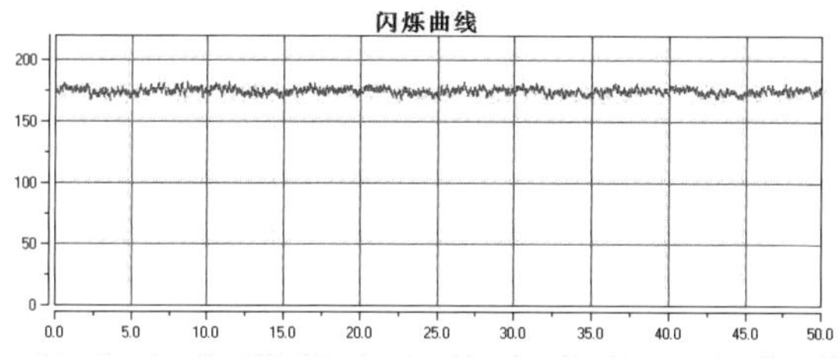

图7　测得的频闪数据图

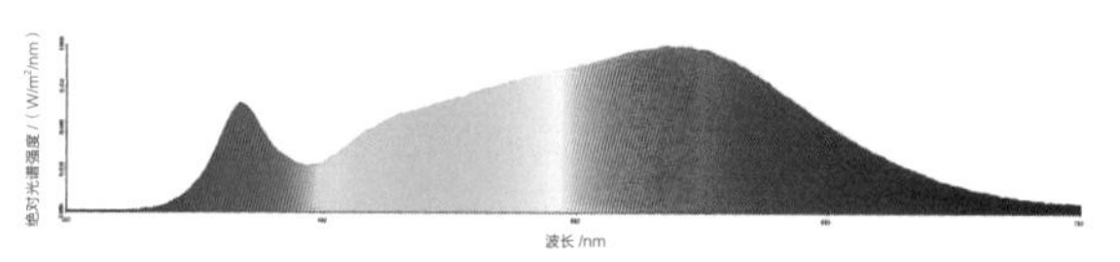

(a) 光谱曲线图

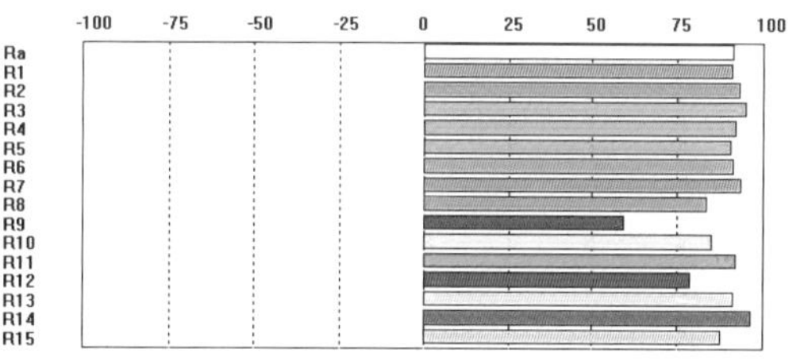

(b) 显色指数图

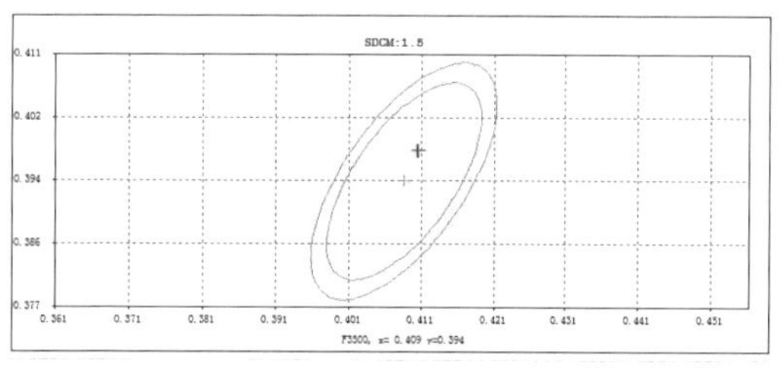

(c) 色容差图

图6　测量点3对应的光谱曲线图、显色指数图和色容差图

图8　展品3（垂直平面展品）

表 4　展品 2 测试原始数据

变量		1	2	3	4	5
照度 E/lx		133.8	161.2	120.8	256.4	126.9
色温 CCT/K		3479	3514	3437	3518	3492
显色指数	R_a	91.9	92.1	91.9	92.4	92.2
	R_9	61.3	62.6	60.6	62.5	61.2
	R_f	92	92	92	92	92
色容差 /SDCM		1.6	2.0	1.5	2.0	1.4
频闪控制		f：100Hz；MD：4.62%				

表 5　展品 3 测试原始数据

变量		1	2	3	4	5	6	7	8	9
照度 E/lx		605.1	786	815.7	744	863.7	790	644.7	727.1	583.1
色温 CCT/K		3480	3472	3442	3411	3473	3485	3491	3467	3486
显色指数	R_a	91.4	91.6	91.5	91.7	91.9	91.6	91.6	91.7	91.6
	R_9	56.3	57.0	56.9	58.2	58.6	57.5	57.2	57.9	57.0
	R_f	92	92	92	92	92	92	92	92	92
色容差 /SDCM										
频闪控制		f：2375Hz；MD：4.89%								

测量点 5（图中红圈内点）对应的光谱曲线图、显色指数图和色容差图如图 9 所示。

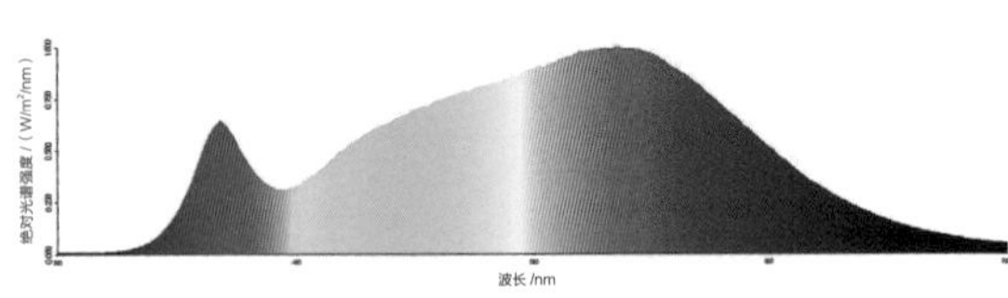

(a) 光谱曲线图

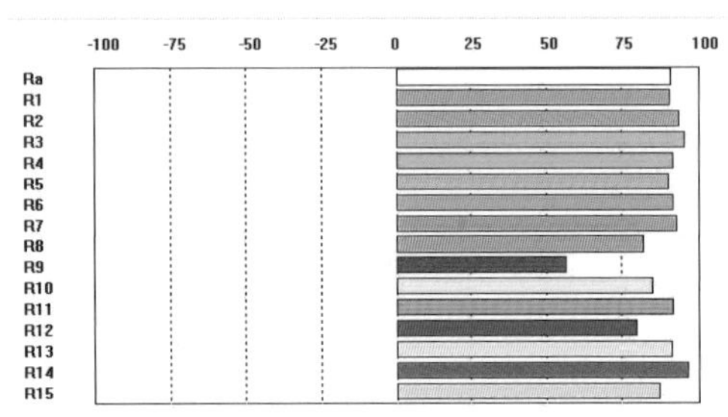

(b) 显色指数图

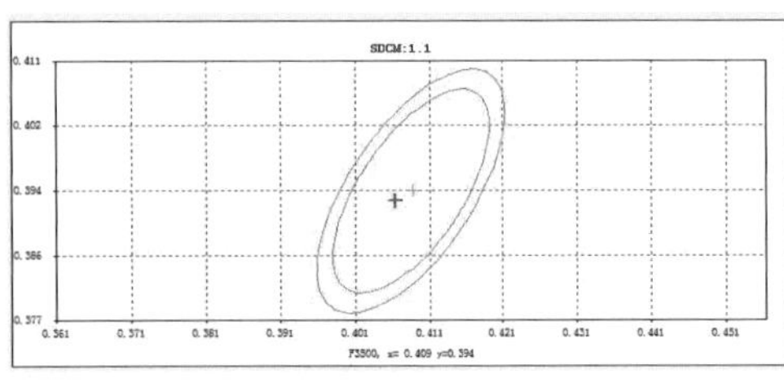

(c) 色容差图

图9　测量点5对应的光谱曲线图、显色指数图和色容差图

从测量的照度值可知，最小照度为 583.1lx，照度平均值为 728.8lx，即展品表面照度均匀度为 0.80。

4）展品 4（立体展品）

该展品（图 10）为半封闭展览，分别对该展品水平面（图 10 中所示 1）及垂直面（图 10 中所示 2）进行测试。展品 4 测试原始数据见表 6。

图10　展品4（立体展品）

表 6　展品 4 测试原始数据

变量		水平面			垂直面		
		1	2	3	4	5	6
照度 E/lx		531.3	464.6	509	71.5	53.9	79.8
色温 CCT/K		3600	3541	3606	3397	3527	3229
显色指数	R_a	91.8	91.5	91.8	92.8	92.6	90.7
	R_9	60.6	59.3	61.1	66.3	63	56.5
	R_f	92	92	92	93	93	93
色容差 /SDCM		4.2	3.2	4.3	1.5	2.5	8.5
频闪控制		f：825Hz；MD：3.05%					

测量点 5（图中红圈内点）对应的光谱曲线图及显色指数数据图如图 11 所示：

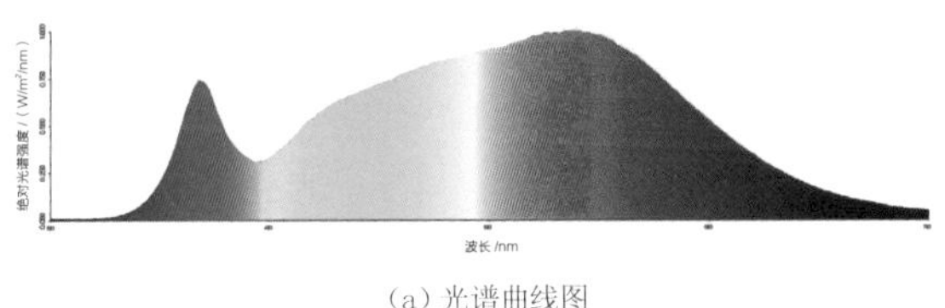

(a) 光谱曲线图

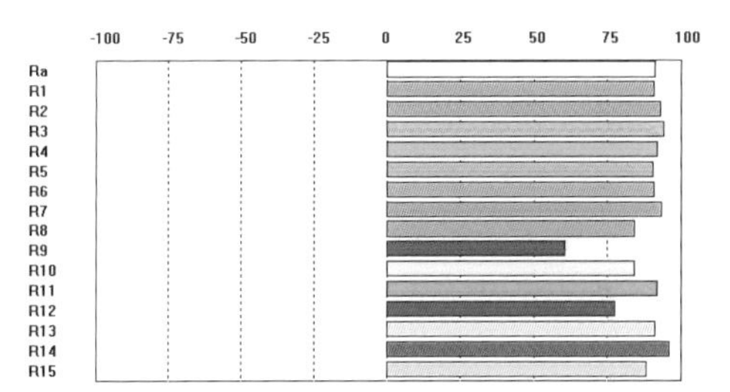

(b) 显色指数数据图

图11　测量点3对应的光谱曲线图及显色指数数据图

5）展品 5（立体展品）

利用该展品（图 12）评估展品表现艺术感指标，通过测试，展品亮度 10.78cd/m^2；背景亮度 54.21cd/m^2；比值 S=10.78/54.21=0.20，即满足 1/6<S<1/3。

图12　展品5（立体展品）

（三）风雅颂吴中吴雅厅非陈列空间照明情况

对该展厅的典型非陈列空间（图 13），如入口门厅及通道进行测试。

图13　风雅颂吴中吴雅厅非陈列空间

1. 门厅

门厅测试原始数据见表 7。

表 7　门厅测试原始数据

变量		1	2	3
照度 E/lx		59.8	69.3	58.8
色温 CCT/K		4026	3664	3563
显色指数	R_a	93.4	91.9	91.6
	R_9	60.8	53.3	52.7
	R_f	94	93	93
色容差 /SDCM		2.4	6.3	4.2
频闪控制	f：2475Hz；MD3.74%			

2. 通道

通道测试原始数据见表 8。

表 8　通道测试原始数据

变量		1	2	3
照度 E/lx		122.5	106.9	96.5
色温 CCT/K		3448	3499	3605
显色指数	R_a	91.2	90.1	89.2
	R_9	60.9	51.6	50.3
	R_f	92	91	89
色容差 /SDCM		1.8	2.9	4.4
频闪控制	f：600Hz；MD：24.8%			

（四）产品外观与展陈空间协调性评估

通过对整个博物馆参观，整个博物馆展厅规划合理，各展品陈列协调，能够较好的展现展品信息，根据主观感受，对此项评级为“完美”，得分为 85 分。

（五）眩光测试

为评价博物馆的眩光情况，对考古探吴中陈列馆及风雅颂吴中吴雅厅所在空间进行了眩光测试。

1. 考古探吴中展厅测试

如图 14 所示。

图14　考古探吴中展厅测试图

UGR 测试数据为 10。

2. 风雅颂吴中吴雅厅测试

如图 15 所示。

UGR 测试数据为 4.8。

图15　风雅颂吴中吴雅厅测试图

三　总结

根据上述调研结果，按照《美术馆光环境评价方法》中的评价标准，对非陈列空间和陈列空间进行评估，非陈列空间的评级及得分结果如表 9、10 所示。陈列空间的评级结果如表 11 所示。

根据《美术馆光环境评价方法》标准关于各等级的得分情况，在进行非陈列空间得分计算时，取值如下："优" 取 85 分，"良" 取 70 分，"合格" 取 55 分，"不合格" 取 30 分。

表 9　非陈列空间评级

评分指标	光源质量				光环境分布		
	显色指数		频闪控制	色容差	空间水平均匀	空间垂直均匀	眩光控制
	R_a	R_9					
门厅	良	合格	优	合格	优	优	优
通道	良	合格	优	合格	优	优	优

表 10　非陈列空间分数

指标项		门厅	通道	得分
灯具质量	R_a	21	21	44.38
	R_9			
	频闪控制	17	17	
	色容差	4.5	8.25	
光环境分布	空间水平均匀	8.5	8.5	42.5
	空间垂直均匀	8.5	8.5	
	眩光	8.5	8.5	
	功率密度	8.5	8.5	
	光环境控制方式	8.5	8.5	

表 11　陈列空间评级

评分指标	用光安全				光源质量					光环境分布				
	照度与年曝光量	紫外线含量 /（μW/lm）	色温或相关色温	展品周围环境温升	显色指数			频闪控制	色容差/SDCM	空间水平均匀	空间垂直均匀	眩光控制	展品艺术感	展厅墙面与地面对比
					R_a	R_9	R_f							
展品 1	良	优	良	优	良	合格	良	优	合格	优	优	优	良	
展品 2	良	优	良	优	良	合格	良	优	优	优	优	优	良	良
展品 3	良	优	良	优	良	合格	良	优	优	优	优	优	良	良
展品 4	良	优	良	优	良	合格	良	优	合格	优	优	优	良	良

根据《美术馆光环境评价方法》标准关于各等级的得分情况，在进行陈列空间得分计算时，取值如下："优"取85分，"良"取70分，"合格"取55分，"不合格"取30分。

表12 陈列空间分数

指标项		展品1	展品2	展品3	展品4	得分
用光安全	照度与年曝光量	10.5	10.5	10.5	10.5	30.25
	紫外线含量 /（μW/lm）	4.25	4.25	4.25	4.25	
	色温或相关色温	7	7	7	7	
	展品周围环境温升	4.25	4.25	4.25	4.25	
	蓝光	4.25	4.25	4.25	4.25	
灯具质量	R_a	5.6	6.5	5.6	5.6	21.15
	R_9					
	R_f					
	频闪控制	8.5	8.5	8.5	8.5	
	色容差 /SDCM	0.9	4.25	4.25	0.9	
	产品外观与展陈空间协调	4.25	4.25	4.25	4.25	
光环境分布	空间水平均匀	4.25	4.25	4.25	4.25	24
	空间垂直均匀	8.5	8.5	8.5	8.5	
	眩光	4.25	4.25	4.25	4.25	
	展品表现的艺术感	3.5	3.5	3.5	3.5	
	展示区与展陈环境对比关系	3.5	3.5	3.5	3.5	

综合上述评价结果，吴中博物馆总体满足展陈要求，多项指标满足标准要求，具有较好的视觉舒适度及展品保护措施。

其中，照明光源色温为3500K，偏差值在±200K以内，显色相关指标（R_a、R_f）均在90以上，符合≥90的要求，保证了展品颜色的还原度和真实度。展厅灯具有效控制眩光，所测UGR均不高于10，避免使参观者产生不舒适感。

吴中博物馆作为新馆，建设中馆方对光环境质量比较重视，也投入了专项经费，在我们评估调研中，测试所得各项数据表现优越，仅有部分指标待提高，已属于一项照明设计成功案例，对其他博物馆和美术馆光环境质量的引导有很好借鉴价值。吴中博物馆是我们课题组制订的行业标准《美术馆光环境评价方法》定稿送审前，运用标准进行调研的最后一例。

实验报告

实验对我们标准制订工作至关重要，各项具体指标设计与限定界限都进行了专题研究。实验可以提供更多我们在实地考察调研中不容易获取和收集的内容，以便进行深入研究。此章节主要介绍我们在承担 2019 年上半年行业标准制修订计划项目《美术馆光环境评价方法》期间开展的 6 项专题实验，其中部分实验属国内首创，具有很强的导向。

“博物馆LED照明质量的研究”是由浙江大学的罗明教授带领他的团队完成的实验项目。罗明教授在国内外照明领域享有较高的社会知名度，他的研究方向具有国际领先性。本实验报告聚焦目前国内外学者们广泛研究的LED照明颜色质量问题，探讨自然度及喜好度是衡量白光照明质量的最为重要的维度。报告通过详细解读实验开展的情况，用大量具体的采集数据与分析结论，向读者揭示了相关色温（CCT）范围在3200~6500K之间，人们最喜好的白光色度坐标在普朗克轨迹下方，可忽略画作类型对画作的影响。

博物馆LED照明质量的研究

撰 写 人：罗明，沈佳敏，刘小旋

研究单位：浙江大学现代光学仪器国家重点实验室

摘　　要：LED照明的颜色质量一直被广泛研究。本研究的目的是用3种属性来评估LED照明的颜色质量。本实验邀请了20名观察者使用6个量级排序的方法对4个代表性绘画作品进行喜好度评估。实验是在一个光谱可调的LED灯箱中进行的。通过严格控制其他颜色质量参数（包括相对色温、亮度、一般显示指数、色域大小与形状），只改变 D_{uv}，结果显示最佳的 D_{uv} 位置在 -0.015 ± 0.002 间，再次验证之前的研究结果。

关 键 词：LED照明；颜色质量；光源；博物馆照明

引言

自然度及喜好度是衡量白光照明质量的重要维度，自然度是通过与记忆色相似的熟悉物体对比来表征的。多年来，国际照明委员会（CIE）提出的显色指数（CIE R_a）被广泛地应用于评价颜色质量[1]。2017年CIE又提出了保真度度量，即 R_f[2]。对于文物照明的研究，基本都在不同相对色温（CCT）、亮度、R_a、D_{uv}（光源在等色温线上到普朗克轨迹的CIE 1960 uv色度距离）条件下进行，大多研究都没有控制色域大小或者色域形状。1960年，Bartleson[3] 首次将记忆色定义为“与熟悉物体相关联的颜色”。如果某个物体的颜色外观更接近于它的记忆色，则其看起来更加自然。自然度与普朗克轨迹线上的色度点相关。2013年，Ohno和Fein[4] 首次对白光的自然度进行了探究。他们发现，当色温在2700～6500K范围内时，人眼视觉感觉最自然的白光轨迹线位于普朗克轨迹下方0.015个 D_{uv} 单位处，该轨迹线的位置远低于普朗克轨迹线。该实验在一个中性灰的模拟房间内进行，要求观察者对桌子上的水果、镜子中自身的脸部肤色和整个房间颜色进行评价。但是其研究中缺乏对色域属性的控制，Wei和Houser[5] 质疑其结果的可靠性。色域形状会根据不同的实验刺激而变化。因此，色度可能不是唯一的原因。2015年，Ohno[6] 重复了该实验，改进了色域形状的控制，进一步证实了之前实验自然轨迹的可靠性。同时，也有很多对喜好性进行研究，如Khanh团队的系列实验[7～10] 发现，较受喜爱的CCT值变化较大（分布于3500～5700K范围内），但对 D_{uv} 色度的研究较少。

本团队之前的研究[11]，在一个光谱可调的11通道的LED灯箱通过严格控制其他颜色质量参数（包括CCT、亮度、R_a、色域大小与形状），只变换CCT及 D_{uv} 参数。产生如图1（a）所示的21个光源。17名观察者对与记忆色相关的13种蔬果采用成对比较的方法进行自然度、喜好性和鲜艳度的评价，然后对自然度和照明喜好轨迹线进行了独立的研究。结果如图1（b）所示，D_{uv} 均值为 -0.013（带点蓝紫的白光）的光源显得更自然。D_{uv} 均值为 -0.016 更令人喜欢。适当远离普朗克轨迹会增加喜好度。此结果与文献[4,6] 中的研究结果相当一致。

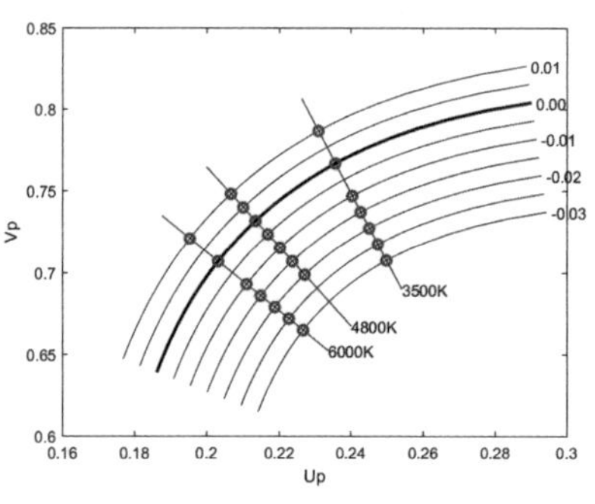

(a) 实验光源的色度坐标

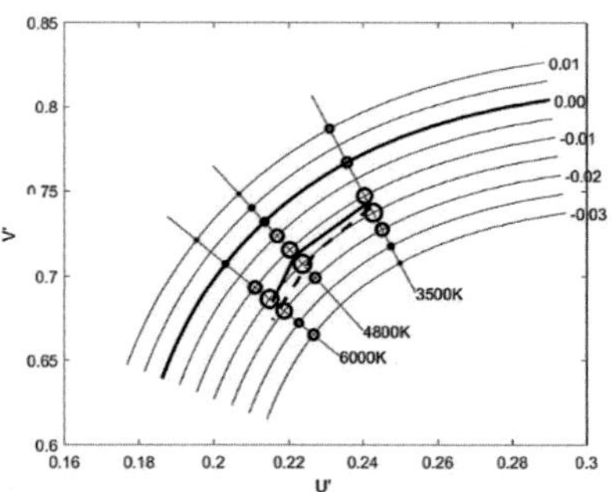

(b) 实验结果：实线是自然度轨迹，虚线是喜好度轨迹

图1　实验光源的色度坐标以及实验结果

本团队之前也做过两个博物馆照明质量的实验，第一个实验[12]的光源包含12个光源，含4个色温(2850,4000,5000,6500) K及3个照度(50,200,800) lx的组合，所有光源的R_a均控制在大于93。24名观察者对6幅画作12个维度的评价。研究结果显示在3000～4000K及200～800lx间，能达到最舒适的效果。第二个实验[13]是将第一个实验的光源条件再细化，采用12个光源，包含色温(3000,3500,4000) K,R_a(60,70,90),D_{uv} (0.000，－0.020)。12名观察者对4幅画做10个维度的评价。研究结果显示在3500K，较高的R_a及D_{uv}=－0.02，能达到最佳清晰及舒适的效果。

在以上基础上，本实验扩大之前对博物馆光质量[11-13]的研究，将取得较广泛却精准的D_{uv}参数，通过严格控制CCT、R_a尤其是色域大小和形状等多种颜色质量参数，目标是建立较精准的喜好性光源轨迹。

一　实验方法

（一）实验设置

这个心理物理实验在图2 (a) 双柜灯箱中进行。其规格为140cm×58cm×66cm。双柜灯箱并列放置，均可独立控制，内壁的颜色是Munsell N7。每个灯箱具有一个10通道LEDCube照明系统，可以控制光源的CCT、D_{uv}、亮度、R_f和R_g等参数。图2 (b) 提供10通道的光谱能量曲线。R_f和R_g为IESTM-30-80[14]提出的标准。

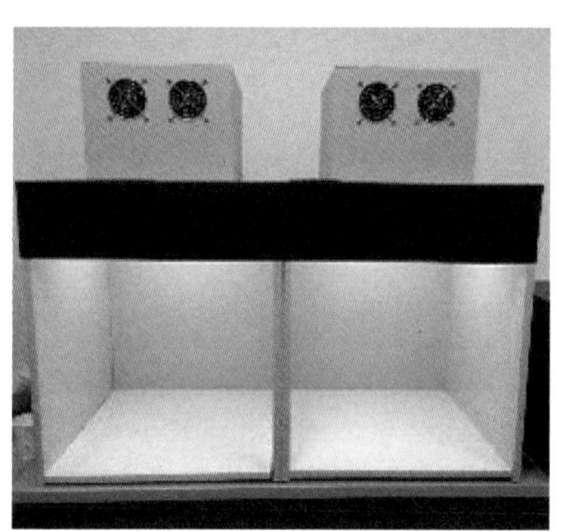

(a) LED Cube双柜灯箱

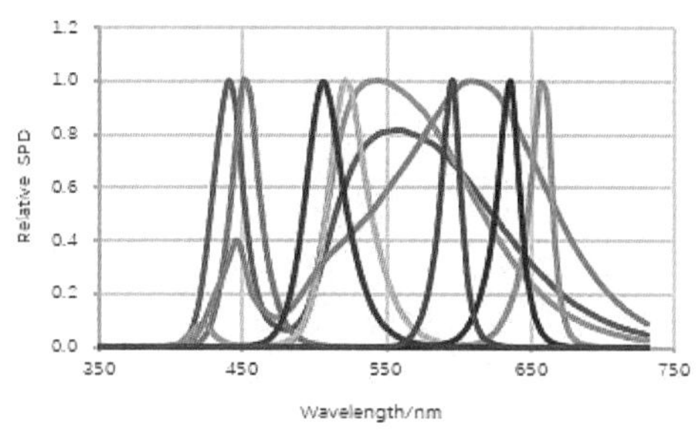

(b) 10个LED通道光谱能量曲线

图2　LED Cube双柜灯箱和10个LED通道光谱能量曲线

（二）光源

20名观察者在20个光源[含5个CCT (3200、3500、4500、5500、6500) K及4个D_{uv}光源(－0.020、－0.015、－0.010和－0.005)]进行一系列的视觉实验。由之前的实验得知喜好性及自然度高的物体色均在普朗克曲线的下方，即负D_{uv}方向。光源亮度设置为400cd/m²。图3 (a) 展示了20个测试光源的色度图。这些点的初始色度坐标调整到离预定点的±0.002以内，并在整个实验过程中保持在±0.001以内。R_f及R_g分别严格控制在85±2和113±2以内。

20个光源在红色和绿色方向上有很相近的色域形状。图3 (b) 显示了20个光源的色域。可以察觉光源之间色域面积及形状差异很小，表示这些光源的色域大小和形状控制得很好。

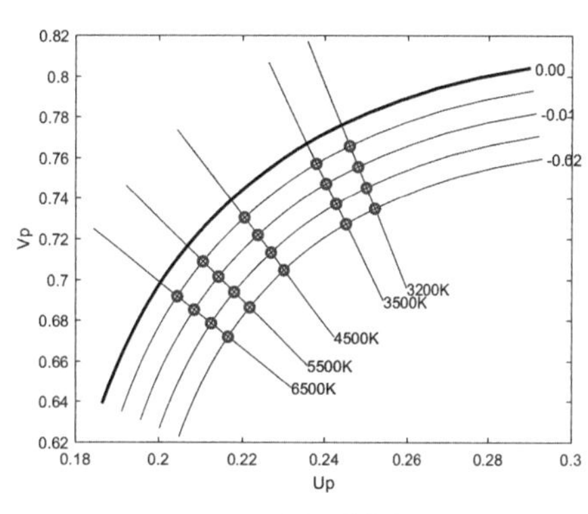

(a) 20种光源的色度图

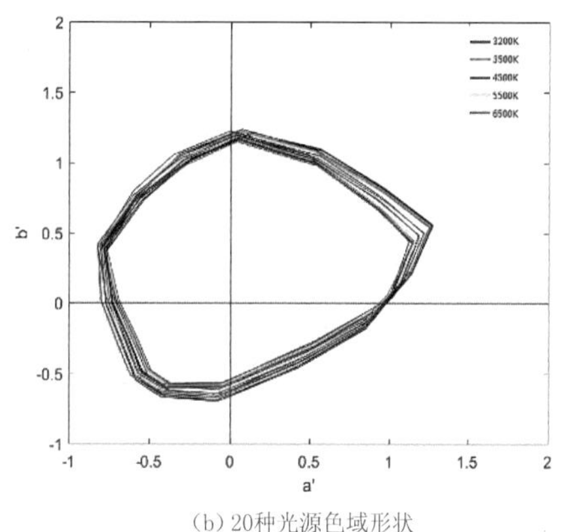

(b) 20种光源色域形状

图3　20种光源的色度图和色域形状

（三）样本准备

样本为中国艺术家绘制的作品，如图 4 所示。其中两幅是油画，两幅是水彩画。其内容包含柿子、人物及外景。

（四）实验过程

此次实验中每个 CCT 对应有 4 个光源，采用 6 个量级排序法（Categorical Judgement）对样本颜色刺激进行评价。观察者分别在 20 个光源下进行 4 次观察（即 4 幅画作）。

在一轮观察过程中，观察者先在左侧灯箱中进行 2 分钟的色适应，用于色适应的光源（相同 CCT 但是 D_{uv}=0）。然后在右侧灯箱随机变换同种 CCT 但不同 D_{uv} 的 4 个光源，观察者对喜好度进行评估。当一组光源完全结束，观察者将适应另一组 CCT 下 D_{uv}=0 的光源两分钟，五组光源的顺序仍是随机排列的（随机重复一组光源）。

如表 1 所示，实验将喜好度设定 6 个等级（−3，−2，−1，1，2，3），从 − 3（非常差）至 3（非常好）。观察者如果认为画作完美且具有吸引力就 3 分，反之亦然。然后将所有评估结果进行平均之后再做分析。

（五）观察者

20 名颜色视觉正常的观察者参与实验，其中有 11 名男性，9 名女性，年龄范围是 21 ~ 27 岁，平均年龄为 23 岁。他们均来自浙江大学，没有颜色相关知识的学习经历。

实验共进行了 1600 次评估，即 20 种光源 ×4 轮观察（4 幅画作）×20 名观察者。

二　实验结果

统计每个喜好度量级的观察者数量，然后将数据换算为概率值（观察者数量 / 观察者总数）。最后，喜好度量表的概率值转换为 Z-Score[15]。

表 2 列出不同种类画最高喜好度由 CCT 及 D_{uv} 表示的光源轨迹。请注意，其中标上 * 的数据是指 D_{uv} 超越设定下限 − 0.02。指若有更负的 D_{uv} 值，视觉评价可能低于设定的 − 0.02。结果表明，在研究的 CCT 范围 3200 ~ 6500K 之间，喜好性高的光源轨迹 D_{uv} 值为 − 0.015。四幅画作的结果差异在 ±0.001 以内，也说明了画的种类并不影响结果。图 5 显示最高喜好度的白光轨迹。由图可知，4 个点的位置一致，证实了普朗克轨迹下方稍偏蓝紫的光源更受人们的喜爱。

与我们之前用记忆色物体 [11] 与本实验的画作相比，熟悉物体的最高喜好度光源轨迹稍微远离普朗克轨迹 0.005D_{uv} 的距离。与 Ohno 和 Fein 的自然度轨迹相比 [4,6]，本实验喜好度轨迹具有一致性。

三　结论

本实验的目的是，研究在室内 LED 光照环境下，参数 CCT 及 D_{uv} 对白光的欣赏 4 幅画喜好度的影响。我们可以得到以下结论：

当 CCT 范围在 3200 ~ 6500K 之间，人们最喜好白光的色度坐标在普朗克轨迹的下方（D_{uv} 平均值在 − 0.015 左右），可忽略画作类型对画作的影响。

(a)

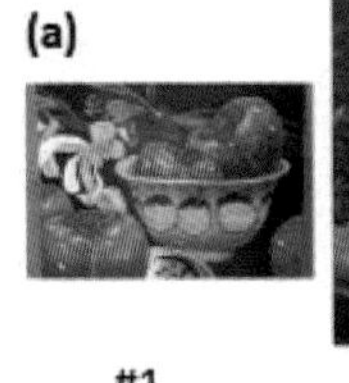

#1

#2

#3

#4

(b)

图4　#1和#2是油画，#3和#4是水彩画

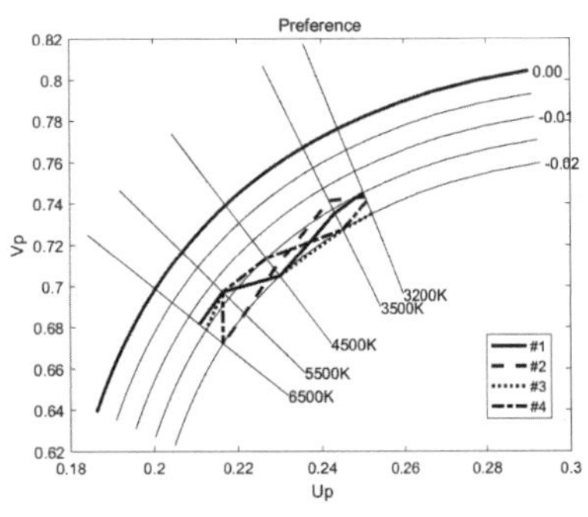

图5　最高喜好度的白光轨迹

表 1　喜好度量表设定

−3	−2	−1	1	2	3
非常差	差	一般	好	很好	非常好

表 2　喜好度最高的光源轨迹位置

D_{uv}	3200K	3500K	4500K	5500K	6500K	平均值
#1	−0.015	−0.016	−0.020*	−0.013	−0.013	−0.016
#2	−0.016	−0.013	−0.018	−0.020*	−0.020*	−0.015
#3	−0.020*	−0.020*	−0.020*	−0.013	−0.015	−0.014
#4	−0.017	−0.020*	−0.015	−0.013	−0.020*	−0.014
平均值	−0.016	−0.015	−0.017	−0.013	−0.014	−0.015

参考文献

[1]Method of Measuring and Specifying Colour Rendering Properties of Light Sources, *CIE Publication* 13.3-1995, Central Bureau Of the CIE, Vienna, Austria, pp.212[S].

[2]CIE 2017 Color Fidelity Index for accurate scientific use, *CIE Publication* 224-2017, Color Research & Application, pp.590[S].

[3]C. J. Bartleson, "Memory colors of familiar objects," [M]*J Opt Soc Am,* vol.50, no.1 (1960), pp.73-77.

[4]Y. Ohno, M. Fein, "Vision experiment on acceptable and preferred white light chromaticity for lighting," *CIE 2014 Lighting Quality and Energy Efficiency,* (April 2014), pp.192-199[S].

[5]Minchen. Wei, K. W. Houser, "What Is the Cause of Apparent Preference for Sources with Chromaticity below the Blackbody Locus?."[J] *Leukos,* vol.12, no.1 (2016), pp95-99.

[6]Y. Ohno, S. Oh, "Vision experiment ii on white light chromaticity for lighting," *CIE Lighting Quality and Energy Efficiency 2016,* (March, 2016), pp. 175-184[S].

[7]T Q, Khanh, et al, "Colour preference, naturalness, vividness and colour quality metrics, Part 1: Experiments in a room," [J]*Lighting Research & Technology,* vol.46, no.9 (2017), pp.697-713.

[8]T Q, Khanh, P. Bodrogi, T Q, Vinh, et al, "Colour preference, naturalness, vividness and colour quality metrics, Part 2: Experiments in a viewing booth and analysis of the combined dataset," [J]*Lighting Research and Technology,* vol.49, no.6 (2017), pp.714-726.

[9]T Q, Khanh, P. Bodrogi, "Colour preference, naturalness, vividness and colour quality metrics, Part 3: Experiments with makeup products and analysis of the complete warm white dataset," [J]*Lighting Research and Technology,* vol.50, no.2 (2018), pp.218-236.

[10] T Q, Khanh, P. Bodrogi, Q T, Vinh, et al, "Colour preference, naturalness, vividness and colour quality metrics, Part 4: Experiments with still life arrangements at different correlated colour temperatures," [J]*Lighting Research and Technology,* vol.50, no.6 (2018), pp.862-879.

[11]JM. Shen, M. R. Luo , and QY. Zhai, "White light chromaticity locus for naturalness," *CIE 2017 Midterm Meetings and Conference on Smarter Lighting for Better Life,* (January, 2018), pp.32-37[S].

[12]Zhai. QY, M. R. Luo, Liu. XY, "The impact of illuminance and colour temperature on viewing fine art paintings under LED lighting,"[J]*Lighting Research & Technology,* vol.47, no.7 (2015), pp.795-809.

[13]Zhai. QY, M. R. Luo, Liu.XY, "The impact of LED lighting parameters on viewing fine art paintings," [J]*Lighting Research & Technology,* vol.48, no.6 (2016), 711-725.

[14]IES TM-30-18 IES Method for Evaluating Light Source Rendition, *The Illuminating Engineering Society,* 2018[S].

[15]Engeldrum. P G, "*Psychometric Scaling: A Toolkit for Imaging Systems Development.*" [M]Imcotek Press (2000).

本报告为天津大学建筑学院的党睿教授与团队开展的实验，该实验带有很强的延展性。因党睿教授一直从事光对文物展品的损伤性研究，此实验报告是最新研究成果之一，也契合我们的标准制订工作的需求。主要应约解决在博物馆、美术馆照明条件下，光对敏感绘画文物极易产生的色彩损伤进行实验。分析了不同可见波段的光对不同类型颜料损伤的差异性。大量实验得出结论，反映出不同种类的颜料对光敏感度差异较大，色差会随曝光量变化逐渐减小，对应的每种颜料在光照损伤的情况下，也会逐渐趋于稳定。

照明对绘画的色彩损伤实验

撰 写 人：党睿

研究单位：天津大学建筑学院，天津市建筑物理环境与生态技术重点实验室

摘　　要：光敏感绘画文物在博物馆照明下，极易产生色彩损伤。本研究基于10种窄带光对17种颜料开展长周期辐射实验，并定期测试色彩参数。结果定性分析实验颜料在不同窄带光下的损伤规律，并在此基础上计算10种窄带光对颜料的平均影响色差值，为计算不同光谱构成光源对绘画的色彩损伤提供基础。

关 键 词：绘画；颜料；色彩损伤；色差

引言

中国传统绘画文物是国际照明委员会规定的最高光敏感展品。其照明损伤的根本原因在于材料内部吸收馆内光源能量而发生光化学反应，外在表现为色彩损伤。作为博物馆应用广泛的光源，不同型号的发光二极管（Light Emitting Diode，LED）的光谱差异巨大。由于材料对不同光谱的响应率不同，不同光谱构成的LED对不同绘画文物的色彩损伤程度差异较大。因此，本研究基于长周期辐射实验，明确构成LED的主要窄带光对不同绘画文物的色彩损伤规律，得到相应的定量色彩损伤系数，为计算不同型号LED对绘画的色彩损伤提供基础，是进行LED照明损伤度评估的研究前提，也是实现中国传统绘画文物照明保护的关键。

一　实验方案

（一）实验试件

绘画试件制作工序主要由以下几步组成：

1. 对绘画试件基材进行装裱处理，以防止后期涂抹颜料后或照射期间试件的变形。

2. 将17种颜料与水、明胶以1：10：1的质量比例均匀混合。明胶具有较强的黏结力，且易凝固。因此，为防止混合溶液的凝固，在制作试件时，对溶液进行水浴加热。

3. 将背面具有黏性，尺寸在9.5cm×9.5cm且厚度为1.25mm的UV膜用方形打孔器刻制出17个边长为1cm的正方形小孔，孔间距为0.5cm。然后将UV膜贴在水彩纸上，形成17个1cm×1cm的凹槽，防止制作试件时颜料间的相互渗透。然后，将颜料均匀涂抹在水彩纸上，使得各个颜料试件之间无影响。

4. 将试件粘贴于PVC板上，以保证绘画试件平整度满足要求并防止照射期间实验试件的形变。

5. 照射实验前，为保证绘画试件色彩参数的稳定，将试件放置在黑暗环境中，平均温度为25℃、湿度为50%±5%，时间为5个月。

（二）实验光源

绘画照明要求光源不能含紫外和红外光谱，以可见光范围内10种窄带光进行照射实验研究。光源以LED单色芯片制备，使用Photo Research PR670对所制备的光源进行光谱测量，测量结果见图1。同时由于实验持续时间较长，为避免由于光源光衰对实验结果造成的影响，每个测试周期均进行光源的光通量测量，一旦发现有衰减马上更换备用光源。此外，每个周期的色彩测量均在中国计量院标定过的标准A光源下进行，以CIE标准测量方式对绘画试件进行色彩参数测试，以保证色彩测量的一致性。

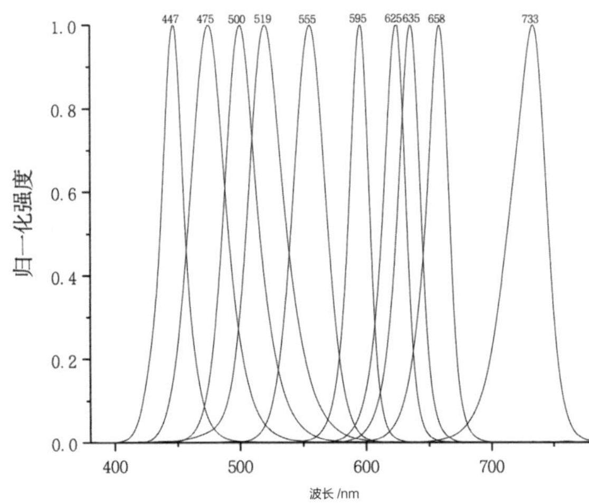

图1　十种窄带光谱的相对光谱功率分布图

（三）实验装置及环境

实验在天津大学建筑学院地下全暗光学实验室中进行，实验室位于地下室，以排除天然光对实验的干扰。实验室中设置温湿度自动调节功能的照明实验箱，如图2和图3所示。实验过程中，温度始终保持在20±0.5℃，相对湿度始终控制在50% ±5%，换气率保证在0.5^{d-1}，符合博物馆绘画保存条件要求。

用隔板将实验箱划分为十个独立空间，避免不同照射组之间的相互干扰。隔板表面覆有对入射光具有较强吸收能力的黑色天鹅绒，以排除反射光谱对实验的影响。将十种窄带光谱分别集成于实验箱上部，向下垂直照射绘画颜料样本，光源与样品间距离保持一致，高度为54.5cm，并调节光源功率使每组样本的表面辐照度均为10.000（1±3%）W/m²，小于ASTM D 4303-10标准规定的500W/m²。同时，为保证样本表面的辐照度均匀，实验平台上安置自动旋转转盘，转速为0.5r/min。

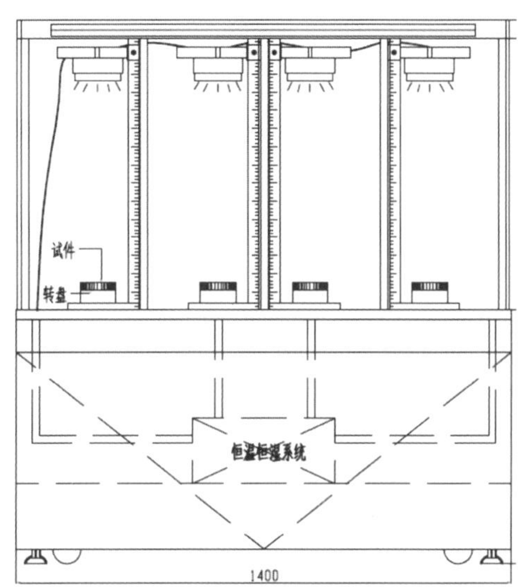

图2 实验装置图

图3 实验现场图

（四）数据测量

明确实验的总照射时间为本研究的难点。本研究在实验期间，同时分析实验数据，计算色彩损伤，即色差值。绘制试件的色彩损伤随曝光量的变化规律，当出现明显规律时结束实验。实验过程中对试件进行周期性循环照射，每天照射8h，共计照射180d，累计1440h，则试件接受的曝光量为14400Wh/m²。以每240h为一个色彩参数，测量在由中国计量院标定的标准A光源下进行。测量中采用Photo Research PR 670按照CIE标准色彩测试方法，测量颜料样本的颜色三刺激值X、Y、Z与理想白色物体的三刺激值X_0、Y_0、Z_0，测量过程中采用CIE推荐的反射率为98%硫酸钡标准白板作为工作标准。

为保证测量的精确性，采取以下三种措施：

1. 标准A光源附加稳压装置，以保证标准光源输出功率的稳定。

2. 使可测光斑尽量多的覆盖样品，调节测量距离与测量角度来调节圆形可测光斑大小，使其作为1cm×1cm方形试件的内切圆。

3. 参数测量在全暗光学实验室进行以排除环境光对实验的影响，采用CIE标准测量方法（45°入射，0°测量）。

根据三刺激值测量数据，计算每个试件的CIE LAB色坐标（a^*、b^*）和米制亮度值L^*，计算公式如下：

$$L^* = 116(Y/Y_0)^{1/3} - 16, \ (Y/Y_0 > 0.01)$$
$$a^* = 500\left[(X/X_0)^{1/3} - (Y/Y_0)^{1/3}\right]$$
$$b^* = 200\left[(Y/Y_0)^{1/3} - (Z/Z_0)^{1/3}\right]$$

随后分别计算17种颜料在十种窄带光照射下各个周期相对于初始状态的色差值，计算公式如下：

$$\Delta E^*_{ab1} = \sqrt{(L^*_1 - L^*_0)^2 + (a_1 - a_0)^2 + (b_1 - b_0)^2}$$
$$\Delta E^*_{ab2} = \sqrt{(L^*_2 - L^*_0)^2 + (a_2 - a_0)^2 + (b_2 - b_0)^2}$$
$$\cdots\cdots$$
$$\Delta E^*_{ab6} = \sqrt{(L^*_6 - L^*_0)^2 + (a_6 - a_0)^2 + (b_6 - b_0)^2}$$

根据计算结果，绘制颜料的色差值ΔE^*_{ab}随曝光量周期性变化曲线。

二　实验结果

通过周期性照射实验，结合色差计算方法，得到峰值波长分别为447nm、475nm、500nm、519nm、555nm、595nm、624nm、635nm、658nm和733nm的十种可见窄带光谱对铅黄、朱砂、雄黄、红珊瑚、赭石、赤赭石、土黄、雌黄、石黄、石青、青金石、石绿、蛤粉、曾青、铜绿、石墨、白土17种颜料的辐射色彩损伤随曝光量变化规律，并绘制色差随曝光量变化曲线。

针对10种窄带光谱对颜料的损伤影响随曝光量变化曲线进行分析，将6个周期内17种颜料的色差取平均，得到10个波段窄带光谱对颜料的平均影响色差值，见表1。

表1　不同波段对颜料色彩损伤影响

光源波长 /nm	447	475	500	519	555	595	624	635	658	733	均值
铅黄	4.45	5.96	2.82	3.93	5.23	3.95	5.26	4.81	4.11	4.14	4.47
朱砂	3.27	3.79	4.19	3.96	3.93	3.69	3.33	4.85	2.35	3.52	3.69
雄黄	3.34	3.31	2.57	8.04	3.39	4.99	5.35	3.98	3.69	2.23	4.09
红珊瑚	1.90	1.89	1.80	1.01	0.80	0.75	1.09	0.63	0.49	0.96	1.13
赭石	1.71	2.53	1.46	1.86	2.19	1.46	0.98	1.96	2.46	1.76	1.84
赤赭石	1.71	1.97	0.72	1.71	2.32	1.55	1.98	2.51	1.85	2.22	1.85
土黄	2.70	2.98	2.47	2.37	2.55	2.73	2.82	2.39	2.14	2.02	2.52
雌黄	3.43	4.19	3.63	2.92	2.76	2.51	2.28	2.57	2.15	1.84	2.83
石黄	3.46	4.75	2.53	4.49	3.35	2.96	2.04	2.39	2.00	1.59	2.96
石青	1.96	1.81	0.76	1.49	2.34	1.28	2.26	1.93	1.95	1.34	1.71
青金石	1.00	1.43	1.12	1.05	1.43	1.16	1.70	2.04	1.75	1.10	1.38
石绿	0.92	1.63	1.35	1.13	1.11	0.95	0.99	0.82	0.94	1.02	1.09
蛤粉	6.38	5.40	2.20	3.10	2.68	1.43	1.24	0.90	1.52	1.12	2.60
曾青	0.87	1.29	1.50	0.56	0.69	1.34	1.19	0.74	0.82	0.85	0.99
铜绿	3.12	2.84	2.23	1.21	0.99	0.65	0.74	1.68	0.84	1.79	1.61
石墨	1.73	2.56	1.65	1.50	1.31	1.19	1.14	1.15	0.99	0.90	1.41
白土	4.83	4.87	2.50	2.56	2.30	1.65	1.40	1.33	2.09	0.96	2.45
均值	2.75	3.13	2.09	2.52	2.32	2.01	2.11	2.16	1.89	1.73	

根据表1得出不同可见波段对不同种类颜料的损伤规律如下：

（一）不同种类颜料对光照的敏感程度差异较大。红珊瑚、赭石、赤赭石、石青、青金石、石绿、曾青、铜绿、石墨9种颜料在绝大多数窄带光照射下的平均色差小于2，色差变化相对较小，在光照作用下材料的化学成分较为稳定；铅黄、朱砂、雄黄、土黄、雌黄、石黄、蛤粉、白土8种颜料在绝大多数窄带光照射下的平均色差大于2，色差变化相对较大，在光照条件下，易发生光化学反应致使材料产生色彩变化。

（二）不同可见波段对颜料的色彩损伤差异较大。结合绘画材料特征对颜料进行综合分析，得出对绘画辐射损伤影响最大的窄带光谱为峰值波长是475nm的波段，损伤影响最小的窄带光谱为峰值波长是733nm的波段，整体趋势呈现为色彩损伤影响随辐射光源波长的增大而减小。

三　实验结论

对以颜料构成的绘画进行分析，在同一照射测量周期下对17种颜料的色差 ΔE^{*}_{ab} 取均值，得出十种窄带光照射下绘画的色差值随曝光量变化曲线（图4）。在十种

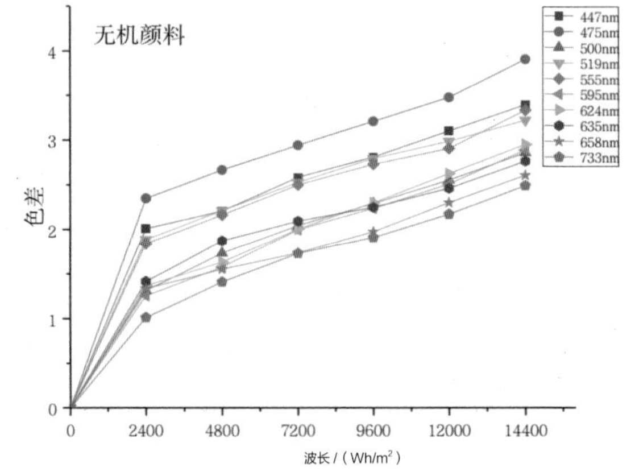

图4　十种窄带光对绘画的色彩损伤影响

窄带光谱照射下，色差随曝光量变化曲线的斜率逐渐减少，即对应绘画的光照损伤逐渐趋于稳定。

根据公式计算得到 10 种窄带光对颜料的平均影响色差值，并以试件在 447nm 窄带光照射下的色差影响平均值为 1.000，对其他 9 个波段的窄带光色差影响值进行归一化处理，得到十种窄带光对绘画的相对损伤影响系数，如表 2 所示。基于该影响系数，为计算不同光谱构成光源对绘画的色彩损伤提供基础。

表 2　十种窄带光对绘画的相对损伤影响系数

波长 /nm	447	475	500	519	555	595	624	635	658	733
相对损伤影响系数	1.000	1.116	0.775	0.918	0.843	0.773	0.766	0.785	0.688	0.637

此调研报告是参与课题组研究企业共同参与的实验项目，他们为实验提供了最新技术产品，对我们制订标准工作起着至关重要的作用。另外，北京清控人居光电研究院的荣浩磊先生和高帅同志一直持续支持我们课题组研究，在专业性和技术指标制订方面给课题组工作提供了有力支持。就目前LED照明产品已在社会上广泛应用，此实验报告结合2018年LED照明产品数据采集与2020年的LED照明产品进行指标测试横向比对与分析，从而可以了解当前国内博物馆、美术馆专业LED产品在随技术发展上的变化规律。

基于模拟实验的美术馆LED产品指标测试分析

撰 写 人：高帅，杨秀杰

研究单位：北京清控人居光电研究院有限公司

摘　　要：本研究基于《美术馆光环境评价方法》，对美术馆中常用的LED灯具进行征集，通过模拟实验的方法，对灯具的指标进行了测试及研究，同时结合2018年的指标数据进行横向对比分析，从而了解目前LED产品随技术发展在指标上的变化情况，为标准编制提供数据支撑。

关 键 词：美术馆照明；模拟实验；LED；数据分析

引言

2018年“美术馆照明质量评估方法与体系的研究”课题中（以下称“2018年课题”），对14款美术馆中常用灯具进行了指标测试与研究，为评价体系中指标的确定提供了重要依据。

2020年开展的测试研究为《美术馆光环境评价方法》标准编制工作的重要组成部分，为保障两次测试的数据具有可比较意义，本次测试沿用模拟实验的测试方法及2018年课题的测试模型，以评价体系中的指标为测试指标，征集10个品牌的18款产品，开展测试工作及数据分析研究。以了解市面上LED产品（针对典型美术馆照明应用的）随技术迭代在指标上的变化，并为评价体系中指标数值的更新提供依据。

一　模拟实验

（一）测试模型

模拟实验选取美术馆中典型的洗墙照明应用，如图1所示，空间高为4m，灯具距墙2m，1.2m×1.2m的被测面，按中心布点法设置网格，便于布点测试。本次测

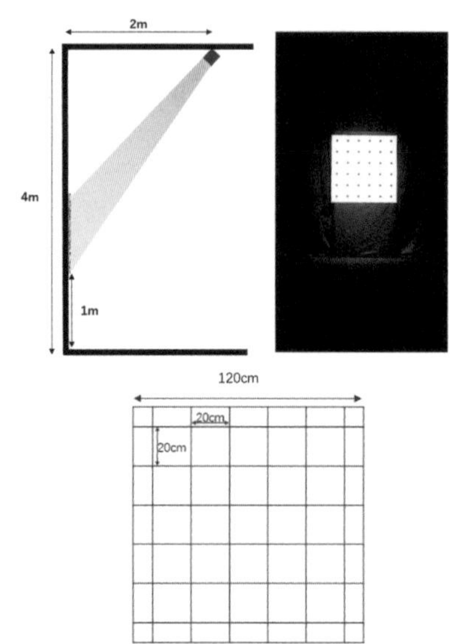

图1　测试模型及测试布点展示

图2　部分灯具样品图片

表 1　样品参数

灯具	功率 /W	光束角	备注
W1	22.3	20°	可调光
W2	15	8° ～ 60°	可调光
W3	20	26°	可调光
W4	20	24°	可调光
W5	25	22°	可调光
W6	21	30°	可调光
W7	15	20°	不可调光
W8	18	12° ～ 65°	可调光
W9	20	24°	不可调光
W10	21	20°	可调光
M11	22.3	20°	可调光
M12	15	8° ～ 60°	可调光
M13	20	26°	可调光
M14	20	24°	可调光
M15	25	22°	可调光
M16	21	20°	可调光
M17	20	24°	不可调光
M18	27	可调角度	可调光

试共征集灯具样品 18 款，部分灯具图片如图 2 所示，样品参数如表 1 所示。

（二）测试指标

测试指标与评估方法课题的指标保持一致，根据评价体系中的指标项进行测试，保障数据的可比性。含三个方面的参数：1）用光安全方面，主要测试紫外辐射含量指标；2）灯具性能方面，包含显色参数（$R_a/R_9/R_f$）、频闪、色容差的测试；3）光的分布方面，主要评估照度均匀度。

（三）测试过程

测试由国家 CNAS、CMA 认可资质的专业实验室采用有效标定的专业仪器，针对提供样品的各项指标进行测试。对每款灯具进行现场测量和数据记录，如表 2 和图 3、4 所示。

图3　现场测试图片

图4　测试数据记录

表 2　数据记录

编号		W6	
平均照度 /lx		213	
照度均匀度		0.8	
平均亮度，最大亮度 /（cd/m²）		50.7，74.6	
紫外线含量 /（μW/lm）		0.4	
色温 /K		2964	
色容差 /SDCM		1.8	
显色指数	97.6	R_8	97
R_1	98	R_9	93
R_2	99	R_{10}	97
R_3	99	R_{11}	94
R_4	97	R_{12}	90
R_5	98	R_{13}	98
R_6	96	R_{14}	99
R_7	97	R_{15}	99

二　数据对比分析

测试完成后，对 2020 年标准研究的测试数据（以下称“2020 数据”）进行统计整理分析，并与 2018 年课题研究的数据（以下称“2018 数据”）进行对比分析。

（一）紫外线含量数据统计与对比分析

2020 数据对 315 ～ 400nm 的紫外线含量进行测试，

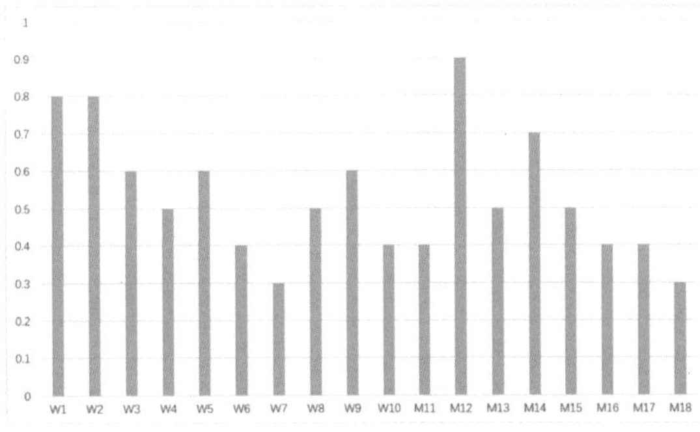

图5 紫外线含量数据统计

图5数据显示紫外线含量均在0.9μW/lm以下，其中13款灯具数据集中于0.4～0.6μW/lm数值区间，最优值均可到0.3μW/lm。

如图6所示，2018数据中，多数紫外线含量在0.5～0.7μW/lm的数值区间，2020数据的多数数值区间较2018数据低0.1μW/lm左右，两年的最优数据均在0.3μW/lm，虽有四个数据有下降情况，但总体趋势上，2020数据具有一定提升。说明随着技术发展，LED产品紫外含量的控制方面，对展品的保护更有利。

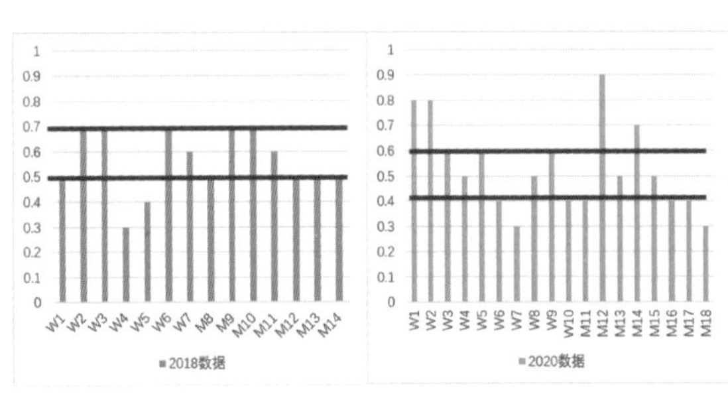

图6 两年的紫外线含量数据对比

（二）显色指数R_a数据统计及对比分析

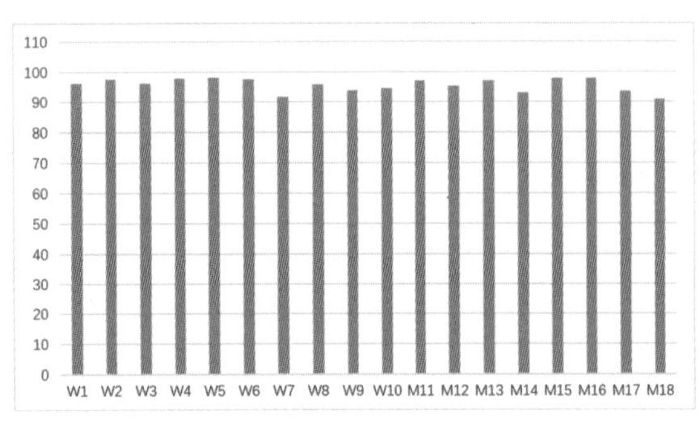

图7 显色指数R_a数据统计

2020测试数据中（图7），显色指数R_a均在91以上，最高数据为98，多数（12款）数据集中于95～98之间；从数据看，多数LED产品显色指数满足标准中不小于95的要求，具备达到较高显色性的能力。

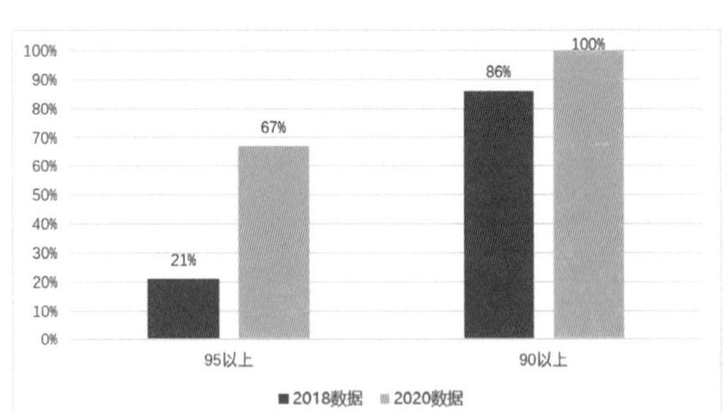

图8 两年的显色指数数据对比

综合两年的测试数据（图8），显色指数在95以上的数据占比中，2018数据仅为21%，而2020数据达到67%；2020数据全部在90以上，2018数据为86%；显色指数2020数据较2018数据总体有较大提升。

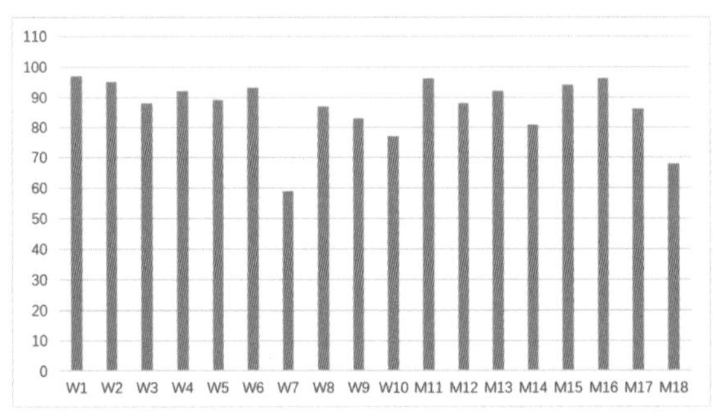

图9 R_9数据统计

（三）R_9数据统计及对比分析

图9所示的测试数据中，R_9指数具有一定差异，近一半的灯具（8款）数据在到92以上，13款灯具数据在85以上，2款低于75，最低数据为59；从数据看，部分R_9值偏低，但72%能够达到85以上的标准要求。

综合两年的测试数据（图10），2020数据整体高于2018数据；2018数据中95为具有绝对优势的数据，而在2020数据中，数据的上四分位数（有25%数据）已接近95；2018数据相对集中，但集中于60左右的低值，与评价标准要求差距较大，在指标择优取向下的产品选择空间不大；虽2020数据离散程度相对较高，但处于高值的产品数量较多，同时说明现阶段产品在R_9的表现上已拉

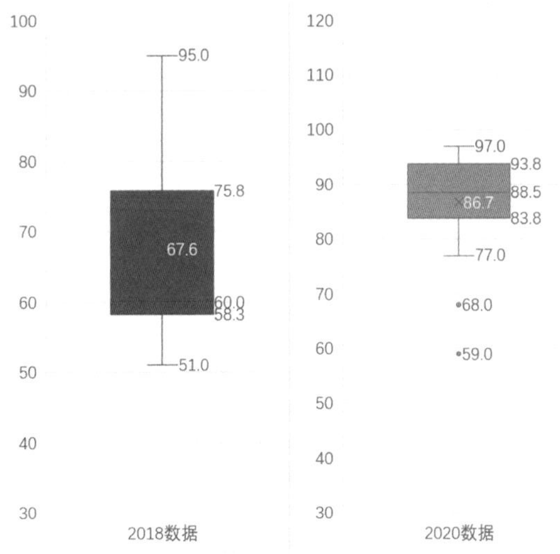

图10　两年的*R*9数据对比

开一定差距，在产品选型时应予以甄别，根据实际应用进行产品的选择，以保障展品色彩的真实性。

（四）色彩保真度 R_f 数据统计及对比分析

2020数据显示（图11），色彩保真度数据均在90以上，全部高于原评价体系中86（优秀）的要求。从两年的测试数据分析（图12），2018测试数据中仅约一半高于90，所有数据未达到95以上；2020数据整体水平高于2018数据，LED产品在色彩保真度方面2020数据具有明显的提升。

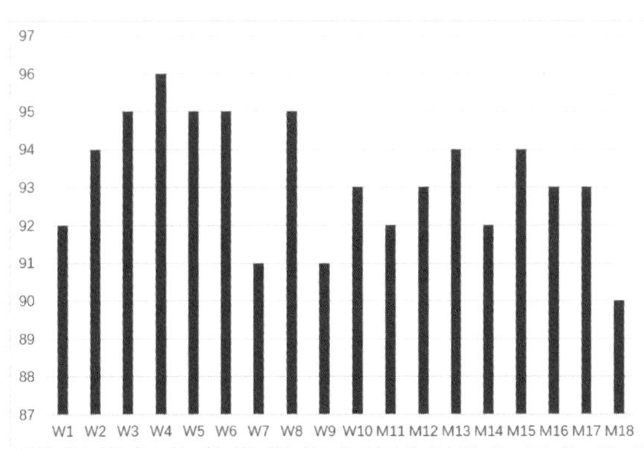

图11　色彩保真度数据统计

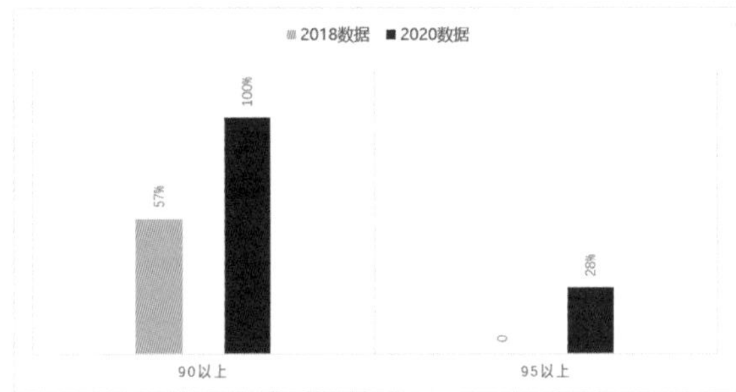

图12　两年的色彩保真度数据对比

（五）色容差数据统计及对比分析

测试数据显示（图13），6款灯具色容差在3SDCM以下，13款灯具的色容差在5SDCM以下，占72%，多数满足标准要求。但有3款在5～7SDCM之间，2款灯具数据大于7SDCM，已超出国家标准要求，不符合产品选型的最低标准。

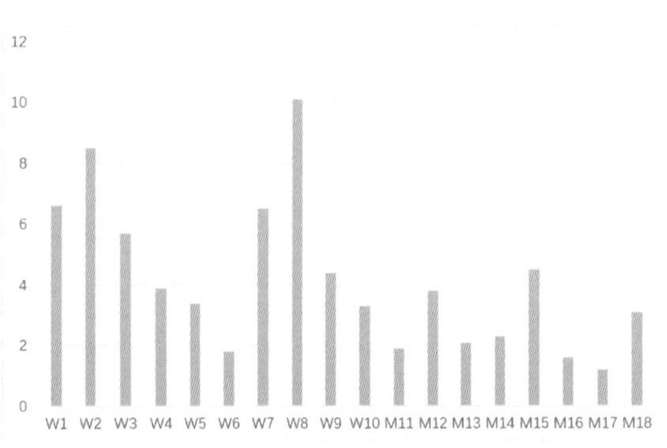

图13　色容差数据统计

如图14数据分析可知，2020数据在中位数数据优于2018数据，虽最高值（1.2SDCM）不如2018数据（1SDCM），但差距可忽略；在3SDCM以下的数据，2020数据相比较多，色彩一致性控制较好的灯具占比大；但2020数据离散程度较高，最低值达到10.1SDCM，在产品选型时，给色彩一致性的把控带来难度。而2018数

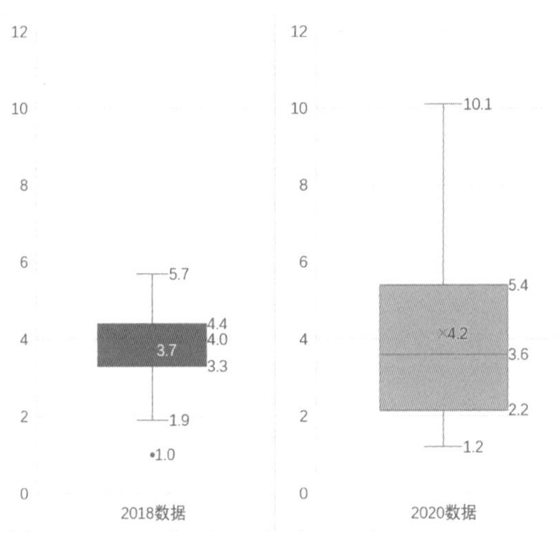

图14　两年的色容差数据对比

据分布相对集中，仅2款在5～6SDCM之间，整体分布于较好的梯级。因此，随着技术升级，各项指标提升的同时，对色彩一致性指标还应更加重视。

（六）照度均匀度数据对比分析

本次灯具的测试数据（图15）均在0.4～0.9之间，其中有6款灯具数据在0.4～0.5区间，6款数据均为0.6，6款灯具集中在0.7～0.9之间。如图16所示，2020数据均值与2018数据相同（0.6），但2018数据均低于0.7，2020数据有6个在0.7以上，最高达0.9，有较大提升。均匀度的选择与观展评价和体验相关。在目前平面展品一般追求更加均匀的价值取向下，均匀度数值的提升为良好的观展效果带来可能。

（七）频闪数据对比分析

在2018数据中，有四款产品产生了频闪，可能是由于调光后导致。因此，本次测试在100%及50%输出两个条件下均进行测试，以验证产品在调光情况下的频闪控制水平。测试数据可知，仅同一品牌的两款明显存在，其他产品均无频闪现象，可见目前LED产品基本在调光下也具备控制频闪的能力（表3）。

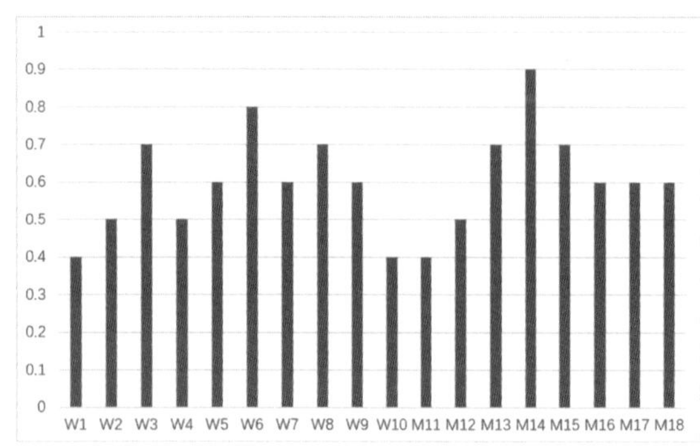

图15　照度均匀度数据统计

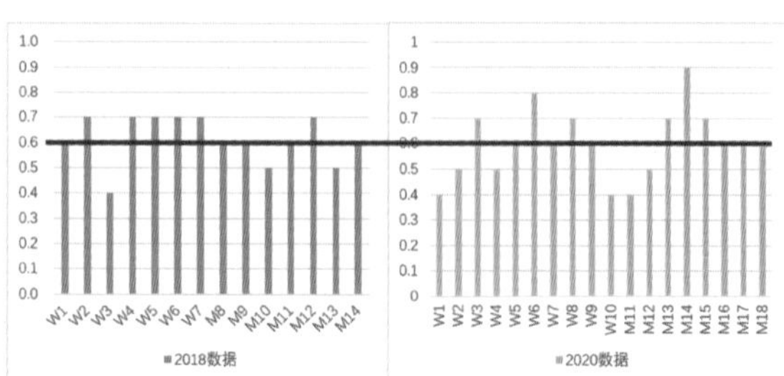

图16　两年的照度均匀度数据对比

表3　2020年灯具频闪评价

灯具	频率/Hz	闪烁百分比	闪烁指数	100%输出评价	50%输出评价
W1	100	23.7%	0.072	明显存在（8.1）	明显存在（8.1）
W2	0	0	0	几乎没有	几乎没有
W3	0	0	0	几乎没有	几乎没有
W4	0	0	0	几乎没有	几乎没有
W5	0	0	0	几乎没有	几乎没有
W6	0	0	0	几乎没有	几乎没有
W7	0	0	0	几乎没有	几乎没有
W8	0	0	0	几乎没有	几乎没有
W9	0	0	0	几乎没有	几乎没有
W10	0	0	0	几乎没有	几乎没有
M11	100	23.8%	0.073	明显存在（8.1）	明显存在（8.1）
M12	0	0	0	几乎没有	几乎没有
M13	0	0	0	几乎没有	几乎没有
M14	0	0	0	几乎没有	几乎没有
M15	0	0	0	几乎没有	几乎没有
M16	0	0	0	几乎没有	几乎没有
M17	0	0	0	几乎没有	几乎没有
M18	0	0	0	几乎没有	几乎没有

三　总结

通过对两次模拟实验数据的分析，多数指标的整体水平在2年的技术迭代中有显著提升。LED在紫外线含量控制方面具有优势，指标略有提升。显色参数（R_a/R_f）的提升较明显；而2020数据中R_9、色容差指标呈两极分化，多数灯具的R_9指标有提升，且表现较好，但仍有个别灯具的指标数值相当于2018数据的一般水平（58～75左右），未达到一般的应用要求；色容差指标在3SDCM以下的数据量有显著提升，但仍有个别数据呈下降趋势，并远低于国家标准要求，因此各方在产品选择时，对色彩一致性及R_9指标的评估上，应更加谨慎；针对美术馆中较多的调光应用，数据显示，灯具在调光后已具备较好的频闪控制能力。光的分布方面，照度均匀度指标也有一定提升，但均匀度指标的选择与观展视觉、心理感受相关，建议结合主观评价进行标准值确定。

结合广泛的美术馆调研得出的测试数据和本次产品指标测试数据，课题组对评价方法中的指标值进行了合理修正，按照数据的分布比例，优化了评分指标设定。可以看出，通过模拟实验测试的方法让我们了解了产品的真实技术水平差异，辅助技术判断和指标制订，将来还可作为《美术馆光环境评价方法》标准实施评测的有效辅助手段之一。

根据征灯情况，有6个品牌在两次测试中均提供样品，数据分析发现，6个品牌的2020数据在多个指标方面较2018数据有显著提升，可以看出，通过2018年“美术馆照明质量评估方法与体系的研究”课题的研究，为产品技术水平的提升指导了方向，起到有力的推动作用。随着《美术馆光环境评价方法》标准的颁布，将为美术馆照明行业价值认同建立、光环境品质提升、产品技术进步起到更积极的推动作用。

该报告是由大连工业大学的邹念育教授和王志胜教授带领团队完成的实验项目，选题应我们课题组工作需要来设计实施，此研究领域在国内外领先具有原创和开拓性，内容重在解决国内博物馆、美术馆陈列中广泛应用显示屏，但显示屏亮度与对比度对人眼的适应、舒适性有无问题未有一个清晰的结论。实验对美术馆投影仪显示亮度、对比度进行了研究，揭示出对不同的美术馆进行评价，需设定不同的亮度及对比度指标。当美术馆照明情况为重点照明时，照度为200lx，色温为3300K时，投影仪显示模式（亮度为24.7cd/m²，对比度为12 ∶ 1）时，人眼舒适度最佳。

美术馆投影仪显示亮度、对比度的研究

撰 写 人：綦雨凡，王志胜

研究单位：大连工业大学

摘　　要：在美术馆场景中，深入探讨了视觉认知、感性工学相关理论基础及眼动技术相关支持。使用语意差别量表法（SD法）对光环境、油画、投影仪的感性意向度调查，获取了12组感性词汇。再使用SPSS定性分析的推论方法，得出了美术馆中人眼所能感知的投影仪显示亮度的最佳匹配情况。

关 键 词：美术馆；亮度；人因评价；对比度；舒适度

引言

现阶段我国美术馆展陈空间复杂、展览形式丰富，各种综合材料艺术品增多，这与传统形式的博物馆展览形式有明显差别。特别对照明方案的解决方式有差异，欣赏艺术品的光环境亮度高于博物馆[1]，需细细研究才能营造出适合美术馆的独特用光环境。德国莱茵集团针对显示技术提出了人眼舒适度的认证概念，旨在可以发展优秀的显示产品，提升市场竞争力，同时促进健康、可持续发展的显示产业的发展。据研究，使用显示器的人群会遭受眼疲劳（67%）、颈部疼痛（67%）、手和肘部疼痛（53%）[2]。因此，在对显示技术进行研究时，把舒适度这一样本概念作为主要估量参考值。现如今，显示屏的广泛应用也普及到了博物馆、美术馆等展览性场所，但对于显示屏的亮度与对比度、人眼感知的适应、舒适性仍存在问题。

Yoshizawa等[3]和Luo等[4]对LED照明下的绘画进行了视觉评价实验，他们都得出结论：在观看博物馆绘画时，影响视觉感知的因素有两个，即可视性和质地（温度）。Yoshizawa等[3]在日本Morohashi现代艺术博物馆的一间样板房和一间展览室进行了两个独立的实验，分别研究了CCT（2700～5000K）、CRI（55～100）和照度（400lx）变化下的LED照明。每幅画都用11对单词进行了评价（色彩丰富/单调、简单/复杂、细节清晰/不清晰、令人兴奋/压抑、温暖/凉爽、潮湿/干燥、可取/不可取、对比/无对比、光泽/无光泽、深/平、质地丰富/不丰富）。

罗明等[4]研究了适合在博物馆环境中观赏美术作品的LED照明条件，并检验克鲁瑟夫规则，该规则根据相关色温（CCT）和照度来定义愉快的照明。实验结果表明，照度对于作品的影响更大，高于色温。即照度的增加会提高大多数尺度的分数。研究组发现“可见性”和“温暖性”是观看画作的主要感知。

一般情况下，显示器的亮度指全白颜色下的亮度值。在绝大多数显示器中，出厂的设置基本为100%亮度，因为亮度更高让使用者对画面直观的感受会更好一些，然而长时间过高的亮度对视觉伤害是很大的。亮度是指发光体（反光体）表面发光（反光）强弱的物理量。人眼从一个方向观察光源，在这个方向上的光强与人眼所“见到”的光源面积之比，定义为该光源单位的亮度，即单位投影面积上的发光强度。亮度的单位是cd/m²，亮度是人对光的强度的感受。对比度指的是一幅图像中明暗区域最亮的白和最暗的黑之间不同亮度层级的测量，差异范围越大代表对比越大，差异范围越小代表对比越小。对比度遭受和亮度相同的困境，现今尚无一套有效又公正的标准来衡量对比率，所以最好的辨识方式还是依靠使用者眼睛。在暗室中，白色画面（最亮时）下的亮度除以黑色画面（最暗时）下的亮度。更精准地说，对比度就是把白色信号在100%和0%的饱和度相减，再除以用lx（照度）为计量单位下0%的白色值（实际上就是黑色），所得到的数值。严格来讲我们指的对比度是屏幕上同一点最亮时（白色）与最暗时（黑色）的亮度的比值。

因此，要营造一个舒适的美术馆光环境，为了达到观众所追求的“可见性”、“温暖性”以及“舒适性”，投影仪显示的亮度及其对比度、美术馆展陈照明情况（照度、色温、CIE-R_a、D_{uv}）都占有很大比重[5]。光舒适概念的提出，也代表人们对光环境的要求由最基本的功能性需求，上升到了追求舒适的需求。

一　实验设计

本次实验采用控制变量法，通过固定光环境的基础照明，在一个稳定照度、色温的光环境下，去探寻投影仪显示屏亮度及其对比度的改变对于人的视觉舒适度有何变化，严格探寻变量之间的各部分关系。对所获数据进行可靠性分析、单因素方差分析以及多因素方差分析的方法，阐述了三种不同的投影仪显示模式下的12组感性词汇（不艺术／艺术、不舒适／舒适、冰冷／温暖、不自然／自然、难看／好看、不喜爱／喜爱、不舒适／舒适、单调／多彩、模糊／清晰、传统／现代、不均匀／均匀、不舒适／舒适）的影响。在这里，主要说明对投影仪显示的差异分析，并得出投影仪显示屏的哪种模式下人眼视觉舒适度最高的结论。

（一）实验环境

为保证在多次、多人实验过程中，避免无关因素对实验结果的影响，选择无自然光介入的暗室进行实验。在大连工业大学B座405室模拟美术馆的照明环境，固定光环境的照明情况，通过设置投影仪显示屏的三种亮度模式，定义了三种不同的投影仪显示模式，如表1所示，进行心理物理实验的调查问卷。实验环境模拟仿真如图1所示。

图1　实验环境evo模拟仿真图

实验灯具采用三雄极光星际系列LED导轨射灯，实验灯具光学参数如表2所示。实验室基础光环境仅设置了重点照明，油画的照明参数如图2所示。

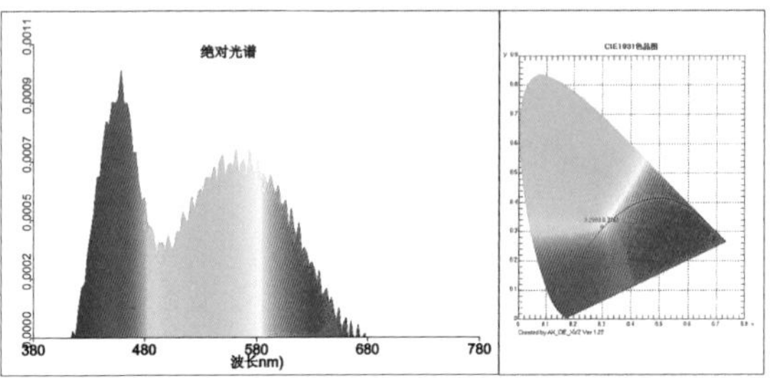

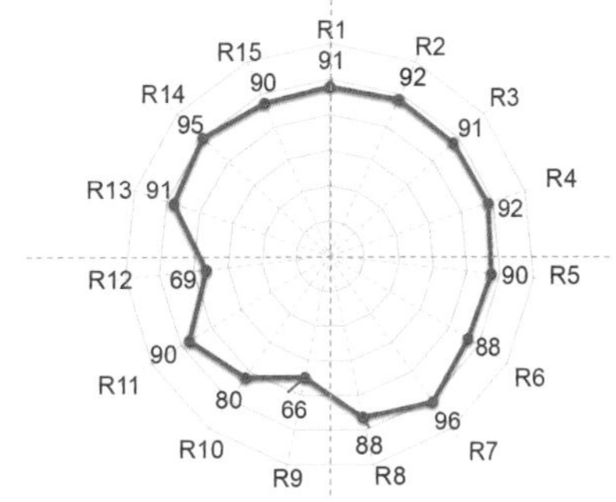

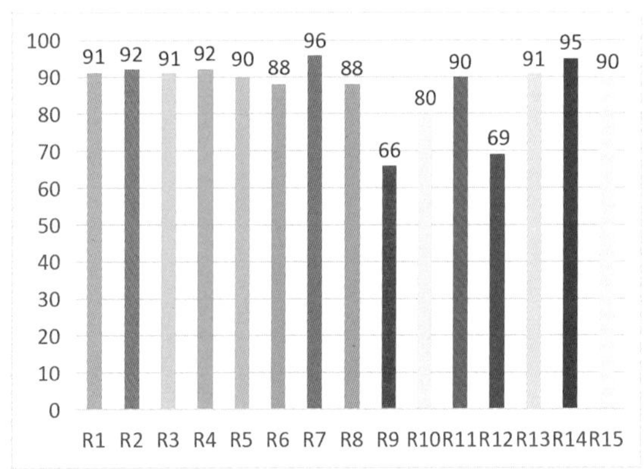

图2　油画的照明参数

表1　投影仪显示模式分类

编号	投影仪模式	亮度／（cd/m²）	对比度	墙面亮度／（cd/m²）
1	模式1（自定义模式）	（0）24.7	12∶1	2.1
2	模式2（标准模式）	57.7	20∶1	2.9
3	模式3（高亮模式）	78.9	24∶1	3.3

表2　实验灯具光学系数

型号	功率	色温	光束角	显色指数	光通量
PAK413130	15W	3000K	24°	≥80	1000 lm

（二）实验流程

首先，选取 32 名年龄在 20 ～ 30 岁的观察者，其中男性 16 名，女性 16 名。所有观察者的视力或者矫正视力均正常，且经过色彩辨识能力测试，均不存在色盲、色弱等情况。固定实验光环境见表 3，适应实验光环境。当人眼所处的光环境发生突变时，会导致视锥细胞的感光色素大量分解，所以需要一定的时间适应这一突变。研究表明至少需要 5min 的时间感光色素才能完成恢复。

表 3　实验光环境模式

照度 /lx	色温 /K	显色性	照明方式 / 适合风格
200	3300	85 以上	重点照明 / 油画作品

实验所用投影仪产自极米科技，其光学参数如表 4 所示。首先要完成实验前主观调查问卷，对投影仪进行 0.5h 以上的预热，使其达到正常且稳定的亮度输出水平，减少仪器对实验效果的影响。每一名观察者均独立进行实验，并经过 5min 的光环境适应，欣赏油画，完成问卷一。将投影仪按照（表 1）中的 3 种模式依次调试，投影仪播放指定视频，观赏者观看投影仪视频约 1min，然后去欣赏油画。每次观视任务结束后，依次完成对光环境、投影仪、油画的主观评价问卷。

（三）实验方法

本次实验采用语意差别量表法（SD 法），SD 法是由 Suci 和 Tannenbaum 在 1957 年提出的一种心理测定法，又称为感受记录法。通过 SD 方法对语言含义进行因素分析的结果，构成语言的语义维度大致由三个因素组成：评估、效能和活动性[6]。

调查问卷筛选出 36 组有关博物馆、美术馆空间的形容词作为评价指标，在本次实验中针对光环境、油画和投影仪显示选取 12 组程度最大的感性词汇对用于本实验（表 5）。该问卷设计采用了 6 段评价尺度，为了方便统计和后期处理，按各形容词对程度的不同分别赋值，平均分＞ 3 分的评价要素偏向于形容词对的后一个形容词，平均分≤ 3 分的评价要素偏向于形容词对的前一个形容词。

二　实验结果

（一）可靠性分析

数据收集完毕后，在进行数据处理之前，首先运用 SPSS 数据处理软件进行数据的信度分析，应用 α 系数来分析数据可信度，α 系数值在 0 ～ 1 之间，当 α 系数值达到 0.8 以上时，说明主观问卷内部一致性最好，0.7 ～ 0.8 为较好，0.6 以上时则为可接受的信度（表 6）。

表 4　实验投影仪极米 Z6 光学参数

型号	显示技术	镜头	3D	亮度	对比度	标准分辨率	兼容分辨率
XH20L	DLP	高透光镀膜镜头	支持	500 ～ 700ANSL 流明	1000 : 1 以下	1920 × 1080	2K/4K

表 5　语意差别量表

感性意象	评分						感性意象
不艺术	1	2	3	4	5	6	艺术
不舒适	1	2	3	4	5	6	舒适
冰冷	1	2	3	4	5	6	温暖
不自然	1	2	3	4	5	6	自然
难看	1	2	3	4	5	6	好看
不喜爱	1	2	3	4	5	6	喜爱
不舒适	1	2	3	4	5	6	舒适
单调	1	2	3	4	5	6	多彩
模糊	1	2	3	4	5	6	清晰
传统	1	2	3	4	5	6	现代
不均匀	1	2	3	4	5	6	均匀
不舒适	1	2	3	4	5	6	舒适

凭借对美术馆亮度、对比度舒适性视觉评价实验的测试结果数据，用SPSS数据统计分析软件进行信度分析，得到此实验的30个人的满意度数据的信度值 α 。由表6可见，本次实验所用30个参观者对投影仪、光环境和油画的数据所得系数分别为0.848、0.847、0.898，所以本次实验的亮度、对比度舒适性评价数据可信度较高。

（二）单因素方差分析

借助SPSSAU进行单因素方差分析，从表7可知，利用方差分析（全称为单因素方差分析）去研究多彩性对于对比度模式共1项的差异性，可以看出：不同多彩样本对于对比度模式全部均呈现出显著性（$p<0.05$），意味着不同多彩样本对于对比度模式均有着差异性。不同多彩样本对于亮度模式全部均呈现出显著性（$p<0.05$），意味着不同多彩样本对于亮度模式均有着差异性。具体分析可知：多彩对于对比度模式呈现出0.01水平显著性（F=8.181，p=0.000），对于亮度模式呈现出0.01水平显著性（F=8.403，p=0.000）。

利用方差分析去研究清晰样本对于亮度模式共1项的差异性，可以看出：不同清晰样本对于亮度模式全部均呈现出显著性（$p<0.05$），意味着不同清晰样本对于亮度模式均有着差异性。清晰样本对于亮度模式呈现出0.05水平显著性（F=2.680，p=0.026）。不同清晰样本对于对比度模式全部均呈现出显著性（$p<0.05$），意味着不同清晰样本对于对比度模式均有着差异性。清晰样本对于对比度模式呈现出0.01水平显著性（F=6.405，p=0.000）。不同现代样本对于对比度模式全部均呈现出显著性（$p<0.05$），意味着不同现代样本对于对比度模式均有着差异性。现代样本对于对比度模式呈现出0.05水平显著性（F=3.046，p=0.014）。不同现代样本对于亮度模式全部均呈现出显著性（$p<0.05$），意味着不同现代样本对于亮度模式均有着差异性。现代样本对于亮度模式呈现出0.01水平显著性（F=3.382，p=0.008）。不同舒适样本对于对比度模式全部均呈现出显著性（$p<0.05$），意味着不同舒适样本对于对比度模式均有着差异性。具体分析可知：舒适样本对于对比度模式呈现出0.01水平显著性（F=10.823，p=0.000）。不同舒适样本对于亮度模式全部均呈现出显著性（$p<0.05$），意味着不同舒适样本对于亮度模式均有着差异性。具体分析可知：舒适样本对于亮度模式呈现出0.01水平显著性（F=6.386，p=0.000）。

不同均匀样本对于亮度模式全部均不会表现出显著性（$p>0.05$），意味着不同均匀样本对于亮度模式全部均表现出一致性，并没有差异性。不同均匀样本对于对比度模式全部均不会表现出显著性（$p>0.05$），意味着不同均匀样本对于对比度模式全部均表现出一致性，并没有差异性。

2.3 评价要素重要性排序

统计评价五要素得分均值情况如图3所示，以4一般为及格线[7]，得出结论：

1）对于现代样本因素的影响，美术馆投影仪显示屏情况设置为亮度自定义模式、对比度12∶1较好。

2）对于多彩样本因素的影响，均表现出较低于及格分的情况下，表现略差。

3）对于舒适样本因素的影响，对比度12∶1的情况下是较好的。

4）对于均匀样本因素的影响，对比度高一点呈现出两端优化的情况，当对比度为12∶1时，得分均值状态较好。

5）对于清晰度的观察，得分均值在对比度12∶1的情况下，高于20∶1的情况，亮度设为标准模式得分较高，但二者得分情况均在及格线以上。

表6　可靠性统计（投影仪）

克隆巴赫 Alpha	项数
0.898	5

表7　亮度、对比度模式对多彩产生的差异关系（方差分析结果）

	多彩（平均值 ± 标准差）						F	p
	1.0（n=13）	2.0（n=17）	3.0（n=28）	4.0（n=19）	5.0（n=17）	6.0（n=2）		
对比度模式	2.31±0.75	2.53±0.80	2.00±0.61	2.16±0.83	1.18±0.53	1.00±0.00	8.181	0.000**
亮度模式	2.23±0.73	1.94±0.56	2.46±0.79	2.05±0.78	1.18±0.53	1.00±0.00	8.403	0.000**
注：*— p<0.05 ，**— p<0.01。								

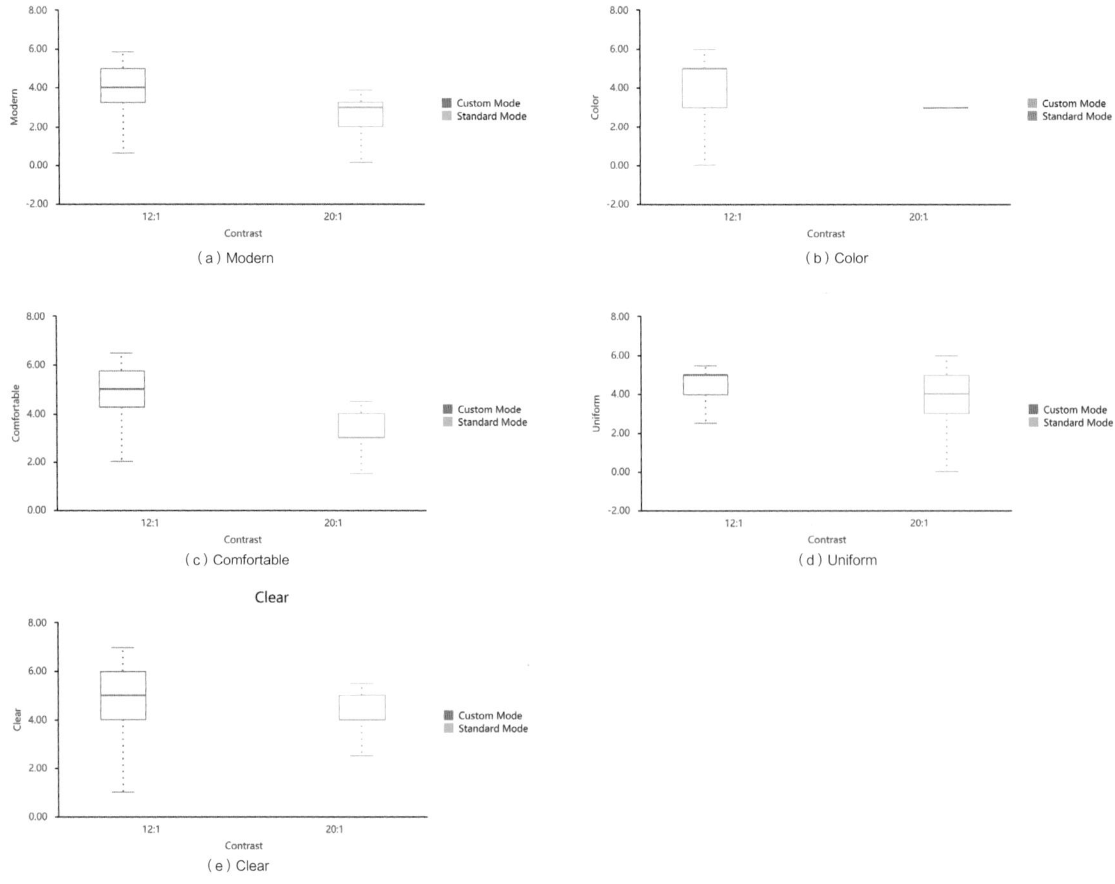

图3　评价要素得分均值统计

(四) 双因素方差分析

由表 8 可知，利用双因素方差分析去研究对比度模式和亮度模式对于舒适的影响关系，可以看出：对比度模式呈现出显著性（F=8.006，p=0.000<0.05），说明主效应存在，对比度模式会对舒适产生差异关系。具体差异可通过方差分析（单因素）进行具体分析，参照表 7。亮度模式呈现出显著性（F=32.426，p=0.000<0.05），说明主效应存在，亮度模式也会对舒适产生差异关系。

同理，利用双因素方差分析去研究对比度模式和亮度模式对于多彩的影响关系：对比度模式呈现出显著性（F=4.900，p=0.008<0.05），说明主效应存在，对比度模式会对多彩产生差异关系。亮度模式呈现出显著性（F=10.142，p=0.000<0.05），说明主效应存在，亮度模式会对多彩产生差异关系。利用双因素方差分析去研究对比度模式和亮度模式对于清晰的影响关系：对比度模式呈现出显著性（F=2.541，p=0.031<0.05），说明主效应存在，对比度模式会对清晰产生差异关系。亮度模式呈现出显著性（F=17.558，p=0.000<0.05），说明主效应存在，亮度模式会对清晰产生差异关系。利用双因素方差分析去研究对比度模式和亮度模式对于现

表 8　不同亮度、对比度模式下的舒适性分析

双因素方差分析结果（舒适）					
差异源	平方和	df	均方	F	p
Intercept	3039.308	1	3039.308	1922.682	0.000**
对比度模式	25.313	2	12.656	8.006	0.000**
亮度模式	102.516	2	51.258	32.426	0.000**
Residual	346.188	219	1.581		
R^2：0.379					
* p<0.05 ** p<0.01					

代的影响关系：对比度模式呈现出显著性（F=2.851，p=0.000<0.05），说明主效应存在，对比度模式会对现代产生差异关系。亮度模式呈现出显著性（F=2.068，p=0.009<0.05），说明主效应存在，亮度模式会对现代产生差异关系。

利用双因素方差分析去研究对比度模式和亮度模式对于均匀的影响关系：对比度模式没有呈现出显著性（F=0.794，p=0.453>0.05），说明对比度模式并不会对均匀产生差异关系。亮度模式没有呈现出显著性（F=3.878，p=0.222>0.05），说明亮度模式并不会对均匀产生差异关系。

（五）人眼舒适度最佳匹配分析

据图4可得，随着投影仪显示的模式改变，观赏者的评分逐渐改变，评分越高，即表明观察者的反馈越好。由此当美术馆光环境采用重点照明（照度为200lx，色温为3300K）时，投影仪显示为自定义模式（亮度为24.7cd/m^2，对比度为12:1）时，平均分最高，人眼舒适度最佳。

三　讨论

本研究通过心理物理学实验详细了解在美术馆该种特定环境照明情况下，参观者对于美术馆照明以及人眼感知投影仪显示的最佳亮度匹配情况。采用SPSS软件分别对投影仪进行了可靠性分析、单因素方差分析、多因素方差分析以及最佳匹配分析，所选词对（单调／多彩、模糊／清晰、传统／现代、不舒适／舒适）均对不同的亮度、对比度产生不同的差异关系，存在主效应。但是投影仪显示的亮度、对比度不会对均匀样本产生差异关系，也不存在主效应。说明均匀性并不会受到投影仪显示的影响。

针对不同的美术馆评价要求不同时，需专门设定不同的亮度及其对比度。当美术馆照明风格为重点照明时，照度为200lx，色温为3300K时，投影仪显示为自定义模式（亮度为24.7cd/m^2，对比度为12:1）时，人眼舒适度最佳。

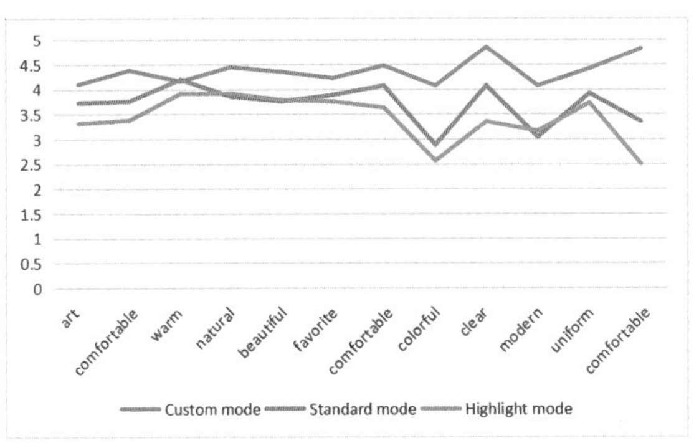

图4　不同投影仪显示模式下的各评价要素平均分比较

参考文献

[1] 艾晶，我国美术照明质量的评估方法与体系研究[J]．光源与照明，2018 (04): 30-35.

[2]TÜV Rheinland Eye Comfort Certification for Displays[EB/OL].https://www.tuv.com/en/greater_china/about_us_cn/press_3/pressreleases_gc_en/news_content_en_269249.html,2002-01-16.

[3]Yoshizawa N, Fujiwara T, Miyashita T. A Studyon the Appearance of Paintings in the MuseumUnder Violet and Blue LED[C]. *CIE Publicationx038*, Vienna: CIE, 2012, pp. 374–381.

[4]Luo H, Chou C, Chen H, etal. Using LED technology to build up museum lightingenvironment[C].*Proceedings of AIC Colour, Volume 4*, Newcastle upon Tyne, UK, July 8–12: 2013:1757–1760.

[5]Luo M Ronnier,Liu X Y,Zhai Q Y.The impact of LED lighting parameters on viewing fine art paintings[J].*Lighting Research & Technology*,2016,48 (6):711-725.

[6] 井上正明，小林利宣．日本における SD 法による研究分野とその形容詞対尺度構成の概観 [J]. 教育心理学研究，1985, 33(3):253-260.

[7]Li B, Zhai Q, Luo R,et al.Atmosphere perception of LED dynamic lighting with color varied in cool and warm hue[C].2016 13th China International Forum on Solid State Lighting (SSLChina), Beijing, 2016, pp114-118.

[8] 张敬怡，吴雨婷，王立雄，冯子龙，纪增华，于娟:《VDT 阅读照明环境视觉舒适性研究》[J].《照明工程学报》，2020 年第 2 期。

[9] 木下史青．世界につながる博物館の展示デザイン -LED 照明の標準化と東京国立博物館 [J]. 電気設備学会誌，2020, 40 (1)：36-37.

[10]Stokkermans M, Vogclsl, de Kort Y, etal. A Comparison of Methodologies to Investigate the Influence of Light on the Atmosphere of a Space[J]. *LEUKOS, 2017*,14 (3), 167-191.

[11]Kevin W Houser. The Problem with Luminous Efficacy[J]. *LEUKOS*, 2020,16 (2): 97.

[12]Anya Hurlbert,Christopher Cuttle. New Museum Lighting for People and Paintings[J].*LEUKOS,2020*,16 (1):1-5.

[13]Chen HS, Chou CJ, Luo HW, et al.Museum lighting environment: Designing a perception zone map and emotional response models[J].*Lighting Research & Technology*,2016, 48 (5):589-607.

这篇来之不易的报告，由武汉大学和华格照明科技（上海）有限公司共同完成，由于2020年受疫情影响，导致实验进程一度中断，在刘强教授与团队的共同努力下最终得以呈现。实验工作主要针对光源两个基本属性照度（E）和相关色温（CCT）对国画视觉喜好影响进行的研究，探究E-CCT组合对光照颜色喜好度的影响。通过大量数据采集得出结论：照度和相关色温的增加都对国画喜好程度的提高具有积极作用，其中照度影响强于色温。女性更倾向于相对较低照度和色温的组合。

照度和相关色温对国画视觉喜好的影响研究

撰 写 人：吴昕威[1]，刘强[1]，饶连江[2]

研究单位：1. 武汉大学印刷与包装系；2. 华格照明科技（上海）有限公司

摘 要：本研究旨在探究照度（E）和相关色温（CCT）对国画视觉喜好的影响，共设置20种E-CCT光照组合进行视觉实验。结果表明，照度和色温的增加都对提升国画喜好有积极作用，其中照度的显著性强于色温。此外，基于实验数据构建喜好预测模型并针对性别喜好差异进行了分析。

关 键 词：照度；色温；视觉；博物馆；国画

引言

照度和相关色温作为描述光源的两个基本属性，一直是照明领域的研究热点，探究E-CCT组合对光照颜色喜好的影响也是此领域的重要主题[1~6]。例如，Zhai等[1]设立若干照度色温组合以研究在博物馆环境中观赏美术画作的合适LED照明条件；Chen等[2]研究了在灯箱和模拟博物馆房间两个场景下不同照度色温组合对画作喜好程度的影响；Khanh等[3,4]对于包括照度色温组合在内的不同照明属性与包括颜色喜好在内的不同视觉属性间的关系进行了系统的分析；在Wang等[5]的研究中，照度色温组合对颜色喜好和白光感知的影响得到了综合论述。然而，以上研究的结果并没有表现出足够高的一致性，究其原因，是各实验设置的差异导致实验结论在诸多因素的综合影响下产生了偏差。因此，本文将针对照度色温组合对光照颜色喜好的影响展开进一步探究。

国画作为中国的传统绘画形式，也是博物馆、美术馆典型展品的一种，然而目前暂无研究以国画为实验对象探究光源对物体喜好的影响。对此，本文模拟博物馆环境开展心理物理学实验，获取不同照度色温组合下观察者对多幅国画的喜好打分，从而研究照度和相关色温对国画颜色视觉喜好的影响。

一　实验方法

（一）光源的照度与色温

本实验使用华格照明（WAC LIGHTING）提供的Paloma Tunable系列轨道射灯调制出20种光源，色温范围为2700～5100K，间隔600 K共5级色温值；照度范围为100～1000lx，间隔300lx共4级照度值。远方SPIC-300AW光谱照度计用于对本实验的光源进行测量，20种实验光源的相对光谱功率分布如图1所示。

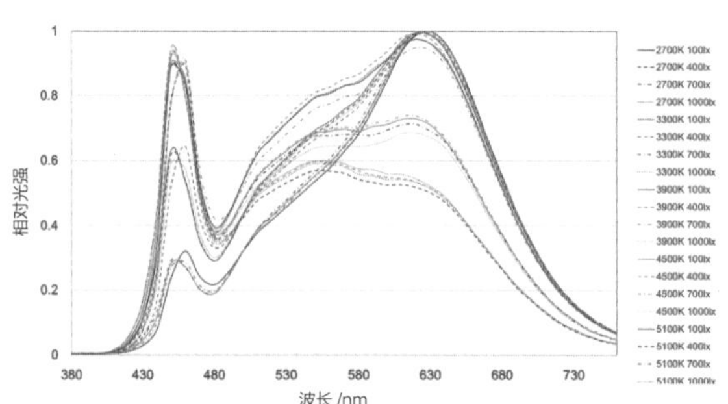

图1　20种实验光源的光谱功率分布

（二）实验场景与观察者

为模拟博物馆的观察环境，本次心理物理学实验在一个所有内壁都为中性灰色的光学实验室中进行。三幅国画挂于同侧墙壁，国画尺寸为70cm×70cm，画中心间距为180cm，射灯在距墙110cm处以俯角45°照明国画，三幅国画的主要绘画内容分别为紫藤、竹子和桃花，具体如图2、3所示。

图2　三幅国画实拍图

图3 心理物理学实验场景图

本研究一共设置了10组实验，每组4名观察者，即共有40名观察者，其中男女各20人，均为武汉大学学生，年龄范围17～23岁，平均19.3岁，所有观察者都通过了石原色盲测试且没有提前了解实验具体内容。观察者对颜色喜好的评价采取七级喜好打分的形式，即非常喜欢（7分），比较喜欢（6分），一点点喜欢（5分），不喜欢也不讨厌（4分），一点点不喜欢（3分），比较不喜欢（2分），非常不喜欢（1分）。

（三）实验过程

实验正式开始前，射灯处于关闭状态，室内照明由实验室顶灯提供，观察者进入实验室后需穿着中性灰色实验服以避免观察者的衣物色彩对实验的干扰，并填写年龄、性别等基本信息及领取喜好评价打分板，之后由实验人员介绍实验流程和注意事项。

实验正式开始后，所有观察者听从指示处于闭眼状态，关闭实验室顶灯，实验射灯打开并设置为第一种光源，此时观察者听从指示睁眼，在活动范围内走动（距离国画所挂墙壁120～240cm）并对三幅国画进行观察，经过30s的走动观察时间，观察者才能在实验人员的提示下开始进行喜好评价打分，当最后一名观察者完成打分并举手示意后，实验人员指示所有观察者闭眼并调节射灯为下一种光源，重复如上步骤直至全部光源实验完成。

需要注意的是，为了量化每个观察者的内部变异性，每一组实验的观察者都会在不被告知的前提下对随机选取的4种照度色温组合进行重复观察打分，即每个观察者需要观察24种光源下的国画。对于每组实验24种光源的展示顺序，也均进行了随机排列。

二 实验结果与分析

（一）观察者变异性

采用标准化残差平方和（Standardized Residual Sum of Squares，STRESS）的平均值来量化观察者内（intra-observer）和观察者间（inter-observer）的变异性，STRESS值的范围为0～100，数值大小与变异性呈正比关系，正常情况下，30以内的取值表示合理的变异性。对于观察者内变异性，所有观察者STRESS值的计算结果平均值为20.29；对于观察者间变异性，3幅国画对应的观察者STRESS平均值分别为：27.84（紫藤），25.14（竹子），25.57（桃花）。从结果上看，观察者内和观察者间的变异性都保持在合理范围内。

（二）不同照度色温组合下国画的喜好打分

观察者对所有照度色温组合下的3幅国画喜好打分结果以等高线图的形式呈现，具体如图4所示，横坐标为色温（CCT），纵坐标为照度（Illuminance），颜色代表的打分值可根据右侧的颜色刻度条进行对应，“综合”表示对3幅国画的打分取平均值后的作图结果。

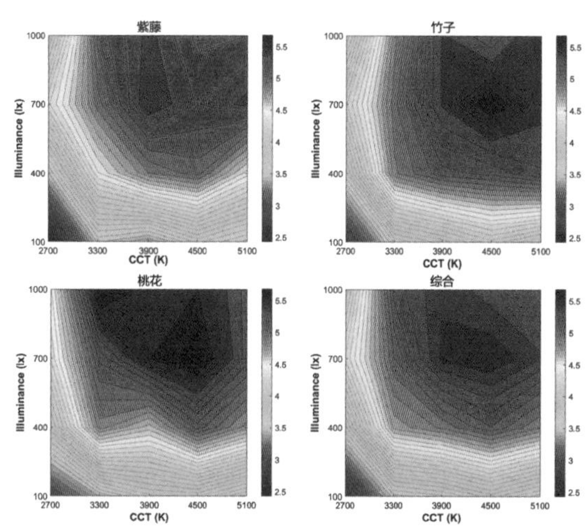

图4 不同照度色温组合下国画喜好打分的等高线图

总体而言，照度和色温的增加都对喜好评价的提高具有积极作用，喜好在照度为700lx左右、色温为3900～4500K范围处达到峰值。此外，照度与色温两者间呈现出明显的交互性，当照度或色温处于较低水平时，另一变量的上升对喜好的增加并不显著；当照度或色温达到一定水平后，任一变量的上升都会显著提高喜好评价。为了量化和比较照度和色温对喜好影响的显著性，采用多元线性回归的方法对打分数据进行分析处理，结果显示照度和色温对颜色喜好都具备显著影响（F检测的p值< 0.0001），两者对比，照度的影响强于色温（回归系数B，B（E）=0.00172，B（CCT）=0.000420）。

3幅国画具有不同的颜色特征，虽然对不同照度色温组合的喜好打分结果在总体变化趋势上表现出一致的特征，但在高色温高照度区域的喜好峰值位置存在差别：对于紫藤国画，峰值出现在照度700～1000lx范围、色温3900K和照度700lx、色温5100K两处；对于竹子国画，峰值集中在照度700lx、色温4500K处；对于桃花国画，峰值出现在照度1000lx、色温3300K和照度700lx、色温4500K两处。对国画喜好打分的均值和在20种实验光源下打分均值的标准差，3幅国画分别为紫藤（均值4.45，标准差0.855）、竹子（均值4.65，标准差0.803）、桃花（均值4.67，标准差0.818），紫藤国画的打分平均值最低的同时标准差最大，对应最低的总体颜色喜好和最显著的喜好评价差异性，结合国画的颜色特征，推测由颜色最为丰富和留白面积最小两个因素叠加影响造成。

（三）光照颜色喜好预测模型构建

本文基于20种照度色温组合下的全部国画打分数据，进行多项式线性拟合以构建照度和色温为自变量的喜好预测模型，具体如式（1）所示。Ptcp意为国画喜好(Preference of traditional Chinese painting)；E代表照度，单位lx；CCT代表色温，单位K。

$$P_{tcp}=-4.95+0.003875\mathrm{CCT}+0.0051E-\left(4.519\times10^{-7}\right)\mathrm{CCT}^2+\left(1.473\times10^{-7}\right)\mathrm{CCT}\cdot E-\left(3.63\times10^{-6}\right)E^2 \quad (1)$$

模型拟合结果的精确度由4个指标衡量：误差平方和(SSE)，均方根误差(RMSE)，决定系数(R-square)，校正决定系数(Adjusted R-square)，其中前两者值越接近0、后两者值越接近1，表示越高的拟合精度。具体结果为：SSE=0.2768，RMSE=0.1406，R-square=0.9789，Adjusted R-square=0.9714，模型拟合精度满足要求。利用拟合模型对本实验数据进行预测，结果曲线对比如图5所示。

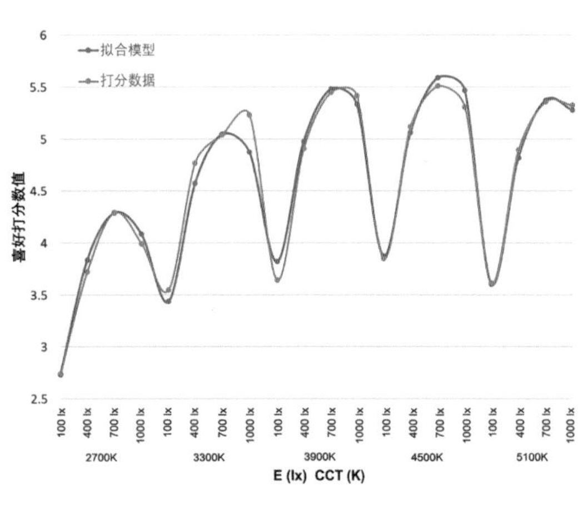

图5　拟合模型预测值与实验实际打分数据对比

（四）性别差异分析

依照性别将观察者的喜好打分数据分为两组后，以矩阵色块图的形式分别呈现每组在不同照度色温组合下的喜好打分，具体如图6所示。

根据图6的结果，结合图4可知，男性和女性观察者的喜好打分在总体上呈良好的相似性，且与全体观察者的整体打分间的一致性较高，即更高的喜好打分集中在更高照度和色温的区域。然而，男女喜好打分均值的峰值分布与打分值的绝对大小存在明显的差异。男性打分峰值集中在最高照度与最高色温处（1000lx，5100K附近）；而女性则更倾向于相对较低的照度和色温区域（700lx，4500K附近）。对于打分值的绝对大小，男性总体的打分均值为4.79，标准差为0.749，女性总体的打分均值为4.38，标准差为0.896，以上数据表明，相对男性，女性在喜好打分偏低的同时，对不同照度色温组合下国画的颜色喜好差异性更大。

对于以上喜好的男女性别差异，可以在生物学领域找到相应的解释，根据Hurlbert和Ling[7]有关性别颜色喜好差异研究中的狩猎－采集理论（hunter-gatherer theory），由于人类的视觉系统在长期进化过程中的生物性适应，男性更习惯于高照度高色温的户外环境，而女性则对相对较低照度色温的室内环境产生了更好的适应性，这也进一步造成了男女对不同照度色温组合的喜好差异。

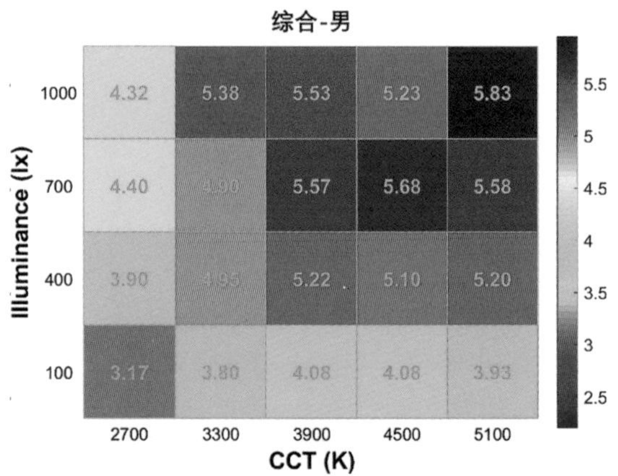

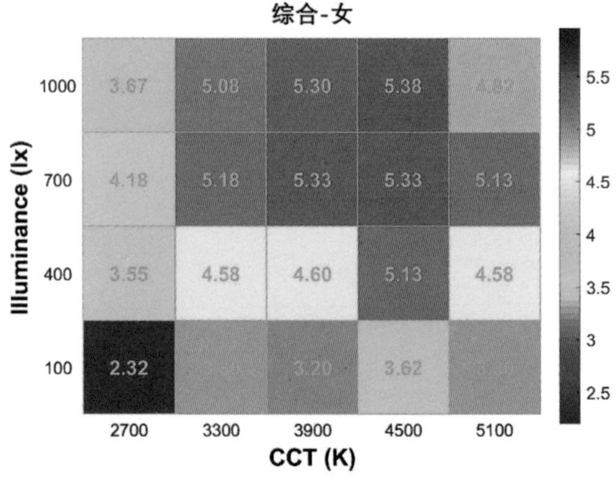

图6　男性及女性在不同照度色温组合下国画喜好打分的矩阵色块图

三　总结

本文模拟博物馆观察环境，以国画为实验对象开展心理物理学实验，探究不同照度和色温组合对国画喜好程度的影响。实验结果表明，照度和色温的增加都对国画喜好程度的提高具有积极作用，其中照度影响的显著性强于色温。本文基于实验数据构建了喜好预测模型以便量化不同照度色温组合下的喜好等级。另外，本文针对性别喜好差异的进一步分析，发现女性更倾向于相对较低的照度和色温组合。

参考文献

[1] Zhai Q Y, Luo M R, Liu X Y. The impact of illuminance and colour temperature on viewing fine art paintings under LED lighting[J]. *Lighting Research & Technology*, 2015, 47(7): 795-809.

[2] Chen H S, Chou C J, Luo H W, et al. Museum lighting environment: Designing a perception zone map and emotional response models[J]. *Lighting Research & Technology*, 2016, 48(5): 589-607.

[3] Khanh T Q, Bodrogi P, Guo X, et al. Towards a user preference model for interior lighting Part 1: Concept of the user preference model and experimental method[J]. *Lighting Research & Technology*, 2019, 51(7): 1014-1029.

[4] Khanh T Q, Bodrogi P, Guo X, et al. Towards a user preference model for interior lighting. Part 2: Experimental results and modelling[J]. *Lighting Research & Technology*, 2019, 51(7): 1030-1043.

[5] Wang Y, Liu Q, Gao W, et al. Interactive Effect of Illuminance and Correlated Colour Temperature on Colour Preference and Degree of White Light Sensation for Chinese Observers[J]. *Optik*, 2020: 165675.

[6] Wang Q, Xu H, Zhang F, et al. Influence of color temperature on comfort and preference for LED indoor lighting[J]. *Optik*, 2017, 129: 21-29.

[7] Hurlbert A C, Ling Y. Biological components of sex differences in color preference[J]. *Current biology*, 2007, 17(16): R623-R625.

本报告是由中国标准化研究院的蔡建奇先生带队完成的实验成果。此选题为课题组特意委托的研究项目，目的在于解决标准指标中，关于照明光环境对观众视觉舒适度影响的合理取值范围，实验利用仪器设备采集选取客观可以量化的人眼视觉舒适度等生理指标，比较了在两种不同明暗对比光环境下，人眼视功能生理上的变化。得出结论：展品亮度与背景亮度比约为3:1时，照明光环境对人眼视功能影响较小，视觉舒适度较高。

展陈空间光照的明暗比对观众视功能影响研究

撰 写 人：曲翔宇、曾珊珊、郭娅、蔡建奇

研究单位：中国标准化研究院

摘　　要：人们在博物馆中的主要行为集中在视觉活动上，照明光环境对观众视觉舒适度的影响不可忽视。本文针对博物馆照明中展品与背景亮度之间的差异性构建了人因实验，选取了可客观量化评价人眼的视觉舒适度眼部生理指标，比较了两种不同的明暗对比光环境下，人眼视功能生理参量的变化差异，得出结论：展品亮度与背景亮度比约为3：1时，照明光环境对人眼视功能影响较小、视觉舒适度较高。

关 键 词：亮度比；视功能生理指标；视觉舒适度

引言

博物馆作为征集、典藏、陈列和研究代表自然和人类文化遗产的实物场所，对馆藏物品分类管理，为公众提供知识、教育和欣赏文化教育的机构、建筑物、地点或者社会公共机构。目前对于博物馆照明的设计主要从展品安全、色彩还原度、观看舒适度三方面考虑，其中观看舒适度主要包括反射眩光、照明均匀度、人眼视觉舒适度。博物馆中的主要行为集中在视觉活动上，观众对展品将进行一段时间观察，同时较长时间处于博物馆室内照明光环境中。因此，探究博物馆照明光环境对观众人眼视觉舒适度的影响是目前亟须解决的问题之一。在博物馆照明中，为突显展品细节，其光照大多选用射灯照射，这将导致展品与背景之间产生较大的亮度差异，从而对人眼视觉舒适度产生较大影响。因此本文将选取可客观量化评价人眼视觉舒适度的视觉生理参量，通过人因实验的方式，探究展品与背景之间的亮度比对人眼视觉舒适度的影响，为博物馆室内照明提供理论基础及设计方案。

一　人眼视觉舒适度评价指标的选取及测量方法

（一）HOAs（High Order Aberrations，高阶像差）

一个点状目标通过一个光学系统后，没有形成一个理想的成像，而是发生了光学缺陷，形成了一个模糊的弥散斑。此时其像的形状与物体很相似，但不完全相同，两者之间的差异就称为像差。目前Zernike多项式的像差描述方法是表征像差的普适方法，其中大于等于3阶的像差称为高阶像差。除了近视和远视外，人眼还有超过40项像差。其中第四项、第十二项像差和视觉成像质量密切相关[1-3]。因此选取高阶像差作为生理指标之一。本实验研究选取高阶像差中的第十二项HOA12、三叶草像差、慧差，这些生理参量可反映被试者在进行一定时间后眼部成像质量的变化。本论文中的测量使用日本NIDEK公司生产的OPD Scan III。

（二）MTF（Modulation Transfer Function，调制传递函数）

调制传递函数是光学系统评价成像质量的一种光学函数，反映的是不同空间频率的正弦强度分布函数经过光学系统后其振幅的衰减程度，也即物象在调制度上的变化。当调制度随空间频率的变化而变化时，就称为调制传递函数。调制传递函数与分辨率和对比度相关。已有研究使用MTF来评价人工晶状体的光学质量，因此可以采用调制传递函数在光照视觉作业中的指标变化，作为判断人眼视觉舒适度的生理指标之一[4]。本论文中的测量使用日本NIDEK公司生产的OPD Scan III。

（三）ACC（Accommodation，睫状肌调节能力）

在变换人眼注视远、近物体时，眼屈光能力改变的现象称为眼调节。通常是无意识的，即能够在任何距离看清楚目标。在人和灵长类中，调节是由于模糊不清的像在视中枢形成刺激因素，使受第III对脑神经支配的睫状肌、瞳孔括约肌和开大肌同时产生兴奋，形成调节、集合和瞳孔缩小的联合运动，从而导致晶状体屈光度的暂时改变，从而改变了与视网膜光学上共轭的空间中点位置。这种屈光度的改变可以使眼从聚焦在远处的目标改变成聚焦近处的目标。因此本研究将ACC作为客观评价的生理指标之一。本文中的测量使用日本NIDEK公司生产的AR-1s。

二　光环境搭建及人因实验方法

（一）实验环境搭建

为探究展品与背景亮度差异对人眼视觉舒适度的影响，在本实验中设置了两种亮度比值。为模拟观众观看展品的情况，本实验设置了被试者进行45分钟兰道环纸面阅读视觉作业任务。灯具具体物理指标见表1。

表1　照明灯具基础参数

灯具物理指标	数值
灯具类型	教室照明用LED灯具
色温CCT	5000K
显色指数 R_a	94.6
光束发散角	115°
光通量	1910lm
发光效率	87.96lm/W
纸面亮度与背景亮度比值	比值 A=3∶1
	比值 B=4∶1

（二）人因实验方法

在视觉舒适度评估人因实验中，将分为被试者筛查、样本选取、人因实验、数据分析四个步骤。

1. 被试筛查

主要从被试的视觉状况、年龄、性别、文化程度四方面进行。视觉状况筛查应使用目前的临床视力测试方法，从屈光、主视眼、双眼融像、双眼视平衡、色辨识、调节与辐辏、眼压、眼底图像等方面对被试进行基础信息采集和筛选，剔除严重屈光不正、隐性眼科疾病的样本，避免因被试本身的眼科疾病影响测试结果。

2. 样本选取

按照人群屈光梯度分布数据，筛选相应比例的屈光梯度被试分布，从而可以通过人因实验的小样本群体基本匹配现实群体特征。年龄筛查用来确定待测试产品的主要适用人群分布。被试性别比例尽量保证男女比例1∶1，避免出现性别比例高度失衡。文化程度筛查用来确定被试可进行任务的难易程度，以减少文化程度差异造成的结果影响，保证测试过程的有效性。本实验被试者信息及屈光分布见表2。

表2　被试者信息及屈光分布

类别	被试者信息
人数	24
性别比例	1∶1
年龄	18～30岁（平均年龄24岁）
屈光分布梯度	+1.00D～−1.00D　50%
	−1.00D～−3.00D　30%
	−3.00D～−5.00D　20%

3. 人因实验

被试在测试前一天应保证充分休息和充足睡眠，以免因疲劳累积影响测试结果。测试开始前，测试人员应向被试说明研究目的，以及暴露在测试使用的照明光源下，执行连续视觉作业可能产生的任何负面影响，并签署《受试者知情同意书》，以保证不违背被试的真实意愿。完成实验光环境搭建和被试选择后，可以执行人眼视觉功能测试。简要流程如下：如图1所示，被试者在所照光环境下，执行连续固定时长（45min）的视觉作业之前和之后，分别进行了一次双眼各类视功能数据采集，即一共进行了两次双眼各类视功能数据采集。视功能的采集应在瞳孔5～6mm的状态下。按照前述流程完成其中一个被试者人眼视觉功能测试，重复上述测试，直到全部被试完成人眼视觉功能测试。在实验过程中，规定时长一般为45min。

图1　人因实验流程

4. 数据处理

在人因实验结束后，将对测得的前后数据进行应用统计分析软件SPSS中假设性t检验及ANOVA方差分析。

三　数据分析及结论

（一）数据分析

三叶草像差是反应视觉成像质量最核心的指标，基于Zenike像差的特性，HOA12的变化越小说明视功能保持越优，光源对人眼视功能的影响越小。慧差可以有效地反映视觉成像的方向性特点，MTF（人眼调制传递函数）可以表征像差综合值，因此五者可以对视功能的分辨能力和视觉成像质量进行有效的反应。实验中使用波前像差仪（NIDEK OPD SCAN III）测量得出被试者视觉作业前后的高阶像差及MTF，对不同亮度比值下各项参数进行SPSS显著性t检验结果如表3所示，均值及方差如表4所示。在人眼生理功能测试实验中，五者的变化值越小，说明视觉舒适度越高。

睫状肌调节能力是有效的评价人眼视觉舒适度的生理指标，人眼睫状肌调节能力的变化，可以通过睫状肌能够调节的最大幅度即人眼能够看清楚的最远距离与最近距离所对应的屈光力反映出来，调节幅度是能够直接描述人眼注视远点与近点屈光力的可测量生理参数。实验中使用多功能验光机（AR-1S）测量得出被试者视觉作业前后的ACC值，并对不同亮度比值下各项参数进行显著性t检验得出结果如表5所示，均值及方差如表6所示。在人眼生理功能测试实验中，ACC的变化率越接近1，说明视觉舒适度越高。

表3　亮度比值为4:1时各项生理参数假设性t检验结果（**$P<0.01$具有明显显著性差异，*$P<0.05$具有显著性差异）

生理参量	t	P	显著性
ACC左眼	1.199	0.245	
ACC右眼	-0.627	0.538	
MTF左眼	-2.206	0.039	*
MTF右眼	-2.606	0.017	*
HOA12左眼	-0.324	0.749	
HOA12右眼	-0.874	0.393	
慧差左眼	-0.047	0.963	
慧差右眼	-0.714	0.483	
三叶草左眼	-0.635	0.532	
三叶草右眼	-0.258	0.799	

表5　亮度比值为3:1时各项生理参数假设性t检验结果（**$P<0.01$具有明显显著性差异，*$P<0.05$具有显著性差异）

生理参量	t	P	显著性
ACC左眼	0.297	0.769	
ACC右眼	0.974	0.340	
MTF左眼	-0.754	0.458	
MTF右眼	-1.167	0.255	
HOA12左眼	-1.329	0.198	
HOA12右眼	-0.676	0.506	
慧差左眼	-1.269	0.217	
慧差右眼	-2.636	0.015	*
三叶草左眼	-0.740	0.467	
三叶草右眼	-0.209	0.837	

表4　亮度比值为4:1时各项生理参数均值及方差结果

生理参量	均值	方差
ACC左眼	1.011	0.101
ACC右眼	1.359	1.334
MTF左眼	1.220	0.081
MTF右眼	1.290	0.136
HOA12左眼	1.350	1.273
HOA12右眼	2.297	5.726
慧差左眼	1.302	0.835
慧差右眼	1.532	0.755
三叶草左眼	1.697	2.309
三叶草右眼	1.514	1.589

表6　亮度比值为3:1时各项生理参数均值及方差结果

生理参量	均值	方差
ACC左眼	1.108	0.328
ACC右眼	0.949	0.076
MTF左眼	1.159	0.247
MTF右眼	1.169	0.143
HOA12左眼	1.570	1.544
HOA12右眼	1.464	1.646
慧差左眼	1.284	0.681
慧差右眼	1.670	0.955
三叶草左眼	1.387	0.653
三叶草右眼	1.289	0.642

（二）结论

本实验中选取了24名合格被试者，通过测量被试者在不同亮度比的光环境下进行45分钟兰道环视觉作业任务，前后其眼部生理参量变化，我们发现当亮度比为3:1时，人眼各项生理参量变化较低。同时，仅有右眼慧差前后具有显著性差异，这意味着此亮度比的光环境对人眼视功能影响较小，视觉舒适度较高。

参考文献

[1]Applegate R A, Thibos L N, Hilmantel G. Optics of aberroscopy and super vision[J]. *Journal of Cataract & Refractive Surgery*, 2001, 27 (7):1093-1107.

[2]Romano A, Cavaliere R. About Higher Order Aberrations[M]// *Geometric Optics*. Springer International Publishing, 2016.

[3]Zhai Y, Wang Z, Wang Y, et al. Impact of chromatic and higher-order aberrations of human eyes on vision based on special eye models[J]. *Acta Optica Sinica*, 2014 (11):348-354.

[4]ELENI PAPADATOU, Grzegorz Labuz, Thomas J T P Van Den Berg, José-Juan Esteve-Taboada, David Madrid-Costa, Norberto Lopez-Gil, Robert Montés-Micó. Assessing the optical quality of commercially available intraocular lenses by means of modulation transfer function and straylight. *Invest. Ophthalmol. Vis. Sci*. 2016, 57(12):3115.

拓展研究

该章节收录了6篇由项目组专家和特约专家共同撰写的关于国内外标准研究的学术成果，从标准制订过程的诠释与深入解读，到介绍国内外其他相关标准的借鉴价值分析，为读者敞开一扇开放式了解和认知关于博物馆、美术馆光环境标准的信息窗口。

艾晶女士撰写的《博物馆、美术馆光环境研究概述》，是基于她本人持续6年先后承担的文化和旅游部3项研究工作，组织开展了对全国110多家博物馆、美术馆的实地调研，实施了诸多相关实验，在收集与整理大量研究数据中所取得的一些研究精华。论文重在诠释研究方法与思路解析，并概括了3项研究项目之间的关联作用与最核心成果。

博物馆、美术馆光环境研究概述

撰 写 人：艾晶

研究单位：中国国家博物馆

摘　　要：LED照明产品在博物馆、美术馆中，正逐步替代传统光源成为应用主流。我国大中型博物馆、美术馆功能空间日趋复杂，展览形式不断创新，观众对光环境舒适度要求也越来越高。但实际工作中，很难平衡文物安全和观众视觉舒适度两方面需求，对其光环境质量认知模糊，又无现行标准可供参阅，致使新建和改扩建的馆在照明施工验收时无依据，这已成为制约行业发展的瓶颈。另外，面对照明产品良莠不齐的现况，馆方对照明产品难甄别的实际需要，我们持续长达6年的研究，开展了大量实地调研和实验室工作，以求能为我国博物馆、美术馆光环境质量的标准建设贡献力量。

关 键 词：照明质量；研究成果；解决方案；评价方法

引言

随着我国博物馆、美术馆的发展，观众对光环境要求也越来越高。良好的光环境不仅能增加观众视觉舒适度，也可以提高观众的满意度。光环境既要解决照明问题，又要兼顾文物保护、展厅氛围和观众心理需求，因此备受社会关注。我们课题组先后承担了三项文化和旅游部研究项目，历时6年调研与专题实验，对全国博物馆、美术馆开展光环境质量评价，完成大量翔实调研报告、实验报告和专著等，本文主要对系列研究工作进行概述。

一　我国博物馆、美术馆照明存在的问题

1）在文物保护方面，调研发现很多博物馆、美术馆照明超标现象普遍，包括一些重点博物馆和美术馆。一些极易受光敏感的丝织品、书画展品，按照《博物馆照明设计规范》（GB/T23863-2009），有的超标10多倍以上，无形之中造成文物褪色或发黄变脆问题普遍。有的馆因不知道怎样保护这些脆弱展品，干脆将它们用复制品替代来展示。这与当今博物馆、美术馆发展趋势要拉近展品与观众距离，感受历史真实的方向背道而驰。管理方对光致损伤认识不足，这与没有光环境评价标准有关，尤其像LED光源替代传统光源的当下，国内尚没有针对博物馆和美术馆应用的指导性标准，对博物馆、美术馆照明质量评价无依据，施工验收缺标准，日常维护缺有效管理问题突出。

2）在照明设备方面，LED光源正逐步替换传统光源，各馆在实际应用中已推广LED光源，新技术应用需要理论研究做支撑。我们承担的2015～2016文化部科技创新项目“LED在博物馆、美术馆的应用现状与前景研究”，也是应发展需要的研究项目。我国自1996年实施绿色照明工程，从2016年10月1日起，禁止进口和销售15W及以上普通照明白炽灯。当时，LED已经在一些大的博物馆、美术馆中得到应用，但LED的可靠性和安全性，适不适合在博物馆和美术馆中广泛推广缺少理论研究。我们项目研究工作对全国58家单位进行了调研，还对馆方、设计师和厂家进行了问卷调研，发现一些应用问题，以及大家普遍的顾虑，并对LED应用前景进行了合理展望，回答了一些LED应用问题。

调研中馆方反馈意见有：(a) LED光的柔和度不比传统光源理想。(b) LED产品价格较高。(c) LED电源不统一，维修较复杂。(d) LED灯具在启动时瞬间电流较大，作为场馆使用量大的场所，灯具集中开启会有瞬间过载现象，需要增加配套设置。(e)LED灯具集成度较高，维修需要整体更换，造成浪费。(f) LED色彩一致性差。(g) LED色彩还原性弱，尤其是对红色还原性弱，高显色光源较少，近几年发展迅速。(h) LED产品单灯更换容易发生光色不一致等问题。

博物馆、美术馆专业照明灯具，要求LED光源显色指数较高，以往对传统光源要求R_a在85以上，LED光源除了一般显色指数（R_a）以外，还要考量特殊显色指数（R_i），以及推荐北美照明工程学会（IES）使用的保真度因子（R_f）和色彩饱和度因子（R_g）来衡量灯具质量。尤其特殊显色指数R_9值，专指红色还原指标，调研中发现馆方因应用了较早期LED照明产品，R_9值普遍较低，甚至为负值。我们还就问卷和实验形式进行探究，发现很多问题出自设计师选用光源不当造成。光源因不同显色指标会呈现色彩偏差，表现在实际应用中为文物失真，见图1。此外，根据《建筑照明设计标准》（GB50034-2013）要求，对LED照明产品色容差[①]方面应不低于5SDCM表征，实际调研中超标严重，有的高达

一倍。另外，由于馆方购买灯具不考虑频闪问题，致使日常展览中出现因灯具频闪无法进行高质量的媒体采播，观众反映拍照不清楚等问题。

3）在艺术表现方面，“黑屋点灯”的博物馆、美术馆照明设计应用普遍。但这种照明手法容易造成观众因长期逗留暗环境中产生抑郁的影响，也会因明亮反差影响观众的视觉舒适度；此外，还有光影混乱现象，因设计师没有考虑材质与环境反射光问题，造成展陈光环境相互干扰的杂光现象。还有眩光问题严重，因使用的照明设备缺少防眩功能，或灯具安装位置不合理，很容易在展陈中出现眩光干扰，眩光问题也是各博物馆、美术馆的高频问题，会直接降低整个展览品质。还有用光设计单一，没有氛围感、缺乏艺术表现力等问题也很普遍。

图1 光源显色性不同，照射在同一颜色物体上时，所呈现的颜色也不同

4）在业务管理方面，调研发现馆方存在自身问题，博物馆、美术馆照明设计是一门艺术与技术结合程度很强的专业，需要有较高专业知识的人才能胜任，如展品保护、光环境艺术的表达、营造舒适的视觉场景以及熟悉各种灯具性能等，都需要特殊培养才能，具备专业知识。馆方在照明管理方面长期缺少技术力量，照明无设计，日常无管理。简单照亮场馆，已不能满足观众审美和博物馆、美术馆服务社会大众的需求。另外，调研中遇到很多馆不仅缺少人才，还缺少后续资金。馆方在灯具维护方面无科学规划，一旦开馆，工作就算结束，根本不考虑照明设备的后续维护问题，致使展厅出现莫名的暗区现象，经问询，其主要原因是由于没有维护资金，导致损坏的光源得不到更换，类似现象在一些小型博物馆、美术馆中突出。

另一方面，缺少制约和规范管理。我国博物馆、美术馆在光环境标准建设上滞后，《博物馆照明设计规范》（GB/T23863—2009）已过去10年，2019年才着手修订，原标准针对传统光源，对LED光源无涉及，美术馆长期参照博物馆规范执行。《美术馆照明规范》（WH/T79—2018）也是在2018年11月1日开始实施的，我们课题组参与该标准实验模拟工作，为其制订工作提供了支持。尽管如此，大家对标准依然缺乏认知，现实中对标准应用的认识模糊，对如何提升博物馆、美术馆光环境质量无从下手，甚至馆方认为购买了昂贵灯具，就等于提高了光环境质量，尤其在历史类博物馆中，因工作人员缺少文物保护方面专业照明知识，导致照度超标现象普遍，造成一些国宝级文物发生不可逆转的损伤，令人痛心。

①色容差是表征光色电检测系统软件计算的X、Y值与标准光源之间差别。数值越小，准确度越高，单位为SDCM，数值越小，色彩偏离越小。

二 光环境评价研究工作开展的形式

博物馆、美术馆光环境评价方面，我们已经开展了大量研究工作，已先后承担了文化与旅游部四项专题研究，历时6年对全国110多家博物馆和美术馆进行了实地调研和14项专项实验。我们将整个研究过程分为三个阶段：第一阶段，“LED在博物馆、美术馆的应用现状与前景研究”项目和配合《美术馆照明规范》（WH/T 79—2018）制订工作。第二阶段，2017～2018年度行业标准化研究项目“美术馆照明质量评价方法与体系的研究”。第三阶段，2019年上半年行业标准制修订计划项目“美术馆光环境评价方法”（立项编号：WH2019—19），该阶段工作已积累了大量成果，出版发行了《光之变革》专著两部，完成编制行业标准《美术馆光环境评价方法》，发表论文几十篇。前两个阶段都是第三个阶段的准备工作，《美术馆光环境评价方法》标准的推出，沉淀了我们6年工作的积累，将对我国各级各类博物馆、美术馆今后开展光环境评价研究奠定了良好基础，具有重要参考价值。

（一）重实地调研，在探索中前行

在调研中，对如何进行实地数据采集，我们经历了从茫然不知所措到逐渐清晰的过程。现场采集数据是评价馆方光环境质量最为直接有效的举措，如何采集有效数据，是工作重点和难题。不同类型博物馆、美术馆因其展品类型不同，文物尺度各异，不同展品材质组合有差异，以及不同展品对光的敏感度不同皆是常态，这些因素都会困扰现场采集数据。虽然以往有人做过调研，但与我们的研究工作在科学性与严谨度上有差异，国外案例因展品类型不同，也不适合我们直接沿用和借鉴。我们很多工作的开展很大程度上依赖自主创新。在调研中，我们首先对《博物馆照明设计规范》中的指标进行梳理，发现实际调研中在采集指标上有困难，如眩光采集，国家标准中对博物馆眩光指标的要求是UGR小于19，但没有介绍现场采集方法。再如红外线辐射方面，原标准无推荐指标，我们采集方法也需要创新；另外，像蓝光指标主要针对LED光源，目前采集仅限于实验室中，现场无便携设备可以利用。另外，如何在展览中选择合适的测试点对文物或展品进行采集，以及如何对立体展品和异型展品进行采集都需要我们在实践中探索前行。

工作贯彻原则是我们研究工作的关键。我们6年的调研工作，基本应用了“选优取精，民主与集中，理论加实践，反馈加吸收，实验加推广”原则。我们面向全国开展博物馆、美术馆光环境调研，要采集海量技术指标做科学分析，工作难度高，工程量浩大，因此在实地调研中，必须先要有原则才能统一行动，先设计一套文本来集中大家智慧，再由带队专家进行指导原则实施，层层递进开展工作。当然，这套文本设计会不断修改，这种研究方法很有成效。我们从研究初始阶段，就有统一的理论文本做工作指导，为课题组继续申报和承担后续研究工作打下基础，也争取了研究时间，为今后标准制订提供了经验，提前预知标准实施后，怎样利用和推广它进行了演练，这种工作模式也属于我们的原创。

统一仪器设备和采集数据方法。我们采集各项物理指标，初始希望设计上能够尽可能全面，参数设计包括照度、亮度、红外线辐射强度、紫外线含量、光谱分布、显色性指标参数、频闪、色容差、眩光等内容。主要依据现行国家标准规定范围与我们研究工作需要，但实际调研中，由于团队组员来自全国各地（博物馆和美术馆专家、照明专家、科研院所师生、企业技术人员），科研力量和技术水平略有差异，像采集亮度、眩光、频闪、反射率、蓝光等指标时，很多调研组缺少仪器，尤其在强调要采集紫外线和红外线相关数据的情况下，仍有调研结果缺失现象，后来我们采取内部支援的方法，各组相互借用频闪、紫外线设备，解决了采集数据的难题。但对于蓝光数据，现场采集问题依然无法解决。后来我们在标准设计上，将其纳入控制项中，以规定出厂产品技术要求来解决重要指标。还有眩光的评价，我们采取主观评价和客观数据相结合的形式，来弥补采集数据难的问题。还有红外线指标，我们设计了温升采集方式来记录（采集点相隔 2h 前后做比较）。另外对于立体展品数据采集，如雕塑、工艺品等，我们设计了三维布点法，测量区域划分成三维网格，网格划分参考正方形，在矩形网格中心点测量照度（亮度），如图 2 所示。该布点方法适用于三维立体展品的数据采集。这些设计皆填补了很多实地调研中采集数据的难题，对今后我国博物馆、美术馆光环境采集数据，从方法上进行了可行性和实用性的规划。

另外，针对我们内部研究力量不均衡现状，我们统一推荐了常用测试仪器供大家参考（表 1），只要能满足《照明测量方法》（GB/T5700-2008）要求的仪器都可以采用，并规定了在使用仪器时，要注意设备是否在校准期内。另外，为科学有效进行现场数据采集，我们还对课题组成员进行了集中培训（图 3）。

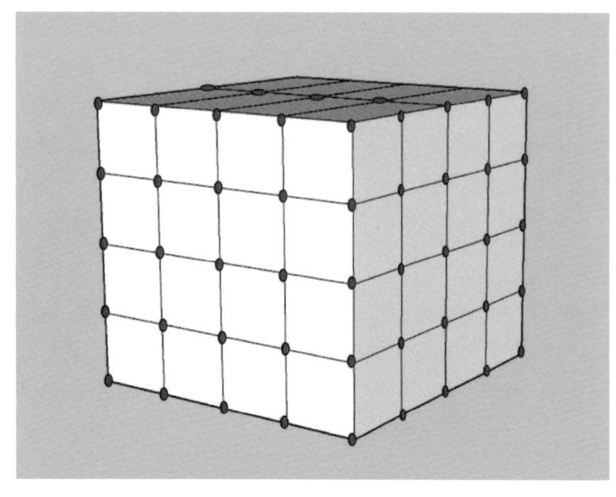

图2　三维测点法

（二）评价方法力求理论创新

图3　测量方式方法现场培训

表 1　常用测试仪器推荐表

测试项目	仪器类型	仪器品牌
照度	照度计	远方 SPC-200B 光谱彩色照度计
		浙大三色 CS200 便携智能照度计
		新叶 XY- Ⅲ全数字照度计
		美能达 T10 高精度手持式照度计
		多功能照度计 PHOTO-200
		Photo2000ez 柱面 / 半柱面照度计
亮度	亮度计	美能达 LS-10 便携式彩色亮度计
		美能达 CS200 彩色亮度计
		杭州远方 CX-2B 成像亮度计
		亮度计 LMK
色温、显色性	光谱彩色照度计	杭州远方 SPC200
		照明护照
		远方闪烁光谱照度计 SFIM-300 SFIM-400
反射率	分光测色仪	美能达台式分光测色仪
距离、尺寸	测距仪或卷尺等	不限定品牌
紫外线	紫外辐射	紫外辐射计 R1512003
		U-20 紫外照度计
红外线	红外测温仪	希玛 AS872 高温红外测温仪
		GM320 红外温度计
		E6 红外热像仪
频闪	频闪	远方闪烁光谱照度计 SFIM-400
		LANSHU-201B 频闪仪
		SFIM-300 光谱闪烁照度计
		频闪计 FLUKE820-2
眩光	眩光	Kernel-70D 眩光亮度计
		Techno Team 眩光测试仪

对博物馆、美术馆光环境进行评价，展品保护与艺术效果始终是一对矛盾体。一方面，展品保护要求灯具对展品损坏程度要降到最低，但在艺术效果上，低照度会降低观众欣赏展品的审美感受。因为令人愉悦的观众视觉体验，一般要求陈列空间光环境要明亮舒适，设计师通常会用提高亮度来增加观众审美要求，但提高了亮度就会影响展品损伤度。因此如何评价博物馆、美术馆的光环境质量，也是一个对科学方法的认识问题。目前我们处理方式以展品保护为第一位，适当考虑观众视觉舒适度，来解决兼顾平衡问题，最后我们在《美术馆光环境评价方法》标准制订上采用“展示区与陈列环境对比度推荐指标”来平衡它们之间关系。

在理论研究方面，国外对博物馆、美术馆照明质量的评价，基本上以主观评价为主，目前没有量化统一指标。在主观评价方式上，则采取专家组打分形式，客观评价则通过采集具体参数来进行量化，其评价方法我们已部分借鉴。另外，《光环境评价方法》（GB/T12454—2017）对专业领域光环境评价，在主观评价中新增了用户评价、用户自我评价，增加了评价严谨性。《绿色博览建筑评价标准》（GB/T51148—2016）中将评价分设计评价和运行评价两项内容，运行评价是对馆方业务的评价，能反映该出该馆的业务管理水平，在评价标准设计中我们有吸收，主要针对老馆改造项目的评价。

研究需要找到适合自己的方法，前面已提到研究工作贯穿原则，理论方面应用了“理论加实践，反馈加吸收，实验加推广”的方法。一方面通过学术研究总结理论，再到实践中检验方法，反馈结果后再吸收调整，在小范围应用方法后，再进行大规模推广，中间结合实验模拟验证结论。我们在研究工作第一阶段，就对中国国家博物馆的临展《伦勃朗和他的时代》，开展过小范围问卷调研。第二阶段，我们又对三家重点美术馆开展了小规模实地调研，经团队检验重新完善调研文本后，才开展全面调研。在整个研究过程中，随时听取专家意见，力求能精益求精地将工作推进。

第一阶段主要工作是铺垫，大范围采集研究数据信息。问卷调研中，对博物馆、美术馆、照明厂家，照明设计师、室内设计师、建造师这三类人群进行问卷调研，通过报纸、杂志、网页、微信等多媒体来收集大数据，辅以实地数据采集和两项模拟实验作配合，研究目标是为了掌握我国博物馆、美术馆在应用 LED 光源的现状以及应用中的问题。此阶段很多工作在国内尚属首例，如第一次在全国范围内开展博物馆、美术馆专项光环境调研，第一次开展 LED 光源应用于博物馆、美术馆摸底调研，第一次利用大数据收集与照明有关的专项信息。这让我们研究工作备受社会关注，先后有 30 多家网络媒体报道，我们团队也由起初的 10 名专家参与，到工作结束时进入我们课题组直接参与的专业人员多达 200 余人，支持单位 32 家，两年间我们开展与课题相关学术会议 9 次，在学术期刊上发表论文 7 篇，这为我们后续工作做好了铺垫。

第二阶段，我们研究重心转到对美术馆照明质量评价方法与体系研究上来，探索解决实质性问题，真正进入理论研究阶段，如何评价美术馆光环境质量，建立什么样的评价体系是此阶段工作重点。我们研究分运营评价（现场访谈采集各项数据与馆方自主评价相结合）、主观评价（二维码与纸质问卷结合）、客观评价（现场测试）三项内容，最后由专家结合三项评价给出总结性的建议。具体有 8 项工作内容（表 2）。通过这套方法能清晰地获取被调研馆方的光环境运营情况。期间我们部分保留了第一阶段研究成果，如主观评价“观众对照明质量满意度评价”，对 5 个典型场馆选取，由馆方推荐 2 个代表性展陈空间和 3 个非陈列空间形式；客观评价与第一阶段采集内容大体相似，但重新简化了表格，补充了采集数据的内容和操作方法，尤其对立体展品的采集方法，在评价模式方面新增了专家带队，成员由博物馆、美术馆专家和照明专家不同背景的人员组成，我们认为他们可以发挥各自专业知识进行配合工作。这些方法的实施效果良好，我们从第一阶段长达半年完成调研 58 家单位，到在 80 天内完成对全国 11 个省市 42 家单位的调研任务，工作质量也有提高，还受到被调研馆方诸多赞誉。

第三阶段我们进入标准制订阶段，也是进一步精炼

表 2　评价文件分类（馆方调研、主观评价、客观评价）

序号	项目名称	附件名称	备注说明	检查
1	美术馆照明质量评估信息采样	附件 1	（馆方填写）	
2	美术馆室内“对光维护”运营评估指标表	附件 2	（访谈馆方）	
3	美术馆室内主观（陈列空间）指标采集表	附件 3	（观众问卷收集）	
4	美术馆室内主观（非陈列空间）指标采集表	附件 4	（观众问卷收集）	
5	实地调研美术馆客观（陈列空间）采集测量表	附件 5	（专业人员填写）	
6	实地调研美术馆客观（非陈列空间）采集测量表	附件 6	（专业人员填写）	
7	美术馆室内综合指标评估参考表	附件 7	（专业人员填写）	
8	专家对整个指标进行评估建议	附件 8	（专家填写）	

环节，研究带有延展性，制订行业标准《美术馆光环境评价方法》，我们除了要落实各项评价指标的设计，还对陈列空间、非陈列空间和运行评价三项内容进行评价细化，从指标权重上进一步调整，标准附录设计上保留采集数据的表格和统计计算方法，内容力求简洁方便，是对前两个阶段成果的再提炼，经22位专家反馈意见，在短短2个月时间内给出了较成熟的标准草案，已在中国国家博物馆官网学术平台、文博在线和博物馆头条公开征询社会意见。同时，再配合对国内16家有影响力的博物馆、美术馆来验证标准，以求进一步在实践中完善标准。

（三）配合调研，实验为佐证

实验计划是整个研究计划的重要组成部分，我们前后共开展了14项实验。第一阶段开展了2项实验：博物馆展柜实验和美术馆展厅模拟实验。考虑到博物馆与美术馆的展品和陈列方式有差异，能借助实验室可以方便灵活地寻找特征和弥补调研工作不足，如采集温升和灯具耗能，可以在实验室中任意组合展品和灯具，对不同类型光源色偏差等研究，也可以较好地采集数据。另外，从我们召集的厂家实验中也意外发现一些LED应用现状问题，如生产展柜的照明企业较少，做空间的照明企业较多，各厂家产品的型号类型与通用性也有很大差异，尤其在做美术馆实验时，发现有的厂家导轨不能通用，只能用自家导轨安装实验。这也反映出我国对照明企业管理的缺失，需要制订统一标准来规范。

第二阶段开展了6项专题实验，研究成果可以不同程度地拓展我们研究深度，为制订标准提供实验数据支撑。此阶段我们吸收了新力量，由浙江大学、武汉大学、天津大学、大连工业大学和北京清控人居光电研究院、中国标准化研究院实验中心承担。整个实验方向与意义深远，很多实验内容在国内领先，如：(1) 光致损伤性实验中，涉及4种常规光源对色彩的影响分析，颜料色相在受光照射后偏移以及变化周期规律、各光源的损伤比对等内容。(2) 对各项光源技术指标采集实验。通过征集测试光源，利用预评价指标对光源质量模拟实验，提供标准制订参考依据。(3) 在视觉健康舒适度人因实验中，第一次在国内开展博物馆关于人的视觉舒适度实验，我们通过招募志愿者参与，现场采集被测者视觉功能的生理指标，提供了一项评价博物馆、美术馆照明质量的新思路。(4) 光源颜色品质实验。通过测试各灯具技术指标，反映各光源存在着色彩指标差异，提供了可选择指标的依据。(5) 反射眩光评价实验，模拟真实环境人对图像眩光的感知，提供了反射眩光指数（RGI）眩光指标和计算方法新思路，并验证了原博物馆标准中对眩光限定值（UGR＜19）不适用的原因，推荐了新的方法等内容。(6) 对书法展品喜好度实验。通过实验人群了解他们对书法展品各光源的偏好，为实际工作提供参考。

第三阶段开展了6项专题实验，研究更具有针对性，包括光源喜好度与画实、敏感性艺术品照明标准实验分析、观众视觉健康与安全防护实验、基于模拟场馆检测照明产品的各项技术指标实验、人视觉心理关于多媒体显色屏适应性实验和品质对国画的影响实验。这些工作仍在继续，由第二阶段参与单位负责。工作内容对标《美术馆光环境评价方法》标准制订工作，进一步提供了有效数据支撑。

（四）推进学科理论发展

我国博物馆、美术馆对光环境质量要求逐渐提高，但国内对此专项的研究开始较晚，截至2020年6月底，据不完全统计国内相关研究论文不足120篇。与我们课题研究直接或间接有关论文不足20篇。各馆实际工作中，照明设计水平与使用产品质量参差不齐，在日常工作中，缺乏理论和标准做指引，整个学科建设尚待完善。我们项目组承担的三项课题研究工作长达6年，专家团队、学生团队、技术团队和志愿者人员参与人数多达800余人。尤其是国内博物馆、美术馆和照明领域顶级专家20余位参与指导，知名专业生产博物馆、美术馆的照明企业17家支持了研究。研究成果编撰了《光之变革——博物馆、美术馆LED应用调查报告》和《光之变革（美术馆篇）——照明质量评价方法与体系研究》（图4），填补了我国在博物馆和美术馆照明研究领域多方面空白，其他成果在有关学术期刊上发表，还参与了国际会议（图5、6），如2016年9月在英国伦敦大学学院举行的“第一届国际博物馆照明会议”上，论文《中国博物馆/美术馆LED应用调查报告》入选海报宣传。2018年9月在日本神户大学举行的“第11届亚洲照明大会”也有论文入选。这些研究成果，将对我国博物馆、美术馆照明学科发展起积极推动作用。

我们在研究方法上进行了尝试，所有研究先定目标，

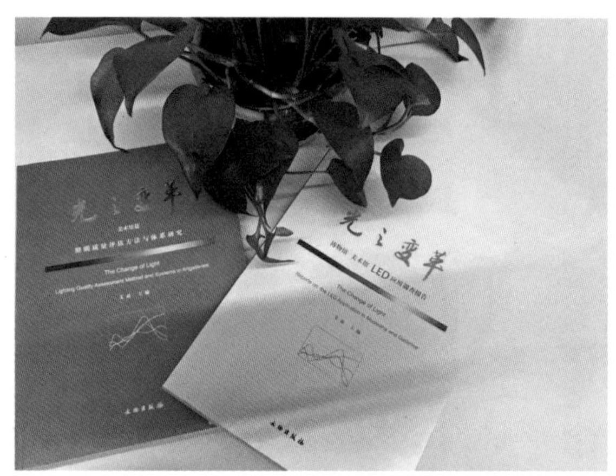

图4 《光之变革——博物馆、美术馆LED应用调查报告》和《光之变革（美术馆篇）——照明质量评价方法与体系研究》2本专著

再做研究计划，通过实验和调研配合来工作。在研究中，采取与馆方访谈、观众调研和实地采集相结合的方法，不仅从客观与主观上进行研究，还从博物馆、美术馆运营管理上进行访谈，能全面反映我国博物馆与美术馆光环境学科发展现状。在实践中，用预先方案来检测结果，并不断修正和完善设计。在现场调研中，采取与实验结合手法验证结果，综合反映现状水平，模拟做了14项专题实验，不仅可以规避现场调研光环境复杂的问题，也可以规避一些因实际操作不规范造成的各种数据采集不准确问题，模拟实验还可以提供我们所需要的各项技术指标，实现严谨科学地工作的目标。

图5　参加“第一届国际博物馆照明会议”的课题组成员

图6　提交给第11届亚洲照明大会的海报论文

三　解决实际问题，制订行业标准

制订标准对我国博物馆、美术馆行业的发展具有重大意义。我们研究工作的关键是要应用，目标是要对我国博物馆、美术馆行业发展起推动作用。现阶段制订和推广标准，无疑是我们研究最好的落脚点，也是我们解决当前博物馆、美术馆问题的有效途径。

截至2019年，我国公立美术馆559座，民营美术馆342座，美术馆总量仅为博物馆的1/7。博物馆、美术馆都尚未实施评价标准，行业标准《美术馆光环境评价方法》待发布，将是我国美术馆光环境评价的首部标准。美术馆光环境比博物馆的要简单一些，符合我们先小范围开展研究，再大范围推广的设想。这并不表示此标准仅限于美术馆，博物馆类似于美术馆，展览类型很多，此标准也适用于大多数博物馆。标准应用范围包括：(1) 适用于美术馆特有功能空间和光环境运营维护评价。(2) 适用于光环境施工验收、光环境改造提升审核、光环境业务日常管理考核与临时展览馆方自我评价。(3) 适用于博物馆中类似美术馆功能空间光环境的评价。

评价美术馆光环境蕴含着技术与艺术评价，也包括主观与客观评价，我们侧重在方法研究，对于技术指标上的设计，原则上采取现有标准和已取得的研究成果做评价依据，我们已调研了110多家博物馆和美术馆，有大量技术数据可以参考。另外，考虑到博物馆与美术馆的差异，对美术馆的光环境评价侧重在艺术表现，博物馆的光环境评价侧重在展品保护，在制订标准时要有所区分。

该标准内容具体有8项，前3项是普遍要求，即规定标准适用范围、规范性引用文件、术语和定义内容。从第4项开始为标准特色，“基本规定”有三项内容：一般规定、评价方法、控制项，能从整体规范上做限定。如一般规定中，4.1.2美术馆功能空间光环境评价，每个馆需要根据实际情况，选择适宜光环境空间场所进行评价，评价场所数量采取由专家推荐和馆方指定场所两种形式。这种规定比较灵活也应用性强。在评价方法和步骤中，4.2.2评价组从专家库中抽选，专家人选宜由博物馆或美术馆专家应不少于1位，光环境专家（照明设计或研究方面专业）应不少于2人组成。如馆方自评价可由照明相关专业2人、非专业3人组成评价组。对评价组的规定，是从调研工作中总结的较理想方法，我们希望推广应用。在控制项中，4.3.7当控制项不符合规定时，为不合格，不应采取现场评价。这也表明我们对控制项的设计态度，不符合基本规定的光环境评价，是对资源与人力的浪费，我们从标准文本中进行了规定。

第5项和第6项是标准评价主体内容，美术馆功能空间分为陈列空间（常设展或临时展览）和非陈列空间两大类型，这两类囊括了美术馆特殊功能。非陈列空间包含大堂序厅、过廊与（藏品库区、藏品技术区或业务研究用房），大堂序厅和过廊各馆皆有，能起到衔接室内外空间和调节人眼视觉功能作用，有的美术馆还将其演化成大陈列室，因此对该空间需要评价。在评价细节上，分为“三项评分项”：用光安全、灯具质量、光环境分布。这三个方面涵盖对美术馆光环境的技术与艺术评价。标准第 7 项是运营评价，第 8 项是美术馆特殊光环境多媒体和装置艺术评价。标准附件内容是使用标准的实用工具，评价组可以通过填写它，完成各项采集内容，附件 F 是评价结论部分，是评价工作最后鉴定，这样一套完整的评价工作利用附件表格（图 7）填写就可以完成。

附　录　F

（规范性）

光环境质量评价得分与结果汇总表

表F.1给出了光环境质量评价得分与结果汇总表的样式。

表 F.1 光环境质量评价得分与结果汇总表

项目名称								
申请评价方	1. 2.							
评价用途	□光环境施工合格验收　□光环境改造提升审核　□光环境业务管理							
评价阶段	□开馆前评价　□运行期间评价							
评价类型	□陈列空间			□非陈列空间		□运行评价		
评价指标	用光安全	灯具质量	光环境分布	光源质量	光环境分布	专业人员管理	定期检查与维护	维护资金
控制项	□合格	□合格	□合格	□合格	□合格	□合格	□合格	□合格
评分项　得分								
评分项　权重								
总权重	50%			30%		20%		
评分等级	□优　□良　□合格　□待提高							
评价结果说明（美术馆、博物馆专家；光环境专家）	1、				2、			
评价机构	1、 2、			评价人签字	1、 2、 3、			
评价时间								

图7　标准附件F项表格设计

此标准编制为推荐性标准，编制目的在于能推广与应用，应用简单、实用好操作才能被行业广泛认可。目前标准制订工作基本结束，对博物馆光环境评价标准的制订目前仅停留在设想阶段，还需要进一步的研究探索。博物馆光环境承载更多展示珍贵文物的职能，展品保护需要安全，我们团队也希望承担此项工作，将研究工作进行到底。

参考文献

[1] 艾晶：《光之变革——博物馆、美术馆 LED 应用调查报告》，文物出版社，2016 年。

[2] 艾晶：《光之变革（美术馆篇）——照明质量评价方法与体系研究》，文物出版社，2018 年。

[3]《美术馆照明规范》（WH/T79-2018），中国标准出版社，2018 年。

[4]《博物馆照明设计规范》（GB/T23863-2009），中国标准出版社，2009 年。

江苏省美术馆陈同乐《谈美术馆、博物馆的管理与标准化建设的感想》一文，结合作者从事的博物馆和美术馆工作，从自身管理者和高层决策者角度，深入探讨博物馆与美术馆管理与标准建设方面的差异，具体从运营、收藏、保管、展览、服务、标准、空间八个方面指出当前发展的趋势与现状，针砭时弊，具有很强的指引意义。

谈美术馆、博物馆的管理与标准化建设的感想

撰 写 人：陈同乐
研究单位：江苏省美术馆

摘　　要：在急剧变化的社会环境与文化语境中，中国美术馆和博物馆的运营和发展面临着前所未有的机遇和挑战，具体体现在运营、理念、收藏、保管、展览、服务、标准、空间等方面的"差异化"和"趋同化"现象是值得行业内思考的。

关 键 词：美术馆；博物馆；管理；标准化

引言

在急剧变化的社会环境与文化语境中，中国美术馆和博物馆的发展面临着两大问题：一是以全球资本化工业生产为基础的消费社会，即便有新技术、新媒体的加持，展览也因缺乏知识力与审美感而显得"低龄化"与"唯流量化"；二是以科技迅速发展为基础的大数据互联网时代下，人类生产与生活环境的进一步"去物质化"、社会组织结构的"去中心／权威／精英化"，使得美术馆、博物馆依托于实体性藏品的核心竞争力受到进一步挑战，而作为"知识权威"的传统教育者姿态与变化的文化语境日益显得格格不入。以下基于此背景，浅谈当下中国美术馆、博物馆的管理与标准化建设的若干感想。

一　运营："当代"还是"传统"？"艺术"还是"历史"？

国际博物馆协会强调，"博物馆（美术馆）是一个为社会及其发展服务的、向公众开放的非营利性常设机构，为教育、研究、欣赏的目的征集、保护、研究、传播并展出人类及人类环境的物质及非物质遗产。"

基于中国公共文化展示机构的历史发展，美术馆与博物馆实属两个完全不同的机构体系、专业群体，因此，也孕育了差异化比较明显的知识体系与观众文化。

美术馆更加强调"当代性""艺术性""审美性"。

博物馆更加强调"传统性""历史性""遗产性"。

二　理念："杰作"还是"物证"？"相同"还是"不同"？

相较于"不同"而言，对于观众最为直观的观察来看，在美术馆与博物馆中的绘画展示更明显的是"相同"：作品选择的标准都是"杰作"和"大师"，现场展示无非是"挂画"和"牌签"。当然，美术馆的展期总是远远地短于博物馆的。

美术馆以"美术史"为自身收藏与展示的目的，博物馆以"历史学"为研究与实践的理论基础。

所以，"绘画"作为美术馆展示的本体，既是出发点也是目的地，绘画构成了美术馆展示的基础和脉络，作品和它们组合而成的序列，构建着已知的、被学术认可的美术史。

博物馆是更为宽广意义与范畴下的历史的聚集，"绘画"除了用于美术史的叙述外，如风格流派、名师杰作等，还在"图像"的维度上被赋予了"证史"的功用，成为一种"物证"。

三　收藏："美术馆"还是"画廊"？"博物馆"还是"展览馆"？

私人收藏与"公共收藏"，后者成为现代社会美术馆与博物馆的基础。

没有收藏的美术馆与博物馆，有其名而无其实。

博物馆收藏什么？人类社会生活中遗留下来的具有历史、艺术、科学价值的遗迹和遗物，如古文物遗址、历史文物和革命文物、艺术品和工艺品、革命文献资料、各时代各民族的社会文化代表性实物。

美术馆收藏什么？艺术家的作品，如书法、绘画、雕塑等。

四　保管："保管"还是"利用"？"独享"还是"共享"？

"保管"是确保藏品的安全，展示是"利用"藏品的方式。

美术馆与博物馆收藏的是艺术与历史的物证，是通

向“公共”的途径。

在互联网的背景下如何确保收藏的公共性？数据化与共享，是实现社会价值的最大化。

如何调和美术馆与博物馆、古代与现代、物质与技术之间的关系？打破壁垒去跨界，面向当下去转变，走向新技术去开放。

数据时代下收藏的意义？在日益虚化的实体性，物质的收藏受到了挑战，所以我们需要持续的对话与交流。

五　展览：“鉴赏”还是“阐释”？“减法”还是“加法”？

公共空间的收藏，不在于“藏”而在于“展”，只有在“展”的过程中，其普遍性目的与价值才能实现。

相较于美术馆更加“专业”的观众文化，博物馆更为大众化或是因为承担着更显著和普遍的社会责任。这对两者展示策略的发展产生了一定的影响。

在西方美术馆文化的影响下，美术馆的展示总是倾向于做“减法”，希望尽可能地减少“来自外界的干扰”，提供一个“独立而自由”的品赏与思考空间。

相反的是，博物馆在被日益强调（强化）的教育功能与社会价值判断中，展示却越来越多地做着“加法”，像一位极尽所能的良师，希望把所知的一切都呈现在观众的眼前。

美术馆与博物馆形成了截然不同的展示语境与观念，一个是“鉴赏性”的，一个是“阐释性”的。

六　服务：“看”还是“看见”？“懂”还是“不懂”？

跳出美术馆与博物馆一分为二的对立视角，换个视角谈绘画的展示，其实就是在讲绘画的观看。

“展示”从来都不是孤立的。今天，来讨论两者的区别，就是在从观看的角度发问，看什么，怎么看，看到什么样的程度；懂不懂，懂了什么，还是不需要介意能不能懂。

每个人都可以“看”绘画，但是能够“看见”的都不一样，知“形”得“意”并不是那么理所当然的。但是这并不意味着“懂”就是“展示”需要绝对服从的目的与原则。

作为艺术的绘画，是人类独有的想象力的表现载体，“看见”与已知和公认不一样的，也许是绘画最可贵的当代价值。毕竟，在今天这个平民化的、去中心化的互联网社会中，不以“懂”为前提的展示和观看，用来消解艺术与知识的权威与精英门槛，看起来更为契合时宜，这是“不懂”的当代价值。

七　标准：“趋同”还是“创新”？“遵循”还是“探索”？

博物馆面对新的社会关系与社会发展，需要在观念上有所创新、有所突破，需要有自我拓展与打开的勇气。以前策展人就是把历史文献研究、文物组合作为策展的基本方向。

而今天的博物馆策展人是以发现、创作为策展的基本方向，策展方式在发生变化——博物馆成为策展人的试验场，各种各样的策展人都在博物馆里面做各种各样的展览，不管好坏。

尝试从跳出“文物本位”的思想路径、换个视角，能够来探讨一下我们博物馆的展览是不是可以有其他更多的可能性与更广阔的视野。

而反映当下审美观念的美术馆策展，是不是在做更多的尝试？

博物馆推出的一些标准，如《博物馆展览内容设计标准》《博物馆陈列展览形式设计与施工规范》《博物馆展览布撤展操作规范》等，是不是可以参考？有没有参考价值？

八　空间：“沉思”还是“陶醉”？“殿堂”还是“花园”？

美术馆和博物馆都是发现意外之美的地方，是文化交流的空间，是带来灵感的空间，是能唤起沉思和需要的地方。

美是对生活最基本的敬意，美是上层建筑，需要垫脚才能够着的东西。

博物馆是文化历史“沉思”的高地，美术馆是艺术审美“陶醉”的圣地。

那观众想要什么？是“沉思”还是“陶醉”？是可以敬仰的“殿堂”，还是可以漫步的“花园”？

展览承载着“美”，可以是“殿堂”也可以是“花园”，各有各样的美，但有一点是不变的：

一个好的策划可以熏陶一代人，

一个好的创意可以引领一群人，

一个好的展览可以影响一座城。

著名策展人王南溟《从博物馆到美术馆：艺术史发展、策展方式与照明形态》一文，是特约稿件。鉴于作者是美术馆管理者和策展人，亲身经历了很多美术馆策展工作，他对美术馆光的感受较为真切，他谈及“现当代艺术”的定义，美术馆白盒子照明产生的原因，当代美术馆设计中天然光的运用，以及当下一些挑战博物馆展陈的新美术馆照明，详解了当下美术馆照明形成的原因，可谓观点独到，令人深思。

从博物馆到美术馆：艺术史发展、策展方式与照明形态

撰 写 人：王南溟

摘　　要：本文从现当代艺术史与美术馆的发展中提供出了从传统博物到当代美术馆照明的形态变化，而且当代美术馆照明所提供给艺术作品展陈的方式是如何影响了博物馆的照明创新的。同时也提示了在新博物馆学后，博物馆美术馆化的策展和展厅设计时，其照明在专业上的讨论也需要有一个新的角度。

关 键 词：美术馆；博物馆；照明形态；策展；现当代艺术

一　“现当代艺术”的定义

中国国家博物馆艾晶女士在《美术馆光环境评价方法》标准的项目中，咨询我如何给“现当代艺术”下个定义，这个事不好做，怎么做都会被指出这个问题那个问题，但为了课题的需要，我还是反复推敲，拟了一个定义为：

近一个多世纪以来的用“形式自主”和“观念介入”来拓宽艺术边界的各种艺术方式。

这是我的一个概括性陈述，虽然仅就字面来说，还是无法把握其中的内容，但其实这个定义包含了现当代艺术史的研究方法论中的共识，还明确了现当代艺术史的断代法和相关形态分析的诸要点。有批评理论背景的人一看到“形式自主”这个关键词就知道这是指向“现代艺术”的，而一看到“观念介入”这个关键词就知道这是指向“前卫艺术”的。通常在这部艺术史上，将1900年作为一个年代划分，这是现代艺术与前卫艺术中各种流派同时兴起的时候，所以在理论上，“形式自主”通常是针对从塞尚的后印象派到立体主义再到抽象表现主义这段历史，它们从绘画自身的还原而达到彻底的形式主义。它们从作品的平面化到无中心化再到满画面，再到彻底极简主义是一条主线，通常我们说到的从罗杰·弗莱到克莱门特·特格林伯格的批评文献史，其实就是这一段艺术史的注脚。20世纪初以来的艺术史主要是为了拓宽艺术的边界，而艺术自主的形态主要是通过还原论的方式，从绘画的内部来反绘画直到一块白画布足以成为一幅绘画，到了20世纪60年代有了我们称为现代艺术历史的终结。而前卫艺术也是20世纪初以来的重要形态，它是以观念介入来打破艺术边界的，比如从达达主义的现成品和行动过程一直到后来的装置和行为艺术，在绘画上比如同样是抽象绘画的苏俄前卫，当然超现实主义的拼贴语义与后现代主义的图像，这样的艺术也在1900年以后在不同的国家和不同的地区，此起彼伏地展开着，虽然我们通常将这样的前卫艺术理论的完成定在20世纪70年代，比如有比格尔的《前卫艺术理论》为其重要的文献为标志，但这样的艺术同样是与现代艺术一起构成了20世纪以来的艺术史，直到当下，我们对当代艺术范围的认定还在这个框架之中，前卫艺术作为当代艺术的源头，同样也或多或少地将现代艺术的语言融入了进去并形成了各种艺术的背景语言。特别是到了20世纪80年代，当前卫艺术理论宣布绘画已经死亡后，艺术更是以观念介入为理由不断地打破艺术的边界。包括科技不断发展以后的影像艺术、电子游戏和科技及生物艺术等，从而不断地改变了艺术的定义。

二　白盒子的照明形态

了解1900年以来的这段艺术史对了解美术馆的照明何以会如此是很关键的，因为这段艺术史所形成的流派从开始的后印象派被美术馆所接纳，特别是到了20世纪60年代以后前卫艺术的作品被美术馆所接纳，作为以艺术作品为内容的美术馆也开始考虑空间和照明问题，即如何将这类作品陈列在美术馆中才是符合这类作品的理念的，所以白盒子是作为展示这类作品的效果考虑而逐渐形成的空间观念。从现代艺术到前卫艺术的不断被接纳，艺术自身具有的重要特征也会在被展或被陈列中加以考虑，现代艺术的作品已经满画面的时候，比如抽象表现主义作品，它本身就是画面不但要去中心，而且四处可以无限伸展，而这样的画面挂在墙上，自然就需要展厅中的一堵展线很长的白墙，而空间白墙也成为这幅无中心画面四处可伸展的补充。尤其到了20世纪60年代的极少主义作品，强调的现成品材料在展厅中的空间感受，艺术家希望观众进入展厅，从不同的角度看到不同的形状，形成不同的作品视觉，所以这样的作品希望是没有一定固定的作品中心点让观众被动去看，一件在铺在地上的作品可能每一个角落，每一个侧面都构成

一个作品。还有，观众可以用搬动展厅中的装置作品以使其形成不同的组合方式而让作品不再是艺术家独立完成，而是艺术家的作品在观众参与式的帮助下共同完成的，这样的观看过程就决定了美术馆的展览设计的要求，特别在照明上也不能传统博物馆的照明，因为它不是指向一件作品，尤其不是指向一件小作品，而是一个由作品的空间本身就是一件作品，比如在现代美术馆展厅中将一块钢板悬在天花块上，一块钢板放在地上的展览空间，其作品空间中也就要求是全照明的，所以到了以极少主义为主题的美国迪亚美术馆就直接用天然光来设计展厅。而传统博物馆通常的聚光照明这个时候显然与作品呈现方式不协调，这样的照明因空间设计的艺术作品的展陈都有可能而改变，甚至是反其道而行之，照明无中心，即以空间泛光照明为基础，配以线型灯管或拉膜照明，再配以不同类型的射灯，形成了当代美术馆照明的基本组合，哪怕是有些画廊由于资金有限而不能在照明设备上加大投资，但也是用灯管照明在空间四周绕着一圈，而不是一般的射灯。不要说美术馆的照明是这样，甚至是传统的中心舞台到了观众席围成圆形的舞台，原来演出的聚光灯方式也得以改变。

当我们在考察美术馆照明或是舞台这些照明变化的时候，要知道其实最初的这种照明变化并不是来自于博物馆理念或者是剧院理念，而是来自于作品与观众之间关系的民主化，照明标准在其中包含的不只是灯光技术而更是观众身份与他们所观赏或聆听的艺术之间互为主体性关系。比如在美术馆上墙的作品陈列问题，当代美术馆通常会把挂画的中心视线放到 1.5m 到 1.6m 之间，而不会像以前那样把画高高挂上，这种挂画新方式考虑的是观众能够站在作品前以平视为标准，这不是一个简单的挂画高低的变化，而是涉及观众与艺术的平等关系如何体现的思考，这种逐渐形成的观众平等关系，会直接影响到挂画的中心视线，然后影响到照明的高低位置，这些形态都是改变以传统博物馆中将作品高高挂起，把灯光打到画面上，希望用这样的光来突现作品的高贵而让观众带着仰视的角度，并把观众置于暗处位置的照明形态显然不同，事实上到了这样的照明形态后，就如博物馆美术馆都是一个服务于观众的机构那样，照明也不但是服务于作品，也是服务于观众，反过来说，所谓的从博物馆到美术馆的照明，表面是光的投射方式，而其实是光的政治学，是等级制还是平等化，还是可参与的形式，就形成了从传统博物馆形态到当代美术馆（同时包括当代剧场）形态的政治学转变。

三　当代美术馆设计中的天然光照明

由于现当代艺术史的缘由，美术馆设计也开始了建筑体本身的作品化，即有一部分的美术馆开始不像以前的博物馆那样，只用老式建筑体内部改建而成并用于美术馆的展览，而是用新的建筑设计理念组成新的建筑体，并与现当代艺术史以来的艺术理念彼此照应。因此特别是当“新美术馆学”所倡导的景观式美术馆的兴起，那种集观看馆内收藏和零时展览到休闲生活为一体的大型文化生活综合体的出现，美术馆除了白盒子功能外，还会考虑室内与室外的相通性，从而在美术馆的展厅处或者某些过道处设计成连着室外的玻璃墙体，这个时候，美术馆的建筑体可从内见到美术馆的外景，同时这样的馆内馆外相连性，也是展厅内天然光照明有效利用的一种方式，包括部分展厅空间顶部借助天然光照明，所以这样的美术馆空间往往是通过天然光与人工光之间相互调节，来处理作品展示光环境的照明设计，它们往往是灯光照明配合展厅空间中的天然光综合利用。这在当代美术馆设计中已是一种常态，它首先取决于展示作品无中心意识，而不是像博物馆空间那样，过于突出藏品价值而把照明全部集中到某件藏品上，而使某件藏品成为视觉的绝对中心，所以我曾有文章《黑乎乎与亮堂堂之辨：专业照明在传统博物馆和当代美术馆之间的服务》就是讲了这样的传统博物馆与当代美术馆之间的照明理念的区别，其实也是如何考虑从藏品为中心，到观众与藏品之间的互动，而后从空间—藏品—观众一体化中发展的形态变化。由于博物馆的意识过于恋物，而当代艺术过于强调艺术家作品完成中的可参与程序，而导致在作品态度上出现两个不同的世界。当然因为有了当代美术馆的照明理念，“新博物馆学”也开始了向当代美术馆的形态靠拢，比如雅典卫城的考古博物馆，就是一个景观式的博物馆建筑体，它将地下考古挖掘与展厅的当代玻璃框架式的外墙结合起来，通过透明度的建造而形成了面对着的卫城与地下考古现场的统一，其展厅的古希腊雕塑也在全照明的展厅中被置于空间的中间，哪怕是墙上的作品都不再有黑乎乎的照明感，而是亮堂堂地呈现在观众面前，这样的倾向完全是按照当代美术馆方式而不是藏品中心主义方式来陈列，尽管这个博物馆的藏品体现了古希腊文化遗产的价值。现在我们要明确的是，一个恋物癖的展览与一个开放的可参与展览之间在照明理念上是有明显区别的。甚至它还涉及博物馆和美术馆在设计中光源的处理不同，这个光源也同样不能从照明自身考虑，而是要从社会观念发展上去理解它，比如正在不断讨论中的“新博物馆学”和“新美术馆学”，除了讨论运营和展览策划等新话题外，其实也包含了要讨论从博物馆到美术馆发展而来的不同照明形态。

四　被挑战的博物馆展陈与照明

由于当代美术馆的理念改变，使其建筑体本身到展厅设计不断出新，也改变了观众进入展厅的视觉习惯。在当代美术馆照明上，除了灯光媒介本身会成为展览作品，也使展厅需要更特别的明暗处理关系（事实上早期用灯光为材料的前卫作品也一样地被布置在亮堂堂的美术馆展厅中），基本上其他展厅都是要求照明无死角的通亮，作品越大越要考虑照明匀称化，并且要超过作品本身尺度之外。而相比较博物馆传统展陈方式，就显得过于老套，尤其是隔着玻璃看墙上的作品更是让观众视觉感到僵硬。因此，当有些博物馆在它的原址上再扩建现代艺术的美术馆建筑后，观众从头走到尾，就像穿越了照明形态的历史过程，比如美国的芝加哥艺术博物馆。特别是很多当代美术馆的展厅全部通亮，甚至展厅顶上灯带或者灯管的使用完全让展厅中的每件作品全部呈现在匀称照明光环境空间中，这样的现代艺术博物馆已经很多，比如阿姆斯特丹现代艺术博物馆。由于美术馆型的博物馆在推进，至少从运营方式引入策展人和主题展中，使原来的博物馆固定展陈藏品向不同主题的策展方向去做临时特展，甚至还包括将传统藏品与当代艺术合成某个主题策划在一起的展览。这样直接导致传统博物馆在展览上也开始了变化，一部分有条件的美术馆可以展出博物馆的某些藏品，已经不在原来的博物馆展陈形态内展示了，这样的展出可能会带上美术馆展览方式，比如，立轴式传统书画作品展陈的时候被装上亚克力罩布置到墙上，能使观众近距离观看。如果是“物件”藏品，也可以根据主题，在展厅设计中变化出与主题相关的空间情境，让观众从不同角度切入，而不是以前全部靠墙陈列。像这样的藏品在展厅，其光源分布和照明方式肯定会更像美术馆设计，因为这样的展览理念是以美术馆照明为方向。尤其在那些既有文物，又有当代艺术作品的对话展览中，肯定要既考虑到文物展示照明，也要考虑到当代艺术作品的照明方式。所以这是博物馆离开了传统的永久性陈列，而变为临时展览或者各种藏品组合成新的主题展，所产生的在不同展馆空间变化及其在照明设计上的变化。

五 结语

上述论述不在具体的照明技术上作案例式的分析，也不涉及灯光与文物保护之间的技术要求，而是在论述之前已经假定了什么样的灯光会对文物保护更有利这样的技术性前提，当然这不是说凡是展览一定要从当代美术馆的照明效果上来看博物馆的藏品的展陈，而是假设如果我们需要有更多的博物馆空间营造的方式，尤其是有些明明可以亮堂堂地展陈藏品的展厅，就没有必要神秘兮兮地用很小的光源把展厅搞得黑乎乎，20 世纪 80 年代的中国新潮美术时，往往有艺术家在展览作品时，会把射灯放在地上，并且用卡纸做成筒状包在射灯上从下往上打到作品上，这样的效果就是作品的中心点上有光，而展厅都是黑乎乎，那是当年的创作强调的是崇高和神秘中的生命和灵魂，后来这样的创作被贬为 20 世纪 80 年代的宏大叙事而让这样的灯光布展趣味也结束了。随着 2000 年以后的艺术空间和当代美术馆在当代艺术的领域兴起后，白盒子的国际规范也在中国形成，与一些博物馆、美术馆、文化馆、图书馆黑乎乎的展厅形成对比。当然，白盒子的美术馆本来就源于民营美术馆（现在称为非国有美术馆）的推动，它对继起的国有美术馆还是有促进作用的，黑乎乎的照明效果也就不再会被采用，或者说，通常意义上的传统博物馆灯光照明注意力集中在文物上的重要性而用照明来造成藏品与观众的等级制，并以中心光源的方式将藏品与观众隔离开来的照明却在美术馆的观展设计中被淡化，或者说是当传统博物馆从策展到展陈都开始了美术馆化，而照明的美术馆化也在一部分可能的前提下被博物馆藏品展中所应用，从而获得了某些藏品在观看上的新经验。

中国照明学会高飞女士撰写的《博物馆、美术馆照明标准概况》一文，提出全国美术馆发展进入快速增长期，加强我国博物馆、美术馆照明质量管理，规范照明科学化运营，提升照明光环境品质，是目前博物馆、美术馆亟须解决的问题。文章收集整理了国内外一些相关博物馆、美术馆标准的文件以供学者们参考。

博物馆、美术馆照明标准概况

撰 写 人：高飞
研究单位：中国照明学会

摘　　要：伴随免费开放，全国美术馆的发展进入新一轮快速增长期，因此加强我国博物馆、美术馆照明质量的管理，规范照明科学化运营，提升照明光环境品质，是目前博物馆、美术馆在新时代为满足不同需求而亟须解决的问题。

关 键 词：博物馆；美术馆照明；发展的新特点；照明标准进展

引言

近年来，我国的博物馆、美术馆事业得到了很大发展，形式丰富的展览、有趣的教育普及活动，到博物馆“打卡”、买文创，已然成为一种生活方式。随着国家对文旅项目的重视，除了传统的收藏、保护、研究、教育外，博物馆、美术馆的功能不断拓展，截至2018年底，全国已备案博物馆5354家，美术馆430家。博物馆年举办展览2.6万个，开展教育活动26万次。

一　博物馆、美术馆照明发展的新特点

2009年起，世界各国的博物馆已开始用LED照明灯具替换传统的卤素光源射灯灯具，如韩国国家博物馆、法国卢浮宫博物馆、荷兰国立博物馆，更换后比原先使用的卤素光源灯具节约能源75%～85%以上，而且LED照明灯具不会像卤素光源灯具那样产生紫外线和红外线，避免危害博物馆展品，有效地保护了展示文物。在卤素灯的照射下油画藏品表面会升温1 ℃，严重影响了画作的色彩和保存寿命。而LED灯具可严格控制输出光谱，为特定的作品使用特定的照明，并且不会发出紫外线损伤作品，在LED的光束下，画面色彩更为均匀，且只有很少一部分的热，起到了很好的文物保护效果。

2009年颁布的国家标准《博物馆照明设计规范》目前正在修订。当前博物馆、美术馆对照明系统的要求呈现出以下几个新特点：

1）科技馆、临时展厅、个人博物馆、观众互动厅、模拟室和休闲场所等大量兴建，也提出了展陈照明的要求；

2）根据展示文物的不同属性，需要更加精准地控制照度、曝光量及色温；

3）对文物保护提出了更高的要求；

4）观众对于照明效果的要求显著提高；

5）对照明产品进一步提出了节能、环保的要求；

6）对照明系统的控制及维护提出了更高要求。

随着LED技术的快速发展，LED照明产品以其能耗低、寿命长、易控光、调光灵活、智能控制、个性化定制等优势，正在逐步进入博物馆和美术馆，替代传统照明产品。

同时，随着智能控制技术的发展，对灵活布展、照明节能、照明的维护及管理提供了便利条件，因此，在目前照明产品技术的不断进步下，制定博物馆、美术馆相关的标准和评价指标迫在眉睫。

二　博物馆、美术馆照明标准进展

国际上博物馆照明标准一直沿用国际照明委员会的标准，下面整理了和博物馆、美术馆相关的国际标准及相关标准和技术报告的目录，供大家参考。

1. 国际标准方面

国际博物馆协会于1977年制订《博物馆照明标准》时，将展品分为对光不敏感的、对光比较敏感的和对光非常敏感的三个级别，各国博物馆、美术馆照明设计标准关于展品材料稳定性的相关规定，多以此为基础确定。

(a)《博物馆文物光照损害控制方法》(CIE 157:2004)(*Control of damage to museum objects by optical radiation*)

The report comprises three parts. The first part reviews the scientific principles that govern the processes of radiation-induced damage to museum objects with the aim of providing fundamental information for museum conservators and research workers. The second part reviews current knowledge and recent research to provide a commentary on the efforts of researchers to better understand how these processes may be retarded or eliminated in the museum environment. The final part gives the committee' s recommendations for lighting in museums in the form of a practical procedure that covers setting up a new display and monitoring the lighting during the life of the display. This procedure takes account of the research findings that have been reviewed as well as recommendations published by other organizations, and is modelled on current practice in several of the world' s leading museum institutions.

(b) CIE 089-1991《论光辐射对博物馆文物的损害》(*On the deterioration of exhibited museum objects by optical radiation*)

The colour change of light sensitive materials caused by irradiation of typical light sources depends on the:level of irradiation (illumination),spectral power distribution of the light source,spectral responsivity (action spectrum) of the material, and duration of the irradiation.Action spectra s (lambda) dm,rel and threshold effective radiant exposure Hs,dm of 54 samples of museum objects have been developed from irradiation measurements. A standard function of s (lambda) dm,rel and some standard values of Hs,dm are recommended, some consequences and conservational aspects for the lighting of museums are suggested.

(c) ICOM 3TC3-22 *Museum Lighting and Protection Against Radiation Damage* 2004。

2. 国内标准方面

《博物馆照明设计规范》(GB/T 23863—2009) 标准规定了博物馆照明的设计原则、照明数量和质量指标、照明产品性能要求及控制要求。本标准适用于新建、改建、扩建或利用古建筑及旧建筑的博物馆照明设计。主要技术内容包括：1. 术语和定义；2. 一般规定；3. 光源及灯具；4. 照明标准值、照明数量与质量指标；5. 展品或藏品的保护；6. 天然采光设计；7. 照明供配电与控制；8. 照明节能；9. 照明维护与管理。技术内容中重点对LED灯的分类和性能要求进行规定。

我国《建筑照明设计标准》(GB/T 50034—2013) 中的博物馆照明标准对展品照明的照度、眩光、色温、显色指数及紫外线等均有严格的指标要求，其中照度标准与国际照明委员会（CIE）和发达国家的标准基本接轨，应作为新博物馆建设及原有博物馆升级改造工程项目中照明设计的基本依据。

《民用建筑电气设计规范》(JGJ 16—2008)：博展馆电气照明设计应符合下列规定：

——博展馆的照明光源宜采用高显色荧光灯、小型金属卤化物灯和PAR灯，并应限制紫外线对展品的不利影响。当采用卤钨灯时，其灯具应配以抗热玻璃或滤光层。

——对于壁挂式展示品，在保证必要照度的前提下，应使展示品表面的亮度在 25cd/m² 以上，并应使展示品表面的照度保持一定的均匀性，最低照度与最高照度之比应大于 0.75。

——对于有光泽或放入玻璃镜柜内的壁挂式展示品，一般照明光源的位置应避开反射干扰区。为了防止镜面映像，应使观众面向展示品方向的亮度与展示品表面亮度之比小于 0.5。

——对于具有立体造型的展示品，宜在展示晶的侧前方 40° ~ 60° 处设置定向聚光灯，其照度宜为一般照度的 3 ~ 5 倍；当展示品为暗色时，其照度应为一般照度的 5 ~ 10 倍。

——陈列橱柜的照明应注意照明灯具的配置和遮光板的设置，防止直射眩光。

——对于在灯光作用下易变质褪色的展示品，应选择低照度水平和采用可过滤紫外线辐射的光源；对于机器和雕塑等展品，应有较强的灯光。弱光展示区宜设在强光展示区之前，并应使照度水平不同的展厅之间有适宜的过渡照明。

——展厅灯光宜采用自动调光系统。展厅的每层面积超过 1500m² 时，应设有备用照明。重要藏品库房宜设有警卫照明。

——藏品库房和展厅的照明线路应采用铜芯绝缘导线暗配线方式。藏品库房的电源开关应统一设在藏品库区内的藏品库房总门之外，并应装设防火剩余电流动作保护装置。藏品库房照明宜分区控制。

《博物馆建筑设计规范》(JGJ 66—2015)：藏品库房和展厅的电气照明线路应采用铜芯绝缘导线穿金属保护管暗敷；利用古建筑改建时，可采取铜芯绝缘导线穿金属保护管明敷。展厅的照明应采用分区、分组或单灯控制，照明控制箱宜集中设置；藏品库房内的照明宜分区控制。特大型、大型博物馆建筑的展厅应采用智能照明控制系统；对光敏感的展品宜采用能通过感应人体来开关灯光的控制装置。展厅及疏散通道应设置能引导疏散方向的灯光疏散指示标志；安全出口处应设置消防安全出口灯光标志。

《美术馆照明规范》(WH/T 79—2018) 标准于 2018 年 11 月 1 日正式实施，规定了美术馆照明的基本要求、照明数量和质量、照明的设计原则和管理原则等。本标准适用于新建、改建、扩建的各级各类美术馆照明设计与维护管理。

2019 年，文化和旅游部行业标准《美术馆光环境评价方法》开始编制，从美术馆光环境的实际要求出发，从现行规范要求的技术指标、照明技术发展水平和发展趋势以及光的维护等方面综合考量，给出了供参考的考核内容和评价方法。其目的是为了给美术馆光环境的设计和评价提供有益的支持和方向，提升美术馆照明水平，进一步促进美术馆行业对照明的重视和规范化。与《美术馆照明规范》相比，《美术馆光环境评价方法》聚焦美术馆光环境评价，针对照明施工验收没有依据、照明质量评估、照明日常维护的科学管理三大现实问题，提出解决方案，特别是在LED光源替代传统光源的大趋势下，就评价光环境并引导美术馆照明健康发展提出了标准依据，具有一定的前瞻性和实用性。

3. 国外其他组织的标准方面

欧洲标准化委员会在2014年制定了欧洲技术规范《文化遗产保护——为室内展览选择合适照明的准则和程序》(CEN/TS 16163—2014)。该技术规范定义了在文物保护政策方面实施的适当照明程序和手段。此规范适用于欧洲33个国家和地区，不作为强制性法规，而是建议性条例。它兼顾了视觉、展陈和保护三个方面，并讨论了照明设计对保护文化财产的影响。本技术规范提供了有关最小和最大照明水平值的建议。其目的是为制定欧洲的共同政策提供一个工具，以及为策展人、保护者和项目经理提供一个照明指南，以帮助他们评估能否正确地确保展品安全。本技术规范涵盖公共和私人场所展览中文物的照明，不考虑其他文化遗产背景下的照明，如露天收藏展示等。目前欧洲正在对博物馆照明技术规范CEN/TS 16163—2014进行新一轮的修订。结合近年来大量的博物馆照明设计与后评估经验、当代日益多元化的展陈需求、光源发展及照明控制技术的革新与应用、节能环保标准的提升等诸多方面，规范将会更加细致和完善。

北美照明工程学会(Illuminating Engineering Society of North America，IESNA)下属的博物馆与艺术画廊照明委员会(The Museum and Art Gallery Lighting Committee)制订了博物馆照明的相关规范——《博物馆照明推荐实践》(Recommended Practice for Museum Lighting，以下简称《推荐实践》)，并由美国国家标准学会(American National Standards Institute，ANSI)与IESNA于2017年1月批准联合发布，文档号为ANSI/IES RP-30-17。主要面向照明设计师，帮助设计师熟悉博物馆与艺术画廊项目的特性，特殊需求以及处理原则。详细归纳总结了博物馆照明规划、设计、运维等方面的基本准则与关键要素。它认为博物馆照明设计是艺术性与科学性的综合成果，要综合协调照明对人(观众)，物(展品)、环境的影响。

《美术馆和工艺陈列馆照明的推荐规程》(ANSI/IESNA RP-30-1996)。Enhances the decision-making process by providing specific standards for satisfying the special reqirements of museums and art galleries; offers guidance on decisions that must balance exhibition and conservation needs and enrich the museum experience for visitors.

日本并没有专门针对美术馆的标准和规范，但是在《照明标准准则》(JIS Z9110-2010)、《室内工作场所的照明基准》(JIS Z 9125-2007)等标准中有关于美术馆照明的规定。对展品和相关场所的照度做了详细的规定。JIS Z 9125-2007中将亮度分布列为一个重要的照明参数。JIS Z 9125-2007中规定了灯具的最小遮光角。日本要求利用光影进行展示的区域的照度不大于20 lx。JIS Z 9110-2010中规定：推荐照度是参考平面的平均照度，参考平面可以是水平面、垂直面、倾斜面、曲面等。JIS Z9110-2010《照明标准准则》于1958年制定，此后经过5次修改至今，上一次修改于1979年，后为适应发展需要再次进行了修改。其规定了除紧急照明外的照明标准和照明要求。《室内工作场所的照明基准》(JIS Z 9125-2007)是基于《工业标准化法》第12条第1款的规定而编写，规定了室内空间的照明设计基准、照明要求等，营建出利于人们高效、舒适、安全地进行室内作业的光环境。

《俄罗斯自然照明和人工照明规范》(СНИП-23-05-95)中对光特别敏感、敏感、不敏感的展品给出了照度标准值要求。如对织绣品、绘画、陶器等展品表面的照度要求为50～75lx。

英国《档案文件保存与展示的推荐标准》(BS5454:2000)中将紫外含量规定为10μW/lm。

法国《展示书画刻印作品和照相器材的保存要求》(NF Z40-010—2002)中将展品的光化学敏感程度划分为六个等级。

三 结束语

博物馆、美术馆以及相关的科技馆等近年来在我国发展迅速，总量日益增大，门类更为宽泛。随着照明技术的发展特别是LED照明的普及，新的照明产品和设计方法不断出现，博物馆照明设计和应用的需要也在不断变化，这就要求博物馆、美术馆照明标准的相关内容需要进行更新和补充，或者编制专门类别的标准与规范。制订博物馆、美术馆的专项照明设计标准，将对加强博物馆、美术馆展品保护、提升光环境质量、实现照明节能具有重要的意义。

参考文献

[1] 艾晶：《探讨我国博物馆照明设计的发展与方向》，《照明工程学报》2017年第4期。

[2] 彭妙颜、周锡韬：《国内外博物馆照明标准及其绿色照明技术的比较》，《照明工程学报》2018年第3期。

[3] 艾晶：《“美术馆照明质量评估方法与体系的研究”项目成果报告》，《照明工程学报》2018年第5期。

[4]《博物馆照明设计规范》(GB/T 23863—2009)。

[5]Control of Damage to Museum Objects by Optical Radiation，*CIE 157—2004*[S].

清华大学建筑设计研究院有限公司的徐华先生所提供的《关于博物馆与美术馆电气照明施工规范的研究》一文，对博物馆、美术馆在照明电气施工做了标准规范方面的总概括与梳理，让读者迅速了解和掌握此方面的标准知识，具有很强的现实应用与指导价值。这也是针对当前各馆只重照明设计，不重电气施工验收弊端的最佳解决方案。该文是本书特约文稿之一，目的在于弥补我们制订的《美术馆光环境评价方法》在照明电气评价内容上方面的不足，通过研究标准的配套读本，让我们整个研究体系呈现趋于完整状态。

关于博物馆与美术馆电气照明施工规范的研究

撰 写 人：徐华
研究单位：清华大学建筑设计研究院有限公司
摘　　要：本文综合比较了现行关于博物馆与美术馆有关电气照明施工规范、标准的相关条文，分析了影响电气安全的因素，提出了电气施工中应关注的问题。
关 键 词：电气照明；施工；维护；规范；标准

引言

博物馆、美术馆与其他建筑是有很大不同的，其特点是人员密集、文物价值高，尤其是展览经常更换，电气施工质量和施工、维护更需要引起重视，施工质量关系到博物馆、美术馆安全运行，而现实情况是往往重视设计环节，轻视施工环节，给博物馆、美术馆的安全运行带来很大安全隐患。本文探究博物馆和美术馆的电气施工规范和标准。

一　设计规范中与施工密切的条文

关于博物馆、美术馆的规范主要有《博物馆建筑设计规范》(JGJ66-2015)、《博物馆照明设计规范》(GB/T23863-2009)、《建筑照明设计标准》(GB50034-2013)、《民用建筑电气设计标准》(GB51348-2019)。其中《博物馆照明设计规范》和《建筑照明设计标准》正在修编中。从这些规范、标准的名称中可看出，规范主要是对设计的规定。但规范中的设计规定，与施工关联性较密切的内容尚有不少。

(一)《博物馆建筑设计规范》(JGJ66-2015) 有关安全条文有：

10.4.6 藏品库房的电源开关应统一安装在藏品库区的藏品库房总门之外，并应设置防剩余电流的安全保护装置。

10.4.7 展厅内宜设置使用电化教育设施的电气线路和插座。

10.4.8 熏蒸室的电气开关应设置在室外。

10.4.9 藏品库房和展厅的电气照明线路应采用铜芯绝缘导线穿金属保护管暗敷；利用古建筑改建时，可采取铜芯绝缘导线穿金属保护管明敷。

10.4.10 特大型、大型博物馆建筑内，成束敷设的电线电缆应采用低烟无卤阻燃电线电缆；大中型、中型及小型博物馆建筑内，成束敷设的电线电缆宜采用低烟无卤阻燃电线电缆。

10.4.11 展厅的照明应采用分区、分组或单灯控制，照明控制箱宜集中设置；藏品库房内的照明宜分区控制。

10.4.12 特大型、大型博物馆建筑的展厅应采用智能照明控制系统；对光敏感的展品宜采用能通过感应人体来开关灯光的控制装置。

10.4.13 展厅及疏散通道应设置能引导疏散方向的灯光疏散指示标志；安全出口处应设置消防安全出口灯光标志。

10.5.1 博物馆建筑智能化系统应按国家现行标准 JGJ 16-2018《民用建筑电气设计规范》和 GB 50314-2015《智能建筑设计标准》的有关规定执行，并应符合下列规定：

大中型及以上博物馆建筑的弱电缆线宜采用低烟无卤阻燃型，并应采用暗敷方式敷设在金属导管或线槽中；遗址博物馆、古建筑改建的博物馆建筑可采用明敷的方式。

10.5.2 博物馆建筑的信息设施系统应符合下列规定：

1 在公众区域、业务与研究用房、行政管理区、附属用房等处应设置综合布线系统信息点；

2 陈列展览区、藏品库区的门口宜设置对讲分机。

10.5.3 博物馆建筑的信息化应用系统应符合下列规定：

1 公众区域应设置多媒体信息显示、信息查询和无障碍信息查询终端；

2 宜设置语音导览系统，支持数码点播或自动感应播放的功能；

3 博物馆的藏品和展品宜实施电子标签；

4 宜建立数字化博物馆网站和声讯服务系统。

（二）《建筑照明设计标准》（GB50034-2013）有关安全条文有：

7.1.2 安装在水下的灯具应采用安全特低电压供电，其交流电压值不应大于 12V，无纹波直流供电不应大于 30V。

7.1.3 当移动式和手提式灯具采用Ⅲ类灯具时，应采用安全特低电压（SELV）供电，其电压限值应符合下列规定：

1 在干燥场所交流供电不大于 50V，无纹波直流供电不大于 120V；

2 在潮湿场所不大于 25V，无纹波直流供电不大于 60V。

7.2.4 正常照明单相分支回路的电流不宜大于 16A，所接光源数或发光二极管灯具数不宜超过 25 个；当连接建筑装饰性组合灯具时，回路电流不宜大于 25A，光源数不宜超过 60 个；连接高强度气体放电灯的单相分支回路的电流不宜大于 25A。

7.2.9 当采用Ⅰ类灯具时，灯具的外露可导电部分应可靠接地。

7.2.10 当照明装置采用安全特低电压供电时，应采用安全隔离变压器，且二次侧不应接地。

7.2.11 照明分支线路应采用铜芯绝缘电线，分支线截面不应小于 1.5mm²。

7.2.12 主要供给气体放电灯的三相配电线路，其中性线截面应满足不平衡电流及谐波电流的要求，且不应小于相线截面。当 3 次谐波电流超过基波电流的 33% 时，应按中性线电流选择线路截面，并应符合现行国家标准 GB 50054《低压配电设计规范》的有关规定。

7.2.5 电源插座不宜和普通照明灯接在同一分支回路。

7.1.4 照明灯具的端电压不宜大于其额定电压的 105%，且宜符合下列规定：

1 一般工作场所不宜低于其额定电压的 95%；

2 当远离变电所的小面积一般工作场所难以满足第 1 款要求时，可为 90%；

3 应急照明和用安全特低电压（SELV）供电的照明不宜低于其额定电压的 90%。

（三）《博物馆照明设计规范》（GB/T23863-2009）

《博物馆照明设计规范》（GB/T23863-2009）是 2009 年颁布的规范，有不少内容需要修编，目前笔者正在参与该规范的修编。

（四）《民用建筑电气设计标准》（GB51348-2019）

《民用建筑电气设计标准》（GB51348-2019）于 2020 年 8 月 1 日执行，代替了原《民用建筑电气设计规范》（JGJ16-2008），删除了 JGJ16-2008 中有关博展馆电气照明设计的相关条文。

二 电气照明施工与验收规范

与电气照明施工与验收相关的规范主要有《建筑电气工程施工质量验收规范》（GB50303-2015）和《建筑电气照明装置施工与验收规范》（GB50617-2010），基本是对所有建筑的通用要求。

（一）《建筑电气工程施工质量验收规范》（GB50303-2015）与照明有关的主要条文：

18.1.1 灯具固定应符合下列规定：

1 灯具固定应牢固可靠，在砌体和混凝土结构上严禁使用木楔、尼龙塞或塑料塞固定；

2 质量大于 10kg 的灯具，固定装置及悬吊装置应按灯具重量的 5 倍恒定均布载荷做强度试验，且持续时间不得少于 15min。

检查数量：第 1 款按每检验批的灯具数量抽查 5%，且不得少于 1 套；第 2 款全数检查。

检查方法：施工或强度试验时观察检查，查阅灯具固定装置及悬吊装置的载荷强度试验记录。

18.1.2 悬吊式灯具安装应符合下列规定：

1 带升降器的软线吊灯在吊线展开后，灯具下沿应高于工作台面 0.3m；

2 质量大于 0.5kg 的软线吊灯，灯具的电源线不应受力；

3 质量大于 3kg 的悬吊灯具，固定在螺栓或预埋吊钩上，螺栓或预埋吊钩的直径不应小于灯具挂销直径，且不应小于 6mm；

4 当采用钢管作灯具吊杆时，其内径不应小于 10mm，壁厚不应小于 1.5mm；

5 灯具与固定装置及灯具连接件之间采用螺纹连接的，螺纹啮合扣数不应少于 5 扣。

检查数量：按每检验批的不同灯具型号各抽查 5%，且各不得少于 1 套。

检查方法：观察检查并用尺量检查。

18.1.3 吸顶或墙面上安装的灯具，其固定用的螺栓或螺钉不应少于 2 个，灯具应紧贴饰面。

检查数量：按每检验批的不同安装形式各抽查 5%，且各不得少于 1 套。

检查方法：观察检查。

18.1.4 由接线盒引至嵌入式灯具或槽灯的绝缘导线应符合下列规定：

1 绝缘导线应采用柔性导管保护，不得裸露，且不应在灯槽内明敷；

2 柔性导管与灯具壳体应采用专用接头连接。

检查数量：按每检验批的灯具数量抽查 5%，且不得少于 1 套。

检查方法：观察检查。

18.1.5 普通灯具的Ⅰ类灯具外露可导电部分必须采用铜芯软导线与保护导体可靠连接，连接处应设置接地标识，铜芯软导线的截面积应与进入灯具的电源线截面积相同。

检查数量：按每检验批的灯具数量抽查5%，且不得少于1套。

检查方法：尺量检查、工具拧紧和测量检查。

18.1.6 除采用安全电压以外，当设计无要求时，敞开式灯具的灯头对地面距离应大于2.5m。

检查数量：按每检验批的灯具数量抽查10%，且各不得少于1套。

检查方法：观察检查并用尺量检查。

19.1.1 专用灯具的Ⅰ类灯具外露可导电部分必须用铜芯软导线与保护导体可靠连接，连接处应设置接地标识，铜芯软导线的截面积应与进入灯具的电源线截面积相同。

检查数量：按每检验批的灯具数量抽查5%，且不得少于1套。

检查方法：尺量检查、工具拧紧和测量检查。

21.1.1 灯具回路控制应符合设计要求，且应与照明控制柜、箱（盘）及回路的标识一致；开关宜与灯具控制顺序相对应，风扇的转向及调速开关应正常。

检查数量：按每检验批的末级照明配电箱数量抽查20%，且不得少于1台配电箱及相应回路。

检查方法：核对技术文件，观察检查并操作检查。

21.1.2 公共建筑照明系统通电连续试运行时间应为24h，住宅照明系统通电连续试运行时间应为8h。所有照明灯具均应同时开启，且应每2h按回路记录运行参数，连续试运行时间内应无故障。

检查数量：按每检验批的末级照明配电箱总数抽查5%，且不得少于1台配电箱及相应回路。

检查方法：试验运行时观察检查或查阅建筑照明通电试运行记录。

21.1.3 对设计有照度测试要求的场所，试运行时应检测照度，并应符合设计要求。

检查数量：全数检查。

检查方法：用照度测试仪测试，并查阅照度测试记录。

（二）《建筑电气照明装置施工与验收规范》(GB50617-2010) 有关条文：

本规范规定了与照明施工安装有关的各方面，规范内容主要包括总则、术语、基本规定、灯具、插座、开关、风扇、照明配电箱（板）、工程交接验收。

由于本规范是2010年的版本，随着电气技术发展及电气标准与国际电工标准的接轨，有不少内容需要修订，目前笔者正在参加本规范修订工作。

三　博物馆、美术馆电气照明施工应关注的问题

博物馆、美术馆在建造阶段，从变电所到末端照明、插座，新建建筑一次完成，配电干线一般比较重要，也会受到重视，较少出问题，但末端线路，随着运营中不同展览的需要，经常变化，更需要引起重视。更应关注下述问题：

（一）灯具的安装应符合下列规定：

1. 灯具的固定应牢固可靠，在砌体和混凝土结构上严禁使用木楔、尼龙塞和塑料塞固定；

2. 灯具的外露可导电部分必须与保护接地导体可靠连接，连接处应设置接地标识；

3. 由接线盒引至嵌入式灯具或槽灯的电线应采用金属柔性导管保护，不得裸露；柔性导管与灯具壳体应采用专用接头连接；

4. 埋地灯的接线盒应做好防水处理，盒内电线接头应做防水绝缘处理；

5. 安装在公共场所的大型灯具的玻璃罩，应有防止玻璃罩向下溅落的措施；

6. 灯具表面及其附件的高温部位靠近可燃物时，应采取隔热、散热等防火保护措施；

7. 消防应急照明回路穿越不同防火分区时应采取防火隔堵措施；

8. 在人员来往密集场所安装的落地式照明灯，当无围栏防护时，灯具距地面高度应大于2.5m。其金属构架及金属保护管应分别与保护导体采用焊接或螺栓连接，连接处应设置接地标识。

（二）电源插座接线应符合下列规定：

1. 对于单相两孔插座，面对插座的右孔或上孔应与相线连接，左孔或下孔应与中性导体（N）连接；对于单相三孔插座，面对插座的右孔应与相线连接，左孔应与中性导体（N）连接；

2. 单相三孔、三相四孔及三相五孔插座的保护接地导体（PE）应接在上孔。插座的保护接地导体端子不与中性导体端子连接。同一场所的三相插座，其接线的相序应一致；

3. 保护接地导体（PE）在插座之间不应串联连接；

4. 相线与中性导体（N）不得利用插座本体的接线端子转接供电；

5. 暗装的插座或开关面板应紧贴墙面或装饰面，电线不得裸露在装饰层内。

总之，博物馆、美术馆电气照明的安全和舒适与施工质量密切相关。在施工环节中，还经常遇到人员专业水平不高、工期不合理的问题。如果不注重施工环节，即使是为了安全层层加码的过度设计，也是不能保证安全和舒适的，而目前施工验收规范与设计还有不少地方不协调，还有与技术发展不适应的地方，是需要尽快完善的。

首都博物馆索经令先生撰写的《对〈美术馆光环境评价方法〉制订工作的思考》一文，从美术馆光环境评价方法的制订必要性、适用范围、内容构成和执行建议四个方面进行了阐述。作者通过参与编写工作，将个人认识和深入理解进行全面梳理概括，认为该评价体系是建立在对展品保护和视觉舒适两个方面的综合考量，是通过大量实际案例调研，主观指标和客观指标结论互相结合和印证，总结出光环境的评价体系。这个评价体系既可以作为展览光环境评价依据和方法，也可以作为日常进行光环境工作指导。对读者理解和使用标准起桥梁和指导作用。

对《美术馆光环境评价方法》制订工作的思考

撰 写 人：索经令
研究单位：首都博物馆
摘　　要：近年中国的美术馆行业发展得很快，但与之相应的美术馆光环境评价的规范和标准并未跟上，导致美术馆功能空间的光环境在调试和维护过程中，缺少依据。为弥补这一不足，《美术馆光环境评价方法》的制订便应时、应需而生。本文从方法制订的必要性、适用范围、内容构成和执行建议四个方面进行了简要阐述。
关 键 词：展品保护；视觉舒适；评价方法

引言

美术馆是收藏、研究、展示、传播美术作品和各类艺术品的机构，提高公众文化修养、开展美育教育是美术馆的重要职能。随着社会经济的发展，民众在物质生活得到满足的同时，精神生活的要求也逐步提高，对自身文化素质的培养、对不同文化了解的向往，促进民众不断地走进美术馆等文化艺术场所。政策的引导、资本的支持以及民众的需要，促进了近年全国范围内的美术馆行业迅猛发展。截至 2017 年末，全国美术馆数量（包括国有和民营的）已达到 841 座。而与之相配套的相关行业规范和标准有点滞后，在美术馆照明方面，除了《美术馆照明规范》（WH/T 79—2018）外，并没有可以对美术馆光环境进行评价的标准。本着更好地促进美术馆照明整体发展的目的，由中国国家博物馆牵头，省市博物馆、美术馆、高校以及灯具厂家等几十家单位参与，共同编写了行业标准《美术馆光环境评价方法》(以下简称《评价方法》)。该《评价方法》从展品保护和观众视觉舒适度方面，对美术馆照明提出了具体的要求和依据。以下为笔者参与《评价方法》编写和调研过程中的体会和思考。

一　《评价方法》制订的必要性

光环境作为构成美术馆空间的第四个维度，越来越受到重视，它是指从光的生理和心理效果来评价的视觉环境。其评价体系是展品保护和视觉舒适两个方面综合考量，确定评价指标和方法。通过大量的实际案例调研，主观指标和客观指标结论互相结合和印证，总结出光环境的评价体系。这个评价体系既可以作为展览光环境的评价依据和方法，也可以作为平时进行有关光环境工作的指导。以前美术馆行业虽然发展得很快，但是其评价的方法和体系却没有跟上。另外，很多美术馆相关专业人员的配置也没有得到足够的重视。现实的情况是很多美术馆的照明主要由电工或者其他岗位的管理人员来负责调试和维护管理。很多美术馆既没有专业的人员，又没有可以依据的规范或标准，导致现在的美术馆照明效果参差不齐。为了提高整个美术馆行业的整体照明水平，《评价方法》的制订就显得尤为迫切和必要。

二　《评价方法》的适用范围

美术馆作为公共建筑，其很多空间与其他公共建筑类似，这部分空间（包括办公、设备管理等空间）的照明主要满足正常的功能要求。考虑到接待大厅是美术馆建筑最独特的空间，所以将其与展品库房、作为展厅过渡空间的过廊等纳入评价中的非展陈空间。美术馆的展陈空间主要包括展厅和可以进行展品展示的空间。展陈空间的光环境既要满足展品保护又要具有良好的视觉舒适度，是体现展览品质的重要内容。所以此次编制的《评价方法》主要针对的就是美术馆特有功能空间的光环境，包括展陈空间和非展陈空间。展陈空间既包括美术馆的展陈空间，也可以延伸到具有同等功能的其他建筑的类似空间。《评价方法》适用于展示空间的光环境施工验收、光环境的提升改造、光环境的日常维护和管理考核以及馆方对光环境的自我评估。

三　《评价方法》内容的构成

此次编制的光环境评价方法，采用实测与评价相结合的方式。评价的出发点主要包括两个部分：有利于保护展品和能够营造良好的视觉效果。陈列空间的具体评价指标从展品的保护、灯具的质量和光环境分布三个方面来选取，非陈列空间从灯具质量和光环境分布两个方面来选取评价指标。简述如下：

（一）展品的保护是从展品本身对光的敏感程度来考虑，或者说是从光对展品的破坏程度来考虑，这部分是硬性指标，相应的文物保护标准对光的数量和质量有具体要求，主要从紫外线含量、色温、照度和年曝光量等几个指标进行限定。其中紫外线含量、红外辐射强度、照度和年曝光量几个指标根据不同的展品类型有确定的限值要求，是必须不能超过限值的，超过了便视为不合格。例如《博物馆照明设计规范》（GB/T 23863—2009）中明确，“应减少灯光和天然光中的紫外辐射，使光源的紫外线相对含量小于20μW/lm”。在确定紫外辐射评价等级时，就以“光源的紫外线相对含量小于20μW/lm”作为划分界限，小于该数值为合格，超过该数值便视为不合格；在合格的基础上，再结合现有光源能够达到的技术水平和测试结果，更进一步划分评分等级为优、良、合格三个等级。有关展品保护的指标均为客观评价指标，通过现场测试采取相关数据进行打分评价，不受人为因素的影响。

（二）灯具质量方面的评价指标主要从光的效果和质量两个方面来选取，包括显色质量、频闪控制、色容差等。光的显色质量和光色的一致性对展品和陈列空间的表现起着非常重要的作用。这部分评价指标基本也是通过仪器测试，采集数据进行评价的客观指标。

（三）光环境分布也就是视觉环境效果，与观众、展品和光三者均有关系，所以该方面的评价既有主观方面的因素，也有客观方面的因素。主观方面主要关系到人，其衡量内容包括展品的形态、色彩和质感等艺术感的体现，以及展品和空间构成在光环境下的综合体现。这部分指标采用的是主观评价的方式。而水平和垂直方向照明的均匀度的衡量，则采用数据测量方式进行客观评价。在光环境的评价中，实际是主观评价和客观评价相互印证，从中发现和得到一定的规律性的总结，有利于以此为依据，更好地进行以后的相关工作。

（四）光的维护是保持良好展示效果的重要保证，所以这部分内容也被纳入《评价方法》的范围。要做好美术馆光环境的维护，与人、制度和资金三者密切相关。其中，3.4.1中人主要指有专业素质的管理人员，管理人员的专业素养、专业知识和专业技能对展览光环境的保持和提升起着重要的作用。3.4.2中维护管理制度和计划是对管理人员操作的规范和指导，对照明设备的管理、照明维护计划和内容的制订等均对保持和提升照明效果提出了具体的要求。3.4.3中维护资金是最根本的保障，没有资金的投入和支持，照明效果的保证和提升就无从谈起。鉴于上述内容，此次《评价方法》对光的维护也相应地做了相当细致的细则要求。

四　《评价方法》执行的建议

标准制订得再全、再合理、再规范，最终也要由人去执行。现实情况是很多地方的美术馆并没有照明方面的专业人员编制，仅靠物业电工或者其他人员进行专业的照明管理工作，这是非常困难的。所以专业人才的培养和对专业工作的重视，是很好地执行标准的前提，是科学进行光环境管理的保证。其次《评价方法》不仅限在光环境评价时使用，也可以将评价的内容融入日常的工作中，做到工作的规范化，提高工作的效率。另外，《评价方法》中的内容，本着主客观评价结合、易于操作的原则，从展品保护和视觉舒适的角度选定评价指标，确定评价方法。在实际需要时，也可以选取其中的一个和几个指标来进行光环境的评价，做到评价方法的灵活运用。

五　结语

《评价方法》的编制，从美术馆光环境的实际要求出发，从现行规范要求的技术指标、照明技术发展水平和发展趋势以及光的维护等方面综合考量，给出了供参考的考核内容和评价方法。其目的是为了给美术馆光环境的设计和评价提供有益的支持和方向，提升美术馆照明水平，进一步促进美术馆行业对照明的重视和美术馆照明的规范化。

国外标准研究

本书主要研究标准制订工作，我们特意对国外标准进行了专项研究，目的在于能借鉴到欧美等发达国家的先进经验，对我们实施制订标准工作能起到有价值的启示与利用价值。这里有 4 篇我们约稿的文章，对解读欧美国家博物馆、美术馆标准有很好阐释作用，作者也具有很强的外语水平和专业能力，对我们研究工作很有帮助。

武汉大学刘强先生的团队所撰写的《欧洲博物馆照明光品质研究进展综述》一文，介绍了欧洲主流博物馆照明方式正处于由天然光向人工光过渡阶段。展陈照明中光照侵蚀及颜色再现问题，已成为学术研究的核心问题。又以多个欧洲高校及文博机构当前研究为例，从LED照明技术应用发展、展品保护性照明以及展品颜色再现三方面对于欧洲博物馆照明光品质研究进展进行了概述。尤其在颜色视觉问题探讨中涉及的光照颜色喜好、光照颜色还原以及光照颜色辨别三项内容，对我国博物馆、美术馆研究具有很好的借鉴与引导作用。

欧洲博物馆照明光品质研究进展综述

撰 写 人：刘强[1]，王裕[1]，高美勤[2]，李可[2]，陈治宇[1]，刘大一[1]

研究单位：1 武汉大学印刷与包装系；2 瑞盎光电科技（广东）有限公司

摘　　要：随着LED照明技术的进步以及博物馆展陈需求的发展，目前欧洲主流博物馆照明方式正处于由天然光向人工光过渡阶段。展陈照明中的光照侵蚀及颜色再现问题，已成为本领域研究核心问题。本篇综述从LED照明技术应用发展、展品保护性照明以及展品颜色再现三方面对于欧洲博物馆照明光品质研究进展进行简要介绍。

关 键 词：LED照明；博物馆照明；光品质

引言

当前，文物艺术展陈照明已经成为欧洲博物馆领域的热点问题。以法国卢浮宫[1]、英国大英博物馆[2]、意大利新教区博物馆[3]、意大利比萨圣马特国家博物馆[4]等为代表的数十家欧洲知名博物馆（美术馆）已经展开了此类研究。近年来，LED制造技术的快速发展，促进了文物艺术品展陈照明技术的进步。在此种形势下，如何科学合理地设计展陈照明方法，在避免展品光照侵蚀的同时，最大限度地体现其美学及文化价值，满足参观者的审美需求，已成为欧洲文博工作者关注的重要问题。

一　LED照明技术在欧洲博物馆的发展及其优势

欧洲大多数博物馆建馆于几个世纪前，由于照明技术落后，在建馆早期其通常采用天然光照明方式。随着对展品保护及展示要求的不断提高，越来越多的博物馆及美术馆逐渐选择采用人造光源与天然光结合，或者纯粹采用人造光源的照明方式。

英国大英博物馆于1753年建馆，其中大量展厅根据展品原始保存环境，在保护文物安全的前提下，采用天然光照明，用薄纱类纺织品控制阳光辐射，以此保护展品并把文物展陈的真实性与天然光的清爽明快相结合，保证了观众的舒适体验。施泰德艺术博物馆是德国法兰克福最古老的博物馆，其于2008～2012年对地下展厅扩建后采用一个曲面作为屋顶，屋顶上开有一个个尺寸不同的圆形天窗，同时天花采用了可承重的照明装置，呈现了天然光和人工照明的完美结合。德国埃尔巴赫象牙博物馆将展品安置在一个用无烟煤涂黑的空间中，红色LED设计的步道表面为参观者营造了一种置身于悬浮的、无形的、几乎无法感知的空间通道，展柜犹如发光玻璃体一样随着通道依次排开，其下部三分之一的擦墙光轻微雾化，并与边缘照明一起隐藏在展柜的底座中，带给游客一种展品从雾中升起的视觉体验。三家博物馆的展陈照明如图1所示，大英博物馆以天然光照明为主，施泰德艺术博物馆呈现的是天然光与人工光源的结合，埃尔巴赫象牙博物馆用人工光源构造了一种独特的艺术效果。

相比于传统光源，LED光源具有高光效、长寿命、低辐射、低能耗、低污染等诸多优势。例如，布鲁克画廊改造案例中，馆方以LED灯取代传统卤素光源，每年CO_2排放量净减少842kg，并且在颜色品质方面获得了更好的自然度、欣赏性与吸引力。当然，LED光源的使用也提升了展陈照明过程中展品保护与展示问题的复杂性，这已成为目前博物馆照明研究领域的焦点。

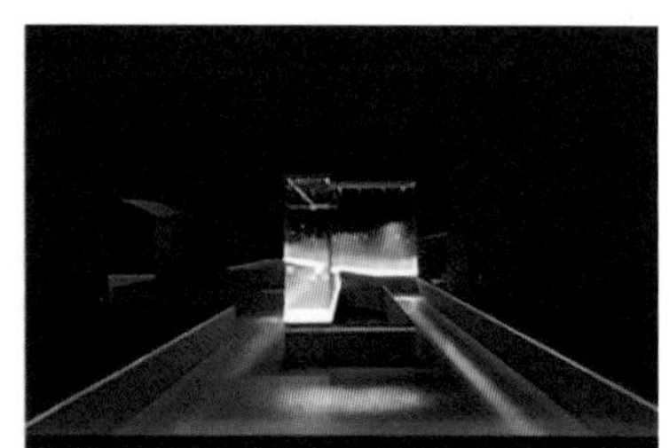

图1　欧洲博物馆展陈光源情况（左一：大英博物馆，左二：施泰德艺术博物馆，右一：埃尔巴赫象牙博物馆，图来自网络）

二　博物馆展品的光照侵蚀问题

展品保护是博物馆领域的首要问题。展品物理状态及化学成分的改变都可被认为是对展品的损坏。引发此类变化的因素有很多，如空气湿度、大气污染物、光环境等。其中，光照因素是比较特殊的存在。在博物馆展陈过程中，照明设计是影响文物艺术品颜色信息展陈质量的关键因素，故光是必不可少的。然而，展品的展陈与保护其实是冲突的，将文物艺术品长期暴露在光照环境下，不可避免地会对其造成不同程度的损伤。因此，对于大多数材料而言，黑暗环境才能提供最好的保护，但此类环境明显不适用于展品展陈。

博物馆照明对于文物艺术品的损害主要分为两个过程：光辐射的化学效应和光辐射的热效应[5]。光化学作用是光照辐射使物质分子发生化学变化的过程，变化的激活能量来自于展品对光子的吸收。光化学作用主要包括四大影响因素：辐射照度、辐射时间、入射辐射的光谱能量分布以及接收材料的响应光谱。此项作用通常导致展品褪色、纤维壳化、脆化和表面开裂等问题。现有研究表明，短波长的光要比长波长的光具有更强的光子能量，故短波长光辐射更易对展品造成光化学损害。

光辐射热效应是指被照物体获得入射光的辐射能量而发生表面温度升高并发生空间形变的现象。此类形变通常发生在材料具有不同热延展系数的位置，特别是具有高延展系数的区域。在展陈中，照明光源日常开关造成了展品表面延展与收缩的循环，加之湿气不断迁移，进而对展品形成了破坏，直接导致表面硬化、变色、开裂等情况。上述问题特别容易发生于吸湿材料（包括所有有机材料，如木材和皮毛）或表面由多层不同材料构成的物品（例如由多层颜料绘制的作品）。

根据光敏感性，馆藏展品可以分为两大主要保护类别：矿物质、无机物材料（石头、金属和玻璃等）以及有机物材料（包括植物类有机物：纸张、纸草、木材、自然纺织品、多种颜料和染料；动物类有机物：骨、皮毛，也包括一些颜料和染料）。总体来说，无机物材料对光轻度敏感或不敏感，有机物材料对光中度敏感或高度敏感，具体分类如表1所示。

为了更有效地对文物艺术品进行保护，国际照明委员会 CIE 157:2004 依据材料感光度分类设置了博物馆展陈照明照度限制及年曝光量限制[6]，如表2所示。

三　博物馆照明中的颜色视觉问题

除光照侵蚀问题外，展品颜色信息再现是本领域另一项焦点问题。目前，尽管现存诸多博物馆照明规范，但如何依据具体展陈环境及展品内容合理进行光源选择，仍是目前工作的难点。当下欧洲博物馆（美术馆）展陈照明光色选择大多采用如下三种理念：

1）还原文物艺术品创作原始光环境；

2）根据策展人喜好及经验进行灯光选择；

3）根据观察者喜好进行灯光选择。

其中，根据策展人喜好及经验进行灯光选择，其依据的是馆方或照明设计师自身对于展品文化内容、艺术属性及展馆建筑环境等因素的理解。除此之外的两种理念，则需借鉴“光照颜色喜好”以及“光照颜色还原”两项视觉维度的研究结果，合理选取照明光源。

（一）博物馆照明中的颜色喜好问题

照明颜色喜好问题是国际照明研究领域中的一个焦点问题。意大利比萨大学[7]、葡萄牙米尼奥大学[8]、Nogueira da Silva 博物馆[9]等多家机构都对此进行了一定程度的探索。目前，在普通照明场景针对该问题开展的相关心理学研究已经证明照明颜色喜好受相关色温[8, 10, 11]、照度水平[12]、物体属性[13]、地域差异[14]、照明应用[15]以及观察者颜色喜好[16]等多重因素的共同影响。

表1　博物馆展品依据材料感光度的三种分类[5]

光敏感率分类	博物馆物品
低感光	金属、石器、玻璃、陶瓷、搪瓷、大部分矿物材料
中感光	油画和蛋彩画、壁画、未染色的皮革、动物的角和骨头、没有绘制的木制品、漆器
高感光	纺织品、服装、挂毯、以纸和羊皮为载体的物品、染色皮革、油漆或染色的木制品、大多数自然历史展品包括植物标本、毛皮和羽毛

表2　依据材料感光度分类的照度限值和年曝光量限值[6]

材料分类	照度限值 /lx	曝光量限值 / (lx h/y)
低感光度	200	600000
中感光度	50	150000
高感光度	50	15000

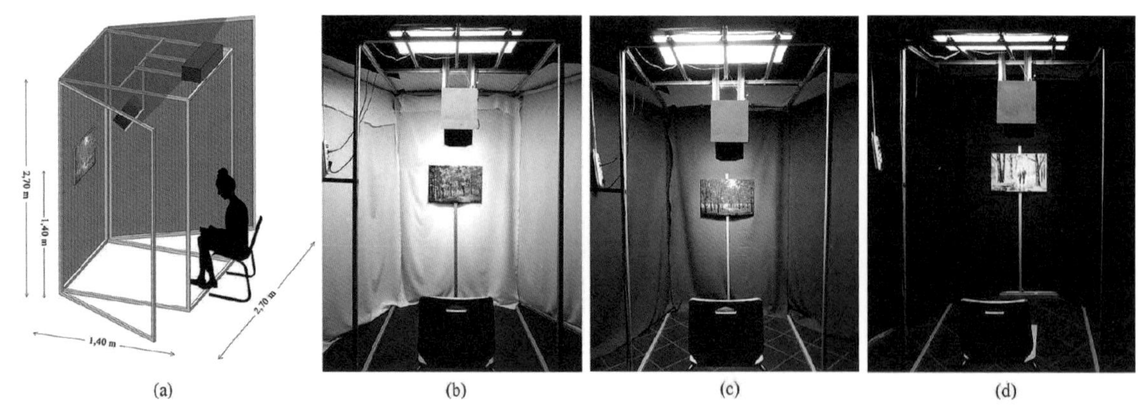

图2 列昂尼德•阿夫雷莫夫（Leonid Afremov）油画喜好实验场景（意大利比萨大学）

在文物艺术品展陈照明方面，前述普通场景照明所具有的共性问题普遍存在。此外，由于颜色信息对于展品文化及美学属性传达具有重要意义，欧洲博物馆领域相关学者针对展陈照明颜色喜好问题开展了较具规模的探索。例如，2008 年葡萄牙米尼奥大学 Pinto 等[8] 以油画为研究对象，探究不同相关色温条件日光对展陈照明颜色喜好度的影响，并且认为 5100K 的光是最理想的。2014 年米尼奥大学 Nascimento 等[11] 同样以油画为研究对象，对其展陈照明过程中人眼视觉对不同相关色温的喜好特性进行了研究，并且结果表明 5700K 的光源是最喜好的。2020 年意大利比萨大学 Feltrin 等[10] 以列昂尼德 · 阿夫雷莫夫（Leonid Afremov）的油画为对象，针对影响展陈照明颜色喜好的不同因素（相关色温、展品背景、展品内容）进行了探究，从整体喜好、背景评价、冷暖程度、亮度水平、生动程度、颜色吸引力等六个维度进行评价。研究结果发现展品背景、展品内容对颜色喜好均没有显著的影响，但相关色温对于颜色喜好有显著的影响，并且相关色温为 4000K 的光最为喜好，如图 2 所示。上述几项研究证明了相关色温对照明颜色喜好存在显著影响，但是不同实验的结果仍然存在差异。此外，由色度学理论可知，同一相关色温实际可对应不同光源的相对光谱功率分布，而相关研究已证明同色异谱光源在显色性方面存在显著性差异[17~19]。

图3 同一相关色温（6500K）条件下同色异谱光源照明显色差异示意图[20]

除此之外，照度也是影响颜色喜好的一个重要因素，欧洲部分学者针对照度对照明颜色喜好的影响问题进行了探索，结果同样存在不一致性。德国达姆斯塔特理工大学 Khanh 等[18, 19] 认为颜色喜好程度会随着照度的增大而单调上升，而法国国家自然历史博物馆 Viénot 等[21] 认为其趋势并非单调。值得注意的是，上述研究所用光源几乎均为中高照度，有关低照度的心理物理学研究相对匮乏。然而，在博物馆展陈过程中，由于部分展品极易被光照所侵蚀，其展陈照度不应超过 50lx，故低照度条件下照明颜色喜好问题也应是目前本领域重点关注的问题。

（二）博物馆照明中的颜色还原问题

相比于颜色喜好的简单直观，展陈照明中展品“颜色还原”的定义相对难以界定。普通工业照明领域的颜色还原特指测量光源和参考光源的一致性，通常以显色指数进行表征。而对于文博领域，目前有关光照“颜色还原”主要有两大主流观点，即文物艺术品创作场景再现和褪色文物艺术品原始颜色再现。

博物馆展陈照明设计的其中一个标准是依据文物艺术品创作环境进行照明布置。然而，受文物艺术品展陈保护要求的制约，直接复现艺术家原始创作光环境往往并不现实。2016 年匈牙利潘诺尼亚大学 Schanda 等[22]在对意大利西斯廷教堂进行照明设计时，提出了基于相关色（corresponding color）匹配的 LED 照明仿真颜色还原方法。此类方法在照明设计时，以展陈照明条件下文物颜色色度感知与原始创作照明条件下文物颜色色度感知之间的视觉匹配为原则，旨在通过光照方式再现文物艺术品当年创作之原貌。

近年来，LED 智能调光技术的进步，为文物艺术品的原真性颜色还原提供了另一种巧妙而有效的手段。2011 年，法国国家自然历史博物馆 Viénot 等[23]率先借助光照方式对馆藏褪色文物进行了模拟上色。依据类似思想，2015 年哈佛大学美术馆 Khandekar 等[24]利用数字投影技术对抽象派画家马克·罗斯科创作的《哈佛壁画》进行了光照修复，实验场景如图 4 所示。上述研究的实质，都是利用光照方式实现褪色文物颜色信息的虚拟修复。

目前有关文物艺术品颜色信息光照还原的展陈照明研究正处在探索发展阶段。毫无疑问，其将为未来博物馆展陈照明技术的发展提供崭新的思路。

（三）博物馆照明中的颜色辨别问题

与光照颜色喜好类似，光照颜色分辨也是现阶段光源颜色品质研究的热点问题。对于博物馆展陈照明而言，展品色调细节的保留和更加细致的观赏体验，都需要高质量的颜色分辨度来保证，因此有关光照颜色分辨度的研究也是欧洲文博领域工作者普遍关注的内容。2005 年葡萄牙诺盖拉（Nogueira da Silva museum）博物馆 Carvalhal 等[9]以文艺复兴时期油画的高光谱图像作为研究对象，探究不同相关色温条件下油画可辨别的颜色数量，发现最理想的光源相关色温在 6000 ~ 10000K，实验场景如图 5 所示。

图4 《哈佛壁画》光照颜色还原示意图（哈佛大学美术馆）

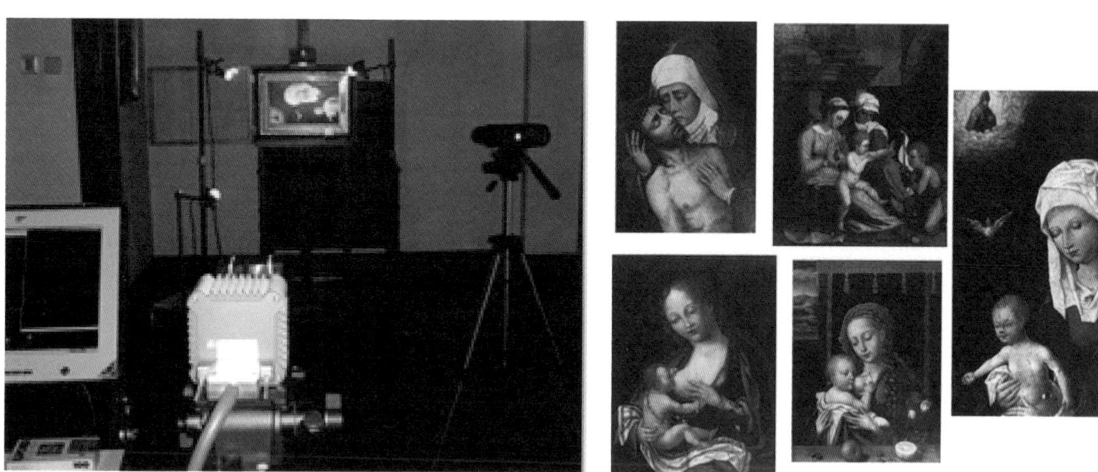

图5 高光谱图像颜色分辨度实验场景（葡萄牙诺盖拉博物馆）

法国国家自然历史博物馆Mahler等[25]从相邻样本颜色差异角度出发，对光照颜色分辨度量化工作进行了尝试。2015年西班牙文化遗产研究所Roberto等[26]以西班牙坎塔布里亚Castillo洞穴壁画为研究对象，提出了一种由三种LED光源组成的最佳光源作为洞穴壁画的照明光源。该光源的光谱功率分布提供了低损伤辐照度值，与3750K的白炽灯相比，损伤因子减少了一半，并同时有相对较好的颜色再现能力，能够更好地分辨洞穴壁画的颜色细节，实验场景如图6所示。

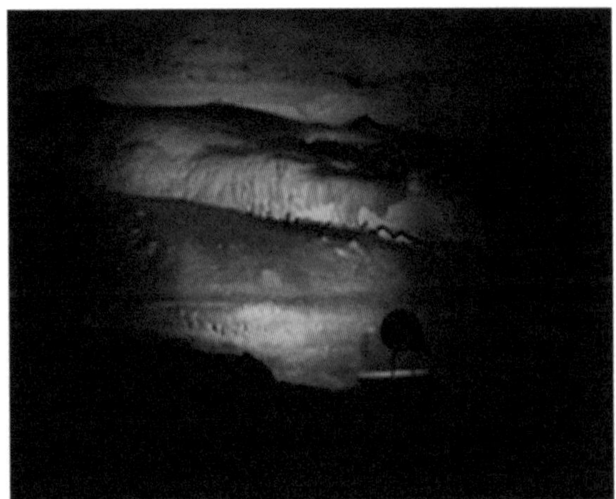

图6 西班牙坎塔布里亚Castillo洞穴照明实验场景（左：热成像测试，右：光生物学测试）
（图片来源：西班牙文化遗产研究所）

四 结论

本文从LED照明技术在欧洲博物馆的发展、展品光照保护及展品颜色视觉信息再现三个方面介绍了欧洲博物馆（美术馆）照明的研究进展。其中，所涉及的颜色视觉问题分为光照颜色喜好、光照颜色还原以及光照颜色辨别三项内容。以多个欧洲高校及文博机构当前研究为例，介绍了欧洲相关学者在博物馆展陈照明研究方面取得的进展。简言之，博物馆展陈照明是一项非常复杂的工作，涉及人文科学、社会科学、艺术美学、颜色科学等多个领域。由于文化背景、研究方法以及感官认知上存在差异，目前欧洲博物馆照明光品质研究结论与我国相关工作还存在诸多出入，需要国内外学者共同深入探索。

参考文献

[1] Fontoynont M, Miras J P, Angelini M, et al. Lighting Mona Lisa with LEDs: details concerning innovating techniques (TOSHIBA Lamp–2013) [M]. 2014.

[2] Padfield J, Vandyke S, Carr D. Improving our environment [J]. *The national gallery*, 2013.

[3] Leccese F, Salvadori G, Colli A. LED lighting in museum: the new diocesan museum in Piombino (Italy) [C]. *CISBAT 2011-Int. Conf. on Cleantech for sustainable buildings, Lausanne (CH)*, 2011.

[4] Leccese F, Salvadori G, Feltrin N, et al. Study on the suitable lighting design of Beato Angelico's artworks displayed at the National Museum of San Matteo in Pisa (Italy) [J]. *cultural heritage*, 2018, 15(16).

[5] Cuttle C. Damage to museum objects due to light exposure [J]. *International journal of lighting research and technology*, 1996, 28(1): 1-9.

[6] International Commission on Illumination. CIE 157 Control of Damage to Museum Objects by Optical Radiation[C]. Vienna, Austria: CIE, 2004.

[7] Feltrin F, Leccese F, Hanselaer P, et al. Analysis of painted artworks' color appearance under various lighting settings[J]. *IEEE*, 2007.

[8] Pinto P D, Linhares J M M, Nascimento S M C. Correlated color temperature preferred by observers for illumination of artistic paintings [J]. *JOSA A*, 2008, 25(3): 623-30.

[9] Carvalhal J A, Linhares J M M, Nascimento S M C, et al. Estimating the best illuminants for appreciation of art paintings[C]. *AIC Colour, Proceedings of 10th Congress of the International Colour Association, Granada, Spain*, 2005. p. 8-13.

[10] Feltrin F, Leccese F, Hanselaer P, et al. Impact of illumination correlated color temperature, background lightness, and painting color content on color appearance and appreciation of paintings [J]. *Leukos*, 2020, 16(1): 25-44.

[11] Nascimento S M C, Masuda O. Best lighting for

visual appreciation of artistic paintings—experiments with real paintings and real illumination [J]. *JOSA A*, 2014, 31(4): A214-A9.

[12] Zhai Q Y, Luo M R, Liu X Y. The impact of illuminance and colour temperature on viewing fine art paintings under LED lighting [J]. *Lighting Res Technol*, 2015, 47(7): 795-809.

[13] Huang Z, Liu Q, Westland S, et al. Light dominates colour preference when correlated colour temperature differs [J]. *Lighting Res Technol*, 2018, 50(7): 995-1012.

[14] Wei R, Wan X, Liu Q, et al. Regional culture preferences to LED light color rendering[C]. *In China Academic Conference on Printing & Packaging and Media Technology*, 2016. p. 33-40.

[15] Lin Y, Wei M, Smet K A G, et al. Colour preference varies with lighting application [J]. *Lighting Res Technol*, 2017, 49(3): 316-28.

[16] Tang Y, Lu D, Xun Y, et al. The influence of individual color preference on LED lighting preference [M]. *Applied Sciences in Graphic Communication and Packaging*. 2018: 77-87.

[17] Khanh T Q, Bodrogi P. Colour preference, naturalness, vividness and colour quality metrics, Part 3: Experiments with makeup products and analysis of the complete warm white dataset [J]. *Lighting Res Technol*, 2018, 50(2): 218-36.

[18] Khanh T Q, Bodrogi P, Vinh Q T, et al. Colour preference, naturalness, vividness and colour quality metrics, Part 1: Experiments in a room [J]. *Lighting Res Technol*, 2017, 49(6): 697-713.

[19] Khanh T Q, Bodrogi P, Vinh Q T, et al. Colour preference, naturalness, vividness and colour quality metrics, Part 2: Experiments in a viewing booth and analysis of the combined dataset [J]. *Lighting Res Technol*, 2017, 49(6): 714-26.

[20] Pinto P, Felgueiras P, Linhares J, et al. Chromatic effects of metamers of D65 on art paintings [J]. *Ophthalmic and Physiological Optics*, 2010, 30(5): 632-7.

[21] Vienot F, Durand M-L, Mahler E. Kruithof's rule revisited using LED illumination [J]. *J Mod Opt*, 2009, 56(13): 1433-46.

[22] Schanda J, Csuti P, Szabo F. A new concept of color fidelity for museum lighting: based on an experiment in the Sistine Chapel [J]. *Leukos*, 2016, 12(1-2): 71-7.

[23] Viénot F, Coron G, Lavédrine B. LEDs as a tool to enhance faded colours of museums artefacts [J]. *Journal of Cultural Heritage*, 2011, 12(4): 431-40.

[24] Hecht J. Light repairs art: optical overlays restore faded masterworks [J]. *Optics and Photonics News*, 2015, 26(4): 40-7.

[25] Mahler E, Ezrati J J, Viénot F. Testing LED lighting for colour discrimination and colour rendering [J]. *Color Research & Application*, 2009, 34(1): 8-17.

[26] De Luna J M, Molini D V, Fernandez-Balbuena A A, et al. Selective Spectral LED Lighting System Applied in Paleolithic Cave Art [J]. *LEUKOS*, 2015, 11(4): 223-30.

路川金域电子贸易（上海）有限公司的黄宁先生撰写的《ANSI/IES RP-30-17〈博物馆照明推荐实践〉主要内容分析》一文，介绍了北美照明工程学会颁布的《博物馆照明推荐实践》内容，总结博物馆照明规划、设计、运维等方面的基本准则，可以帮助照明设计师熟悉博物馆项目特性、特殊需求以及处理原则。

ANSI/IES RP-30-17《博物馆照明推荐实践》主要内容分析

撰 写 人：黄宁
研究单位：路川金域电子贸易（上海）有限公司
摘　　要：本文分析介绍了北美照明工程学会颁布的博物馆照明规范《博物馆照明推荐实践》。博物馆照明设计是艺术性与科学性的综合成果，要综合协调照明对人（观众）、物（展品）、环境的影响。本规范详细归纳总结了博物馆照明规划、设计、运维等方面的基本准则与关键要素，可以帮助照明设计师熟悉博物馆项目的特性，特殊需求以及处理原则。照明设计师以及博物馆策展方、文物保护者、展览设计师等都可以通过对本规范的学习来进一步理解展览照明设计、建设及运维的全生命周期。
关 键 词：博物馆照明；照明设计；可持续；光辐射；天然光；照明控制

引言

北美照明工程学会（Illuminating Engineering Society of North America，IESNA）下属的博物馆与艺术画廊照明委员会（The Museum and Art Gallery Lighting Committee）制订了博物馆照明的相关规范——《博物馆照明推荐实践》（*Recommended Practice for Museum Lighting*，以下简称《推荐实践》），并由美国国家标准学会（American National Standards Institute，ANSI）与IESNA于2017年1月批准联合发布，文档号为ANSI/IESRP-30-17。

本文将对《推荐实践》的主要内容进行了介绍与分析，以期为我国博物馆照明的设计与实践提供参考。

一　《推荐实践》简介

《推荐实践》主要面向照明设计师，帮助设计师熟悉博物馆与艺术画廊项目的特性，特殊需求以及处理原则。一个项目中的其他相关方人员，例如博物馆策展方，文物保护者、展览设计师等也可以通过对《推荐实践》的学习来进一步理解展览的过程。

《推荐实践》中的照明设计主要针对展览照明。博物馆中其他功能空间的照明不属于《推荐实践》的范畴，可参考IES出版的其他指南进行设计。

博物馆和艺术画廊的照明设计，与其他建筑类型照明设计有很大不同，这是因为博物馆照明设计不仅要考虑光环境，赋予展品展示效果，传递给观众特定展示信息，同时，还要确保对展品光敏感性保护措施，减少不可逆的光损害。

（一）《推荐实践》关于博物馆照明规划、设计、运维等方面的基本准则与关键要素

它认为博物馆照明设计是艺术性与科学性的综合成果，要综合协调照明对人（观众），物（展品）、环境的影响，照明设计涉及以下要素：

1. 成功的照明设计，团队决策作用。
2. 融合了艺术与技术的设计思考原则。
3. 博物馆展览中光损害的机理以及最小化影响的措施。
4. 结合建筑设计充分利用天然光。
5. 白炽灯、荧光灯、高压气体放电灯等电光源的特性，以及轨道灯、嵌入式灯具、光纤等各式灯具特点。
6. 自动照明控制系统。
7. 眩光、眩光控制，以及光环境的测量与评价。
8. 博物馆的运营维护。

（二）根据以上要素，《推荐实践》章节设置：

1. 博物馆设计（Museum Design）；
2. 博物馆类型及照明设计过程的准则（Museum Categories and Criteria For Lighting Design Process）；
3. 可控的光品质（Controllable Qualities of Light）；
4. 光敏感物质的保护（Preservation of Light-Sensitive Materials）；
5. 照明设计过程（The Lighting Design Process）；
6. 博物馆展陈的典型照明方案（Typical Lighting Solutions For Museum Exhibitions）；
7. 博物馆照明灯具、光源及附件（Luminaires, Light Sources, and Accessories）；
8. 博物馆光环境中的天然光利用（Daylighting the Museum Environment）；
9. 照明控制系统（Lighting Control Systems）；
10. 照明设计、经济与维护（Lighting Design, Economics, and Maintenance）；
11. 博物馆与艺术画廊的可持续照明设计

(Sustainable Lighting Design for Museums and Art Galleries)。

二 《推荐实践》主要内容分析

（一）博物馆设计中的团队决策

博物馆与艺术画廊是收集、保护以及展示展品的场所，恰当的展览照明应兼顾展示效果与展品保护的目标。因此照明设计的决策团队中应包括（不限于）：

1. 策展人：描绘展览的主旨。

2. 展览设计师：美学设计支撑展览的主旨。

3. 文保人员：展览过程对展品的保护。

照明设计中方方面面的因素都可能影响最终的展示效果，以下4个指导性原则需要遵守：

4. 展品在展示时，应确保对一个较大范围内观众的可视性；如果出于最小化光损害影响的目的而把照度调低到一个已经无法良好展示的程度，那么这一做法是没有意义，不可取的；

5. 博物馆应确定每一件展品或一组展品的光敏感度，照明设计师可以相应地设计合适的照度；

6. 博物馆应尽可能减少对展品的曝光量，对光敏感展品不展示时可关闭对应照明设备；

7. 照明设计师应与整个展览团队合作，确保照明设计能传递每一个展览以及博物馆的信息给观众。

（二）博物馆照明设计过程的准则

不同的博物馆类型，不同的展品，对照明设计的要求也有所不同。以下是几种常见的博物馆类型：

1. 艺术博物馆与画廊：针对此种类型，照明设计师的目标是通过光线提升对艺术作品的美学欣赏，因此对艺术作品要有一定的了解以及欣赏。

2. 历史与文化博物馆：阐述故事是至关重要的，光环境要帮助观众看到并体验到“真实”。

3. 科学与技术博物馆：往往是多种形式地帮助观众更好地理解呈现的内容或概念。

4. 动物园与水族馆：动态的展示，同时要兼顾这些有生命展品的生活环境。生命体的昼夜节律对照明设计是一个特殊挑战。

（三）成功的博物馆照明需要满足以下需求：

1. 展示（可视性）。大多数展品都是不能触碰的，因此观众的主要体验依赖于视觉感知。照明设计师要对观众能看到信息量负责，并且还要引导观众在整个展览的视线走向。

2. 保护。照明设计师应该理解即使很低的光线照度也会随着时间的积累给展品带来损害。

3. 策展的视角。虽然策展人与展览设计者是展览内容首要的信息来源，照明设计师也应熟悉展览内容，方能做出恰当的照明选择。

4. 观众的体验。一个令人兴奋、恰当的动态环境对博物馆至关重要，一个全面的博物馆体验应该包括视觉的多样性，多层级的光线，带来视觉焦点有意义地引导视觉的深度。设计师应能灵活运用动态的色彩，活跃的灯光营造氛围。

5. 可持续性及能耗法规。照明设计师应牢记采用尽可能低的能耗来实现展览效果，还要考虑所使用材料的全生命周期，以及尽可能使用可再生能源。

6. 维护与设施。照明系统自建成之日起就开始老化了。应考虑灯具及其他部件的清洁与维护需求，系统设计时应考虑建成后生命周期内的整体目标。

7. 项目周期与预算。照明的品质与系统安装调试的时间是有直接关系的。项目的预算与周期决定了可实现的目标。

（四）可控的光品质

博物馆要求高品质的照明，光品质需要考虑以下几个方面：

1. 强度。针对一个展览，光线需要多亮？虽然照度并不是确定光品质的唯一重要因素，但它往往是最经常被参考的数值。针对光敏感展品，计算或测量照度时，应确保正确的任务方向与位置（近距离且平行与可视面）。照度会影响可视性、视觉效果、视觉舒适度、关注度、能耗，以及对光敏感展品的损害程度．

2. 分布。每个光源光线的大小和形态？这些独立光线在博物馆中是如何分布的？分布的品质包括灯具的选取、灯具数量，以及设计师如何渲染展览环境。分布既表征了一个光源的发光品质，也体现多个灯具协同作用产生出一个室内环境。

3. 颜色。需要什么波长的光？需要什么样的“白光”？光源的显色特性，以及色度，会极大地影响到观众从展示的展品中获取的信息。

4. 运动。光是动态的吗？它包括计算机控制的自动光运动，自动调节光强、颜色的系统，以及太阳光一天内的运动轨迹。需要注意的是，人眼对运动比较敏感，所以运动效果要谨慎使用。

5. 入射角度。光源的位置，光与展品之间的关系。角度与光源无关，而与灯具摆放位置等相关。需要注意消除眩光的负面影响。

（五）光敏感物质的保护

光线可以认为是一种进入人眼的辐射，这种辐射带来了视觉感知。紫外光谱大约在10～400nm之间，它与可见光谱有一定的交叠。由于紫外光对展品非常有损害，因此照明时务必要去除整个紫外光谱。

《推荐实践》中提及的光指的是去除了整个紫外光谱的光线，光辐射则包括整个的辐射能量（紫外、可见光、红外），这三种辐射能量都可能对展品产生永久性的光化学损害。

一般地，四种因素决定了光化学损害的程度：

1. 物质对光辐射的敏感性。照明设计首要的步骤就是与文保人员一起确认展品材料的类型及对光辐射的敏感性。

2. 落在物质表面的辐射强度。基于保护的考虑，通常照明强度设计为能满足展示效果的最低照度。

3. 曝光时长，及相互作用。为了最小化光损害，不仅要限定任一时刻的照度，而且还要考虑一段时间内总的照度。因此通常的做法会是设置占空传感器在非展示时关闭照明，或者是采用定时器、开关，以及安装窗帘保证在展览前、展览后的时间内屏蔽日光等。

4. 光源的频谱功率分布（SPD）。针对紫外、可见光、红外光谱，采用相应的处理办法。

（六）照明设计过程

一个照明设计过程通常包括 5 个阶段：

1 概念，概要设计。照明要达成的美学效果，观众体验，以及策展需求、展品保护的需求等。

2. 设计开发阶段。这一阶段，设计师将概念转化为实际的方案。

3. 建设文档。这一阶段，设计将会被详细文档化，以确保项目经理、机电等方面能理解。

4. 建设管理。这是调试、安装阶段。

5. 项目完工。这是照明设计师与业主、施工单位互动交流项目反馈的阶段。

在每个阶段，照明设计师都需要确保照明方案帮助实现以下的关键设计目标：

1）观众体验；

2）维护和设施的考虑；

3）可持续目标；

4）项目时间；

5）项目预算；

6）策展需求；

7）展品保护；

8）媒体或展览设计目标。

（七）灯具、光源及附件

典型的博物馆、画廊室内照明包括：

1. 通用照明；

2. 重点照明；

3. 洗墙；

4. 非直接照明；

5. 展箱及橱柜照明；

6. 泛光照明；

7. 特效照明；

8. 安全照明。

对于灯具的选择，需要考虑它的效能、能耗、寿命等因素。同时也要关注频闪（flicker）等与观众的健康相关的因素。

（八）博物馆光环境中的天然光利用

博物馆和艺术画廊中，天然光是观众感受建筑及展品视觉效果的一个必不可分部分，但同时天然光也带来对展品的损害。因此，天然光在博物馆中的引入，需要非常小心的照度控制，以在显示与保护两者之间找到合理的平衡点。需要考虑的是材料的光敏感性，可视及非可视光辐射带来的损害、热辐射，以及眩光。

《推荐实践》中的天然光包括了太阳光，天空光，以及源自前两者的反射光。天然光照明设计主要有两个目的：

1. 为展品提供照明；

2. 为建筑提供照明。

（九）照明控制系统

照明控制系统随着展览形式的变化以及展览需求的提高而不断演进。系统可以是简单的灯光开关，也可以有大规模部署的调光器、传感器阵列等。

照明控制系统可以通过调光来实现灵活的视觉需求，也可以通过自动照明降低来实现能耗管理的需求，符合相关能源标准。同时，降低照明强度也保护了光敏感展品。因此照明控制系统涉及能耗合规，展览显示效果，文物保护。控制的概念越早建立越好，以确保相应配套的软件、硬件、协议、接口。

应通过一个书面的照明控制系统描述来阐述系统如何运行。例如运行序列书（sequence of operation，SOO）可以让人理解设计的思路，一天的起始，当有人进入房间时的灯光动作，特殊事件如何处理，时间表的规定等等。

如果照明控制系统还需与建筑内的其他系统例如 AV 系统，楼控系统等相互动作时，则需要考虑一些用户接口、协议来技术上支撑和操作。

（十）照明设计、经济与维护

设计师在设计之初，就应考虑后续的系统的维护工作，例如设备的易用性，维护的便利性，以及成本。实际上设计师也因为考虑系统维护而把博物馆运维人员变成项目伙伴，从而更好地保护了原有设计。

照明预算应考虑以下三个方面：

1. 初始投资；

2. 运维成本；

3. 改造成本。

（十一）博物馆与艺术画廊的可持续照明设计

可持续性是一个重要的环境、经济、社会课题。可持续的，或者说“绿色的”照明设计可以在实现项目功能预期的前提下，最小化对环境的负面影响。并且可持续设计关注的是一个项目的全生命周期。可持续性应符合：

1. 通过综合设计以及有效的控制手段，最低程度地消费能源；

2. 最小化环境影响；
3. 采用环境友好的材料和设备，要进行优化调试；
4. 遵循艺术品、展品保护规范；
5. 提供高质量的视觉体验。

三　结束语

本文分析归纳了《博物馆照明推荐实践》中对博物馆照明规划、设计、运维等方面基本准则与关键要素的叙述。博物馆项目中展览设计是其中的重心。博物馆的照明设计与其他建筑类型或应用的照明设计有较大不同，博物馆照明设计不仅要考虑如何通过创造光环境，赋予展品特定的展示效果，并由此传递给观众特别的展示信息——“讲故事”，同时还要确保对光敏感展品的保护措施，不因展览带来不可逆的光损害或最小化这种光损害。成功的展览照明会兼顾展示效果与展品保护的双重目标。科学、规范博物馆照明设计标准／指南对一个博物馆项目的成功与否，起到了重要的指导、评估作用。《博物馆照明推荐实践》是由在北美照明界最有影响力的专业组织 IESNA 发布的一份重要的博物馆照明标准指南，它其中所阐述的基本规则、要素，对我国照明设计师进行博物馆项目也有重要的借鉴价值。

参考文献

[1] Recommended Practice for Museum Lighting:ANSI/IES, RP-30-17[S].

法国昂特灯光设计的刘彦女士应约撰写的《法国博物馆、美术馆照明标准分析及其照明设计特点》一文，综述了法国博物馆、美术馆的照明标准，着重从保护方面、视觉方面、设计三个方面进行了介绍，再对具有代表性博物馆案例进行了具体的分析。

法国博物馆、美术馆照明标准分析及其照明设计特点

撰 写 人：刘彦

研究单位：法国昂特灯光设计

摘　　要：本文围绕法国展览照明着重强调的三个重要组成部分（保护方面、视觉方面、设计方面），综述了法国博物馆、美术馆的照明标准。并通过对具有代表性的博物馆案例的分析，具体阐述了法国几种不同类型博物馆在照明设计方面的特点，包括其不同的设计目标、关注要点、概念思考和手法等。

关 键 词：法国；博物馆照明；照明标准；照明设计；展品保护

引言

法国拥有丰富的文化遗产，艺术声誉享誉全球。从17世纪开始，这里的民众就有了欣赏艺术作品的强烈需求，公共博物馆的概念开始酝酿。1793年，全球最古老、最大的两大博物馆之一的卢浮宫得以创立。据统计，法国目前拥有3000多座博物馆，1223座为国家博物馆，在全世界博物馆领域始终保持着举足轻重的地位。正因其博物馆数量众多，类型丰富，大众审美素养高，从而形成对博物馆项目中各专业设计（建筑设计，展陈方式，灯光设计等）的高品质要求，以及艺术化、精细化的特点。而这在博物馆照明设计中也得以充分体现。

总体来说，法国照明界认为展览照明的核心挑战是在以下两方面中找到合适的折中方案：展品的长期性保存和参观者的适宜性观赏。并且，强调应着重考虑以下三个展览照明的重要组成部分：(1) 保护方面。与展品对于不同波长的照射能量、光源的光谱组成和总光照量的灵敏度有关。(2) 视觉方面。与照明对观赏者体验的影响相关，照明必须让访客清晰地看到展品，没有眩光、反射或照明不足，并得到正确的色彩感知。(3) 设计方面。与展览建筑的设计概念和环境位置、策展人的观点以及展陈设计或教育目标等所有其他相关的设计方面有关。

在这样的背景下，欧洲标准化委员会在2014年制定了欧洲技术规范CEN/TS 16163—2014《文化遗产保护——为室内展览选择合适照明的准则和程序》。此规范适用于欧洲33个国家和地区，不作为强制性法规，而是建议性条例。在保护方面，它依据于世界范围类对博物馆展品保护的先进研究成果，其技术限定与CIE的规范基本一致。在视觉方面，对展品观赏的重要视觉要素及整体目标，也因当前全世界技术的趋同化普及化，大同小异，但在局部的关注点的侧重有所不同。在设计方面，由于其非技术的特性，无法在照明技术规范中对其进行限定。而这方面恰恰能体现出法国各类博物馆照明设计的特点。本文将通过一些典型案例，并结合笔者在巴黎参与过的博物馆照明项目的体会作浅析讨论。

一　CEN/TS 16163规范主要内容简介

首先对CEN/TS 16163规范（图1）中保护方面和视觉方面的技术限定作一个整体的梳理。

TECHNICAL SPECIFICATION　　CEN/TS 16163

SPÉCIFICATION TECHNIQUE

TECHNISCHE SPEZIFIKATION　　April 2014

ICS 97.195

English Version

Conservation of Cultural Heritage - Guidelines and procedures for choosing appropriate lighting for indoor exhibitions

This Technical Specification (CEN/TS) was approved by CEN on 14 October 2013 for provisional application.

The period of validity of this CEN/TS is limited initially to three years. After two years the members of CEN will be requested to submit their comments, particularly on the question whether the CEN/TS can be converted into a European Standard.

CEN members are required to announce the existence of this CEN/TS in the same way as for an EN and to make the CEN/TS available promptly at national level in an appropriate form. It is permissible to keep conflicting national standards in force (in parallel to the CEN/TS) until the final decision about the possible conversion of the CEN/TS into an EN is reached.

CEN members are the national standards bodies of Austria, Belgium, Bulgaria, Croatia, Cyprus, Czech Republic, Denmark, Estonia, Finland, Former Yugoslav Republic of Macedonia, France, Germany, Greece, Hungary, Iceland, Ireland, Italy, Latvia, Lithuania, Luxembourg, Malta, Netherlands, Norway, Poland, Portugal, Romania, Slovakia, Slovenia, Spain, Sweden, Switzerland, Turkey and United Kingdom.

CEN-CENELEC Management Centre: Avenue Marnix 17, B-1000 Brussels

© 2014 CEN　All rights of exploitation in any form and by any means reserved worldwide for CEN national Members.　Ref. No. CEN/TS 16163:2014 E

图1　CEN/TS 16163—2014欧洲照明技术规范首页

（一）章节 1：概述

本技术规范定义了在文物保护政策方面实施的适当照明程序和手段。它兼顾了视觉、展陈和保护三个方面，并讨论了照明设计对保护文化财产的影响。本技术规范提供了有关最小和最大照明水平值的建议。其目的是为制定欧洲的共同政策提供一个工具，以及为策展人、保护者和项目经理提供一个照明指南，以帮助他们评估能否正确地确保展品安全。本技术规范涵盖公共和私人场所展览中文物的照明，不考虑其他文化遗产背景下的照明，如露天收藏展示等。

（二）章节 2、3、4：定义和解释了此技术规范中使用的技术术语

此技术规范使用了欧洲（EN 12665 和 EN 15898）和国际标准（CIE 国际照明词汇）中定义的术语，但其定义已针对此规范的预期使用者进行了调整。

（三）章节 5：文化展品对光的敏感性

此章节明确和定义了光可能会通过三种机制损坏易受伤害的展品：光化学、辐射加热效应、生物体的生长效应。在给定的照明条件下，材料的退化程度取决于其化学成分、光源特性、照度水平和照射时长。在光化学方面，对“文化展品的光敏度分类”与 CIE 157:2004 标准一致，见表 1。其中对“不同类别的光敏感展品的照明水平和年度光照量的限定建议”是综合依据了不同国际权威机构的建议，如法国照明协会、CIBSE（建筑服务工程师特许学会）和 IESNA（北美照明工程学会）。这些数值（表 2）是在展示照明和保护室内展品之间的实际折中。如果超过限制照度，材料的褪色和损坏率将增加。相反，也必须考虑，如照明水平远低于 50lx，对于类别 3 和类别 4，将导致较差的观看条件，并失去对颜色和表面细节的感知。

条款中指出还应考虑其他物理或化学因素（相对湿度、温度、污染物）可能会增加光的不利影响，因此在关键环境条件下严格推荐上述限制值。需要注意的是，在表 2 中的第 4 级限定值，15000lx · h/ 年对应在 50lx 照度（用于识别展品颜色和细节的最低光照水平）下每年仅 300h 的曝光时间。因此，当达到曝光累计极限时间时，应将其移至暗室收藏。又如丝绸连衣裙可以展示于 50lx 的照度之下，每天 8h，每周 6 天，不到 2 个月，达到其年度曝光极限时间，需被转入暗室仓库。但如果同一件衣服陈列于照度为 10lx 的展示柜里，仅在有人接近它时，通过传感器感应将照度提升为 50lx，那么其展示周期可以得到延长。还可考虑特定光源光谱对特定材料的实际损害潜力，以便在表 2 中给出的年度曝光限值方面有一定的灵活性。

（四）章节 6：照度测量和紫外线 UV 测量

此章节详细阐述了照度测量时应注意的细节事项，以尽可能地保证测量的准确性，以便调整灯光强度和控制灯光中的紫外线。例如对平面或立体的展品测量照度时，照度仪的感应面应如何放置；当展厅有日光进入时，需要在一天的不同时刻，不同季节分别进行多次测量，以便统计的年度总曝光时间最接近于展品的实际曝光时间等。

表 1　文化展品的光敏度分类（源于 CIE 157:2004）

种类	材料说明
无光敏度	展览完全由无光敏度的材料组成。例如：大多数金属、石材、大多数玻璃、陶瓷、搪瓷、大多数矿物质。
低光敏度	展品包括低光敏感的耐用材料。例如：大多数油画和蛋彩画、壁画、未染色的皮革和木材、牛角、骨头、象牙、清漆和一些塑料。
中光敏度	展品包括对光中度敏感的易受损材料。例如：大多数纺织品、水彩画、粉彩、印刷品和素描、手稿、缩影、胶画、墙纸和大多数自然历史展品，包括植物标本、毛皮和羽毛。
高光敏度	展品包括对光高度敏感的材料。例如：丝绸、已知褪变程度高的着色剂、大多数图形艺术和摄影作品。

表 2　对不同类别的光敏感展品的照明水平和年度光照总量的限定建议（源于 CIE 157:2004）

材料分类	色牢度蓝色羊毛标准（BWS）	年曝光量上限	年曝光时间	照度
1. 无光敏度		无限制（对于保护）	无限制（对于保护）	无限制（对于保护）
2. 低光敏度	7&8	600000lx · h/ 年	3000h/ 年 a	200lx
3. 中光敏度	4,5&6	150000lx · h/ 年	3000h/ 年 a	50lx
4. 高光敏度	1,2&3	15000lx · h/ 年	300h/ 年 b	50lx

a. 典型的年度营业时间
b. 根据 50lx 照度计算出的年度小时数

（五）章节 7：展陈照明

视觉方面，以良好呈现展品为目标，CEN/TS 16163 规范中详细阐述了展陈照明中应坚持的与视觉感受相关的各方面原则和建议的处理方式。

1. 条文 7.1 概述。展陈照明的基本目的是呈现展品，使展品方便被研究和欣赏。在大多数情况下，这意味着提供一个照明系统，使精细的细节能被研究以揭示展品的形状、颜色和纹理。在某些情况下，展示的整体呈现形式可能比单个展品的可见性更重要，在这种情况下，可能需要某种形式的 " 效果化 " 照明。一般来说，展陈照明应在基础底光和某种形式的重点照明之间取得平衡。它还需要在展品的亮度和颜色及其背景之间取得平衡。展陈照明也应具有良好的色彩还原性能，并且应不突兀、避免引起视觉不适或眩光。展陈照明技术可能因特定展品以及展品是否为独立展示或陈列在展柜中而异。然而，基本的照明原则始终是相同的。

2. 条文 7.2 观赏条件。通常，我们能看见展品是源于它们与背景或环境形成了对比。这个通用特征适用于我们看见的一切，不管是页面上的字母还是展柜中的文物。总的来说，我们寻求的不仅仅是展品的可见性，而是让它达到吸引注意力，在可见性基础之上增添感兴趣的元素。因此，在展陈设计或照明设计时，应仔细斟酌对比度。同样，展品标签的文字大小和与背景的对比应当适宜。然后，照明也为标签提供适宜的灯光，使其像展品一样可见而不与展品抢眼球。还需要考虑展品的形状 / 形式，尤其是其纹理品质。使整个展品脱颖而出，细节也应被揭示完全。这取决于光线应以最合适的角度照射到展品上。因此，正确的光对比度和照射方向对于创造最佳观看条件非常重要。

3. 条文 7.3 视觉适应。眼睛会自动对视野中的亮度做出调节反应，当亮度变化微小时调节反应快速，而当亮度变化较大时调节反应较慢。眼睛适应空间中的一般亮度需要超过几分钟（从亮到暗）或几秒钟（从暗到亮），然后可以感知在该亮度水平以上和以下合理范围内点亮的展品和表面，称为适应水平。大多数人在从明亮的门厅移动到黑暗的电影院或剧院时，都经历过这种体验。在门厅里，所有的展品和表面都可以看到，但当进入更黑暗的空间时，却很难识别方向。然而，几分钟后，等眼睛适应了，空间中的所有展品都得以可见。在博物馆和画廊中会存在这样的问题，当从光线非常明亮的入口大厅移动到展览空间时，或者从常规画廊移动到一个非常低光照水平、用于陈列极敏感展品的特殊展厅时（如纸张和纺织品作品）。在可能的情况下，照明设计师应尽早与建筑师和展陈设计师讨论这个问题，在设计时将其纳入考虑，增加过度空间，以帮助视觉适应。如果这些空间中设有解释性的展示内容，那么游客们在观看材料时会停留更长时间，从而更有助于缓慢地适应。

4. 条文 7.4 对比度：鉴于展品要在其背景中以某种程度脱颖而出，因此有必要确定所需的对比度。通常，展品的照度与展览空间的一般照度（通常被视为平均垂直照度）之间的对比度应为 1∶1（无重点），3∶1 表示中等重点，10∶1 为戏剧性重点。如果对比度明显大于此，则观看展品可能会变得困难，因为展品的照度水平将比观看者的视觉适应能力高得多。还需要在正常视野中限制照明设备的亮度。某种形式的重点照明通常会达到突出展品的效果，因此还需要有关光束分布的数据，以便灯光设计师对其进行详细研究。

5. 条文 7.5 光的颜色：光的颜色——无论是冷白色（高于 5300K，通常为日光）还是暖白色（低于 3300K，通常为白炽灯），都可以对空间的情绪和其中的展品产生影响。如果展品的光源比一般或背景照明更温暖，那么它们就会更加醒目。但是，如果这种差别太突出，效果可能会过于华丽或分散人们的注意力。除非有特殊设计效果，否则使用较冷光源的照明展品通常不太成功。

6. 条文 7.6 色彩还原：不同的光源可能对展品的颜色感知产生不同的影响，具体取决于其色彩还原性。重要的一点是，光线的颜色不能标示其色彩还原特性。两个光源可能看起来光色相似，但光谱分布不同，因此颜色还原性能也不同。如果到达展品的光线光谱中几乎没有绿色，那么这种绿色光不能反射回来，无论展品本身是多么绿。光源的一般显示指数（R_a）的测量范围高达 100。R_a 大于 90 的光源被认为是非常好的，而 R_a 低于 80 的光源通常不适合在博物馆和画廊中照明展品。因光源的色彩还原质量取决于其光谱分布。本章节中还针对不同光源的光谱分布状况带来的对色彩还原性的影响作了阐述。

7. 条文 7.7 展品的背景：7.7.1——概述：展览的背景不仅影响展示的效果，还会影响眼睛的适应状态。视觉适应取决于两个因素——亮度和颜色。7.7.2——背景的亮度：如果空间中的背景区域明显比展品亮或暗，这将改变眼睛的适应状态，从而降低观察细节的能力。对比度的效果取决于具体情况。例如，如果深色展品在浅色背景下展示的，则只能看到展品的轮廓，因为展品和背景之间的亮度比太大，无法很好地观看展品。因此，背景和展品之间的亮度比不要太大或太小，这一点很重要。由于展品及其背景的亮度取决于材料的反射率和照度水平，因此在选择这些值时应小心谨慎。7.7.3——背景的色彩：正如背景的亮度会影响眼睛的适应状态一样，其颜色也会影响。强色背景会影响色适应机制，导致将感知到的颜色转向背景的互补颜色。例如，强烈的绿色背景将具有使白色展品显示为粉红色的效果。强烈色彩的大面积墙面也会为反射回来的光线着色，从而影响流淌于画廊的光之颜色。照明设计师应与建筑师或展陈设计师讨论背景的颜色和纹理提案，并在最终确定照明决策之前充分理解设计意图。

8. 条文 7.8 眩光：在画廊和博物馆中，眩光可能会造成严重的问题。通过纠正诸如相对着放展品、光源和观察者之间的相互关系因素，设计师通常可以解决眩光问题。本章节中列举了几类典型的避免眩光的原则和方式，在这里就不再累述。

9. 条文7.9塑形效果：光的塑形效果旨在揭示展品的形状和纹理。塑形的程度和类型将取决于光线到达展品的角度以及其扩散程度。高度扩散的正面照明倾向于平整形状和形式，并减少对纹理的感知。在绘画中，这种照明也可能导致面纱反射，会减少色调和色彩的对比度。使用来自集中光源的强定向光可能会产生恶劣效果，因为它会产生强高光和清晰的阴影。这种照明非常适用于起伏较小的浮雕中展示雕刻。在绘画上，一定程度的定向光也可以增强笔触的鉴赏力。日光（没有直接太阳）通常能产生柔和的塑形效果。可控光束的射灯，通常用于在展品上创建视觉中心、达到塑形效果和高光。

10. 条文7.10历史家具和内饰。当展出历史建筑（如城堡、古宫殿、教堂）时，应当提供适宜的照明。如果房间本身就是作为展品，配有时代文物（如壁画、家具、挂毯）而自行展出的，则可见型照明应适宜于室内环境。额外的隐蔽型照明可用于突显空间中的物件或元素。当建筑主要用于展示展品或图片时，则需要采用不同的方法。应考虑本规范文件前几节提出的建议，但把展示物打亮的实际方法将取决于具体情况。例如，使用现代显示技术以保持建筑物的完整性，可能被认为是更适当的。

11. 条文7.11模拟和模型。在为展陈指定特定的照明技术（无论是独立式还是展柜式）之前，设计人员可以考虑制作计算机模拟和／或实体模型，以确保照明所提供的性能。这还可用于向可能不具备照明经验或知识的其他人员演示设计方法。这类模型不一定需要精心设计或昂贵的搭建，但应具有足够详尽的细节，以便测试设计方案，并查明照明设备及其安装方式的任何缺陷。

目前欧洲正在对博物馆照明技术规范CEN/TS 16163—2014进行新一轮的修订。结合近年来大量的博物馆照明设计与后评估经验、当代日益多元化的展陈需求、光源发展及照明控制技术的革新与应用、节能环保标准的提升等诸多方面，规范将会更加细致和完善。

二　法国博物馆、美术馆照明设计的特点

设计方面，作为展览照明的第三个方面，最能显示出法国各类博物馆照明设计的特点，集中体现了策展人、建筑设计师、灯光设计师等齐心协力的合作模式。对此，我们总结出如下两个方面：

（一）对博物馆建筑空间设计概念的延续表达或强化

灯光设计是对日光的补充，拓展了人们对建筑及展品的观赏时间和观赏边界。随着相关技术的不断发展更是提供了更多突破性的空间和视觉体验。但无论如何发展，它也必须和谐地成为整个设计体系的有机组成部分，而不能变成一个强加于建筑及空间的异物。这一点在法国的灯光设计中尤为重视。博物馆的灯光设计首先是对博物馆建筑空间设计概念的延续表达或强化。

以卢浮宫伊斯兰馆Louvre Islam（照明设计：法国8'18"灯光与艺术设计）作进一步的分析。笔者曾参与卢浮宫博物馆灯光设计项目。

卢浮宫伊斯兰馆的建筑设计概念是来自阿拉伯世界的“金色飞毯”飘落于卢浮宫的“拿破仑”庭院上空，见图2。在这个总体概念的统领下，我们分析了整个空间和表皮结构的特点。

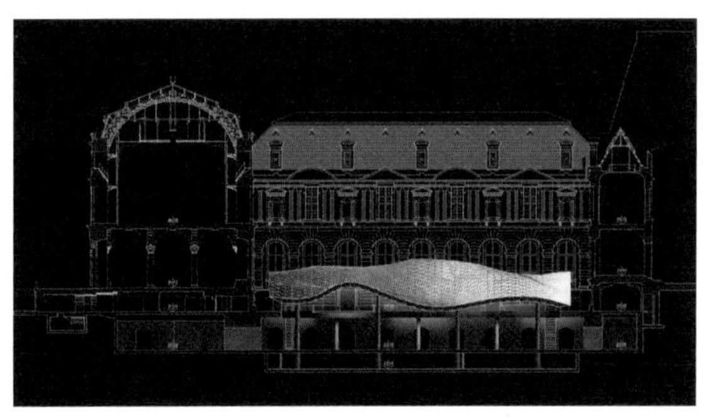

图2　卢浮宫伊斯兰馆的建筑设计概念
（图片来源：www.muevo.gr）

“金色飞毯”本身从室外来看，有着令人惊叹的金色的多层镂空外壳，在阳光的映射下透出神秘的光芒。这些无数的微小金属鳞片将阳光反射在四周米色的卢浮宫欧式石墙立面上，与其交相辉映，亦幻亦真。尤其是在夕阳西下时，更是绚丽。于是我们在室内设计了对光照强度的控制，希望人们仰望天空时，可以欣赏到多层金属镂空鳞片表皮的金色色泽，而使它不至于完全处于逆光阴影中。使人们可以从内外两个视角，结合室内外光线的不同演变，得以拥有更加丰富微妙的视觉体验，见图3。

图3　“金色飞毯”室内外实景
（图片来源：www.architectmagazine.com）

同时，室内射灯在天花上的布置（图4），既充分考虑了室内空间及展陈的使用需求，又考虑了与“飞毯”单元模块的结合，定制了特殊链接构件与金属“飞毯”天花融为一体，并且尽可能地保证了“飞毯”通透性。在保证了展品陈列对光的需求的同时，将建筑与空间也变成了一个特殊的展品，带人穿越到遥远的伊斯兰神话中。

图4　室内射灯在天花上的布置
（图片来源：www.architectmagazine.com）

图5　巴黎奥塞美术馆照明
（图片来源：www.filiere-3e.fr）

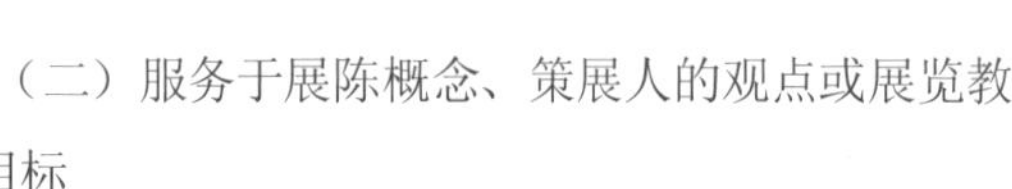

（二）服务于展陈概念、策展人的观点或展览教育目标

在博物馆项目中，除却空间设计这个命题，如何体现展览内容、策展人的观点和展览目标也是法国博物馆灯光设计重视的一个要点。

1. 巴黎奥塞博物馆 Muséed’ Orsay Paris（照明设计：Philippe COLLET）。作为印象派画作最集中的博物馆之一，奥赛博物馆于 2019 年 9 月 10 日重新开放了新改造的后印象派展厅。在这里有着众多旷世名作，因而如何突出作品就成为灯光设计的中心任务。“灯光应该成为陪伴画作的一种特殊材料；灯光设计是对作品的一种表达。”——这是奥赛博物馆绘画总策展人伊莎贝尔 · 卡恩（Isabelle Cahn）强调的。经历了多次的交流，照明师和展馆负责人取得了一致意见：如果说展陈的设计，展品的排列构件了一部后印象派的绘画史，那灯光对画作的表现，应如同一种生动的叙述，通过斟酌色彩强弱的灯光语言，将绘画史视觉化，赋予其视觉感染力，引发观者的联想和共鸣，如图 5 所示。

“我们不能戏剧化光，像我们在剧院工作时一样。相比于展示一段文本或一个演员，我们更需要从绘画作品本身和绘画的色调中汲取灵感，以更好地控制色温。”这也是策展人和灯光设计师讨论的主要焦点。同时，保持一定的色彩平衡，在保护作品的限制与目前可用的技术所能实现的效果之间找到妥协。在此，灯光永远不是主角和目的，它因画作而存在，是作为画作的陪伴者，是为观赏画作而搭配的一种材质。

2. 巴黎自然历史博物馆 Muséum national d’ Histoire naturelle，Paris ：Grande Galerie de l’ Évolution（照明设计：Veralbane：Albane DOLEZ，Armand ZADIKIAN）。在密特朗总统时代，法国建造了很多文化建筑，尤其是博物馆、展览馆。如蓬皮杜艺术中心、卢浮宫改造项目等，都成为当时世界的经典之作。其中在灯光设计的概念和技术应用上的创新也不例外。但今天对于这一批博物馆，当时先进的构思和技术产品渐渐失去了光芒，已经不能适应时代的需要或因产品老化折损等不能很好满足照明和观赏的功能要求，正在逐步更新换代中。巴黎自然历史博物馆就是这其中一例，1994 年建馆时，550 多个展示橱窗采用了光纤照明，在当时这是一次历史性的革新。而如今，由于灯具老化，亮度损失了 60% ～ 70%。于是总策展人希望在保持原展陈布置的状态下，对照明进行更新，尤其是对“大进化展廊”的大型标本群，见图 6。

图6　巴黎自然历史博物馆“大进化展廊”
（图片来源：www.mnhn.fr）

这次更新中，LED 光源及技术充分显现了其对展品表达的优势：色彩还原性得到了提高，色温可以根据标本自身的色彩进行定向调节。更主要的是，对光敏感的展品，可以结合日照变化，通过实时控制人工光光强来实现对展品的照度水平达到恒定值，从而实现保护珍稀标本。

更值得一提的是，与奥塞博物馆有所不同，在这里光成为展品叙事的一个重要组成部分。在对自然动植物标本的陈列时，展陈设计师精心植入了很多故事性场景布置，旨在再现生物所在时代的自然环境，和动物种群间的相互关系或进化论的某种逻辑。

而灯光作为一种虚体的语言，通过光影对比、色彩呈现更加丰富了故事情节，强化了需要传递的科学的或感性的内容信息。通过灯光氛围的塑造，从而使场景更具有感染力，让参观者印象深刻，尤其能更形象化地感染青少年，这类此馆的重要来访客群。整个灯光更新工程预计在 2020 年底前完成。

图7　巴黎自然历史博物馆灯光设计实景
（图片来源：www.mnhn.fr）

三　结束语

总之，在技术方面，法国照明协会认为随着科研水平和新照明技术的发展，我们会在保护展品和视觉观赏方面找到新的突破点，在两者之间找到更多元化的平衡。相应地，博物馆、美术馆照明技术规范也将更加细致和完善，并同时给设计师的创作保留一定的灵活发挥空间。

在设计方面，扎根于法国悠久的艺术历史背景和文化底蕴，围绕博物馆类项目的各个专业设计领域都坚持着原创性、人文性、艺术性等设计特点，照明设计师们始终热情地挖掘着、创造着灯光对于展陈的独特魅力。相信今后会有更多的灵感迸发，更不一般的灯光诠释。

参考文献

[1] CIE, CIE 157:2004, *Control of Damage to Museum Objects by Optical Radiation,* CIE, 2004.[S]

[2] CEN, CEN/TS 16163: 2014, *Conservation of Cultural Heritage - Guidelines and procedures for choosing appropriate lighting for indoor exhibitions,* Brussels: European Committee for Standardization, 2014.[S]

[3] CEN, NF EN 13032-1: 2004, *Lumière et éclairage : mesure et présentation des données photométriques des lampes et des lumières.* Partie 1: mesurage et format de données, Saint-Denis: AFNOR, 2004.[S]

[4] CEN, NF EN 16853 (X 80-040) : 2017, *Conservation du patrimoine culturel-Processus de conservation-Prise de décisions,* programmation et mise en œuvre, Saint-Denis: AFNOR, 2017.[S]

[5] CEN, Fascicule de Documentation FD 40-502, Couleurs: *éclairage et protection contre la lumière des objets colorés exposés dans les musées et galeriesd'art,* Saint-Denis: AFNOR, 2015.

[6] Deschaux, J., *Conditions de conservation lors de l'exposition de documents patrimoniaux,* [M] Villerubanne: Ennsib, 2009.

[7] Ezrati, J-J., Les effets de la composition spectrale des sources électriques sur la conservation des objets du patrimoine, [J] *Paris: l'OCIM,* 2013, pp. 5-11.

[8] Ezrati, J-J., *Eclairage d'exposition - musées et autres espaces,* [M]Paris: Eyrolles, 2014.

大连工业大学邹念育和王志胜老师带领团队撰写的《中日两国美术馆照明规范的对比分析》，从中日两国相关规范标准的简介，到两国博物馆、美术馆照明规范内文的一一比对（照度、照度均匀度、眩光限制、光源颜色、亮度与亮度分布），明确指出了两国在标准设计上的差异，为今后我国博物馆、美术馆照明标准的制订工作提供了新思路和很好的借鉴作用。

中日两国美术馆照明规范的对比分析

撰 写 人：高海雯，邹念育，刘婷，王志胜

研究单位：大连工业大学

摘　　要：我国专门针对美术馆照明标准的制订和实施较为滞后。本文将我国的《美术馆照明规范》（WH/T 79 - 2018）与日本的《照明标准准则》（JIS Z9110-2010）、《室内工作场所的照明基准》（JIS Z 9125-2007）等相关规范进行对比和分析，我国的美术馆照明标准相比日本相关规范更加全面，但是缺少对利用多媒体展示的部分（如显示屏动态展示）及其相关场所的要求和规定，也缺少对于亮度指标的限定，在未来的标准制订中可以加以完善。

关 键 词：美术馆照明；规范；对比

引言

美术馆是现代城市建筑文化中重要的组成部分，是一种珍藏和展示人类文化财富的建筑类型[1]。观众在美术馆展厅内研究和欣赏展陈作品的过程中，绝大部分信息是通过视觉来获得的。因此，展品的光照质量好坏就直接决定了观众视觉信息的接受质量[2]。光照质量不仅对整体环境氛围具有重要影响，更决定着视觉清晰度和视觉舒适度，同时光学辐射还会对展品产生损伤。因此，美术馆光环境设计是一种具有科学性、艺术性、系统性的复杂过程[3]。目前，我国美术馆建设发展迅速，展览形式多样，它与传统意义上的博物馆在展览照明形式与内容上有明显区别[4]。但美术馆照明标准颁布和实施的滞后，让设计方与施工单位再建和改扩美术馆时，只能参考《博物馆照明设计规范》（GB/T 23863-2009）等博物馆标准来执行[5]，2018 年文化和旅游部发布了行业标准《美术馆照明规范》（WH/T 79-2018）。本文主要介绍我国和日本关于美术馆照明的相关规范标准，并对其进行对比。

一　中日两国相关规范标准简介

1）我国美术馆相关规范。我国有关美术馆照明的规范和标准包括《美术馆照明规范》（WH/T 79-2018）、《建筑采光设计标准》（GB 50033-2013）、《建筑照明设计标准》（GB 50034-2013）等，本文主要对《美术馆照明规范》（WH/T 79-2018）（以下简称《规范》）进行分析，并与日本相关规范进行对比和梳理。

该规范于 2018 年 4 月 12 日发布，并于 2018 年 11 月 1 日正式实施。《规范》规定了美术馆照明的基本要求、照明数量和质量、照明的设计原则和管理原则等，适用于新建、改建和扩建的各级各类美术馆的照明设计与管理维护。

2）日本美术馆相关规范及资料。日本并没有专门针对美术馆的标准和规范，但是在《照明标准准则》（JIS Z 9110-2010）、《室内工作场所的照明基准》（JIS Z 9125-2007）等标准中有关于美术馆照明的规定。本文主要参考这两项标准与我国的规范进行对比。

《照明标准准则》(JIS Z 9110-2010）于 1958 年制定，此后经过 5 次修改至今，后为适应发展需要再次进行了修改。其规定了除紧急照明外的照明标准和照明要求。《室内工作场所的照明基准》（JIS Z 9125-2007）是基于《工业标准化法》第 12 条第 1 款的规定而编写，规定了室内空间的照明设计基准、照明要求等，以营建出利于人们高效、舒适、安全地进行室内作业的光环境。

二　中日两国美术馆照明规范的对比分析

（一）照度的对比

美术馆中展示物表面的照度能够为参观者营造一个舒适的参观环境，但是照度过高不仅会导致眩光，还会产生高辐射和高热量，从而对展品造成损伤，因此对照度要求较高。对于光敏感或者比较敏感的展品，除了限制其照度水平不大于标准值外，还应减少其曝光时间，控制展品年度曝光量（年度曝光量 = 照度 × 时间)。

根据《规范》和 JISZ9110-2010，整理了常设展品照度标准值、年度曝光量以及美术馆相关场所照度标准值，中日两国展品照度的标准值与年度曝光量见表 1。

表 1　常设展品照度标准值和年度曝光量

类别	参考平面	照度标准值 /lx		年度曝光量 /（lx · h/ 年）	
		中国	日本	中国	日本
对光特别敏感的展品：织绣品、绘画、纸质物品、彩绘陶（石）器、染色皮革、手稿、细密画、水粉画、壁纸、树胶水彩画、服装、水彩、大多数自然科学的展品（包括植物标本、皮毛和羽毛和动物标本等）	展品面	≤ 50	≤ 50	≤ 50000	≤ 120000
对光敏感的展品：油画、蛋彩画、未染色的皮革、银制品、牙骨角器、象牙制品、宝玉石、竹木制品和漆器等	展品面	≤ 200	≤ 150	≤ 360000	≤ 360000
对光不敏感的展品：其他金属制品、一般石制器物、陶瓷器、玻璃制品、搪瓷制品、珐琅器等	展品面	≤ 300	≤ 500	不限制	不限制

注：复合材料制品按照对光敏感等级高的材料选择照度。

对比表 1 中的照度标准值和年度曝光量可以得出：关于对光特别敏感的展品，在展品表面上两国的照度标准值相同，均要求不大于 50lx。年度曝光量我国的明显小于日本的，我国要求不大于 50000lx · h/ 年，而日本要求不大于 120000lx · h/ 年，实际上我国要求减少对光敏感的展品接收光照的时间。按照照度标准值和年度曝光量的上限计算可知，我国要求此类展品每年曝光时间为 1000h，比日本所要求的少 1400h。

关于对光敏感的展品，我国规定照度标准值不大于 200lx，而日本规定照度标准值不大于 150lx。两国年度曝光量规定值相同，均要求不大于 360000lx · h/ 年。按照照度标准值和年度曝光量的上限计算可知，我国要求对光敏感的展品每年曝光时间为 1800h，比日本所要求的少 200h。关于对光不敏感的展品，我国规定照度标准值不大于 300lx，日本规定照度标准值不大于 500lx。两国均不限制此类展品的年曝光量。除了展品的照度，两国均对美术馆内相关场所的照度标准值进行规定。两国美术馆相关场所照明标准值见表 2 和表 3。

表 2　中国美术馆相关场所照明标准值

场所		参考平面及其高度	照度标准值 /lx	UGR	U_0	R_a
陈列区	序厅	地面	100	22	0.40	85
	绘画展厅	地面	100	19	0.60	90
	雕塑展厅	地面	150	19	0.60	85
技术用房	藏画修理	0.75m 水平面	500	19	0.70	90
	摄影室	0.75m 水平面	100	22	0.60	90
	实验室	实际工作面	300	22	0.40	90
	保护修复室	实际工作面	750	19	0.70	90
	阅览室	0.75m 水平面	300	22	0.70	80
	书画装裱室	实际工作面	300	22	0.70	85
藏品库区	藏画室	地面	150	22	0.60	80
	藏品库房	地面	75	22	0.40	80
	藏品提看室	0.75m 水平面	150	22	0.60	80

续表 2

场所		参考平面及其高度	照度标准值 /lx	UGR	U_0	R_a
观众服务设施	售票处	台面	300	22	0.60	80
	存物事	地面	150	22	0.60	80
	美术品售卖处	0.75m 水平面	300	19	0.60	85
	食品小卖部	0.75m 水平面	150	22	0.60	80
公用房	公共大厅	地面	200	22	0.40	80
	会议报告厅	0.75m 水平面	300	22	0.60	80
	办公室	0.75m 水平面	300	22	0.60	80
	休息厅	0.75m 水平面	150	22	0.40	80

表 3 日本美术馆照明标准 [6, 9]

场所		照度标准值 /lx	UGR	U_0	R_a	光色
陈列区域	常规展厅	100	–	–	80	暖、中、冷
	利用光影的展示部分	20	–	–	80	暖、中、冷
办公区域	研究室	750	16	–	80	中、冷
	教室	300	19	–	80	中、冷
	会议厅	500	19	–	80	暖、中、冷
服务区域	小卖部、售货亭	300	22	–	80	暖、中、冷
	食堂	300	22	–	80	暖、中、冷
	茶水间	100	22	–	80	暖、中、冷
公共区域	入口大厅	100	22	–	60	暖、中、冷
	大厅	500	19	–	60	暖、中、冷
	厕所、洗手间	200	–	–	80	暖、中、冷
	楼梯	150	–	–	40	暖、中、冷
	走廊	100	–	–	40	暖、中、冷
	收纳室	100	–	–	60	暖、中、冷

我国将美术馆内空间分为五个部分，而日本将美术馆内空间分为四个部分，公有部分为陈列区域、办公区域和服务区域，我国又对技术用房和藏品库区进行了规定，但是未涉及洗手间、走廊、楼梯等区域的照度标准值。

JISZ9110–2010 中规定：推荐照度是参考平面的平均照度，参考平面可以是水平面、垂直面、倾斜面、曲面等，若无法确定参考面，则视情况以地上 0.8m（即桌面高）、地上 0.4m（即座位高）或地面为参考面。我国对参考平面及高度进行了规定，如表 2 所示。

具体场所内照度标准值如表 2 和表 3 所示，我国对保护修复室的照度要求最高，在其工作面上照度标准值为 750lx；日本对研究室、调查室的照度要求最高，照度标准值为 750lx。但对小卖部、公共大厅、会议报告厅等区域的照度指标要求偏低。

两国都对展品和相关场所的照度做了详细的规定。在展品方面，我国在年度曝光量上有更高的要求，减少了展品的光照时间。由于光辐射导致展品的损伤、变色、褪色与被照射的光的量成正比，因此减少光照时间可以降低光照对展品造成的光学辐射损伤。但是该规范并未对一些特殊展品的照度进行规定，比如以显示屏的方式进行展示的展品。因此，美术馆的光环境评价需要在该方面进行完善。

在美术馆相关场所方面，我国的标准更为具体，并对每个区域的参考平面及高度进行了明确的规定。但是对小卖部、公共大厅、会议报告厅等区域的照度指标要求偏低，且未涉及洗手间、走廊、楼梯等区域。日本要求利用光影进行展示的区域的照度不大于20lx，我国美术馆中也会存在使用光影进行展示的区域，而我国的《规范》中并未涉及该部分。

（二）照度均匀度的对比

中日两国标准要求照度均匀度的变化必须缓和，即对照度均匀度产生了要求。照度均匀度是指规定表面上的最小照度与平均照度之比。相关场所的照度均匀度要求如表2所示。另外，《规范》对照度均匀度的规定如下：

1）陈列室地面照度均匀度，一般不应小于0.7。

2）展品的照度均匀度如下：

a）平面照度均匀度不应小于0.8；

b）高度或宽度大于1.4m的平面展品照度均匀度不应小于0.5；

c）特大平面展品（展品面积大于2）照度均匀度不应小于0.4；

d）有特殊要求的平面展品不受上述标准限制。

3）书画作品展示，光照应与墙面保持一定的角度，以30°为宜，可根据作品情况适当调整。光源应尽可能延伸，使阴影边缘柔和。

日本的相关规范中并未对美术馆中的照度均匀度做出详细的规定，但JIS Z 9125-2007中规定：工作区域照度必须尽量保持一致，照度均匀度不得小于0.7；工作区域附近的照度均匀度不得小于0.5。

照度均匀度是反映照明质量的重要指标之一，直接决定作品的展示效果[3]。相比日本标准来说，我国标准对展品和相关场所的照度均匀度都有较为详细的规定。美术馆中，虽然多以常规的平面展品为主，但是也会存在立体展品，甚至会有以显示屏的方式展示的特殊展品，但是并未对这两类展品在照度均匀度上进行规定。

（三）眩光限制的对比

眩光是由于对视野中的亮度分布或亮度范围的不适应，或存在极端的亮度变化，从而引起不舒适的感觉或降低观察能力的视觉现象。这一现象会使人心情不愉快和视觉能力降低，从而导致工作出错、事故发生等问题，所以要抑制眩光。根据产生方法，眩光分为直接眩光、反射眩光以及光泽的表面所产生的光幕反射。统一眩光值（UGR）是度量处于视觉环境中的照明装置发出的光对人眼引起不舒适感主观反应的心理参量。

我国对美术馆相关场所的统一眩光值上限见表2，《规范》中有如下规定：

1）直接型灯具的遮光角不应小于表4的规定。

表4　直接型灯具的遮光角

光源平均亮度／（cd/m²）	遮光角／（°）
1～20	10
20～50	15
50～500	20
≥500	30

2）陈列室一般照明的不舒适眩光应采用统一眩光值（UGR），其允许值不宜大于19。

3）美术馆的观众在观看展品的视场中应限制来自光源或窗户的直接眩光或来自各种表面的反射眩光。

4）观众或其他物品在光泽面（如玻璃展柜、画框玻璃或特殊材料制作成的展品）上产生的映像不应妨碍观众观赏展品。

5）对油画或表面有光泽的展品，在观众的观看方向不应出现光幕反射。

日本相关规范标准的规定如下：

1）JIS Z 9125-2007中规定了灯具的最小遮光角，与表4中规定的遮光角相同。

2）统一眩光值上限如表3所示。

3）注意光源与展示面的位置关系造成的眩光。油画、照片或在玻璃框内的展示物要注意光幕反射。橱窗展示物照明注意对光源进行充分遮光，注意光源、展示物和人眼位置的关系，尽量避免眩光以及产生影响观看的映像[7]。

影响眩光限制部分的因素有很多，包括灯具的遮光角、自然光、展品的材质、展品的展示方式以及光源、展示面和参观者的位置关系等，我国的《规范》中未涉及光源、展示面和参观者的位置关系这一因素。同时在美术馆中，使用显示屏会较容易产生眩光，因此需要对显示屏及其周围环境进行规定，尽可能避免有害眩光。

（四）光源颜色的对比

在我国的《规范》中，这一部分主要由三个指标组成，分别为色温、显色指数、色容差。色温是指，光源的色品与某一温度下的黑体（完全辐射体）的色品相同时，该黑体的温度为此光源的色温，单位为K；显色指数是指，以被测光源照明物体颜色和参考标准光源下物体颜色的符合程度，符号为R；色容差表征一批光源中各光源与光源额定色品或平均色品的偏离，用颜色匹配标准偏差SDCM表示，单位为SDCM。《规范》中有以下规定：

1）室内照明光源色表可按其相关色温分为三组，光源色表宜按表5规定。

2）一般陈列室直接照明光源的色温应小于或等于4000K（特殊要求除外）。文物陈列室直接照明光源颜色

表 5　光源色表分组

色表分组	色表特征	相关色温 /K	使用场所举例
I	暖	≤ 3300	接待室、售票处、存物处、文物陈列室
II	中性	3300 ~ 5300	办公室、报告厅、文物提看室、研究阅览室、一般陈列室
III	冷	＞ 5300	高照度场所

的色温应小于或等于 3300K，同一展品照明光源的色温应保持一致。

3）陈列对辨色要求高的绘画、彩色织物、色彩丰富的展品，一般显色指数（R_a）应不低于 90，同时特殊显色指数（R_i）应不低于 50。

4）一般区域的色容差应小于 5SDCM；辨色要求高的绘画、彩色织物、多色展区的色容差应小于或等于 3SDCM。

5）应减少展品照明与背景照明的光源色温差（展品背景材料的反射率应较低，宜选用中性色或极淡的颜色，以避免因强烈的背景色彩导致展品画面的失真）。

我国相关场所的显色指数要求见表 2。

在日本的相关规范中，主要从以下两个方面表现光色：光源本身的颜色和光源照在物体上显示的颜色，前者由相关色温表示，后者即为灯的显色性。灯的相关色温分类与我国的规定相同：暖色小于等于 3300K，中性色在 3300 ~ 5300K 之间，冷色为大于 5300K。

相关场所的光源色温和显色指数要求如表 3 所示，除研究室和教室的光源色温要求大于 3300K，其他区域光源色则温暖、中、冷均可。照射展品的光源一般显色指数要求大于 90，对光非常敏感以及对光比较敏感的展品所使用的光源色温不大于 5300K。

两国的评价标准都对光源的色温、显色性进行了规定，在此基础上，我国还对色容差和色温差进行了要求，其目的是能更好地展现作品原有的色彩。光源的色温是光源光谱特性的标志，是最能表征光谱特性的光度量；而光源良好的显色性可以尽可能准确和逼真地还原和再现展品的色彩。但是在一些有自然光源的美术馆中，除了照明光源外，自然光源、天气的变化等也会影响展品色彩的展现。因此，在这些美术馆中，光源颜色应该有更灵活的要求，参数视各美术馆的具体情况而定。

（五）亮度与亮度分布的对比

JIS Z 9125-2007 中将亮度分布列为一个重要的照明参数，视野内的亮度分布会影响眼睛的适应程度。如果视野中的亮度分布偏差大，会影响视觉舒适度，因此应避免出现大的亮度波动。

1）如果亮度过高，会产生眩光。

2）如果亮度对比度太大，眼睛的适应状态不断变化，人会产生视觉疲劳。

3）如果亮度太低或亮度对比度太小，工作环境会变得单调，无刺激感。

4）要注意在建筑物中从一个区域移动到另一个区域时的视觉适应度。

亮度取决于其表面的反射率和照度，室内主要表面的反射率范围如下：

天花板：0.6 ~ 0.9；墙面：0.3 ~ 0.8；工作面：0.2 ~ 0.6；地板：0.1 ~ 0.5。

而在我国的《规范》中并未将亮度单独作为一个照明指标。在视觉适应方面要求美术馆各区域亮度比不宜超过 3∶1，展品与背景的亮度比不宜超过 3∶1。陈列室墙面反射比不宜大于 0.6，地面反射比不宜大于 0.3，顶棚反射比不宜大于 0.8。

照度和亮度均在两国的标准中存在，但日本美术馆在进行现场灯光设计时主要考虑亮度这一指标，而在我国则主要考虑照度指标。照度值和灯具本身的光度特性以及该点相对于灯具的几何位置有关，其反映的是客观物理测量值，不能准确反映人眼接收到的实际的光；而亮度反映了人眼接收到的光，比照度评价体系更能表达出人对光的感觉。因此，我国的美术馆应在亮度上增加其相应的评价标准，将照度和亮度两个指标相结合，使美术馆标准和评价体系更加完整。但是需要注意的是，亮度容易受到灯具的参数、安装方式和周围环境的影响，会给该项工作带来较大的困难。

三　结论

我国的《规范》对展品照明的照度、眩光、色温、显色性及紫外线含量等均有严格的指标要求，与日本相关规范相比更加全面，与国际照明委员会的标准接轨。相比之下，我国美术馆照明规范存在的问题是：一是没有亮度指标的明确限定；二是没有利用针对多媒体展示（如显示屏及投影仪）相关的标准要求和条文规定，这两点在未来美术馆光环境评价中值得关注。

参考文献

[1] 邹卫：《美术馆设计在城市规划发展中的形式》，《北方美术》2012 年第 2 期。

[2] 胡国剑、郝洛西：《博物馆和美术馆室内展陈光照方式研究》，《照明工程学报》2009 年第 4 期。

[3] 党睿、魏智慧、张明宇：《美术馆展厅光环境调查研究》，《照明工程学报》2013 年第 5 期。

[4] 艾晶：《“美术馆照明质量评估方法与体系的研究”项目成果报告》，《照明工程学报》2018 年第 5 期。

[5] 艾晶：《美术馆照明质量与评估体系聚焦》，《照明

工程学报》2018 年第 5 期。

[6] 屋内照度基準照明学会· 技術規格 :JIES 008:1999[S].

[7] 洞口公俊，森田政明，中矢清司 . 美術館 · 博物館の展示物に対する光放射環境と照明設計 [J]. 照明学会誌 .1990，74 (4)：206-211.

[8] 李瑶，林海阔，李涛，等 .LED 道路照明中“照度”与“亮度”评价体系的应用探讨 [J] . 照明工程学报，2017，28（6）:112-114.

[9] 照明基準総則 :JIS Z 9110:2011[S].

[10] 屋内作業場の照明基準 :JIS Z 9125:2007[S].

企业研发

企业研发工作代表着这个企业引领科技前沿的发展水平，我们的研究很大程度上仰仗着各参与企业的支持。尤其在标准制订与后期标准实施中，标准各项指标的来源和推广应用都需要企业来配合完成，标准实施更需要企业率先使用，才能最终带动标准引领行业整体的技术推动作用，我们的课题研究与照明企业密切联系，他们的技术力量很好地配合了我们完成各项工作，这里我们选了4篇合作企业最新科研成果与读者共分享。

文章为ERCO照明公司中国区总代表沈迎九先生的研究论述，他将多年致力于美术馆照明的设计理念结合公司产品与案例进行了系统的整理，提出了四种不同的照明展示类别：客观的艺术感知、极简主义、戏剧化方案、超写实主义四种演绎方式，阐述如何从观众的视觉需求出发，兼顾各方，获得完美的照明方案。同时，在处理好作品照明的前提下，如何营造愉悦的空间环境，作者还配合课题关于美术馆光环境评价方法制订工作，提出洗墙灯垂直面照明四项公司内部标准供参考。

美术馆照明方案中的空间与作品

撰 写 人：沈迎九
研究单位：ERCO 中国区首席代表

摘　　要：美术馆，有时简称为“白盒子”建筑，在展览设计时，通常会考虑空间与作品的关系，而照明同样如此。本文结合最新技术和美术馆设计及实施经验，提出了四种不同的照明演绎方式，从强调空间到极其戏剧化的强调作品，以满足不同的策展要求，并做到空间和作品展示的平衡。通过 The Twist 画廊、Ruby City 美术馆、卡塔尔国家博物馆案例分析，系统的陈述了如何从观众的视觉需求出发，兼顾各方，获得完美的照明方案。同时，和处理好作品照明的前提下，如何营造愉悦的空间环境，作者提出了洗墙灯垂直面照明的四项标准，有助于实际操作。

关 键 词：艺术感知；极简主义；戏剧化方案；超写实主义；环境光；重点光；洗墙灯；视觉舒适；光效

引言

以光诠释艺术，不仅令美术馆的艺术作品醒目可见，光影的变幻还使其传递出新的意义。而作品所在的展厅、空间，也需要照明，光作为建筑的第四个维度，建筑空间的演绎同样也需要光。当我们的观众慕名而来参观美术馆时，从户外、大厅、过道到展厅，在不同的展厅之间切换，在美术馆附属设施，如餐厅休息、商店购物等，都希望有一个愉悦的旅程，这都离不开照明。在美术馆的建设运行中，策展人、建筑师和艺术家通常对建筑、空间、作品有着不同的理解。这对我们照明方式的设计和实施，提出了更大的挑战，如何以观众为核心，取得兼顾各方、探索出完美的照明方案，是我们照明工作者需要深入考虑。

一　美术馆照明展示类别

美术馆的建筑设计，通常是从内到外和从外到内的不断深入、螺旋上升。对于照明同样如此，所以，我们先从最经典的四种展示类别：客观的艺术感知、极简主义、戏剧化方案、超写实主义这四种展示入手。

（一）客观艺术欣赏的感知

通常采用中性而均匀的照明方式照亮展览空间，有利于还原艺术品的客观原貌。有些情况非常适合这种方式，例如，展示品类丰富的展品，营造冥想的氛围或传达中立态度。均匀的墙面布光营造出温柔和谐的氛围，艺术品与墙面融为一体。“白立方”的中性氛围对大型艺术品尤为有利，将为观者带来平静广阔的空间印象。如图 1 所示的纽约 Fergus McCaffrey 画廊举办的 Richard Nonas / Donald Judd 展，均匀的墙面布光使艺术品和墙面融为一体，因此给人带来宽敞的空间印象。

（二）极简主义风格

巧妙突出艺术品和主题，风格介于均匀的“白立方”概念与戏剧化、对比强烈的展览方式之间，采用均匀明亮的整体环境，并巧妙强调出单个作品的和概念原则。策展人运用定向光来突出艺术品的存在，使它们从墙面中脱颖而出。定向光引导参观者的视线，突出了展厅的中心作品，从而引导整个展览。如图 2 所示的卢浮宫朗斯分馆，在日光天花板下，使用重点照明巧妙强调出展品，营造出安静祥和的感觉。SANAA 建筑事务所与 Adrien Gardere 工作室通力合作，完成美妙的建筑和展示空间、陈列和参观路线，并与照明设计师 Arup 合作进行照明设计，最终营造出完美、愉悦的展示空间。

（三）强烈照明对比以实现戏剧化效果

就像画家和摄影师会在构图中运用强烈明暗对比增加张力一样，策展人也可以运用光和影作为设计工具，为参观者营造一种整体性的艺术体验。设计师借助射灯的指向性照明，实现了具有高对比度光影效果的展览。

图1　使艺术品和墙面融为一体的均匀的墙面布光

图2 在日光天花板下，重点照明巧妙强调出展品

灯光使展品成为进入前台的主角，让观众更好地聚焦于艺术品本身。如图3所示的Moesgaad博物馆陈列空间，仿佛一个戏剧舞台，光与影做出了热烈表演。

图3 仿佛一个戏剧舞台，光与影的热烈表演

（四）以高度写实的手法诠释艺术品

在超写实的展示策略中，参观者感受着一种夸张的真实感。如图4所示，当代英国艺术家Matthew Penn将他的作品归类为超写实主义。照明视为作品的有机组成部分：几盏精确排列的聚光灯用不同的色温，突出肖像画的视亮梯度。细致入微的清晰度和细节刻画参与多层次油画颜料相互辉映，实现夸张的视觉感知。

图4 细致入微的清晰度和细节刻画参与多层次油画颜料相互辉映

二 实际应用的组合

当然，除了作品展示，考虑到参观者参观美术馆，是从接近美术馆建筑开始，逐步进入展厅、参观作品，如何实现欢迎、展示、保护、探索和营销的功能，最终让参观者有一个愉悦的旅程。以下以几个案例来加以说明。

（一）The Twist

在离奥斯陆一小时车程的Kistefos雕塑公园，新落成的画廊建筑The Twist气势恢宏，设计出自BIG（Bjarke Ingels Group）建筑事务所，一桥一景一展厅，成为2019年全球最受关注的美术馆之一。兼具博物馆与兰德尔瓦河桥梁功能的建筑，远观该建筑，仿佛屹立于Kistefos雕塑公园绿树之间恢宏雄伟的雕塑。在这一多功能建筑中，建筑师希望打造统一的空间风格，去除任何不必要的细节，使参观者能全神贯注欣赏艺术品。建筑外观非常迷人，内部设计同样引人入胜，全部采用纯白色。墙壁、地板和天花板全部漆成纯白色。艺术画廊北区暴露于强烈日光之下，南区为非日光环境，而扭转区成为两个区域之间的过渡区。如图5、6所示，水流和森林曾经为历史上著名的Kistefos造纸厂提供了原材料和动力，造纸厂现已改建为工业博物馆。在这片简朴而宁静的风景中，公司创始人的后代Christen Sveaas建造了挪威最大的雕塑公园，以及当代艺术品的展示场所。The Twist博物馆采用了大型步入式雕塑的设计理念，同时兼具基础设施、展览和艺术空间的功能。

图5 阳光照耀下，横跨德尔瓦河的扭曲雕塑造型的桥梁

图6 扭曲连贯的室内展览空间

照明设计师Morten在考虑照明的时候，一方面，好的照明设计理念凸显了展厅的几何形状，方便游客在参观中了解自己所处的建筑位置。另一方面，照明设计不仅需要考虑空间和参观者的因素，还必须考虑“距离效应”：建筑的外部空间表达及其对雕塑公园中游客呈现的视觉效果。所以在照明主要运用了墙面布光，均匀的照明效果烘托了奇特的建筑设计，而精心布置的补充射灯，则将展品的纹理、形状和颜色原原本本呈现给参观者。为避免The Twist博物馆北侧玻璃立面产生眩光，必须应对来自内部和外部的反射，确保建筑在公园里醒目可见，让访客从远处就能直接看到美术馆。还希望在访客进入画廊内部之后，能不受眩光及任何内部可见照明灯具或反射的影响，从容欣赏令人印象深刻的风景。

在扭转区，希望将位于同一物理空间的不同的区域明显区分开来。项目开始时，两个画廊区之间的扭转区原本不准备展示任何艺术品。在扭转区，地板逐渐升高，变成了天花板，天花板也逐渐变成了地板，这代表两个空间之间的转换，设计师希望提供不同的体验（图7、8）。穿越扭转区就像一场旅行，建筑本身令人惊叹，自然景色美不胜收。此种设计理念，旨在使穿过扭转区的参观者深入体会从当前画廊区逐渐变换到新画廊区的整个过程。为了强调该理念，从画廊区到扭转区，光线逐渐变暗，设计师运用带有宽泛光特性的调暗Parscan射灯实现了这种淡出效果。具体来说，淡出效果来自从洗墙灯到宽泛光，再到调暗宽泛光的过渡。

图7　墙壁逐渐变成了天花板，地板也逐渐变成了墙壁

图8　墙面布光强调了室内设计的连续性

对于日光的处理：由于The Twist博物馆只在夏季开放，从上午10点到下午5点，除了一些特展之外，冬季对公众关闭，因此主要考虑日光的影响：从北区的高强度日光到南区低得多的光线，人眼需要一段时间才能适应。对于两个区域之间的扭转区，需要控制从充足日光到无日光的过渡。从北向南穿过建筑的游客并没有感受到这种差异，因为眼睛适应了建筑中心的扭转区，当游客进入南区画廊时，将获得进入更明亮展厅的感觉，反之亦然。照明运用了4000K的色温，看起来也像3000K，因为这里有日光，加上人工照明，实际上人们可以看到6000K，但游客不会注意到。

（二）Ruby City美术馆（红色水晶艺术空间）

这是德克萨斯州圣安东尼奥市一座占地2万平方英尺的美术馆，设计灵感来源于已故的Linda Pace根据梦境所创作的一幅理想城市绘画。建筑坐落于Camp街，是Pace基金会的产业之一，美术馆是一组画廊体量构成的集合体，展出藏品并向世人传达Linda的生平和作品所蕴含的精神。混凝土与玻璃构成的深红色建筑外壳在阳光下熠熠生辉，建筑内部展览之旅借助一系列雕塑和拱券画廊来完成。David Adjaye爵士在设计时，建筑设计令人耳目一新，炫酷的外形棱角分明，内部却具备一种亲切友好的开放氛围（图9）。

图9　浓郁朴实的红色混凝土外观

蒂洛森设计公司构思的照明理念，将日光、墙面布光和重点照明融为一体。当游客从德克萨斯州强烈的日光进入博物馆大厅时，迎接他们的是漫射环境照明。Parscan系列洗墙灯引导游客通过狭窄的楼梯，进入一楼的展览空间，并为外形酷似峡谷的走廊营造出宽敞的空间印象。开放式展览空间由三个带天窗的高画廊组成，柔和的日光通过天窗进入室内。4.6m高的展厅里，洗墙灯营造出带有冥想氛围的均匀普通照明。Parscan射灯对单个艺术品进行重点照明，从而引导访客参观整个展览（图10、11）。轨道构成了射灯和洗墙灯的基础设施。它们的平行线反映了倾斜天花板的构造。在说明照明设计所面临的挑战时，天花板复杂的几何形状，为均匀的墙

面布光带来了技术挑战。设计师需要针对每种情况多次进行3D计算、实物模型和安装后的照明调试。照明设计师借助升降平台，精确对准LED灯具，调暗了射灯，并为它们配备了合适的球粒透镜，以满足所需的光线分布。照明设计师总结道："Parscan轨道安装射灯的广泛应用范围，及其独特的可互换球形透镜，提供了必要的灵活性，以及一致的设计"。

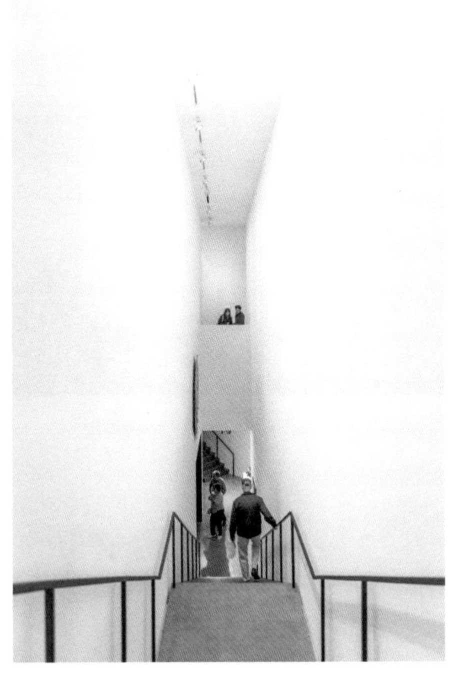

图10 通向三个展览空间的狭窄楼梯空间采用的均匀墙面布光

图11 可互换球形透镜的LED人工照明与自然采光融合在一起

（三）从画廊到商店（卡塔尔国家博物馆）：异形房间中的完美照明

一朵占地4万m^2的沙漠玫瑰：卡塔尔国家博物馆由法国建筑师及普利兹克奖得主让·努维尔（Jean Nouvel）设计，为世界呈现出沙漠半岛丰富的文化遗产（图12）。多哈的新博物馆在形式和规模上都进行了前所未有的尝试。新博物馆大楼由76000个大小不一的互锁圆盘组成。分三段展示了卡塔尔的历史。整个展览占地150万m^2，参观路径达2.7km。在此背景下，展览厅及博物馆的商店，餐厅和咖啡厅提供了出色的照明，邀请参观者沉浸于卡塔尔的历史和文化中并享受参观的愉悦。

而由OMA/AMO精心打造的开幕展览聚焦卡塔尔首都多哈，讲述了这座城市过往70年间引人入胜的发展历程。多哈是波斯湾地区的一座大都会，其高速发展给该市市政规划带来了巨大的挑战——而打造活力十足、能够提供身份认同感的文化机构，比如这座全新落成的国家博物馆，就是国家规划的一个组成部分。照明是新国家博物馆的基本设计元素之一：强调材料，增强色彩，再现形式并为生活带来空间。临时展览的策展人为此使用了轨道灯具。轨道灯具拥有九种不同的配光分布和四种不同尺寸，是展览的理想工具。

图12 聚焦卡塔尔首都多哈过往70年间发展历程，打造的开幕展陈列展厅

对于负责展厅、礼品店，咖啡厅和餐厅建筑设计的高田耕一工作室（Koichi Takada Architects）的建筑师和照明设计师们来说，能满足于他们设计的高视觉舒适度的照明也至关重要。在规划设计阶段，建筑结构的复杂性给他们带来了不小的挑战。房间是倾斜的，墙壁呈曲线，天花板自然弯曲并流动。因此，根据图纸在二维上捕获建筑形态肯定不是一件容易的事，很难依靠传统的照明设计方法。因此，将照明导向室内，并配合使用许多的聚光灯。博物馆的礼品店给人留下深刻印象，起伏的木墙和天花板像细沙丘一样蜿蜒穿过房间。大自然的形式被转移到建筑中，射灯的光线则增强了流动结构的动态（图13、14）。设计师的灵感来自Dahl Al Misfir光穴。40m深的光穴居是位于卡塔尔心脏地带的天然洞穴，由纤维状的石膏晶体组成，发出微弱的磷光。为了将这种魔幻感及其动态照明效果传递到室内空间中，高田耕一工作室安装了具有宽泛光（49°）和泛光（29°）分布的嵌入式射灯以及具有窄点分布的聚光灯。嵌入式天花板灯具的万向悬挂使其可以在任何方向上校准。结合聚光灯的6°狭窄聚光灯分布，商店照明可创造出令人着迷的灵活性和高级别亮度的相互照应。

图13　弧形墙面和天花，灵感来自卡塔尔地标达艾米斯菲尔洞穴（Dahl Al Misfir Cave）

图14　光线追随着流动的轮廓，打造出充满动感的空间

三　洗墙灯的选用及其质量评估

随着科学技术的发展，建筑、展陈、照明设计越来越融合，我们已突破传统的黑盒子概念，希望让艺术品“活”起来。在照明的处理上，通常开始于大范围墙面布光。我们不希望用光线为单件艺术品划定边界，而是希望创造均匀的照明效果，同时突出艺术品和建筑。博物馆空间应同时呈现赏心悦目的艺术品与美轮美奂的光影效果，而不是单单突出艺术品本身。事实上，我们希望同时表达两种主题，因为美术馆不仅展示精美绝伦的艺术品，其建筑本身也是耐人寻味的艺术品，当今的许多美术馆都是如此。要使建筑和艺术展览同时呈现最佳效果，洗墙灯是理想之选。接下来我们开始应用不同的照明层次，艺术品照明、功能性照明或其他照明原则。

为了达到完美的效果，我们需要选择合适的洗墙灯。照明技术的不断创新扩展了规划和照明设计的范围。有四项标准可以帮助我们评估洗墙灯的质量：

（一）借助洗墙灯创造深度感和辉度（图 15）。为了在展览中实现可与漫射日光媲美的照明效果，博物馆经常使用洗墙灯。垂直面均匀分布的亮度创造了冥想的氛围和深邃的空间印象。与天花板的纯粹漫射日光相比，定向垂直照明使绘画中的细节更清晰，并在展品上创造出微妙的光辉。例如 Eclipse 系列的洗墙灯有特殊的不对称光分布，可以在墙面上实现均匀的亮度分布。

图15　垂直面均匀分布的亮度创造冥想的氛围和深邃的空间印象

（二）一致度。为了评估洗墙灯的一致性，我们对墙壁上下和水平方向的照度进行了比较。在垂直和水平方向上，额定照度与最小照度之比均为 3∶1。照明位置最好紧贴天花板下方：例如，在高度为 3m 的展厅里，间隙不超过 10cm（图 16）。

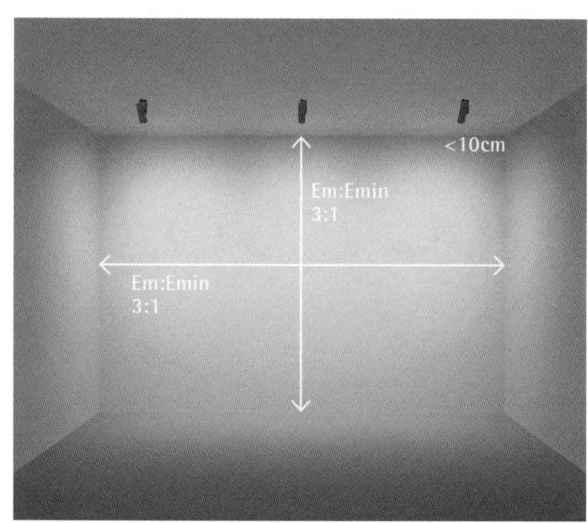

图16　评估洗墙灯一致性的准则示意

（三）视觉舒适度：40° 定点（图 17）。40° 的高眩光保护角避免对直视照明灯具的参观者产生眩光。卓越的视觉舒适度意味着参观者的焦点不在灯具上，而是在均匀照亮的墙面上。

图17　40° 的高眩光保护角

（四）光效（图 18）。为了评估洗墙灯的效率，需要考虑在墙面上达到特定额定照度的连接负载（W/m²）。高性能照明技术将光线引导到墙面上，尽可能减少损耗。具有典型光效、额定照度为 200lx 的洗墙灯只需要约 3W/m²。

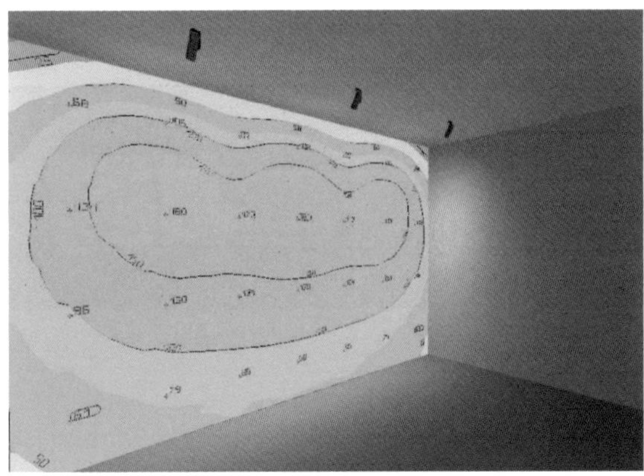

图18　评估洗墙灯的效率

洗墙灯之间的间距越大，需要的灯具就越少，从而降低相应的投资成本。专为大间距进行优化的照明技术有助于提高建筑项目的整体成本效益。例如，在空间高度为 3m、灯具间距为 1.5m 时，也能实现优异的水平一致性。更可完美的经济实惠。当然如果只使用洗墙灯，视觉效果就过于平淡，缺少戏剧感。墙面布光宁静而优美，但缺少生机勃勃的氛围。由于缺少动态变化，无法产生闪烁的动感，因此需要来自射灯的定向光，但只需要很低的亮度。我们不希望艺术品与环境分离。总体照明效果均匀明亮，而当走近一幅画时，将感知到来自定向光的反射。

四　结束语

科技的发展翻天覆地，新颖的美术馆层出不穷。对于照明设计师而言，像 The Twist 美术馆那样，还有比兼具桥梁、雕塑和展览空间功能的建筑更具挑战性的任务吗？艺术品的最佳照明方式是否只有一种？当然不是，但就像艺术品的质量标准一样，不同的照明将极大影响美术馆的最终效果。建筑对艺术品展览空间重要性的老生常谈。建筑师、展览设计师和照明设计师的设计灵活性离不开各类创新技术的发展，例如无须工具、可互换的 LED 灯具或可通过蓝牙无线联网的智能射灯。我们期待艺术家、策展人、建筑师和工程师运用创造力给我们带来前所未有的丰富体验！

本文是由华格照明科技（上海）有限公司联合武汉大学刘强教授共同合作研究的项目，以视觉心理物理学研究为基础，展开对青铜类文物展品照明研究，通过评价展品照明的视觉色彩喜好度、色彩舒适度、色彩辨识度和历史氛围四个方面探寻最优光色方案，进而以此为案例对专业展陈照明优化提供遵循。实验科学严谨、方法解读全面，其研究结论也具有很强的现实指导作用。

基于视觉心理物理学研究的专业展陈照明方法优化

撰 写 人：饶连江[1]，刘强[2]

研究单位：1. 华格照明科技（上海）有限公司；2. 武汉大学印刷与包装系

摘　　要：LED 技术的进步为博物馆、美术馆展陈照明方式的革新提供了可能。本文以视觉心理物理学研究为基础，以青铜类文物艺术品展陈照明为案例，针对博物馆、美术馆展陈照明优化方法展开探索。研究邀请了三组观察者（每组 30 人）在不同光源下对青铜器展品进行对比分析，评价内容包括视觉色彩喜好度、色彩舒适度、色彩辨识度和历史氛围再现四方面开展研究。此成果及方法可为博物馆、美术馆展陈照明方式的优化创新提供参考。

关 键 词：展陈照明；照度；显色指数；视觉；色彩

引言

近年来，LED 光源的快速发展，促进了博物馆陈照明技术的进步。相比于传统灯具，LED 光源具有高光效、低辐射、长寿命等诸多优势，而其光色可调的技术特点，更是为智能化展陈照明创造了可能。伴随着博物馆展陈照明技术及理念的进步，业界普遍认为，在展陈照明中应注重场景与对象差异对观展群体视觉感知的影响[1,2]。另一方面，随着展陈照明领域颜色视觉研究的深入，LED 照明质量评价的多维性已被业界普遍认同。越来越多的学者认为，在对展陈光源进行照明质量评价时，应兼顾光照颜色保真度、颜色喜好度、颜色分辨度、颜色自然度以及颜色舒适度等多个维度[3]。

本研究针对不同光源下青铜类展品的视觉外观感知问题进行了探索。研究内容涉及观察者对于青铜器外观的颜色喜好度[4～6]、颜色辨识度[7～10]、颜色舒适度[11,12]以及历史氛围再现等四个维度。本研究的主要目的在于从不同视觉感知属性出发，为青铜类展品探寻最优光色方案，进而以此为案例对专业展陈照明优化创新方法展开探究。

具体而言，本研究包含三组对比分析实验。其中，实验一采用 7 组 3000K 光源，其 D_{uv} 取值范围为 −0.015 ～ 0.015，以 $\triangle D_{uv}$=0.005 为间隔渐变。实验二采用 7 组 4000K 光源，其 D_{uv} 取值范围为 −0.015 ～ 0.015，同样以 $\triangle D_{uv}$=0.005 为间隔渐变。实验三选用实验一和实验二所确定的 6 组最优光源，同时另补充四组相关色温分别为 2700K、3300K、3700K 和 4300K，D_{uv} 值为 0 的光源。其中，此处额外补充四组光源的目的在于探究相关色温的适度变化（300K）是否会对观察者颜色感知造成影响。

一　研究方法

实验场景：本研究的三组实验均使用两个并排放置的灯箱（灯箱尺寸为 50cm × 50cm × 60cm），如图 1 中右图所示。灯箱的四周内壁和底部均涂有中性灰哑光漆（Munsell N7）。在两个相邻的灯箱中心约 90cm 远的地方放置有一把椅子，实验前观察者可调节椅子的高度，达到观察者看不到灯箱顶部光源的目的。

实验物体：本研究以三种青铜器（香炉、三脚炉、铜镜）作为实验物体，均为湖北省博物馆的艺术复制品，如图 1 中左图所示。相邻两个灯箱中放置几乎完全相同的物体，且每个物体在灯箱中摆放的位置也相似。

图1　实验所用青铜器和实验场景

实验光源：本研究由 LED cube 光谱可调智能照明系统产生了共 18 种光源。这些光源分别是：相关色温为 3000K，D_{uv} 值（测试光源的色度坐标与黑体轨迹的距离）从 −0.015 到 0.015，以 0.005 为间隔的 7 个光源；相关色温为 4000K，D_{uv} 值从 −0.015 到 0.015，以 0.005 为间隔的 7 个光源；以及 D_{uv}=0，相关色温分别为 2700K、3300K、3700K 和 4300K 的 4 个光源。图 2 显示的是实验光源的相对光谱功率分布，上述光源的显色指数（CRIs）均在 88 ～ 95 之间，实验光源照度设置为 200 ± 15lx，以模拟我国博物馆的实际照明条件。

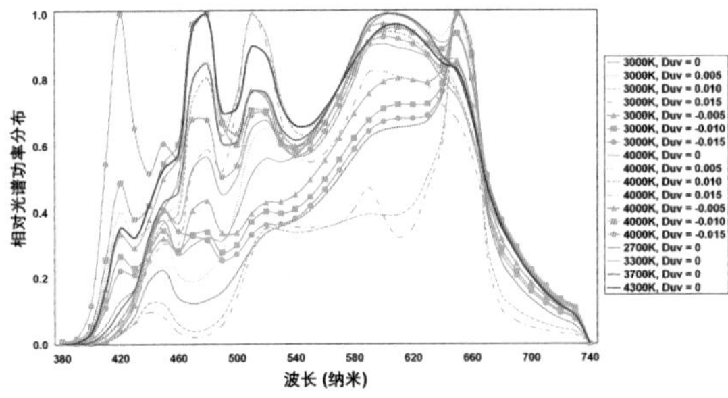

图2 实验光源的相对光谱功率分布

观察者：本研究的三组实验分别邀请了三组不同的观察者，每组观察者由 30 名（15 男，15 女）高校学生组成。在实验一中，观察者的年龄为 21 ～ 27 岁（平均年龄 24.2 岁）。在实验二中，观察者年龄为 18 ～ 29 岁（平均年龄 22.1 岁）。在实验三中，观察者的年龄为 21 ～ 27 岁 (平均年龄 21.6 岁)。根据石原色觉测试，所有的观察者都具有正常色觉。

实验过程：本研究中三组实验的过程基本一致。观察者进入实验室前，首先进行石原色盲测试。若观察者通过测试，则需填写一份含观察者基本信息的调查问卷并穿上灰色实验服。观察者进入实验室后，按实验人员指示坐在灯箱前的椅子上，并适当调整椅子高度使得观察者看不到灯箱顶部的光源。接着，实验室的灯光被关掉，使得唯一的灯光来自于灯箱。在实验开始前，观察者有大约 5min 的时间来适应这个实验室的照明环境。在这段时间里，实验人员会讲解实验要求并回答观察者提出的问题。

在每个实验开始时，观察者被要求闭上眼睛 20s，同时实验人员更换待评价的第一对光源，每次改变光源时都重复这个过程。然后按照指令观察者睁开眼睛，观察相邻两个灯箱里被照亮的青铜器。允许观察者偏头去比较相邻两个灯箱的青铜器的颜色外观，同时实验人员提醒观察者关注物体的颜色外观，而不是整个灯箱环境的颜色外观。具体而言，观察者需要对喜好度（哪一个光源下青铜器的颜色看起来更吸引人）、辨识度（哪一个光源下展现出了更多的颜色细节和纹理细节）、舒适度（哪一个光源下青铜器观察起来更舒适）、历史感（哪一个光源下青铜器看起来更具有历史韵味）这四个视觉维度进行比较判断。观察者有足够的时间做出判断（在测试中，观察者需要把他们的反应写在问卷上）。完成上述判断之后，观察者闭眼，实验人员更换光源。成对光源的出现顺序在观察者之间相互平衡。

对于每组实验，观察者必须完成所有光源对之间的青铜器的颜色外观评价。此外，在观察者不知情的情况下，对随机选择的几组光源对（实验一：3 对，实验二：3 对，实验三：5 对）进行了两次评价，通过比较同一观察者对前后两次同一光源对的判断来评估每个观察者自身的变异性。因此，在实验一中进行 24 对光源比较，在实验二中进行 24 对光源比较，在实验三中进行 50 对光源比较，三组实验共进行 2940 对比较：30 个观察者 ×（24+24+50）对光源。实验一及实验二单次持续约 30min，实验三约 60min。

二 结果分析

（一）观察者内变异性

在实验一中，对于 3 对重复光源对的判断，平均在 79.7% 的情况下观察者给出了相同的回答，在被调查的四种视觉属性上（喜好度、辨识度、舒适度、历史感），观察者给出相同回答的比例从 76.7% 变化到 84.4%。实验二的平均结果为 76.7%，范围为 70.0% ～ 83.3%；实验三的平均结果为 74.7%，范围为 71.3% ～ 79.3%。上述结果与其他学者的研究结果一致，如法国学者 Jost-Boissard 等人结果[13]（平均 73.5%）以及武汉大学 Huang 等人结果[14]（平均 83.7%）。

（二）实验一和实验二的结果分析

每个实验中观察者的视觉判断被转换为使用 Thurstone Case V 方法的间隔量表[15]，并进行标准化[16]。这种方法将主观的成对比较转化为一维量化分数[17]，它假设观察者通过给每个条件分配一个质量值来做出质量判断，每个条件的质量值是一个随机变量，以解释实验的主观性质[16]。具体而言，间隔标度值越高，说明观察者对该种情况下感知到的视觉属性的评价越好。

图 3 和图 4 显示的分别是实验一和实验二的结果，可以看出两组实验对于每个视觉属性的评价具有很好的一致性。(除 D_{uv}=0 的光源外，实验一和实验二种对于一个特定的视觉属性，不同 D_{uv} 的光源得分变化趋势是非常一致的)。这样的结果表明，D_{uv} 值可能对照明的颜色感知有一定的影响，尽管该值不是一个典型的颜色质量度量指标。据我们所知，这个结果可能归因于 D_{uv} 值和一些颜色质量度量指标之间的相关性。例如，在 Wei 等[18] 的研究中，论证了 D_{uv} 值为负的光源更受观察者的青睐，因为这些光源更有可能在相对色域得分较高的同时，保持较高的保真度得分。此外，在武汉大学刘强等[19] 最近关于照明的白度和颜色喜好之间的相关性的研究中，证明了人们更喜欢具有负 D_{uv} 的光源，因为这些光源具有更高的白度值。

由图 3 和图 4 均可看出，观察者对于喜好度和舒适度的评价结果是很相似的，经计算得知二者的 Pearson 相关系数高达 0.992（实验一）和 0.994（实验二）。这一结果与 Wang 等[11] 的研究相一致，他们的研究表明色彩喜好感知和色彩舒适密切相关。

研究结果表明，实验一和实验二中，对于喜好度或舒适度评价得分最高的光源均是 D_{uv}=0 的光源。在 Dikel 等[20] 以及 Ohno 和 Fein[21] 的研究中曾报道，具有负 D_{uv} 值（色度点位于黑体轨迹下方）的光源比位于黑体轨迹

图3　实验一（3000K）的视觉间隔量表柱状图

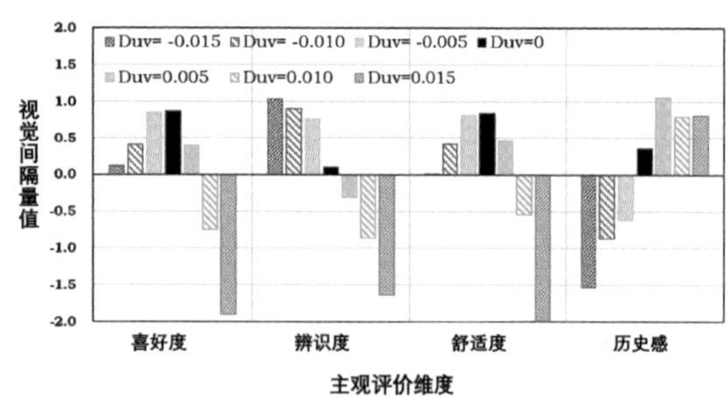

图4　实验二（4000K）的视觉间隔量表柱状图

线或轨迹上方的光源具有更高的喜好得分。然而，在他们的实验中并没有使用青铜器，也就是金属物体，这可能是导致实验结果不同的原因。众所周知，青铜器具有独特的外观，由于氧化和老化，青铜器会呈现出深蓝绿色。使用负 D_{uv} 值的光源（看起来偏粉红色的光源）照明青铜器，可能会在视觉上对此种外观造成扭曲，这可能是 D_{uv}=0 光源更受欢迎的原因。

如图 3 和图 4 所示，实验一和实验二中辨识度最高的光源分别是 D_{uv} 值为 0（实验一 3000K）和 −0.015（实验二 4000K）的光源。不同于颜色喜好度和颜色舒适度，颜色辨识度通常随着 D_{uv} 值的增加而下降，D_{uv} 等于 0（3000K）是一个例外。我们猜测这种例外可能是由于观察者内变异性以及心理物理学实验中的其他不确定性所导致的。

对于历史感，两组实验中均是 D_{uv} 值为 0.005 的光源使青铜器表现出最强的历史韵味，并且所有位于黑体轨迹上方的光源对于表现历史感都具有较高的量值。这与其他三个视觉属性的评价结果截然不同。一种可能的解释是，位于黑体轨迹上方的光源（D_{uv}>0）看起来更绿，这可能会提高深蓝绿色艺术品的饱和度，因此增强其历史感。然而，增加光源的 D_{uv} 值，即一个看起来更绿的光源，并不会进一步增加青铜器的历史韵味。

（三）实验三的结果分析

基于实验一和实验二的结果分析，针对四个视觉属性挑选出最佳光源以于实验三中进行进一步探究。需要说明的是，在实验一中，具有最佳辨识度的光源色度属性为 CCT=3000K,D_{uv}=0，但该光源已经根据其色彩喜好度和色彩舒适度进行了选取，而且实验一和实验二中辨识度的结果并不一致。因此，基于上述考虑，在实验三中，选取 3000K,D_{uv}=−0.015 的光源，进一步考察其是否优于 3000K,D_{uv}=0 的光源。此外，我们还选取了 D_{uv}=0，CCT 不同的 4 种光源（2700K、3300K、3700K 和 4300K）来研究色温变化对于青铜器外观感知的影响。因此，实验三中共有 10 个实验光源，如表 1 所示。

表 1　实验三所用光源的详细信息（* 表示来自实验一和二的光源，# 表示新增光源）

光源	CCT & D_{uv}	
喜好度	3000K，Duv=0*	4000K，Duv=0*
舒适度	3000K，Duv =0*	4000K，Duv=0*
辨识度	3000K，Duv = −0.015*	4000K，Duv=−0.015*
历史感	3000K，Duv =0.005*	4000K，Duv=0.005*
新增光源	2700K，Duv =0#	3700K，Duv=0#
	3300K，Duv =0#	4700K，Duv=0#

为验证数据的重复性和可靠性，本文针对实验三中所用的和实验一及实验二中相同的光源的观察者主观判断进行了比较，计算了二者的 Pearson 相关系数。需要说明的是，实验三与实验一和二的主观结果的相关系数计算并不是直接进行的，因为这些值取决于不同实验中所比较的光源。在本文分析中，我们对每一种照明条件被观察者选择的次数进行了统计，然后将这些值放入两个矩阵中，根据矩阵计算它们的相关性。结果表明，实验一和实验三之间的平均 Pearson 相关系数为 0.944，四个视觉属性的平均 Pearson 相关系数范围为 0.899 ~ 0.973。实验二和实验三之间的平均 Pearson 相关系数是 0.962，范围为 0.932 ~ 0.981。

表 2 总结了实验三中主观观察得出的视觉间隔量表。为了进一步阐明结果，图 5 显示了关于所有光源的排序的详细信息。

表 2　实验三中青铜器主观评价的视觉间隔量表

CCT/K	3000	3000	3000	4000	4000	4000	2700	3300	3700	4300
Duv	−0.015	0.000	0.005	−0.015	0.000	0.005	0.000	0.000	0.000	0.000
喜好度	−0.797	0.094	−1.243	0.712	0.902	0.115	−1.97	0.72	0.725	0.743
辨识度	−0.064	−0.422	−1.299	1.472	0.799	0.259	−1.794	−0.07	0.106	1.013
舒适度	−0.536	0.388	−1.341	0.467	0.732	−0.019	−1.93	0.848	1.241	0.151
历史感	−1.11	1.158	1.169	−1.841	−0.244	0.238	0.367	0.733	0.387	−0.857

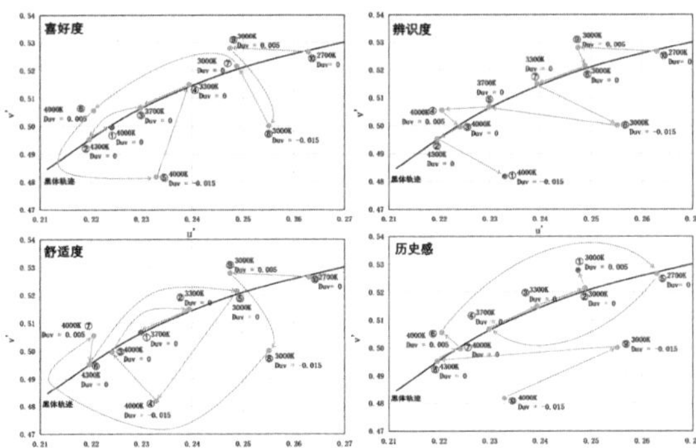

图5　实验三中光源在CIE u'v'色度图中的色度坐标，以及每个视觉属性的视觉间隔尺度的排列顺序。箭头按顺序连接光源，每个箭头的末端代表较高的间隔标度量值，得分最高的光源（排名第一）用红点标记。

实验三中，颜色喜好度和颜色舒适度的主观结果之间的相关性为 r=0.950,p<0.001，这一点与实验一和二的发现相一致，即这两个视觉属性的感知在定义的实验条件下密切相关。D_{uv} 值为 0，CCT 在 3700 ~ 4000K 附近的光源比 CCT 为 3000K 的光源更受欢迎。同时，需要注意的是，对于舒适度的最优光源，其色温略低于喜好度的最优光源——舒适度最高的三个光源色温为 3700K、3300K 和 4000K 而喜好度最高的三个光源色温为 4000K、4300K 和 3700K。Wang 等 [11] 也报告了类似的发现，其表明与颜色喜好相比，适度降低色温可能会增强舒适感。

与喜好度和舒适度相比，辨识度的结果具有更强的单调性。由图 5 可以看出，辨识度的主观评价随着 CCT 的升高而增大，随着 D_{uv} 的升高而减小。因此，D_{uv} 值为 −0.015 的 4000K 光源的辨色性能最好。需要强调的是，在实验三中，3000K、D_{uv}=−0.015 的光源优于 3000K、D_{uv}=0 的光源。这样的结果证实了我们对实验一中 3000K,D_{uv}=0 这一光源的辨识度评估结果的怀疑。

与实验一和实验二的结果类似，实验三中观察者对于历史感的评价结果也与其他三个视觉属性的评价结果呈现出完全不同的趋势。从图 5 可以看出，较低的 CCT（偏黄色的光）或较高的 D_{uv}（偏绿色的光）可能会增强古物的历史韵味，因此 D_{uv} 值为 0.005，色温为 3000K 的光源是使青铜器最具历史韵味的光源。

综上所述，实验一、二、三的结果是十分一致的，表明了 CCT 和 D_{uv} 对青铜器色彩感知均有显著影响，其影响程度随判断标准的不同而不同。最后，需要说明的是，本研究的视觉测试只采用了三种典型的青铜器。因此，为了实际使用，当青铜器的颜色不同时，需慎用本文结论。此外，在本研究中只讨论了色温在 3000K 到 4000K 左右的光源，这样的实验设置考虑，主要基于中国博物馆的应用现状。

三　结论

本文通过一系列对比实验，研究了不同光源对青铜器外貌感知的影响，并对颜色喜好度、辨识度、舒适度、历史感这四个视觉属性进行了评估。研究发现，颜色喜好度感知与颜色舒适度感知高度相关，光源的白度感知对颜色喜好度、舒适度和辨识度具有显著影响。实验结果表明，CCT=4000K 且 D_{uv}=0 的光源在颜色喜好度和颜色舒适度方面表现最佳；而 CCT=4000K 且 D_{uv}=−0.015 的光源的颜色辨别效果最佳；在历史感方面，CCT=3000K 且 D_{uv}=0.005 的光源效果最好。我们认为，相关成果可为后续博物馆、美术馆展陈照明方法的优化与创新提供理论参考。

参考文献

[1] K. Teunissen, C. Hoelen. Progress in characterizing the multidimensional color quality properties of white LED light sources [C]. *SPIE OPTO*（SPIE, 2016), Vol. 9768.

[2] X. Tang, C. Teunissen. The appreciation of LED-based white light sources by Dutch and Chinese people in three application areas [J]. *Lighting Research & Technology* 51, 353-372（2018).

[3] 程雯婷 , 孙耀杰 , 童立青 , 等 . 白光 LED 颜色质量评价方法研究 [J]. 照明工程学报 , 22, 37-42 (2011).

[4] T. Q. Khanh, P. Bodrogi.Colour preference, naturalness, vividness and colour quality metrics, Part 3: Experiments with makeup products and analysis of the complete warm white dataset [J]. *Lighting Research & Technology*, 1477153516669558 (2016).

[5] J. He, Y. Lin, T. Yano, H. Noguchi, et al. Preference for appearance of Chinese complexion under different lighting [J]. *Lighting Research & Technology*, 49, 228-242 (2015).

[6] Z. Huang, Q. Liu, S. Westland, et al. Light dominates colour preference when correlated colour temperature differs [J]. *Lighting Research & Technology*, 1477153517713542 (2017).

[7] 王琪 , 刘强 , 万晓霞 , 等 . LED 光源相关色温对颜色辨别力的影响 [J]. 照明工程学报 , 26, 18-22 (2015) .

[8] L. Xu, M. R. Luo, M. Pointer. The development of a colour discrimination index [J]. *Lighting Research & Technology*, 50, 681-700 (2017).

[9] Z. Huang, Q. Liu, Y. Liu, et al. Best lighting for jeans, part 1: Optimising colour preference and colour discrimination with multiple correlated colour temperatures [J]. *Lighting Research & Technology*, 1477153518816125 (2018).

[10] 刘颖 , 饶连江 , 钟晓鹭 , 等 . 不同照明条件下 FM-100 色相棋实验颜色辨别力量化有效性验证 [J]. 照明工程学报 , 31, 38-44 (2020).

[11] Q. Wang, H. Xu, F. Zhang, et al. Influence of color temperature on comfort and preference for LED indoor lighting [J]. *Optik*,129, 21-29 (2017).

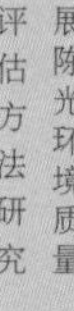

[12] Q. Y. Zhai, M. R. Luo, X. Y. Liu. The impact of illuminance and colour temperature on viewing fine art paintings under LED lighting [J]. *Lighting Research & Technology*, 47, 795-809 (2014).

[13] S. JostBoissard, M. Fontoynont, J. BlancGonnet. Perceived lighting quality of LED sources for the presentation of fruit and vegetables [J]. *Journal of Modern Optics*, 56, 1420-1432 (2009).

[14] H.P. Huang, M. Wei, L.C. Ou. Effect of text-background lightness combination on visual comfort for reading on a tablet display under different surrounds [J]. *Color Research & Application*, 44, 54-64 (2019).

[15] L. L. Thurstone. A law of comparative judgment [J]. *Psychological review*, 101, 266 (1994).

[16] M. Perez-Ortiz, R. K. Mantiuk. A practical guide and software for analysing pairwise comparison experiments [J]. *arXiv preprint arXiv*:1712.03686 (2017).

[17] K. Tsukida, M. R. Gupta. How to analyze paired comparison data [B]. (*WASHINGTON UNIV SEATTLE DEPT OF ELECTRICAL ENGINEERING*, 2011).

[18] M. Wei, K. W. Houser. What Is the Cause of Apparent Preference for Sources with Chromaticity below the Blackbody Locus? [J]. *LEUKOS*,12, 95-99 (2016).

[19] Z. Huang, Q. Liu, M. R. Luo, et al. The whiteness of lighting and colour preference, Part 2: A meta-analysis of psychophysical data [J]. *Lighting Research & Technology*, 1477153519837946 (2019).

[20] E. E. Dikel, G. J. Burns, J. A. Veitch, et al. Preferred Chromaticity of Color-Tunable LED Lighting [J]. *Leukos* 10, 101-115 (2013).

[21] Y. Ohno, M. Fein. Vision experiment on acceptable and preferred white light chromaticity for lighting [C]. *CIE x039* 2014, 192-199 (2014).

此文主要阐述由深圳市埃克苏照明系统有限公司生产的专业美术灯，对长达30m的水墨长卷在艺术空间与展品表现创新应用的成功案例，设计师通过运用新照明产品创造出与众不同的展陈效果，在弧形围合展览空间内，将作品、观众、时间、空间凝聚于一处，创造流动的叙事感和水墨画所特有诗意空间，带给参观者全新视觉体验，提供给读者在展陈照明设计上，新技术新应用可以实现观展体验的新尝试。

浮空映画 水墨如诗
——埃克苏A5美术灯30m超长水墨画卷照明项目纪实

撰 写 人：王贤，陈进茹
研究单位：深圳市埃克苏照明系统有限公司
摘　　要：如何将中国传统绘画的理念、技法融汇到现代水墨绘画作品的照明设计中。运用空间和照明设备的特性，营造具有叙事感的沉浸式参观体验。专业美术灯在艺术空间的运用手法及设计重点。探讨空间、作品、光、参观者之间的不同关系和互相融合。
关 键 词：美术灯；照明；博物馆；水墨画卷；照明设计；展陈

引言

两年一届的艺术盛会"艺术长沙"在2019年再度开启。此次"艺术长沙"，作为唯一一个第二次参展的艺术家，李津带来了他为艺术长沙特别创作的黑白纸本水墨长卷《从生丛生》，并在湘江畔的谭国斌当代艺术博物馆中展出。馆方特地为这件尺幅达30m的长卷设计了独立展厅，以围合式弧形展墙来呈现画作的风采（图1）。谭国斌馆长和艺术家期望通过这种与众不同的展陈方式，带给参观者全新的观看体验，在弧形围合的展览空间内，将作品、观众、时间、空间凝聚于一处，感受作品中流动的叙事感和水墨画所特有的诗意空间。

图1　黑白纸本水墨长卷《从生丛生》现场效果

全新的展陈方式给作品和空间照明带来了极大的挑战。此类作品通常会采用均匀洗墙的照明方式来展示作品和表达空间，但这就会使空间内光照范围相对宽泛，灯光在空间内溢散，整个展厅都处于一个相对高的照度场景，无法让参观者全身心沉浸在空间中感受作品的体验，作品也会变得相对平淡，与期望的展陈效果有较大差距。

经多方探讨和现场勘查，谭国斌馆长和照明设计师决定采用全新的埃克苏Dux A5系列专业美术灯，如图2、3所示以多盏灯群组布光的方式进行照明。在此之前国内外还未有使用如此的美术灯群对一件作品进行照明的先例，此次又是长达30m的水墨长卷布置在弧形墙面上，这无疑将照明设计和灯光现场调试带入了一个全新的未知领域。因此，如何协调作品、空间、灯光、观众之间的多重互动关系，能否营造出沉浸式的参观体验，这些都有待照明设计师在前期设计和现场调试的过程中逐一解答。

图2　埃克苏Dux A5系列专业美术灯

图3　美术灯灯光模拟效果

一　理解作品，气韵生动

如果将展览中的作品、空间、灯光、参观者理解为一个整体进行创作。那在创作初始，首要环节就是分析了解作品，特别是对于这种大型黑白水墨绘画作品。如果不了解作品的物理特性、绘画技法，随意布光会使灯光与作品相互割裂，与空间格格不入，整体感受形连气散，无法呈现一个完整的作品。

李津老师的这幅作品，以纸为媒，采用黑白水墨的绘画技法来呈现。黑白水墨不宜用较强的灯光去照亮作品，墨色的变化只有在视觉舒适且均匀柔和的光照强度下，人眼才能更好地分辨细节和墨色浓淡变化，感受谓之“山不待空青而翠，凤不待五色而彩，是故运墨而五色具”的独特水墨风格，而太强或太弱的灯光都无法呈现，见图4。

图4　《从生丛生》作品局部

以上只是从物理层面和绘画技法上理解作品与灯光之间的关系，如果要更好地传达作品的精气神就需要进一步理解作品的内涵，结合空间环境布置照明设备来构建参观者的共情体验，以期达到气韵生动的展示效果。这幅作品不同于传统中国水墨长卷中以山水寄情的表现形式，而是以人物为表情达意的主体，画面山水环绕，人物穿插其间，表现世间丛生的众生相。因此，照明上要使灯光散落在人与山水之间，表现出人物和山水的空间关系、节奏变化、气息流转，需要在最后灯光调试时做到运光如笔，以“笔法”来描绘画作与灯光和空间的关系。如何实现这一表现手法，有待在最后灯光调试环节揭示。接下来需要解决的是作品、空间、灯光、观众之间的位置关系。

二　诠释空间，经营位置

理解了作品，确定了表现手法，下一环节就是对空间的诠释和灯具功率的选择、现场定位设计、照度模拟计算。作品、灯光、观众都是在空间内产生互动和交集。展览的空间是被限定的范围，弧形墙的展示方式也是确立的。剩下的就是设计协调光、画作与参观者的位置关系（图5），这也是此次展览照明设计的重点。

展厅纵深约有24m、宽约为11m，参观动线随着弧形墙面从入口往厅尾延展，动线总长约有32m。站在展厅的任意位置停留，都可以完整地观看到整个作品。展厅中间靠西位置设置了供观众休憩的长沙发，使得参观者在作品前可以长时间停留。作品沿着弧形墙面自南向北徐徐铺陈展开，画作中心位置基本于视线水平高度齐平，使参观者既能从较远的距离完整地观赏作品，也可以走近作品细细感受作品的气韵。

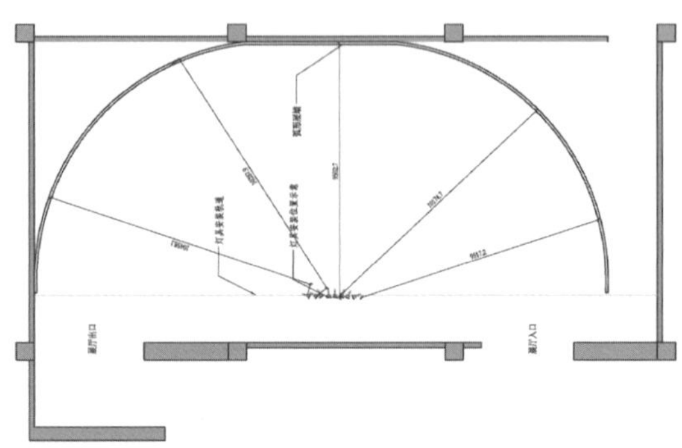

图5　展墙、轨道及灯具位置关系

灯具采用轨道式安装，轨道自南到北贯穿整个展厅，灯具安装高度在5.5m左右。美术灯基本都设计安装在同一根轨道上，以避免安装不同位置导致眩光。从轨道中心位置到作品中心斜长距离有近10m，由于是弧形展墙布置，在无交叉布光的情况下，灯具到墙面的最远距离也就是在10m左右。选用28W功率的美术灯，配置18°和28°的二种镜头（图6），基本就能满足空间照明需求。

图6　Dux A5美术灯专业镜头配件

美术灯在技术上是距离受光面越远，光型覆盖范围越大，可调整的范围也越大。此次是弧形展墙做展示，照射的光型会在墙面上形成较大的光型畸变，需要通过调整光阑形状来做修正，同时根据灯具位置和墙面弧度的关系，导致可调范围是非常有限的，超过范围就无法将光型调整到画面合适位置，会有较大的溢出光或照明缺失。

针对以上问题，设计师决定采用分区块设置照射点，随弧度和距离的变化，选用不同焦距和光型的美术灯。原则上尽量减少灯具数量，将每个的灯具照射范围设计到最大值，如果由于距离和光散原因，造成照度不足，则用叠加光源的方法进行补强。按此设计方案进行先期计算模拟和测试，如果测试结果可行，可按设计方案在现场进行灯具安装和控光调试。

通过计算机进行照度模拟后，数据及画面显示整体效果（图7、8）基本能满足照明设计方案的预期及展陈设计想法。灯具安装位置、镜头角度数据、空间照度环境都得到了验证和测试。这样就基本确定了灯具数量、安装位置和相关数据值。

图7　灯光模拟伪色效果一

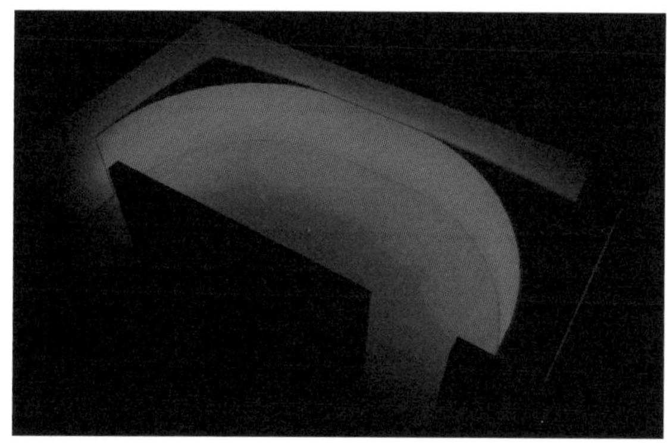

图8　灯光模拟伪色效果二

由于美术灯都可以进行0～100%的单灯调光（图9），因此照明设计时，只需确定空间照度值及作品照度值，进行模拟测试后，如选用灯具能同时满足二者要求，则现场调试时按模拟测试结果的数据执行即可。

明确了灯具安装方式、位置、整体空间照度后，就需要最终统一协调作品、灯光和观众三者之间的关系。特别是观众在参观过程中，身体阴影对作品的影响是在照明设计和布展环节经常被忽视的细节。在参观效果上，阴影对于观赏作品、品鉴细节是有巨大影响的，灯光被人体遮挡所形成的阴影，将影响观众更好的观赏作品，甚至破坏画面的整体性。为此需要在前期就能做好统筹规划，调整各方位置关系，尽量将影响减弱到最低。

图9　Dux A5美术灯正面，单灯调光旋钮可见

由于现场灯具的安装高度和位置是基本确定的，灯具到作品的距离也是基本不变的。因此在照明设计时，更多是考虑作品布展的高度和观众位置的关系。作品布展底边的最低高度为1100mm，灯具安装高度为5.5m，灯具距展墙9.5～10.5m之间，参观者在正常观赏距离（1.5m左右）欣赏展品时灯光照射不到参观者身上，避免了阴影对参观效果的影响，见图10。

图10　展品、灯具与观众位置关系示意图

三　运光如笔，以形写神

以上环节的各项工作完备后，就进入了最终也是最重要的现场灯具安装及灯光调试环节。照明团队需要依据设计规划和灯具特性在现场完美复原照明设计的预期效果，营造出具有叙事感的诗意展览空间氛围，调试工作不仅对耐心和细心的考验，更要求在现场有随机应变的灵活思考。

照明是建立在关系之上的艺术，灯光调试需要把控全局并兼顾细节关系。灯光的运用则是各个关系连接是否平滑顺畅且富有变化的关键。

照明中灯光的运用，犹如绘画中的运笔。不同灯具好比不同材质的画笔，羊毫的“柔而无锋”，狼毫的“笔力劲挺”，各有巧妙不同。美术灯在传统照明运用中犹如狼毫，可以契合画面大小来勾勒清晰的光型与轮廓。恰似中国画的白描手法，严格勾线，框定轮廓，在其中渲染和表现主体。但这种用光方式在水墨长卷上则非常不合适，框定的灯光轮廓会将整幅作品割裂为若干个画面，画作好似被切割了一般，水墨长卷的气韵也被生生切断，无论从参观视觉还是空间感受上都如鲠在喉，欲拔之而后快。因此，我们需要找到合适"运笔"手法，避免这一致命缺陷，同时将画作的气韵贯穿，灵活生动表现出来。

合适的"运笔"需要更深入地理解绘画作品，重新构建灯光与绘画之间的关系。中国水墨画的特性之一是"肇自然之性，成造化之功。或咫尺之图，写千里之景"，讲究气韵生动，物我为一。能表达这一特性，就需要灯光能层层渲染，连绵不绝地铺洒在画作之上，使得画作的气韵得以贯通始终。

由此突发奇想，既然运光如笔，何不借鉴唐代大家王维"破墨山水"所独创的破墨笔法，欲干未干之际再入一笔互相穿插，得以破除边界的限制，将整体融会贯通。灯光也可如此，将美术灯的光型边界虚化，每个区域边界之间的灯光互相穿插叠加，交融并序，再调整灯光强度，形成和谐统一的一个整体，层层递进，直至将整个画面铺洒上一层柔和的灯光，此时灯光与画作浑然一体，难分彼此（图 11）。如此一来，画作的基本照明方式和画面的气韵贯通都得以很好地解决。

图11　正在调试灯光的工作人员侧面投影在作品上

整体铺光完毕后，在现场不断的调试观察中，我们发现虽然画面的完整性得以很好地表达，但画面细节表现和展览空间体验过于平铺直叙，少了一些韵律的变化（图 12）。画面中人物的位置关系、形体大小、花草植物间的空间疏密、用墨的浓淡变化，好似都变得扁平而无趣。让贯穿画面的气息，变得凝滞。究其原因在于过分均匀的光照强度，会造成画面的表现力不足，使得参观者昏昏欲睡，失去视觉聚焦。

若要使画面更富有表现力，更加生动，就需要改变灯光的强弱。让不同区域的光强产生变化，形成强弱变化和视觉焦点。改变灯光强弱关系需要与作品的内容表现相结合，调节并匹配与之相符的灯光强度，赋人物以神采，赋空间以张力，赋草木以生机，随类赋"彩"，这里的"彩"就是指光的强弱不同。只有与画作紧密结合，充分理解作品后的灯光强弱变化，才能应和画面的节奏变化，轻重缓急之间，如风流转，带人随画而游，徐徐

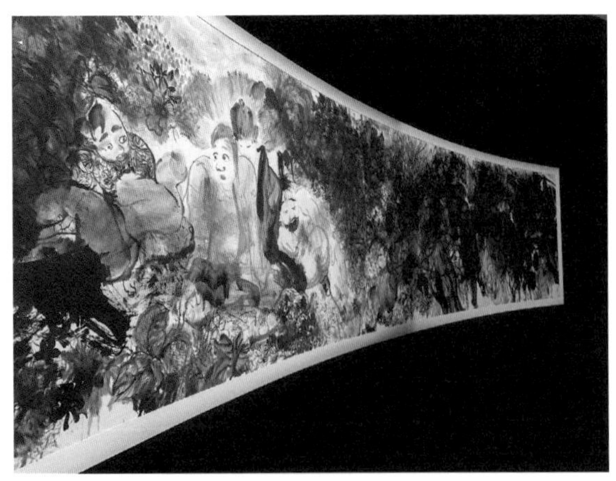

图12　展览现场效果局部之一

前行，展现以形写神的画作精髓，并能营造出画中有诗，如电影长镜头般的叙事性展览空间，使参观者完全浸润在水墨艺术的氛围中（图 13）。

图13　展览现场效果局部之二

在原有平铺灯光的基础上，叠加部分灯光用以改变区域灯光强弱，是比较合适的方法。这样既能控制照射的区域范围又不会破坏画面的完整性，值得注意的是，需要在调整细节的同时，时刻关注整体画面的照度控制，既有变化，又不会过于抢眼，同时保持舒适的视觉光强和空间光效比。

整体安装调试完毕后，需要比对现场测量数据与计算模拟数据之间的差距，记录相关数值。照明设计师需要在现场用视觉和身体去观察、感受灯光所赋予空间的变化和形成的整体氛围（图 14、15）。反复多次多角度、多层次的观察调整。离开现场让双眼和身体去室外舒展和放松，之后再进入展览空间，用新鲜的视觉感官去观察作品，感受空间。一次次地进行非常精细的调整，直至展览开幕前的最后一刻。

高品质的展览离不开高品质灯光和照明设计的配合，希望本文能给读者提供一些启发和不同的观点，对更好

图14　展览现场整体效果之一

图15　展览现场整体效果之二

地理解作品、空间、灯光、参观者之间的关系有所裨益。

致谢：感谢谭国斌当代艺术博物馆谭国斌、林清及全体布展团队的鼎力支持，上海驭韶照明设计有限公司提供的照明设计及现场灯光调试。

参考文献：

[1] 宗白华：《美学散步》，上海人民出版社，1981 年。

[2] 约翰 · 伯格：《观看之道》，戴行钺译，广西师范大学出版社，2015 年。

[3] 于非闇：《中国画颜色的研究》，刘乐园整理，北京联合出版公司，2013 年。

[4] 陈军：《关于“六法”与中西美术的思考》，《宿州教育学院学报》2001 年第 1 期。

本文为一篇介绍新产品研发的文章，由课题支持企业博容照明提供，文章通过研究解决市面上的LOGO灯性能上存在的如低光效、失真、不均匀、不清晰等问题；以及在使用过程中存在的如调节不方便或不精准、位置固定不稳、体积太大等诸多问题。通过技术突破，创造出光效高、清晰度高、均匀度好、无蓝边的新款投影灯产品。

用于展陈照明的投影灯的研发创新

撰 写 人：袁端生
研究单位：BR-LIGHTING／博容照明

摘　　要：在展陈的光环境融合技术中，常见一种产品，即可以按所需要图形做成内透光的效果（截出不同形状的光斑），同时也可以根据展陈的要求，突显特别的氛围，打出特制的字体文字与图案，这就是大家熟知的LOGO灯。纵观目前市场上形形色色的这一系列产品，其投影灯在性能上都有诸多不足，如低光效、失真、不均匀、不清晰等；在使用过程中有许多缺憾，如调节不方便或不精准、位置固定不稳、体积太大等。正是基于此背景，本文通过调查分析、及对自身技术状况的认识，认为可以在技术上实现突破，造出光效高、清晰度更高、均匀度更好、无蓝边的投影灯。

关 键 词：光学突破；对焦调节；调光控制

一　投影灯光学系统的创新

投影灯技术突破首先体现在光学系统上。低功率、高照度、高清晰，是打造投影灯光学系统的核心指标。运用光学原理，并经研发团队反复修改验证优化，最终得到如图1所示的光路。

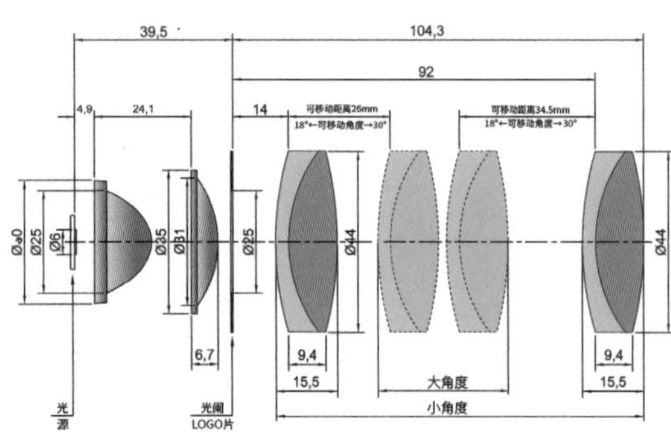

图1　光路示意图

一个投影灯的好坏，本质上是由其光路质量决定的。光路经过反复实验优化，有以下4个特点：

1. 在光源前端加了聚光透镜组，减少光源发出的光因乱射漫射导致的损失，有效提高了光源发出光的利用率，在光穿透物镜组前，在适当位置形成聚焦，提升单位面积的能量密度，是投影灯实现低功率、高照度的重要前提。

2. 前面的两组物镜都是由凹凸透镜和双凸透镜两两叠加组成为一组透镜组。不同透镜根据需要，使用不同材质的光学材料，再镀上不同的光学薄膜，增加光线的穿透率，对前面行进中损失的特定波长的光在后面透镜中进行光学补偿，同时减少光在透镜表面中的反射（可有效消除或减弱副光斑）。根据实际需要，对应透镜再给定不同的曲率，最终光从整个光路穿射出来后，不仅光色还原度高，还有效消除了蓝边、黄边和紫边，光分布均匀度也上了一个新的台阶。

3. 前面两组物镜设定了移动范围，直接决定光路出光光束角（半角）在18°～30°之间变化。在这个角度范围内变化，其对应的投影光斑大小见图2、3。

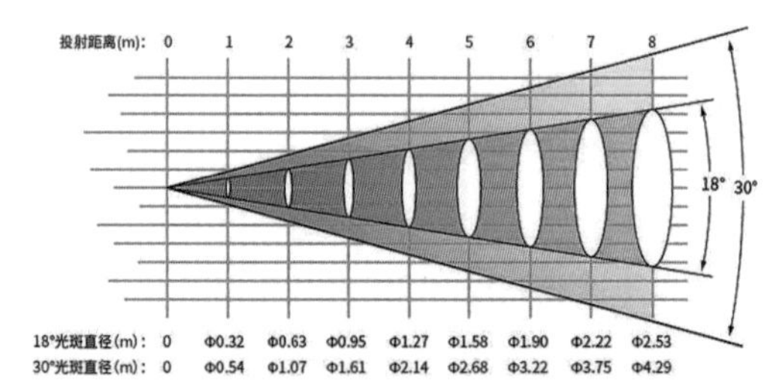

图2　投影光斑大小

LOGO灯具测试数据						
距离	1000mm		3000mm		5000mm	
光斑大小	最小光斑	最大光斑	最小光斑	最大光斑	最小光斑	最大光斑
光斑直径/mm	310	500	990	1510	1700	2570
照度/lx	10776	5412	1164	564	384	192

图3　实测参数

从图 2、3 可以看到，不同距离光斑大小基本上可满足博物馆照明的需要。更重要的是，从图 2、3 可以看出，在任何一个距离上，不但可以调试出一大一小两个清晰的光斑，同时在一大一小两个光斑的范围内还可以任意调出一个清晰的光斑。

4. 整个光路行程很短，最终必然会使产品更紧凑小巧，更不易受应用环境空间的限制，易与周围事物融为一体，更和谐协调。

二　投影灯对焦调节的创新

投影灯技术突破其次体现在调节的便利性上。这次开发的投影灯，不管是调节光斑大小，还是调节光斑清晰度上，人机界面友善，非常人性化，简单易行，见图 4。

图4　对焦调节示意图

从图 4 可以看到，整个产品就一前一后两个滚直纹的调节环。一个环的边沿印有指向两边的箭头和英文“SIZE”，另一个环边沿印有指向两边的箭头和英文“FOCUS”。很明显，靠近印有“SIZE”的那个环是调节光斑／图案大小的，另一个靠近印有“FOCUS”的那个环是调节清晰度（对焦）的。在产品使用过程中，先确定所需的图案大小，然后再根据图案大小转动调清晰度的调节环，直至图案清晰到满意为止。这是多人性化的调节模式。

这种创造性地借鉴了相机的调节对焦原理的调节方式，不仅可微调节，还提供了刻度进行精确调节。与目前市面上一些投影灯相比，这种调节方式更简单、更精准、更科学，稳定性和可靠性更好。

三　投影灯调光控制的创新

投影灯技术突破再次体现在调光控制上。目前国内应用于博物馆、美术馆灯具的调光多是单灯调光。其实，DALI 调光、0 － 10V 调光、可控硅调光没有大面积应用是有原因的。博物馆、美术馆等专业展陈，需要通过专业灯光师的专业调试让所展示的物件或物品通过灯光烘托以达到最佳效果，专业灯光师的调试是需要花时间和金钱成本的，故这些展陈单位需要将这种最佳效果定格住，而不是让其随意改变从而破坏最佳效果。而要满足这种定格效果，单灯调光灯具是目前最简单有效和可行的。

目前国内的单灯调光灯具，调光范围普遍在 5% ～ 100%，调光不够平滑细腻，调光过程总有跳动的感觉。在 0 ～ 5% 这个调光范围，很容易闪动、跳动，调光不平滑连续，这种跳闪现象在技术上不容易解决，是重大瓶颈。很多厂家为了避免这个问题影响整体性能，干脆把 0 ～ 5% 这部分调光范围给截掉了。

我们的研发团队根据调研发现，1% ～ 5% 这部分调光范围在博物馆、美术馆等专业照明场馆应用较多，故针对 0 ～ 5% 调光范围进行了技术创新，做到了可进行 1% ～ 5% 的平滑细腻调光（调光范围的下限边界设在 0，在安规上是不被允许的，即灯具关闭了，驱动仍处在工作状态），线路原理图如图 5 所示。

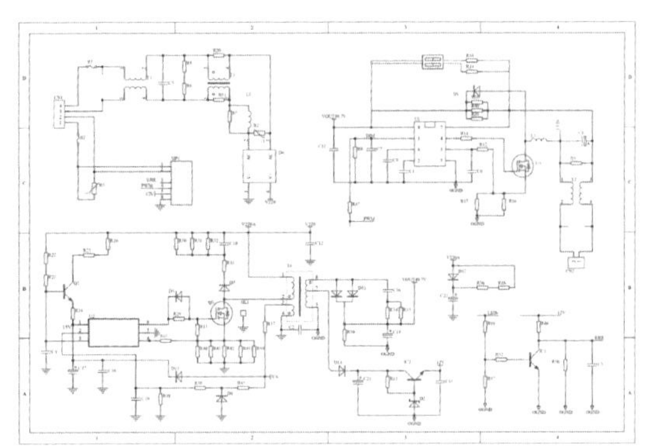

图5　线路原理图

调光控制模块原理图如图 6 所示。

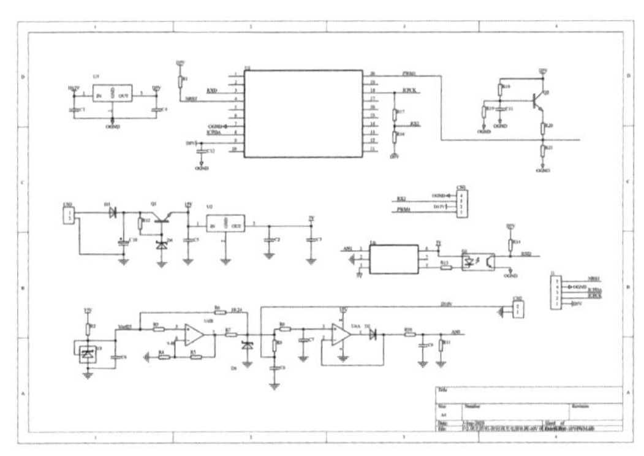

图6　调光控制模块原理图

针对本文研发的投影灯的驱动（包含其中的调光控制模块），不仅安全性得到了验证，驱动部分单独获得了 CQC 认证，整灯获得了 CCC 认证，而且把调光范围延伸到 1% ～ 100%，增加了客户的体验性，满足了博物馆、美术馆等实际场景的需要。这两点恰恰是当下博物馆、美术馆投影灯生产商缺乏的。此外，整个驱动、驱动与灯具整体都通过了 EMC 测试。

本文研发的这款投影灯，在核心光路、结构调节、调光控制上，都实现了技术上的突破与创新，具有很好的应用前景。

附件　课题研究其他资料

课题工作照

2019 年 8 月 9 日武汉自然博物馆项目开题会与会人员合影

武汉自然博物馆开题会现场

2020 年博物馆与美术馆“光环境评价方法”学术研讨会与会人员合影

2019 年 10 月 18 日在中国国家博物馆召开课题组第一次工作会议合影

中国国家博物馆会议现场

2021 年 1 月 29 日，“专家审查会”在中国艺术科学研究所举行，与会专家和项目组代表一起合影留念。

中央美术学院美术馆指导专家艾晶、程旭、姜靖、蔡建奇、郭宝安

中央美术学院美术馆指导专家艾晶、程旭、姜靖、蔡建奇、郭宝安与馆方吴鹏交流

北京清控人居光电研究院有限公司灯具采集实验参与者高帅、艾晶、杨秀杰等

嘉德艺术中心指导老师高飞、艾晶、党睿、姜靖与黄秉中等团队人员合影

嘉德艺术中心调研组与馆方交流

重庆美术馆调研组参与者陈同乐、姚丽、李倩、吴波、梁柱兴等

江西省美术馆指导专家汪猛、骆伟雄、陈刚、黄宁与雷晨、夏梅芳调研团队合影

江西省美术馆指导专家汪猛、陈刚、黄宁、夏梅芳、雷晨在工作现场

辽河美术馆指导专家邹念育、张昕与郑春平
调研团队合影

辽河美术馆指导专家邹念育、张昕与郑春平
调研团队与馆方交流

宁波美术馆专家与馆方交流

宁波美术馆指导专家颜劲涛、王志胜与金小明等
团队成员合影

无锡程及美术馆调研指导专家徐华、姜靖等合影

松美术馆指导专家索经令、高帅团队、博容公司团队合影

中国美术馆调研参与人艾晶、索经令、姜靖、颜劲涛、高帅、余辉、郭宝安、董涛等人合影

中国美术馆调研工作现场

西岸美术馆指导专家艾晶、王南溟、黄秉中、韩春阳、沈连雯等与馆方交流

银川当代美术馆指导专家索经令、李明辉、高帅、董涛等人合影

课题组专家介绍

课题组专家成员：

艾　晶

女，《美术馆光环境评价方法》项目负责人、中国国家博物馆副研究馆员、高级照明设计师、《照明工程学报》特约审稿专家。参与国家重点项目“中国共产党历史展览馆”筹建，设计过获“全国十大精品奖”展览项目《周恩来诞辰100周年》《百年中国》等，以及参与《古代中国基本陈列》《纪念十一届三中全会胜利召开20周年》等工作。作为项目负责人，承担过3项文化和旅游部课题。组织实施了对全国116家重点博物馆和美术馆调的研，发表论著60余篇，主编《光之变革》3本专题成果，参与多项行业和团体标准编制。2019年获北京市青年优秀科技论文奖。

汪　猛

男，北京市建筑设计研究院有限公司电气总工程师、教授级高级工程师。从事建筑电气设计工作逾35年，作为设计负责人完成了数百项工程设计项目，数次荣获国家优秀工程设计金奖及詹天佑土木工程大奖。曾执笔《建筑照明设计标准》《城市夜景照明设计规范》等多项国家及行业标准。自1996年开始参加照明行业学术活动，任中国照明学会第七届理事会副理事长、室内照明专业委员会主任，2011年获国际照明委员会特别表彰。

索经令

男，首都博物馆陈列部副主任、高级电气工程师、高级照明设计师，研究方向为展览电气与照明，从事专业工作25年。作为首都博物馆展览照明、陈列设备等专业技术方面的把关和管理者，参与了馆内绝大部分临时展览的制作、实施。发表了《博物馆陈列展览中的照明设计》等十几篇与展览照明相关的文章。同时还完成了中国妇女儿童博物馆等国内多个博物馆的展览照明、电气和照明控制方面的设计咨询和指导工作。

陈同乐

男，研究馆员，现任江苏省美术馆副馆长、复旦大学特聘教授、中国博物馆学会陈列艺术委员会副主任、中国国学中心展陈艺术顾问、文化部优秀专家、中国历史博物馆艺术顾问、《陈列艺术》杂志执行编辑、南京艺术学院特聘教授，从事博物馆陈列艺术的研究和工作。曾主持设计、参与南京博物院、山西博物院、甘肃博物馆、中国珠算博物馆、中国民族工商业博物馆等大型陈列展览。设计作品曾获全国十大陈列精品奖、最佳形式设计奖，原为南京博物院陈列艺术研究所所长。

常志刚

男，中央美术学院视觉艺术高精尖创新中心常务副主任，博士生导师。MAIC国际媒体建筑学会·中国主任；MAB18国际媒体建筑双年展主席；中国照明学会常务理事，北京照明学会副理事长，中国建筑装饰协会文化与科技专委会副会长，北京城市规划学会视觉与色彩研究中心主任。以及担任中国美术家协会环境设计艺术委员会委员、国家自然科学基金项目同行评议专家、国家艺术基金评议专家等职务。

高　飞

女，现任中国照明学会第八届理事会专职副理事长、中国节能协会理事、中国政府采购、科技部专家库专家，中国照明学会编辑工作委员会主任及《照明工程学报》副主编，中国照明学会科普工作委员会副主任，中国照明学会农业照明专业委员会副主任、《中国照明工程年鉴》执行主编等。组织参加多项国家发展改革委绿色照明项目及中国科协、北京市发展改革委项目。发表文章多篇，是《中国照明工程年鉴》《中国照明工程规划与设计案例精选2014》等编委之一。

徐　华

男，清华大学建筑设计研究院有限公司电气总工程师，教授级高级工程师、注册电气工程师、照明设计师高级考评员。北京照明学会理事长、中国勘察设计协会建筑电气工程设计分会副会长。参编《体育建筑电气设计规范》《城市景观照明技术规范》《绿色照明工程技术规程》《建筑智能化系统设计技术规程》《建筑物供配电系统谐波抑制设计规程》《户外广告设施技术规范》，主编《照明设计手册》《教育建筑电气设计规范》，发表论文 30 余篇。

李　晨

男，研究生、副研究馆员、国家一级（高级）企业信息管理师。现任中国文物报社博物馆研究与传播中心主任，《中国博物馆》编辑部主任，兼任中国文物学会法律专业委员会副会长、故宫研究院客座研究员。曾任中国博物馆协会综合协调部副主任、文化部全国美术馆藏品普查工作办公室副主任。先后参与全国美术馆藏品普查、第一次全国可移动文物普查、国家一级博物馆评估等多项文旅部、国家文物局重点项目工作。参与编著《博物馆常用合同概论》《国宝星散复寻踪——清宫散佚文物调查研究》等五部专著；发表学术文章 20 余篇；参与编制《美术馆藏品登录规范》等三部文化行业标准；参与国家社科基金研究项目 2 项，国家艺术基金项目 1 项，中宣部、文旅部、国家文物局委托科研项目 10 余项。担任中央广播电视总台《如果国宝会说话》等多档节目的策划、编导工作。

邹念育

女，日本国立东北大学工学博士、大连工业大学教授、大连工业大学光子学研究所所长，从事光源与照明的教学与科研工作，中国照明学会学术工作委员会副主任及国际交流工作委员会副主任、中国电工技术学会半导体光源系统专委会副主任、辽宁省照明电器协会副理事长。承担国家“十二五”科技支撑计划项目等多项科研课题。参与《中小学校教室光环境设计及测试评价规范》等团体标准的制订，任《照明工程学报》《照明设计》等多个学术期刊编委，主编《半导体照明材料》。荣获辽宁省教学名师 / 全国模范教师称号，获 2017 国际照明委员会突出贡献奖。

王志胜

男，博士，大连工业大学副教授、硕士生导师，主要学术研究方向为照明工程设计、城市景观照明、博物馆照明和安全性照明评测。曾主持或参与多项国家级、省部级和市级课题，在 SCI、EI 及核心期刊上发表论文 20 余篇。

张　昕

男，清华大学建筑学院副教授、博士、党委书记，国际照明设计师协会（IALD）职业会员、清华校友总会副秘书长（挂职）、剑桥大学马丁中心访问学者、中国照明学会室内照明专业委员会秘书长、《照明设计》（中文版）副主编。主要研究方向为建筑光学设计与理论、健康照明、中国传统建筑光环境保护等。重新架构建筑光学的理论体系。把关于空间、功能载体的建筑学（横向）与关于光应用的照明学（纵向）整合起来，强调学科交叉，以及对于两个学科的知识贡献。国际获奖 21 项（近 5 年获 IALD 奖 2 项、DARC 奖 3 项、IESNA 奖 11 项、LAMP 奖 1 项、HD 奖 1 项、A'Design 奖 1 项），主持 4 项国家自然科学基金。

蔡建奇

男，中国标准化研究院视觉健康与安全防护实验室主任、研究员。主要从事光健康——光致人体生物机理影响的研究工作。曾承担国际、国家级科研项目 5 项，省部级项目 4 项，获得省部级科技进步奖 10 项，主持起草国际、国家、行业、团体标准 15 项，发表论文 20 余篇，已授权或公开专利 17 项，获得“中国轻工业十二五科技创新先进个人”、“第三代半导体卓越青年”等荣誉。

党　睿

男，天津大学建筑学院教授，博士生导师，建筑技术科学研究所副所长，天津市杰出青年科学基金获得者，天津大学北洋青年学者。主持纵向科研课题 11 项，其中国家重点研发计划和国家自然科学基金等国家级课题 5 项，天津市自然科学基金等省部级课题 6 项；近五年以第一或通讯作者发表论文 33 篇，其中 SCI 18 篇、EI 4 篇、CSCD 等中文核心期刊论文 11 篇；以第一发明人获得国家发明专利 3 项，并已完成专利转化；编写高等教育“十三五”国家级规划教材 1 部、出版著作 1 部；获得中国照明学会科技一等奖（第一完成人）、天津市科技进步二等奖（第一完成人）、《照明工程学报》优秀论文一等奖（通讯作者）等奖项。

荣浩磊

男，现任北京清控人居光电研究院有限公司院长，教授级高工。清华大学毕业，主要研究方向为光环境，涉及城市照明规划、建筑采光与照明设计、景观照明设计、光污染防治等应用领域。首届中国城市规划青年科技奖获得者，行业标准《城市照明建设规划标准》的主要编制人。主持了多项城市及大型景观照明设计。多次在国际会议上受邀做主题报告，在国家级刊物上发表论文多篇。

罗　明

男，博士生导师，浙江大学光电学院求是讲席教授、英国利兹大学访问教授、曾担任国际照明委员会（CIE）副主席（2014 ~ 2018）；CIE 第一分部主席（2007 ~ 2014）。1986 年获得英国布拉德福德大学颜色科学博士学位。迄今在颜色科学、影像科学和 LED 照明方面发表论文 650 余篇。Springer 2016 年出版的《颜色科学与技术百科全书》总编，影像科学学会 SI&T 及颜色科学学会 SDC 的会士，在颜色科学与技术领域获得了多项奖项。2017 年获得国际颜色科学学会颁布的“AIC Judd 颜色科学成就奖”。2020 获得英国颜色学会颁布的牛顿奖。

刘　强

男，武汉大学印刷与包装系副教授，硕士生导师，湖北省照明学会副秘书长。武汉大学工学博士、有机化学博士后，利兹大学设计学院访问学者。研究方向为 LED 照明光品质评价与颜色复制，目前累计发表学术论文 80 余篇，申请发明专利 20 余项。兼任国际照明委员会 JTC 16 (D1/D8) 技术工作组委员、国际照明委员会 CIE-RF03 技术工作组委员、中国照明学会室内照明专业委员会委员等职。

李　倩

女，高级工程师，远方光电科学研究院光学所副所长，长期从事光电计量检测技术与标准化研究工作。担任国际照明委员会（CIE）研究报告 TR2-83《植物照明产品测量与表征》召集人，CIE TC2-78“灯和灯具的分布光度测量”技术委员，也是全国照明电器标委会光辐射测量分技术委员会委员，浙江省照明学会常务副秘书长，入选浙江省 151 人才。参与了 3 项国家 863 计划、1 项国家科技支撑计划、以及多项省市重大科技攻关项目。获得“中国专利优秀奖”“浙江省科学技术二等奖”“浙江省优秀工业新产品新技术最高奖”等荣誉，多次应邀在国际学术大会上作技术报告。

姜　靖

中国国家博物馆副研究员，从事博物馆研究工作 20 余年，曾任中国国家博物馆与德国国家博物馆青年学者交流项目组长。参与过文化与旅游部“美术馆照明质量评估方法与体系的研究工作”和“美术馆光环境评价方法”课题研究。曾为《中国食品报》古食器鉴赏专栏长期撰稿，发表学术论著 10 余篇。获得中央国家机关工委、中国文物局等单位个人和团体奖项 10 余次。

颜劲涛
男，就职于中国美术馆展览部，中国照明学会中级照明设计师，多年从事博物馆、美术馆的照明设备布置研究，参与中国美术馆多个大型展览的照明设计和布展。

程　旭
男，副研究馆员，从事博物馆陈列设计工作30年。多次主持国际大型成就展展区艺术设计，曾任首都博物馆通史陈列设计负责人，策展中国工业博物馆、开滦国家矿山遗址公园博物馆、北京铁路博物馆等多项陈列设计，并获得“全国博物馆陈列展览十大精品奖”。参与博物馆专业多项国家课题。出版《世博与日本》等专著，参与编辑《中国博物馆建筑与文化》《中国博物馆建筑》《为博物馆而设计》等，发表学刊论文50篇，先为中国博物馆协会陈列艺术委员会副秘书长，北京博物馆学会设计专业委员会副主任。

骆伟雄
男，广东省博物馆艺术总监、陈列展示中心副主任。自1988年始任职于广东省博物馆从事展览设计工作，关注博物馆展览策划和陈列展览设计的发展，以及新技术的应用和创新。主持设计全国十大精品“异趣同辉——清代广东外销艺术精品展”。

沈迎九
男，ERCO中国区首席代表，国内外专业照明协会会员。先后毕业于同济大学和复旦大学，建筑工程学士、工商管理硕士。系统的国外学习培训、扎实的建筑功底和照明理论使其对照明的艺术性和科学性具有系统的深层次的看法。在从事照明行业的二十多年中，参与了国内许多项目的设计、工程、管理等过程，积累了丰富的实践经验，善于把国际先进的理念与中国的实际情况相结合，是中国博物馆和美术馆现代照明的引领者和开拓者。代表作品有：上海博物馆照明、首都博物馆照明、国家博物馆照明、龙美术馆照明等。

课题组主要成员：

高　帅
男，北京清控人居光电研究院有限公司副总工、北京照明学会科普教育工作委员会委员、北京照明学会青年工作委员会委员。参与武汉两江四岸夜景照明等项目，参与课题基于量化控制的照明设计技术服务平台建设等多项研究。

俞文峰
男，深圳市埃克苏照明系统有限公司系统工程师，获发明专利2项，实用新型专利多项，曾参与中国人民革命军事博物馆、中国（海南）南海博物馆等国家级博物馆照明项目的工程设计及实施。

郑春平
男，华格照明科技（上海）有限公司全国博物馆渠道销售经理，中国照明学会室内照明专业委员会委员。参与故宫博物院国家博物馆、中国人民革命军事博物馆、上海龙美术馆等大型博物馆、美术馆项目。

汤士权
男，汤石照明集团创办人，推动品牌于2016年成为中国出口质量安全示范企业之一，完成浙江美术馆、高雄市立美术馆等多个照明项目。

胡　波

男，银河照明董事长，高级照明设计师，参与《智能照明控制系统技术规程》起草，中国照明学会室外照明专业委员会委员、中国酒店供给侧联盟照明委员会副主席、中国房地产照明专委会常务副理事长。获改革开放四十周年中国房地产照明创新人物，建国 70 年大国照明突出贡献人物荣誉。

冼德照

男，广州市三信红日照明有限公司创始人，参与设计和实施多个国家一级博物馆照明项目，还多次参与世博中国馆及威尼斯双年展等国内外项目逾 400 项。

吴海涛

男，赛尔富电子（中国）公司总经理、浙江大学工商管理硕士，擅长博物馆美术馆照明产品及智能系统设计研发，曾参与故宫博物院、中国人民革命军事博物馆等项目。

黄秉忠

男，欧普智慧照明科技有限公司应用设计部高级经理，注册高级照明设计师，完成的照明案例涉及多个领域，擅长将照明设计与技术的结合，实现整体照明解决方案设计。

高美勤

女，瑞盎光电科技（广东）有限公司董事长，曾荣获瑞士日内瓦发明博览会金奖。旗下照明品牌 ACEVEL 已进入欧洲 13 个国家，市场占有率排前五名。代表项目：比利时非洲博物馆、广东省博物馆、金沙遗址博物馆、傲来仙境水晶文化馆、北京设计周 10*100 建筑展。

袁端生

男，广东博容照明科技有限公司创始人、高级照明设计师，主导实施过中国版画博物馆、中国测绘博物馆、秦始皇兵马俑博物馆、中国陶瓷琉璃馆、广东省博物馆、海南省博物馆、武汉自然博物馆、南京博物院等 600 多家项目。

尹飞雄

男，三可变焦博物馆照明品牌联合创始人。主导实施过中国考古博物馆（拟名）、山东博物馆、重庆三峡中国博物馆、广东省博物馆等国家级重点博物馆。主导的部分项目也荣获十大精品陈列奖，具有丰富的从业经验。

林　铁

男，现任职美国科锐 CREE 公司中国区市场推广总监，负责 LED、功率和射频半导体在中国大陆的市场推广、行业研究、公共关系、媒体传播等，同时兼任中国照明学会理事、中国照明电器协会常务理事、上海照明电器行业协会副会长等，曾荣获中国照明学会“优秀青年科技工作者”称号。

陈　刚

男，路川金域电子贸易（上海）有限公司销售总监，负责路创中国区商业渠道市场营销工作。曾任职美资体育场馆照明设备公司总经理，参与奥运会等专业体育场馆项目，及各类全民健身体育场馆设施建设。现活跃在博物馆、美术馆和展览馆，以及各类商用设施照明控制推广中。

黄　宁

男，中国科学院工学博士，曾在松下、华为等公司从事电子信息产品研发、产品管理等工作。现就职路川金域电子贸易（上海）有限公司建筑科学与标准部门（Lutron），负责标准工作。参与了《建筑照明设计标准》、《智能照明控制系统技术规程》等多项标准编制工作。

姚　丽

女，博士，南京艺术学院人文学院展示设计课程教师，参与南京地铁一号线南延线艺术品照明项目。曾获2013“永隆·星空间杯”江苏省室内设计、陈设设计银奖。参与2015年度文化部科技创新项目“LED在博物馆、美术馆的应用现状与前景研究”和2020年教育部人文社会科学研究项目“基于数字技术下的民国建筑装饰艺术研究”。

陈　聪

男，博士，现任杭州远方光电信息股份有限公司检测校准中心主任，CIE TC2-79和TC2-80技术委员会委员，曾任CIE R2-54 LED内量子效率测量研究报告负责人，多次参与国家863以及省市重点科技项目。远方检测已获CNAS、CMA及NVLAP等认可。

其他参与人员：

王　超

男，现任中国文物报社全媒体传播中心主任、副编审，曾参与中央文化产业发展专项资金项目“文博在线”——文博数字化传播与服务平台建设”、国家一级博物馆定级评估和运行评估、中国博物馆十大陈列展览精品推介、民办博物馆规范化建设评估等项目。

折彦龙

男，从事博物馆及艺术展览学术研究和新闻传播工作。为博物馆行业知名新媒体“博物馆头条”及“博物馆之光”主编，多年来关注博物馆照明领域的理论发展和实践前沿，组织过多场博物馆艺术光环境建设研讨会和行业学术沙龙。

陈　鹏

男，广东博容照明科技有限公司总经理。广东博容照明科技有限公司创始人，从事照明行业20余年，擅长专业照明设计、生产制造、安装调试及维保。参与建设各类展馆近200座。

张　勇

男，佛山市银河兰晶科技股份有限公司副总裁，国家高级古建营造师，注册高级照明设计师，国家高级摄影师，国家高级构建营造师，参与故宫、杭州G20峰会、厦门金砖峰会等夜景照明项目实施。

李　可

男，瑞盎光电科技（广东）有限公司首席运营官，欧洲光源制造商协会（ELC）会员，欧洲灯具制造商联合会（CELMA）会员，在全球率先提出光的洁净度概念，获得2018年瑞士日内瓦国际发明博览会金奖。设计过百家欧洲博物馆照明，参与了国家大剧院、广东省博物馆、金沙博物馆等项目。

郭宝安

男，汤石照明集团北京分公司总经理，从事照明行业17年，完成了中信大厦、海澜马文化博物馆、邓丽君艺术中心等项目。

金小明

男，高级工程师、博士后导师。从事照明业近20年，在赛尔富公司担任研究院院长兼品控中心主任。多次承接国家“863”、“十二五”及省市政府项目，主持或参与过“浙江制造”《博物馆及类似场所展柜用LED灯具》标准、国家标准《博物馆照明设计规范》编制。

李明辉

男，北京克赛思新能源科技有限公司技术总工，从事照明设计、照明电气设计及照明智能控制设计工作多年，为客户提供专业照明解决方案。已完成 2008 年北京奥运会赞助商 adidas 展厅、鸿坤美术馆智能控制、台湾淘宝馆等项目。

刘基业

男，广州市三信红日照明有限公司副总经理，长期致力博物馆、美术馆专业照明工作，专业照明顾问。曾参与多个国际级展览、世界文化遗产、国家级博物馆、美术馆专业照明项目，其中多个项目荣获全国博物馆十大陈列展览精品。

董　涛

男，三可变焦照明西北分公司负责人、建筑空间照明设计师、DALI 智能照明专家，致力于博物馆、美术馆、古建筑等场所的照明智能化应用实践，主持完成陕西汉唐石刻博物馆展陈照明和智能系统、江西东林寺、福建广化寺、北京建设银行总部等项目的照明和智能系统设计和施工。

特约专家：

王南溟

男，艺术批评家，原上海喜玛拉雅美术馆馆长，四川美术学院硕士研究生导师。早年从事书画创作，现创建“社区枢纽站”，致力于推动“艺术社区”的实践和理论。曾担任《美术焦点》、《艺术时代》杂志总编，主导艺术批评的方向，特别是 2000 年以后，他的批评都以中国当代艺术中极有争议的行为艺术、装置和摄影作品为例，解释中国当代艺术是如何从审美转到社会政治批评及中国当代艺术如何在世界范围内提供出自己对艺术的理解。

刘　彦

女，法国昂特设计中国区总经理，法国城市照明规划博士，法国国家注册建筑师（DESA），法国城市规划硕士，法国照明协会会员，中国照明学会室内照明专委会委员。曾参与法国巴黎卢浮宫新馆、巴黎非洲文化博物馆展陈、巴林国家大剧院、法国波尔多红酒文化中心、济南文化三馆、南京大报恩寺博物馆等重要项目的设计。屡获国际设计奖项：法国埃菲尔大奖（首位获奖华人），美国 AAP，A’ Design Award 等。

《美术馆光环境评价方法》第一阶段工作会议综述

2019年10月18日，文化和旅游部行业标准化研究项目《美术馆光环境评价方法》（原定名《美术馆照明评价方法》）第一阶段工作会议在中国国家博物馆四层会议室召开，约有50名专家学者参会。除项目课题组专家成员，博物馆界、照明行业相关研究人员参会外，会议特别邀请中国国家博物馆著名研究馆员周士琦、中国美术馆徐沛君、著名策展人王南溟、中国美术馆付瀛莹、法国巴黎第一大学博士许延军、中国画创作研究院张旭年等作为嘉宾参加，为课题的进一步完善和探讨新问题的提供广泛的支持。会议主要议题：一是《美术馆光环境评价方法（草案）》修改情况汇报与研讨；二是配合标准制订工作的有关实验计划；三是下一步工作计划与具体调研分工落实。

《美术馆光环境评价方法》项目由中国国家博物馆牵头承办，2019年7月8日正式立项（项目编号：WH2019-19），8月9日在武汉自然博物馆完成开题。项目旨在解决我国当前美术馆在照明施工无验收依据、照明质量评价和照明日常工作无科学管理三个方面的主要议题，拟制订新的行业标准。截至2019年10月，共有6家文博单位、6所高校、3家研究所和12家照明企业分别承担具体任务。目前已编制《美术馆光环境评价方法（草案）》，草案在课题组20多位专家建议基础上修订而成，未对外公开。

会上，中国国家博物馆陈列工作部主任陈煜代表国家博物馆首先致辞，指出博物馆美术馆的照明工作日益受到社会重视，逐步走向正规化。《美术馆光环境评价方法》课题项目具有较强现实意义和扎实的资料基础，希望各位行业专家，文博、高校及科研院所专业研究人员继续全力支持课题工作。接下来由项目组负责人艾晶介绍与会专家、嘉宾（名单见附件）并正式进入议程。她首先汇报了课题的基本情况，介绍了立项、开题阶段的情况和问题。会议就草案内容进行了深入讨论，具体内容如下。

一、《美术馆光环境评价方法》正式定名

会议将《美术馆照明评价方法》正式更名为《美术馆光环境评价方法》。项目名称争议源于开题研讨会。部分专家建议作为标准制订项目，原题目《美术馆照明评价方法》中“照明”一词，不能充分体现涵盖课题内容建议修改，“方法”一词也可考虑替换。经过协商，专家组达成一致意见，认为用“光环境”替代“照明”一词能更好地契合项目内容，而“方法”一词，体现了柔性科学的指导标准，避免生硬感，更利于推广使用。

二、《美术馆光环境评价方法》立项的必要性

据统计，截至2017年全国共有美术馆841所，其中490余所为公立美术馆。虽然在整体数量上美术馆明显少于博物馆，但近年来美术馆数量逐年增多，迎来了黄金发展时代。官方、研究机构对美术馆的科学照明也日益重视，《美术馆照明规范》（WH/T 79—2018）已发布实施。与《美术馆照明规范》相比，《美术馆光环境评价方法》聚焦美术馆光环境评价，针对照明施工验收没有依据、照明质量评估、照明日常维护的科学管理三大现实问题，提出解决方案，特别是在LED光源替代传统光源的大趋势下，就评价光环境并引导美术馆照明健康发展提出了标准依据，具有一定前瞻性和实用性。通过前期资料总结发现，在参与调研的100多家博物馆和美术馆中，多数场馆没有照明专业技术人员编制，通常由电工和一般文保人员兼做照明工作，同时艺术家也经常现场指挥，承担照明设计师工作，这些因素增加了照明工作科学管理的难度。

博物馆、美术馆的照明问题，不能简单割裂地看成是艺术表现问题加技术问题，而要科学地把它作为一个统一的整体来研究。实际上，有关艺术的东西，做到准确量化是非常困难的，正所谓仁者见仁、智者见智的主观评价，存在的差异性较大。例如2019年艾晶及课题组部分成员，在英国伦敦第一届国际博物馆照明高峰研讨会期间，参观了不少英国的美术馆和文博场馆。在实际观展中，眩光问题是一个比较突出的问题。一些展览中，照度是达标的，但现场还是有很多观众视觉感受不佳，感觉看不清展品。以上情况反映出目前美术馆光环境较为凸显的问题：虽然展览中照明是符合规范要求的，但观众的主观评价并不高，观众对照明舒适度不满意。这种现象在国内也是存在的。2015年和2017年，课题组共调研了100多家美术馆（博物馆）。调研发现，部分展品曝光过度，眩光、频闪、照明不均匀，用光不精准等都是普遍存在的问题，且前期调研的场馆中一级一类的博物馆和美术馆占比很大，由此推测在中小型美术馆（博物馆）中存在的问题可能更加突出，因此，专业人员的指导、科学标准的引导是一个非常迫切的问题。

三、《美术馆光环境评价方法》的可行性

雄厚的团队力量、扎实的调研资料基础、丰硕的研究成果是《美术馆光环境评价方法》课题顺利开展的有力保证。2015年，文化部科技创新项目《LED在博物馆美术馆的应用现状与前景研究》调研走访了全国58家博

物馆。2017 年，文化部行业标准研究项目《美术馆照明质量的评估方法与体系的研究》调研了国内 48 美术馆（13 家重点美术馆）、3 家博物馆（含私立）。这 2 个课题为《美术馆光环境评价方法》研究打下了坚实的基础，共出版专著 2 本，在《中国国家博物馆馆刊》和《照明工程学报》等核心期刊上，先后发表专题研究论文几十篇。根据前期百余家美术馆、博物馆（博物馆、美术馆照明工作具有同一性、交叉性）的调研，特别是对 13 家一级一类单位的实地调研，从主观数据采集分析、客观调研、维护管理三个方面入手。调研中发现，虽然各场馆使用的灯具质量普遍都非常好，但从主观统计表中得出的结论与客观数据并不完全吻合，说明在设计、施工等后期的管理工作方面存在不少问题，特别是光维护方面，部分场馆基本上没有后期维护，许多灯具不亮，或开馆不久就坏掉了，得不到及时维护。因此加强管理和后期维护方面的引导是一个亟待解决的问题，也是《美术馆光环境评价方法》课题现实性因素之一。

四、《美术馆光环境评价方法》工作规划

前期准备阶段主要从 5 个方面进行，分别是调研及数据整理、专题实验、人群采样、企业交流和美术馆访谈。从技术到可行性、实验等应用层面都有支持。根据标准设计主要针对的场景包括陈列空间、非陈列空间和运行空间，从控制项、评分项分别做出评估。

启动阶段：通过前期的六个实验、现场问卷、主观测评、灯具分析等准备，课题项目于 2019 年 7 月 8 日正式立项。项目负责人拟定草案初稿框架。

第一阶段：2019 年 8 月 9 日，在武汉自然博物馆召开项目第一次工作会议，标准制定工作正式开始，编制组开启标准制定第一轮征询内容。20 余位专家讨论及参考合作研究院所、高校实验数据，共同修订初稿形成“讨论 1 稿”（以下简称 1 稿）。

第二阶段：2019 年 10 月 18 日，在中国国家博物馆召开第二次工作会议。汇总第一阶段工作意见，并开启应用标准草案实施调研工作。21 位专家提交意见，再次修改 1 稿，形成“讨论 2 稿”（以下简称 2 稿）。2 稿将是一个基本成型、成熟的标准；计划 2019 年底前，将 2 稿内容公示，广泛征求社会意见（初步拟定中国国家博物馆官网、文博在线、博物馆头条三家业内知名网站）；同时成立课题调研组，由专家带队，在工程和技术人员的协同下，对全国博物馆、美术馆进行抽样调研，遴选 16 家影响力较高的场馆进行应用标准实地测试与检验；配合课题研究，项目组还开展了相关模拟实验，以及征集企业样品采集数据等工作。

第三阶段：计划于 2020 年上半年完成。重点工作为：根据草案公示反馈，汇总各参编单位与个人及调研单位的反馈意见，对 2 稿再修订形成“讨论 3 稿”。

第四阶段：计划于 2021 年初完成。工作内容为：所有汇总意见呈报文化和旅游部，等待审批。送审稿经专家审查会讨论通过后。标准编制组按照专家意见修改标准文本，形成标准报批稿，并再次征求审查专家意见后提交文化和旅游部科技教育司。

五、《美术馆光环境评价方法（草案）》讨论要点

1. 结构框架。初稿及 1 稿共 9 章。艾晶认为，针对目前展览中使用多媒体设备已成为普遍趋势，建议增加多媒体与装置艺术评价章节。增加多媒体与装置艺术控制章节具有前瞻性，对多媒体设备及装置艺术光环境的科学指导有利于满足观众对展览的视觉舒适度要求、保证展览安全（人身安全、消防安全等）及各展览空间的自然衔接。徐华、蔡建奇、李倩等专家指出，1 稿第 4 章新增的 2 个小节“测量规定”位置调整至附录、删除“光环境采集规定”一节；调整规范性引用文件、术语和定义、基本规定、陈列空间评价方法、非陈列空间评价方法、运行评价和附录（6 个）8 章内容。

2. 范围。蔡建奇、常志刚等专家认为，范围是标准里最核心的部分，应明确“美术馆”的定义，标准适应全部或部分类型的美术馆要界定清楚，可在术语与定义章节进行补充说明；徐华认为，1 稿中“本标准规定了美术馆陈列空间、非陈列空间、运行维护的光环境评价”的表述使标准应用范围相对狭隘，建议改为“本标准适用于美术馆特有功能空间的光环境评价”；新增加了标准的适用范围，为“适用于照明施工验收、照明改造提升审核、照明业务日常管理考核与临时展览馆方自我评估”。

3. 规范引用文件。汪猛、蔡建奇提出，对草案里有时间标注的引用文件要严格把关。由于《建筑照明设计标准》（GB 50034–2013）、《博物馆照明设计规范》（GB/T 23863–2009）等文件近期已经修改或正在修订中，为延续标准中规范引用文件的实效性，建议删除引用文件的时间标注。

4. 术语和定义。高飞、王南溟等专家一致认为，草案中涉及的内容，在术语和定义章节要有相应的标示；术语定义应尽量引用国家标准中的内容及参照国际标准的术语定义，如有特殊术语定义出现，可加注释提供解释及来源；罗明、许延军指出应特别注意英文翻译的准确性；增加了“现当代艺术”、“频闪效应”2 个新术语；艾晶提出将美术馆功能空间划分改为公共区域和办公区域。

5. 基本规定。本章内容修改较多。初稿 4.1 中，“一般规定”在 1 稿中调整为“评价规定”、艾晶、徐华建议增加“测量规定”、“光环境采集规定”两项，并对“控制项”的位置提出疑问。经过讨论，索经令、张旭年等大部分专家认为可增加“测量规定”内容，具体表述需修改，章节位置应放在附录，既方便实际操作，又可延续原框架完整形式。蔡建奇、李倩、徐沛君等专家提出在施工验收评估中，不宜出现测试设备产品厂家名称；评估组由专家库随机抽选，馆方自评估由懂专业人员组织

人（2 人）来评估；主观评估项中，参与评估者应不少于 20 人；在控制项中，刘强、罗明、邹念育建议删除保真显色指数、光谱功率分布、色彩色域指标。蔡建奇提出用合格、不合格代替 1 稿中的评分，增加评分项定义，如单项指标控制项不符合规定，为不合格，所有控制项都不合格时，终止现场评价。

6. 陈列空间评价方法、非陈列空间评价方法、运行评价。这三个章节中，较为集中的争议是非陈列空间的范围和“控制项”的要求。有专家认为国家标准对陈列空间的照明已有明确规定，草案中非陈列空间定位为藏品库区、技术区、业务工作用房、公共空间评估是否准确及必要？是否加大了评估的难度和工作量？对此，周士琦、张旭年、王南溟、许延军等专家指出，藏品库区、技术区、业务工作用房等区域是美术馆建筑中不可回避的区域，目前有很多美术馆，特别是现当代美术馆，利用公共空间布置展品的现象很普遍。作为行业推荐性标准，对非陈列空间的光环境给出标准，目的是完善照明改造提升审核，为美术馆照明日常业务的管理考核、临时展览的自我评估提供科学依据，建议在实际测量中，可根据场馆自身条件在推荐项中择取测试地点，如选择藏品库区、藏品技术区场所进行非陈列空间评估时，应参考陈列空间评估方法严格执行。

7. “控制项”用光安全部分，主要从减少光辐射方面考虑，包括可见光辐射、红外辐射、紫外辐射的损害。展品用光安全应考虑展品对光的敏感性。灯具和光源的性能主要考虑的因素包括显色性、频闪、眩光、色容差。光环境分布上，采用亮（照）度水平空间分布、垂直空间分布、展品与背景对比度、照明控制方式这几种方法来规定；邹念育、党睿、王志胜指出美术馆光环境中紫外线、色容差、频闪、色温、蓝光等指标应以保护文物（展品）为第一原则，同时应注重展陈内容与光环境的匹配度，在评分细则章节应进行调整。蔡建奇、邹念育等专家认为 1 稿中这 3 个章节，参照一级博物馆评估方法，把评分作为控制项的处理方式不妥，控制项只要区分合格与不合格即可，建议将控制项更改为评分项，并增加评分细则；由于主观感知存在不稳定性、重复性差、无法溯源等的问题，在控制项中，应尽量减少主观评估的比例；评分细则中建议增加产品外观与展陈空间协调度、展厅墙面与展厅地面对比关系评分依据。

8. 运行评价中，更改了原定设计，直接做成评分项，分成不同的权重，如一级指标、二级指标，并在经过专家评估后划分为四个等级，最后给出一个总分。总评价打分的方式为专家根据现场的测试数据及馆方提供基本调研数据的综合评定；增加同一批次灯具色温偏差和一致性检测栏。

9. 附录。党睿提出展厅展品照度和年曝光量推荐标准值，索经令、王志胜、李明辉等专家提出美术展品类别建议以材质划分，对光环境基本信息表内容做了补充。

六、6 项实验测试汇报

项目组专家成员详尽汇报了《人视觉生理关于多媒体显色屏适应性实验》（蔡建奇）、《人视觉心理关于多媒体显色屏适应性实验》（王志胜）、《光品质对油画的影响实验》（罗明）、《光品质对国画的影响实验》（刘强）、《文物照明损伤性实验》（党睿）、《灯具技术指标的采集实验》（高帅）6 项配合标准制订工作的实验测试结果。

会议安排了下一步工作计划与具体调研分工。至此，第一阶段工作会议圆满落幕。

附件：

参会人员名单

项目组成员（按姓氏拼音排序）：

艾晶、蔡建奇、程旭、常志刚、党睿、高飞、高帅、姜靖、罗明（沈佳敏代）、骆伟雄、索经令、王志胜、颜劲涛、邹念育、张昕

特约专家：周士琦、王南溟、徐沛君、付瀛莹、许延军、张旭年

媒体代表：《中国文物报》杨海平、杨逸尘，《博物馆头条》折彦龙

其他参会人员：陈聪、俞文峰、郑春平、汤士权、冼德照、胡波、吴海涛、黄炳中、李可、袁端生、尹飞雄、李明辉、姚小幺、郭娅、陈刚、唐铭、赵宗宝、李坡

（姜靖供稿）

《美术馆光环境评价方法》调研预评估计划分工对应专家统计表

序号	调研单位	美术馆名称（自选 1 家）	联系人	对应专家与成员名单	其他人员	预调研（时间）
1	集体	中国美术馆	颜劲涛	艾晶、索经令、姜靖、颜劲涛、高帅、张勇	余辉、郭宝安、董涛、赵含芝、杨秀杰、聂卉婧、尹葛、孙桂芳	2019.10.28
2	汤石	中央美术学院美术馆	郭宝安	艾晶、蔡建奇、郭宝安	程旭、姜靖、郭杰、胡胜、余超	2019.11.15
3	埃克苏	艺仓美术馆	俞文峰	姜靖、林铁、俞文峰	王贤、韩天云	2019.12.23
4	华格	辽河美术馆	郑春平	张昕、邹念育、郑春平	孙桂芳、王志胜、綦雨凡、高闻、刘凯、朱丹、高海雯、张聪	2019.11.29
5	汤石	重庆美术馆	洪尧阳	陈同乐、姚小幺、李倩	吴波、梁柱兴、李仕彬、吴科林	2019.12.2
6	赛尔富	宁波美术馆	吴海涛	王志胜、颜劲涛、吴海涛	金小明、褚林、饶建成、朱丹、高海雯、张聪	2019.11.15
7	远方	浙江大学艺术与考古博物馆	李倩	罗明、李倩	刘小旋、胡宇、祝跃宸、曹铭锴、田大林、赵柏钥、刘余、刘子豪、施科宇、何元元、刘森	2019.12.25
7	红日	西岸美术馆	冼德照	艾晶、王南溟、韩春阳	黄秉中、韩春阳、沈连雯、施文雨、金绮樱、马艳	2019.11.30
9	银河	无锡博物馆、程及美术馆	张勇	徐华、姜靖	王伟、王艳	2019.12.25
10	欧普	嘉德艺术中心	黄秉中	程旭、高飞、艾晶、姜靖、党睿、黄秉中	文迅、沈连雯、郑黎敏、杨頔、刘蕊	2019.12.6
11	博容	松美术馆	袁端生	高帅、索经令、袁端生	杨秀杰、聂卉婧、陈美鑫	2019.11.15
12	瑞盎	湖北省美术馆	李可	骆伟雄、刘强、李可、高美勤	黄政、王裕、刘颖、陈薇	2019.12.3
13	三可	银川当代美术馆	尹飞雄	索经令、高帅、李明辉、董涛	杨秀杰、何伟	2019.12.6
14	路川	江西省美术馆	陈刚	汪猛、骆伟雄、黄宁	夏梅芳	2019.11.29
15	红日	吴中博物馆	冼德照	李倩、陈刚、黄宁		2020.7.2

网络媒体报道情况表

媒体	报道名称	日期
博物馆头条	《美术馆照明评价方法》立项评审会圆满召开	2019 年 5 月 11 日
中国之光网	《美术馆照明评价方法》立项评审会召开	2017 年 5 月 13 日
中国照明网	文化和旅游部行业标准《美术馆照明评价方法》开题研讨会在武汉召开	2017 年 8 月 13 日
腾讯网	文化和旅游部行业标准《美术馆照明评价方法》开题研讨会召开	2019 年 8 月 13 日
文博在线平台	文化和旅游部行业标准《美术馆照明评价方法》开题研讨会在武汉召开	2019 年 8 月 14 日
博物馆头条	文化和旅游部行业标准《美术馆照明评价方法》全新启动	2019 年 8 月 14 日
照明人	文化和旅游部行业标准《美术馆照明评价方法》开题研讨会在武汉召开	2019 年 8 月 14 日
中国国家博物馆官网	《美术馆照明评价方法》	2019 年 8 月 9 日
博物馆之光	《美术馆照明评价方法》第一阶段工作会召开	2019 年 10 月 18 日
文博在线平台	《美术馆光环境评价方法》第一阶段工作会在国博召开	2019 年 10 月 18 日
中国国家博物馆官网	文旅部行业标准《美术馆光环境评价方法》第一阶段工作会议简报	2019 年 10 月 21 日
中国照明网	文旅游部行业标准《美术馆光环境评价方法》全新启动	2019 年 10 月 21 日
中国智慧照明网	文旅游部行业标准《美术馆光环境评价方法》全新启动	2019 年 10 月 21 日
南京工业大学电光源研究所	文旅部行业标准《美术馆光环境评价方法》全新启动	2019 年 10 月 23 日
大连工业大学光子学研究所	邹念育教授王志胜副教授参加《美术馆照明评价方法》行业标准第一阶段工作会议	2019 年 10 月 24 日
中国文物报	《美术馆照明评价方法》工作会在国博召开	2019 年 10 月 25 日
新浪网	《美术馆照明评价方法》工作会在国博召开	2019 年 10 月 25 日
金投网	《美术馆照明评价方法》第一阶段工作研讨会召开	2019 年 10 月 28 日
中国国家博物馆	《美术馆光环境评价方法》草案征求意见稿（延续发稿）	2019 年 8 月 9 日
文博在线	《美术馆光环境评价方法》草案	2019 年 10 月？日
博物馆头条	授权发布：行业标准《美术馆光环境评价方法》征求意见稿	2019 年 11 月 5 日
博物馆之光	行业标准《美术馆光环境评价方法》终稿送审会议今日召开	2020 年 6 月 27 日
中国国家博物馆	行业标准《美术馆光环境评价方法》终稿送审会议综述	2020 年 6 月 29 日
中国国家博物馆	“艺美光影 共创未来——2020 博物馆与美术馆光环境评价方法”学术研讨会综述	2020 年 10 月 27 日
博物馆头条	30 位学者业者央美论道“博物馆美术馆光环境评价”	2020 年 10 月 27 日
文博在线	艺美光影 共创未来——2020 博物馆与美术馆光环境评价方法学术研讨会举办	2020 年 10 月 27 日
照明智库	2020 年博物馆与美术馆“光环境评价方法”学术研讨会圆满闭幕！	2020 年 10 月 28 日
中国国家博物馆	“艺美光影共创未来——2020 博物馆与美术馆光环境评价方法学术研讨会”圆满举办	2020 年 10 月 28 日

课题成果发表情况表

论文名称	作者	发表时间	字数统计	期刊名称	备注
《美术馆照明评价方法》立项评审会圆满召开	姜靖，艾晶	2019.05	约1200字	在线文博／中国照明网／博物馆头条	文博数字化传播与服务平台建设项目，中国文物报社主办
文化和旅游部行业标准《美术馆照明评价方法》开题研讨会召开	艾晶，姜靖	2019.08	约2400字	在线文博／中国照明网／博物馆头条	同上
文旅部行业标准《美术馆光环境评价方法》第一阶段工作会议简报	姜靖，艾晶	2019.10	1600字	国博官网	
《美术馆光环境评价方法》工作会在国博召开	姜靖，艾晶	2019.10.25	600字	中国文物报	
《美术馆光环境评价方法》草案	课题组	2019.8.29		国博官网	
中国博物馆、美术馆调研报告（上）	艾晶	2020.05	10000字	画刊	核心期刊
中国博物馆、美术馆调研报告（下）	艾晶	2020.06	10000字	画刊	核心期刊
行业标准《美术馆光环境评价方法》终稿送审会议今日召开	姜靖，艾晶	2020.6.29	1000字	国博官网	
“艺美光影 共创未来——2020博物馆与美术馆光环境评价方法学术研讨会”	艾晶，姜靖	2020.10.27	1000字	中国文物报	
Illuminationin Museums: Four-Primary White LEDs to Optimize the Protective Effect and Color Quality	Rui Dang, Nan Wang, Gang Liu, Ye Yuan, Jie Liu, HuijiaoTan	2019.02	6531	IEEE Photonics Journal	
Chromaticity changes of inorganic pigments in traditional Chinese paintings due to narrowband spectra in four-primary white light-emitting-diodes	Rui Dang, Nan Wang, HuijiaoTan	2019.05	4807	Journal of Optical Technology	
Influence of illumination on inorganic pigments used in Chinese traditional paintings based on Raman spectroscopy	Rui Dang, Huijiao Tan, Gang Liu, Nan Wang, Dongjie Li, Haibin Zhang	2019.05	5957	Lighting Research & Technology	
Effects of Illumination on Paper and Silk Substrates of Traditional Chinese Painting and Calligraphy Measured with Raman Spectroscopy	Rui Dang, HuijiaoTan, Gang Liu, Nan Wang	2019.05	4330	LEUKOS	
Correction Method of Color Deviation Caused by Different Angle in Color Measuring	Rui Dang, Ruiqi Shi, Miao Liu	2019.06	4082	IEEE Photonics Journal	
Four component white LED with good colour quality and minimum damage to traditional Chinese paintings	Rui Dang, Nan Wang, Gang Liu, HuijiaoTan	2019.11	6504	Lighting Research & Technology	
Spectral Damage Model for Lighting Paper and Silk in Museum	Rui Dang, Fenghui Zhang, Di Yang, Wenli Guo, Gang Liu	2020.04	3629	Journal of Cultural Heritage	
Raman spectroscopy-based method for evaluating LED illumination-induced damage to pigments in high-light-sensitivity art	Rui Dang, Huijiao Tan, Nan Wang, Gang Liu, Fenghui Zhang, Xiangyang Song	2020.05	4916	Applied Optics	
Proposed Light Sources for Illuminating in Xuan Paper and Silk Artwork with Organic and Inorganic Pigments by Evaluating Color Shifts in Museum	Rui Dang, Xiangyang Song, Fenghui Zhang	2020.05	5376	Color Research & Application	
Optimizing the Spectral Characterisation of a CMYK Printer with Embedded CMY Printer Modelling	Qiang Liu, Zheng Huang, M. R. Pointer, M. R. Luo	2019.12	5000	Applied Sciences	

Gender Difference in Colour Preference of Lighting: A Pilot Study	Zheng Huang, Qiang Liu, Ying Liu, M. R. Pointer, Peter Bodrogi, Tran Quoc Khan, Anqing Liu	2020.8	5000	Light & Engineering	
Evaluating the color preference of lighting: the light booth matters	Wei Chen, Zheng Huang, Qiang Liu, M. R. Pointer, Ying Liu, Hanwen Gong	2020.4	5400	Optics Express	
Research on Colour Visual Preference of Light Source for Black and White Objects	Wei Chen, Zheng Huang, Lianjiang Rao, Zhen Hou, Qiang Liu	2020.4	3000	Lecture Notes in Electrical Engineering	
Study on the Effectiveness of Colour Quality Metrics in Preference Prediction at Different Illuminance Levels	Wei Chen, Lianjiang Rao, Zheng Huang, Zhen Hou, Qiang Liu	2020.4	3500	Lecture Notes in Electrical Engineering	
Correlations Between Colour Discrimination and Colour Quality Metrics	Ying Liu, Lianjiang Rao, Zheng Huang, Hanwen Gong, Xinwei Wu, Qiang Liu	2020.4	3500	Lecture Notes in Electrical Engineering	
不同照明条件下 FM-100 色相棋实验颜色辨别力量化有效性验证	刘颖，饶连江，钟晓鹭，黄政，龚汉文，刘强	2020.4	6800	照明工程学报	
Color quality evaluation of Chinese bronzeware in typical museum lighting	Zheng Huang, Qiang Liu, M. R. Pointer, Wei Chen, Ying Liu, Yu Wang	2020.2	5000	Journal of the Optical Society of America A	
Optimising colour preference and colour discrimination for jeans under 5500 K light sources with different Duv values	Ying Liu, Qiang Liu, Zheng Huang, M. R. Pointer, Lianjiang Rao, Zhen Hou	2019.11	4500	Optik	
The whiteness of lighting and colour preference, Part2: Ameta-analysis of psychophysical data	Z. Huang, Q. Liu, M. R. Luo, M. R. Pointer, B. Wu, A. Liu	2019.3	5600	Lighting Research & Technology	
White lighting and colour preference, Part1: Correlation analysis and metrics validation	Z. Huang, Q. Liu, M. R. Pointer, M. R. Luo, B. Wu, A. Liu	2019.2	6000	Lighting Research & Technology	
设计有“文化”的光——以广东省博物馆埃及展照明为例	骆伟雄	2019. 8	约 6000	艺术与民俗	
Research on the Emotional Response Level of Museum Visitors Based on Lighting Design Methods and Parameters	王志胜，邹念育	2019.5	6000	International Conference on Green Energy and Networking (GreeNets2019)；EI 检索	
Based on Creative Thinking to Museum Lighting Design Influences to Visitors Emotional Response Levels Theory Research	王志胜，邹念育	2019.5	6000	IOP Conference Series: Materials Science and Engineering 573 (1)，012093；EI 检索	
Artificial Lighting Environment Evaluation of the Japan Museum of Art Based on the Emotional Response of Observers	王志胜，邹念育	2020.2	6000	Applied Sciences 10 (3)，1121；SCI 检索	

Research on Multi-disciplinary Museum Lighting Design’s Emotional Response to Visitors A Case Study of Dalian Modern Museum	王志胜，邹念育	2020.5	6000	International Conference on Green Energy and Networking (GreeNets2020)；EI 检索	
Research into the Improvement of Museum Visitor’s Emotional Response Levels to Artificial Lighting Designs Based on Interdisciplinary Creativity	王志胜，邹念育	2020.6	6000	Journal of Engineering Research 8 (2)，4-22；SCI 检索	
不同照度和色温 LED 光源照射下书法作品的视觉影响	张原铭，林嘉源，高闻，孙亮，梁静，王志胜，党春岳，沈永健，邹念育	2019.6	5500	照明工程学报	
The Impact of Lighting Source and Calligraphy Fonts on the Degree of Preference of Chinese	Nianyu Zou，Yuanming Zhang，Zhisheng Wang，Jiayuan Lin，Jing Ai.	2019.06	3100	CIEMEETING 2019 PROCEEDING	

课题相关工作会议信息表

时间	地点	会议名称	主题	参会人员	参会人数	会议主要工作
2019.5.9	文化和旅游部	文化和旅游部行业标准化研究项目《美术馆照明评价方法》立项评审会	《美术馆照明评价方法》立项评审	博物馆、中国照明学会、中国博物馆陈列艺术委员会专家及项目组成员	20余人，博物馆、美术馆、北京大学、北京博物馆学会、北京照明学会、中国照明学会专家及项目组部分成员	1. 项目负责人汇报了标准立项的价值与意义，以及对标准内容的解读 2. 评审专家们对项目发表看法，并提出修改与完善建议 3. 评审专家一致赞成标准立项
2019.8.9	长江文明馆（武汉自然博物馆）	文化和旅游部行业标准化研究项目《美术馆照明评价方法》开题研讨会	《美术馆评价方法》标准草案具体内容论证	博物馆、中国照明学会、照明学会市内委员会、北京照明学会设计委员会专家及项目组成员	40余人，博物馆、美术馆、中国照明学会、中国博物馆学会、清华大学建筑设计院、武汉大学、大连工业大学及课题组专家、及主要成员	1. 项目负责人课题简介 2. 标准的定名 3. 评价指标的划分问题 4. 自然光的引入 5. 用电安全评估 6. 当代艺术品科学评估 7. 调研工作分工
2019.10.18	中国国家博物馆	文化和旅游部行业标准化研究项目《美术馆光环境评价方法》第一期阶段工作会议	第一阶段工作汇报	博物馆、美术馆、中国照明学会、中国标准化研究院、中国画创作研究院、项目组成员	50余人，博物馆、美术馆、中国照明学会、中国标准化研究院、中国画创作研究院、清华大学建筑设计院、武汉大学、大连工业大学及课题组专家主要成员	1.《美术馆光环境评价方法》草案修改情况汇报与研讨 2. 配合标准制订工作的有关实验计划汇报 3. 下一步工作计划与具体调研分工落实
2020.6.27	网络视频会议	行业标准《美术馆光环境评价方法》终稿送审会	终稿送审会	博物馆、美术馆、中国照明学会、项目组成员	30余人博物馆、美术馆、中国照明学会、浙江大学、武汉大学、合作研究所课题专家组成员及部分课题组成员、企业代表、媒体代表	项目组最后一次审议活动，完成标准草案的定稿工作
2020.10.27	中央美术学院美术馆	“艺美光影 共创未来”--2020博物馆与美术馆光环境评价方法学术研讨会	学术成果汇报会	博物馆、美术馆学者、中国照明学会室内委员会、项目组成员	100余人博物馆、美术馆学者、中国照明学会室内委员会、专家组成员及部分课题组成员、企业代表、媒体代表	为推动博物馆、美术馆行业光环境品质与整体业务的提高，探讨行业标准的应用与推广工作
2021.1.29	中国艺术科学研究所	文化行业标准《美术馆光环境评价方法》专家审查会	审核标准（送审稿）	审查专家和课题组代表	10余位参加，其中审查专家5位和课题组代表4名	对（送审稿）提出修改意见和评判标准是否通过

常用博物馆、美术馆光环境评估测试仪器推荐表

测试项目	仪器类型	仪器品牌
照度	照度计	远方 SPC-200B 光谱彩色照度计
		浙大三色 CS200 便携智能照度计
		新叶 XY- Ⅲ全数字照度计
		美能达 T10 高精度手持式照度计
		多功能照度计 PHOTO-200
		Photo2000ez 柱面 / 半柱面照度计
亮度	亮度计	美能达 LS-10 便携式彩色亮度计
		美能达 CS200 彩色亮度计
		杭州远方 CX-2B 成像亮度计
		亮度计 LMK
色温、显色性	光谱彩色照度计	杭州远方 SPC200
		照明护照
		远方闪烁光谱照度计 SFIM-400
反射率	分光测色仪	美能达台式分光测色仪
距离、尺寸	测距仪或卷尺等	不限定品牌
紫外线	紫外辐射测量仪器	紫外辐射计 R1512003
		U-20 紫外照度计
红外线	红外测温仪	希玛 AS872 高温红外测温仪
		GM320 红外温度计
		E6 红外热像仪
频闪	频闪测量仪器	远方闪烁光谱照度计 SFIM-300、SFIM-400
		LANSHU-201B 频闪仪
		SFIM-300 光谱闪烁照度计
		频闪计 FLUKE820-2
眩光	眩光测量仪器	Kernel-70D 眩光亮度计
		TechnoTeam 眩光测试仪

展陈空间电气施工中规范的安装方式、走线方式的解读

1. 室内强电竖井及室内横向布线均采用电缆金属线槽或金属线管。

2. 出金属线槽部分采用金属线管或可挠金属软管。

3. 可挠金属导管和金属柔性导管不能做接地（PE）的接续导体。

4. 钢管布线当管路较长或有弯时，可适当加装拉线盒，两个拉线点之间的距离应符合规范要求。

5. 室内钢管壁厚度应不小于 1.5mm。

6. ∅40 及以下可采用紧定式套接镀锌钢导管（JDG）。

7.PE 线必须用绿 / 黄导线或标识。

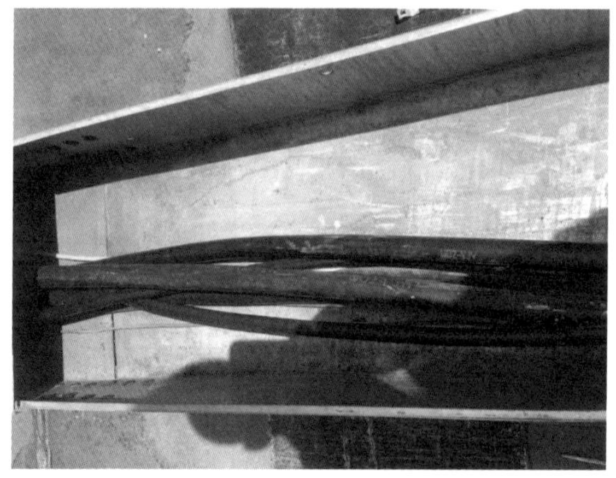
8. 敷设在线槽内的强电电缆其总截面（包括外护层）不应超过线槽内截面的 40%。

9. 强、弱电的电缆不可共槽敷设。

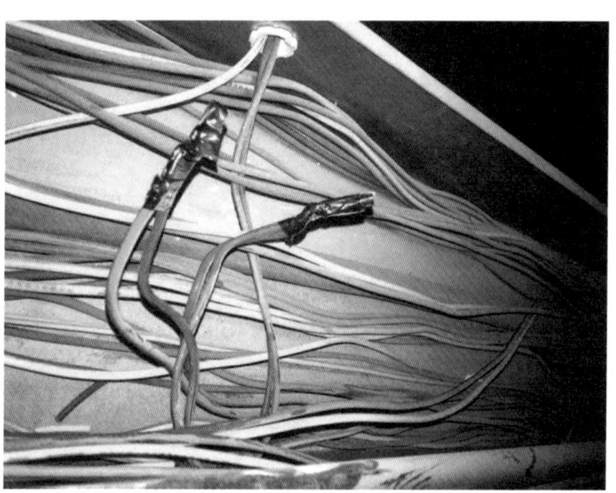
10. 电线、电缆在金属线槽内不应有接头。

11. 凡是暴露在建筑表面的管线均应喷涂与建筑物相同的颜色。

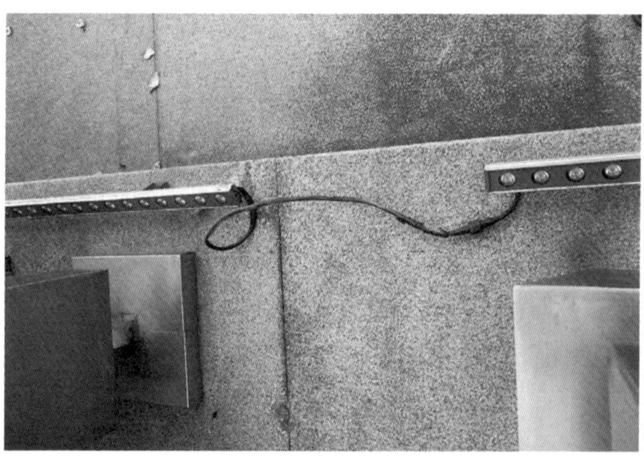
12. 灯带洗墙灯安装应采用并联不可以采用串联。

13. 灯带洗墙灯应采用并联安装。

14. 电线对接处不可以采用胶布包裹应采用压线帽。

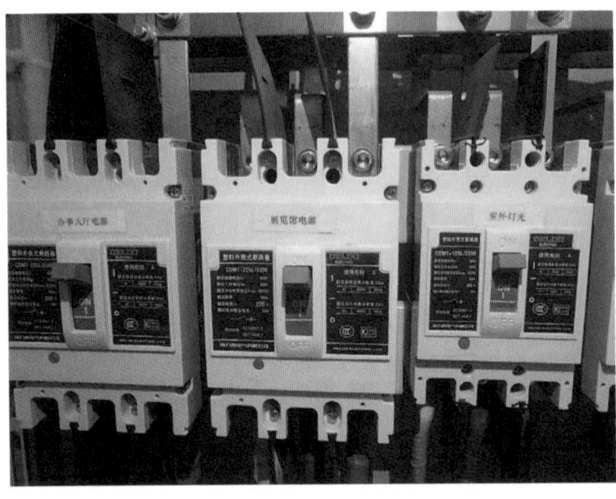

15. 配电箱柜内回路应标注。

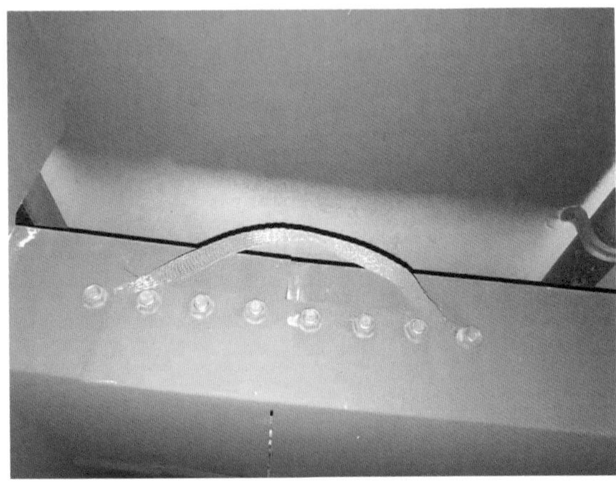

16. 金属线槽桥架连接应采用接地线跨接。

17. 配电箱柜内接线应横平竖直。

18. 配电箱接线应规范，不可乱拉乱接。

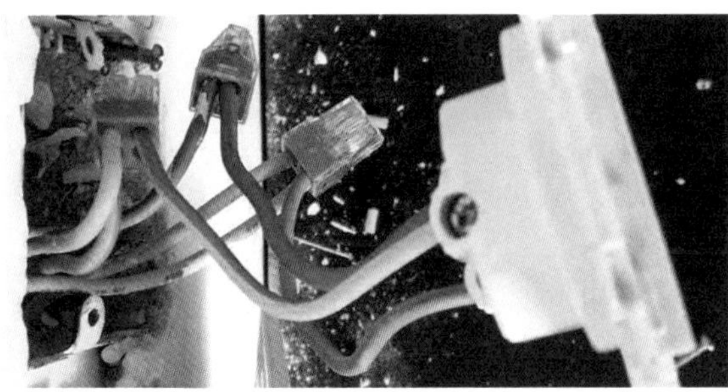

19. 开关插座应采用压线帽并联连接。

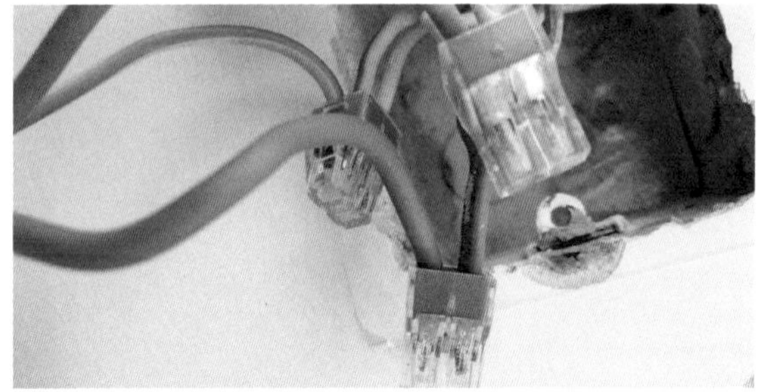

20. 多根线对接应采用压线帽。

（此内容由大秦装饰史宝槐提供）

后记

艾晶

2015 年我们团队第一次承接文化部科技创新项目“LED 在博物馆、美术馆的应用现状与前景研究”，至 2021 年已是第 6 个年头，以 2 年一部专著的速度，目前已推出第三部《光之变革》。我们研究团队在基础人员不变的情况下，也在不断吸收新力量，尤其是一些来自高校与企业的技术人员，到 2019 年我们承担文化和旅游部标行业标准制订项目“美术馆光环境评价方法”时，团队人员累计已达 400 余位，参与本次项目工作的实际核心成员有 60 余人。但这 2 年最为艰辛，一是本人工作变动借调到中宣部筹备中国共产党党史展览馆工作；二是受新冠疫情的困扰，或多或少影响了项目进程。好在课题组各位指导老师的带动下，在 2019 年底前就抢先完成了基础工作，对全国 16 家单位进行了应用标准调研，虽然后期受到疫情的影响，有几项实验迟迟不能召集人员开展，但最终还是克服了困难，于 2020 年 10 月提交书稿如期完成了所有任务。我在将书稿交给文物出版社许海意编辑那刻起，内心如释重负。在这里，我要感谢我们团队所有同志的付出，是他们的配合与大力支持才有今天《光之变革（标准研究篇）——展陈光环境质量评估方法研究》这沉甸甸的成果呈现给读者，这本书饱含了我们团队对学术孜孜以求的探索与智慧的结晶，也是我们团队友谊的最好见证。

本书在内容设计上，既有内容的创新也有形式的延续。作为课题组第三部专著，《光之变革（标准研究篇）——展陈光环境质量评估方法研究》内容自然侧重于博物馆、美术馆标准方面的研究，从结构上沿用开篇总报告，先概述课题组研究计划和研究进程。接着是分项展示研究成果，主要介绍对全国博物馆、美术馆开展的实地调研，虽然本书调研报告的组织方式与其他两部书基本一致，但内容与研究方法显著提升，本书调研报告更强调标准利用成效和实践工作的结合，可以作为成熟的调研报告，具有很高的参考与模仿价值。接着是实验报告，之后是参与专家和企业研究成果。本书还引入了专家对欧美日等国家和地区关于博物馆、美术馆照明标准的研究，这些内容可为读者提供更广阔的视野了解国外博物馆、美术馆的技术现状与发展前景。同时，也可以从侧面佐证我们的最新研究成果具有创新性和先进性。最后，在本书附录部分，穿插介绍了课题组开展学术研讨的会议纪要和有关资料信息，让读者能更全面地了解我们课题的进展与团队主要成员信息。

目前研究方面我们已投入了大量精力与时间，学术成果通过大量基础研究也得到了沉淀与提升，但我们对博物馆、美术馆光环境的认知依然在路上。照明是一门科学，它会随技术的发展而不断发展，以往人们不可想象的事情——博物馆、美术馆照明对智能技术的运用，今天已成现实，人们可以通过手机 APP 简单操作，实现场景中光色与光谱频率的转变。也许我们现在研究和制订的标准，可能在今后较短的一段时期内适用当前我国博物馆、美术馆的照明技术需求，但随着科技的进步，它会逐步落伍与改变。目前我们唯一能做的，就是向社会及时推出研究成果，并通过多种形式进行推广与应用，用当前的照明技术与手段，更好地保护博物馆和美术馆中的展品，并适应广大观众的审美的需求。